● 在过去的20年里，生物学发生了一场革命，人们第一次真正理解了发育的机制是什么。这是现代遗传学最令人兴奋的进展。科恩博士在这场变革中作出了突出贡献。他在《基因的艺术》一书中用适合大众口味的方式，向不具备生物学和发育学专门知识的读者介绍了这场变革。他精于与读者沟通，引入了艺术家的隐喻，用艺术创作作类比解释了生物体如何制作自身。

●科恩博士有关艺术与发育的类比能否成为经典理论，我们尚且不论，但其新颖和独特的思路是不容置疑的。

●《基因的艺术》是一本介绍发育生物学的书，科恩博士利用自己的渊博知识，用制作艺术品与生物体发育之间的类比，确切地描绘了一幅含有最新的、有关动植物发育的分子生物学图景。他还引用了许多历史典故，描绘了动植物中许多独特的现象来增加可读性。

●《基因的艺术》是本很适宜的读物。它包括了各种内容：简明的分子生物学教科书、发育生物学的百科全书、自然探险史、遗传学推理小说、绘画集等等。总之是一个创造性头脑的产物。

世界科普名著精选

基因的艺术

[英] 恩里科·科恩 著
陈志夏 董至诚 罗达 译
罗达 校

湖南教育出版社

图书在版编目（CIP）数据

基因的艺术／(英) 科恩著；陈志夏，董志诚，罗达译．
—长沙：湖南教育出版社，2000
（世界科普名著精选／杨牧之主编）
书名原文：The Art of Genes

Ⅰ．基… Ⅱ．①科…②陈…③董…④罗…
Ⅲ．发育生物学－普及读物 Ⅳ．Q111-49

中国版本图书馆 CIP 数据核字（2000）第 37431 号

Enrico Coen
The Art of Genes
Published in the United States
by Oxford University Press Ins., New York, 1999

世界科普名著精选
基因的艺术
［英］恩里科·科恩 著
陈志夏 董志诚 罗 达 译
罗 达 校
责任编辑：李章书
湖南教育出版社出版发行
（长沙市韶山北路 443 号 410007）
网 址：http://www.hneph.com http://www.shoulai.cn
电子邮箱：228411705@qq.com
客 服：电话 0731-85486742 QQ 228411705
湖南省新华书店经销 长沙化勘印刷有限公司印刷
710×1000 16 开 印张：28.5 字数：376000
2000 年 12 月第 1 版 2011 年 8 月第 2 版第 1 次印刷
ISBN 978-7-5355-3382-1
定价：38.00 元

编委会

作者介绍

恩里科·科恩

(1957 ~)

恩里科·科恩，英国皇家学会会员。教授。1996年荣获法兰西共和国艺术科学大奖、EMBO(欧洲分子生物学组织)奖章；1997年获得林奈金奖。

恩里科·科恩(Enrico Coen)，1957年生于英国利物浦。毕业于著名的英国剑桥大学，并在该校获博士学位。主攻遗传学。1984年至今，在英国詹姆斯·因内斯科学研究中心遗传系任职。科恩教授主要以金鱼草(一种经典的遗传学研究的模式植物)为材料，研究高等植物花发育的遗传机制。他最早提出了在高等植物花发育过程中，存在辐射轴和背腹轴两个方向上的遗传机制以及在辐射轴上由ABC三个功能域控制花器官发育的作用模型。

在植物发育生物学研究领域，他领导的课题组取得了一系列令国际同行瞩目的成果，其研究论文发表在《自然》、《科学》和《细胞》等三大国际著名杂志上。

序　言

杨叔子

在世界文明的发展史中，不同民族间的文化借鉴和交流，对于相互促进民族文化的发展发挥着重要的作用。遣唐使把中华民族的优秀文化带到了日本，丝绸之路向中东乃至欧洲输送了中国的纺织技术。至于中国古代的四大发明对于促进西方近代工业技术革命的诞生所产生的重大推动作用，更是举世公认。

随着近代工业技术革命在西方的诞生和发展，近现代的科学技术呈现出了越来越快的发展势头，特别是在人类社会将进入一个新的世纪的今天，科学技术以人们意想不到的速度和力度深刻地影响并改变着人类社会的生产、生活和未来走向。人们日渐清醒地认识到，科学技术的发展水平，已经成为决定一个国家的综合国力和国际政治地位的最主要因素。一个国家，要摆脱贫困、走向富强，不受强国的遏制，出路在于把经济建设真正转移到依靠科技进步和提高劳动者素质的轨道上来。为此，中共中央及时颁发了《关于加强科学技术普及工作的若干意见》，这是具有战略意义的决策。我们引进、翻译和出版优秀科普图书就是落实中央精神的一项措施。

中华民族是一个伟大的民族，她善于接受和吸收其他民族文化之所长。中国古代伟大的思想家孔子就说过“三人行，必有我师焉”。正是有这种虚怀若谷的精神，才使得我们这个古老的民族能够绵延数千年而不断，饱经沧桑而巍然屹立。

20世纪以来，特别是新中国成立以来，中西文化的交流日益广泛，在这种文化的接触、融和及碰撞过程中，科普读物的引进，作为文化传播的一种重要的方式，对于民族文化的交流和深入了解，对于向国人宣传科学精神、科学思想、科学作风和科学方法，对于提高我们民族的科技意识和科学文化素质，都发挥了十分重要的作用。在面向新世纪的今天，我国改革开放的步伐雄浑而稳健，“科教兴国”的伟大战略深入人心，历经磨难的中华民族，抓住机遇，迎头赶上，在全世界范围内，认真总结文化遗产，取其精华，弃其糟粕，是非常必要和十分迫切的。基于这种想法，新闻出版署在制定国家“九五”重点图书规划时，把科普读物的出版作为规划中的一个重要方面，专门设立了科普读物出版的子规划，以推动科普读物的写作与出版。

在世界各国，一些广为流传、被世人公认的科普名著，如爱因斯坦的《物理学的进化》、法拉第的《蜡烛的故事》、别莱利曼的《趣味物理学》等等在国外几乎是家喻户晓，影响了几代人的成长。这些经典之作是科普创作的典范，是珍贵的文化遗产，值得认真学习和继承。为此，我们组织了科学界和科普界的专家学者，一方面对在我国出版过的数千种国外科普作品进行认真梳理、研究和筛选，另一方面，我们也在世界范围内挑选在人类历史进程中发挥过和正在发挥着重要作用的优秀科普著作，把它们翻译过来，分批出版，这就是我们这套《世界科普名著精选》。第一批推出的有法拉第、法布尔、伊林、房龙、别莱利曼、费尔斯曼、比安基、伽莫夫、爱因斯坦等世界一流的科学家和科普作家的代表作品。相信今后还会有一批一批的优秀科普名著陆续出版。

在即将告别 20 世纪和迎接建国 50 周年的时刻，我们做了这样一项工作，希望这一作品集的出版，对于推动中外文化交流，推动我国科普事业的发展，提高国民科学文化素质，都发挥应有的作用。

1999 年 3 月 1 日

出版者的话

新闻出版署在制定“国家九五重点图书规划”时，提出了编辑出版《世界科普名著精选》的意见，湖南教育出版社与中国科普作家协会经过反复论证与协商，承担了这一重要项目。

三年后，我们首批奉献给读者的有现代物理学奠基人爱因斯坦、电磁学奠基人法拉第、“航天之父”齐奥尔科夫斯基、大爆炸宇宙学奠基人伽莫夫、地球化学的奠基人费尔斯曼以及著名科普作家伊林、趣味大师别莱利曼等一流科学家和科普作家的代表作品，并以此作为出版者献给中华人民共和国建国50周年的一份礼物。

《世界科普名著精选》兼顾历史与当代名著，沟通科学与人文，纵观历史与未来，关注世界科普事业的发展趋势。精选的范围：一是在科技发展史上起过重要作用的科普名著；二是被译成多国文字，在国际上有较大影响或获得过国际性奖励的科普名著；三是世界著名科普作家、科学家的代表作；四是对传播普及科学技术的新进展、新成就、新观念、新学说起过重大作用的科普名著或畅销书。

我们编辑出版这套书的目的是：一、向我国读者提供一整套展示100年来科学技术重要发展历程，而又深入浅出、通俗易懂、生动活泼、引人入胜的科普精品，以激发人们对科学技术的兴趣，引导青少年钟情科学事业。二、把分散出版的、淹没在书海中的零星科普名著集中起来，统一规格，成套出版，以发挥整体效应。三、为图书馆、家庭书房提供一套具有长期保存和阅读价值的高水平、高质量的科普藏书。四、向广大科普工作者提供一套不同题材、不同体裁、不同风格、不同层次的科普精品，供观摩、借鉴之用，以提高我国的科普创作水平。

由于这套书涉及面广，时间跨度又很长，我们按读者对象和内容深浅程度分为三个层次：一是供初中以上文化程度的广大青少年阅读的“青少年科普类”（书脊标有红色标志）；二是供中等以上文化程度的广大科学爱好者阅读的“大众科普类”（书脊标有绿色标志）；三是供非本专业科教人员、管理人员阅读的“高级科普类”（书脊标有蓝色标志）。便于读者选择。

翻译出版这套书是一项十分繁难、艰巨的工作。从征集书目、确定版本、洽谈版权、组织翻译至编辑出版，各个环节都有一系列繁杂、细致的工作要做，为此，我们组成了一个编委会，还聘请了国内外多位科学家、科普作家、翻译家共同来开展这项工作，以利于集思广益、群策群力。本书还得到有关领导的支持，新闻出版署署长于友先、中国科学院院长路甬祥等担任顾问。

由于我们对世界科普名著的历史和现状了解得不很全面，缺乏组织这项工作的实践经验，因而还有一些不尽人意的地方，对于缺点和不当之处，还望各界人士批评指正。

1999 年 6 月

目录

中文版序

恩里科·科恩

当我写这本书的时候，我曾预想大多数读者会以相近的方式理解它。我并不自以为谁都会喜欢它（当然，我很希望读者能喜欢本书），我只期待大部分人会以一种相互可比的方式来阅读和理解本书。但令我吃惊的是，读者对本书作出了非常不同的反应。有的读者把本书看做是发育科学的研究著作，有的认为本书是在探究人类的创造性，还有的把本书看成是艺术、科学和哲学的综合。实际上，《基因的艺术》要阐述的，是上述所有的方方面面。开始，我对这么多不同的反应感到惊讶。但随之我意识到，由于每个人都以自己的方式观察事物，会对不同的思路和理念感兴趣，因而每个读者都将以各自独特的方式看待这本书。

因此，我很高兴本书将被翻译成中文，使更多的人能看到本书，也使我得到更多的反馈。我写本书的一个主要目的，是力图表明科学与艺术之间可产生富有成效的交流。可是在西方文化中，传统科学与艺术之间的差异极大，读者本能地不认可把两者联系起来的努力。中国有着完全不同的传统，具有独特的科学与文化历史。我很希望早日得知，中国读者对本书所讨论的众多问题会有什么看法。

2000 年于英国，诺里奇

前　言

许智宏[1]

我很高兴科恩教授的新作——《基因的艺术》被译成中文出版。科恩教授任职的詹姆斯·因内斯研究中心（John Innes Center）坐落在英格兰东南部一个美丽的城市诺里奇，其前身为詹姆斯·因内斯研究所。著名的遗传学家贝特森是该研究所的第一任所长，他创造了遗传学（Genetics）这一名词，是遗传学的创始人之一。我本人也曾在詹姆斯·因内斯研究所当过访问学者，因而很早就认识科恩教授。1986 年，我曾通过中国科学院邀请科恩教授访华，进行学术交流。

大家都说 21 世纪是生命科学的世纪。发育生物学所研究的问题既是当代生命科学的前沿，又是人们日常司空见惯乃至习以为常的问题。例如，受精卵如何发育成完整的人？眼睛为什么长

〔1〕许智宏，发育生物学家，中国科学院院士，中国科学院副院长，北京大学校长。——编者注

在脑袋上？幼苗怎样长成一棵大树？艳丽的花朵又是怎么长出来的？如果读者准备花时间去理解这些在人们身边时时刻刻发生的大自然奥秘，探询诸如“基因”、“克隆”、“遗传”等时髦字眼的科学含义，但又缺乏专业知识，则《基因的艺术》毫无疑问是值得一读的好书。科恩教授在书中用通俗的语言、精美的插图以及科学与艺术的类比，讲述了发育生物学的历史、基本概念和最新的进展，因而它也适合于缺乏生物学专业基础的读者阅读。《基因的艺术》出版后，有不少杂志争相推介，例如，国际著名杂志《自然遗传》（Nature Genetics，1999．7，Vol．22）评论……它是包含了简明的分子生物学的教科书、发育生物学的百科全书、自然探险史、自传、遗传学推理小说、绘画集等等。因此，本书的广度和深度远远超越了一般科普读物的水准与内容。如果读者有足够的耐心，在艺术与科学交汇的“界面”里漫游与思考，相信一定受益匪浅。

在植物发育生物学研究领域，科恩教授是国际知名的专家，曾取得一系列令同行瞩目的研究成果，得到多项国际大奖。他的主要贡献是阐明高等植物花发育的分子机理。利用金鱼草作为模式植物，科恩教授最早提出了在高等植物花发育过程中，存在辐射轴和背腹轴两个方向上的遗传机制以及在辐射轴上由 ABC 三个功能域控制花器官发育的作用模型。在研究方法上，科恩教授十分注重遗传学、细胞生物学和分子生物学的结合。在研究思路上，科恩教授很注重哲理，把发育与进化乃至与艺术紧密结合。对于已具备生物学专业知识的读者，本书中更值得注意的是作者独特的思路。做科研需要思索，科学探索的动力在于好奇与创新。在这方面，《基因的艺术》提供了一扇窗口和新的视角，让读者顺着发育生物学的历程，审视和探究如何进行创新性的研究。

译者的话

罗 达

在科恩教授开始写作《基因的艺术》时，我还在詹姆斯·因内斯研究中心工作。科恩教授告诉我，他要把多年从事发育生物学研究的思路和心得写到书中去。当初，浏览了初稿中的一些章节，顿感很有趣，也很有启发，便萌发了要把这本书介绍到国内来的想法。回国后，创业艰难，每天都有忙不完的事。去年刚拿到科恩教授的赠书，就得知湖南教育出版社要翻译出版此书，以为可以放下一桩心事。谁料阴差阳错，最后我还是担负了本书校译工作。在此，我很感谢本书的主要译者、上海交通大学的陈志夏先生。

《基因的艺术》的内容极为丰富。为避免难懂的专业术语，科恩教授采用许多隐喻和类比，叙述了发育生物学的基本问题、概念、理论和最新进展。书中穿插了许多发育生物学史的典故，生动地描绘了学科研究的变迁和发展。书中还有大量的名画与插图，论及绘画与艺术，以独特的视角把艺术创作与科学探索的思路进行类比。《基因的艺术》写法新颖，思路开阔。严格来讲，这是一本用通俗语言写就的学术性著作，在思考与理论探索方面极具创新性，涉及大量逻辑推理和思辩的内容。欣赏名画和谈论艺术，探讨的都是人类的创造性；把深奥的科学问题和术语转换为易于理解的隐喻，目的是找出艺术与科学的共性；旁征博引和反复推敲，只为独具匠心地寻求生物发育与人类智慧的共同源泉。21 世纪是生命科学的世纪，发育生物学研究的问题是生命科学的核心问题。有着好奇心与创新欲望、想深入了解生命科学真谛的好学者，通过阅读本书定能感受与进一步把握发育生物学以及生命科学的发展，体察创新性的研究与思路。即使是完全不懂发育生物学的读者，不必企求翻翻本书就能明白发育生物学的内涵。通过《基因的艺术》在科学与艺术的交融场景中闻一闻科学的气味，想象着隐色画就的图式，相信可以对生命科学有切身的体验。

我的研究组中有许多硕士、博士研究生和老师参加了本书的译校工作，除了在本书中有署名的董志诚先生，还有覃莲菊和胡筱荷女士参与了部分翻译工作。田朝霞女士帮忙对全书作了认真的校对，冯献忠、胡文军、董丽、黄卫华、张淑红、郑雷英、王峥、郭熙志、陈江华和王毓美等对部分章节的译文提供了建设性的意见。我还要特别感谢我中学时代的老同学、广东电视台学刊的郭际生先生，他是中译本（书稿）的第一位“对生物学一窍不通”的读者，硬是把《基因的艺术》细细地读了一遍，为我提供了许多珍贵的意见与建议。由于本书内容新颖，涵盖了发育生物学的不少最新进展，涉及了生物学、艺术等方方面面的内容，特别是有许多与专业有关的词汇，目前在国内尚无统一的译法，使得翻译和校订十分不易。由于我们的学识所限，自知难有“信、达、雅”的境界。虽然我们已力求译文准确和流畅，难免有许多不当之处，还望读者指正与赐教。

2000 年 8 月于上海

1 描绘一幅历史图景

自古以来，制作方式有多种多样：从高度机械化、自动化的方式，如制造一辆汽车，到更开放和富于创造性的方式，如创作一件艺术品。人所共知，所有制作过程都是由人来设计和执行的，它们反映出人脑思考和组织事物的方式。然而，还有另外一种制作形式，它是其他所有制作过程的基础，这就是从卵细胞到生物成体的制作过程。生物体的创造和制作能力取决于他们的身体和大脑，而身体和大脑都是从微小的受精卵细胞发育而来的。发育是一种神奇而无须人为引导的制作类型——不需要任何监管，卵细胞就会自行转变为成体——我们周围的所有生物都是如此，不需要任何特殊的帮助，橡树籽果可生长为橡树，从鸡蛋里孵化出小鸡。从雏菊到人类的所有生物，都被自然地赋予了这种惊人的特性：一种制作自身的能力。

只要试图制作自身，我们就会遇到一个难以逾越的悖论。按常理，要制作事物就先要有制作者，并且制作者有别于被制作的事物。比如说，要造房，就必然有建筑师，但建筑师显然不是建筑物的组成部分。如果说某个事物在制作自身时，它既是制作者，又是被制作的物体，这不是意味着事物可以成为自身的起因吗？这是一个超出常理而通常仅赋予上帝的概念。埃希（M. C. Escher）用一幅画简洁地表明了这个悖论。画中的两只手显然是在描绘自身（图 1—1）。

对于一只正在画手的手而言，首先必须存在这只手。但是，在埃希的画中，两只手中的任何一只手，为了自身的存在，必须依赖于它正在画的另一只手。我们陷入了谬误的循环之中。

人们已经做过许多尝试，想解决生物怎样制作自身这个悖论，从而探索卵细胞是怎样将自己转变为成体的。

有些人曾经试图否认这个过程是一种制作形式：认为从某种意义上说，成体从一开始就已经存在于卵细胞中，因而根本无须制作成体。

另一些人的观点则认为，这不是一个真正的制作自身的过

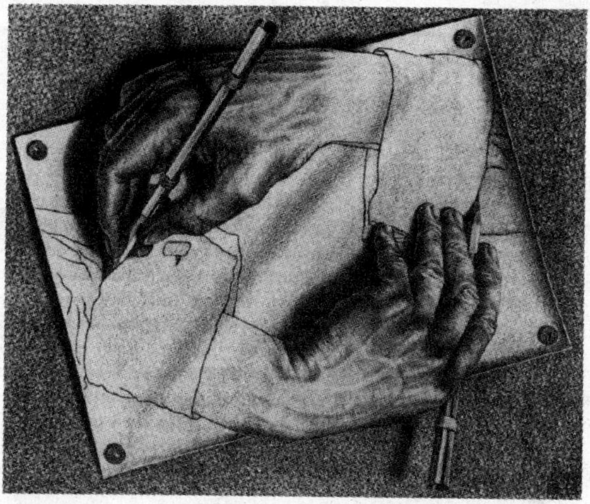

图 1—1　正在画手的手（1948），埃希作

程，而是，有一种外在的力量操纵着所有的制作过程。

还有一种当今也许是最流行的观点，它同意生物体能制作自身，但认为生物要通过某种方式，遵循着已经存在于卵细胞内的某个程序或一套指令而制作自身。

在我看来，上述所有答案都不能令人满意。现代科学研究已经揭示了一种完全不同的方式来考察生物体制作自身的问题。在本书中，我想通过解释一些最近发现的有关生物渐成的原理，进而描述这种思考方式。在此过程中，我们需要一种全新的视角，不仅考察生物是怎样发育的，而且还要把它与其他类型的制作方式相比较，如制造一辆小汽车或创作一件艺术珍品。由此，我们将看到生物体的发育并不难理解；也将看到，在已知的各种制作形式中，生物体的发育是最基本的形式，而且，对它的理解也有助于理解其他所有的制作形式。在深入讨论之前，我们对过去有关自我制作问题的解释先作一番考察。

新的或旧的制作

在17世纪和18世纪，得到广泛认同的科学观点是：生物完全不制作自身。据认为，生物以微缩体的形式“预成”在受精卵中。在卵细胞发育为成体的过程中，根本就没有形成新的结构，只有预存的微小组成部分在生长和展开。

然而，如果你是预成在母亲怀中的，那么你的母亲预成在她母亲怀中时，你就只能以更微小的形式存在于你母亲的卵巢内。按时间往前推溯我们的血缘谱系，人体就必须越变越小，被包裹在数目不断增加、一个套着一个的微缩体中。根据预成论，开天辟地时，每种动物或植物都只有一个，它包含着将要出世的这个物种的所有个体。根据《圣经》的记载，地球的年龄到目前为止已有五六千年。因此，我们可以计算出每个物种从原始个体开始，它已经被打开的个数。至于人类，一位预成论的狂热支持者哈勒（Albrecht von Haller）曾经计算过，在创世纪的第6天，上帝一定在夏娃的卵巢内预先创造了至少2 000亿个人类胚胎的微缩体（他假设，30年为一代人，全球平均一代人口为10亿）。

最早的预成论者认为，叠套着的微缩体储存在母体的卵中。17世纪后期，精子的发现提供了另一种可能性。一些科学家提出，在精液中游动的这些微小生物体，含有包装好的微缩体。精子穿透卵细胞后，其中的一个就可以被滋养，并最终发育为成体。由此产生了两个截然相反的学术流派：卵子决定论者和精子决定论者。卵子决定论者相信，夏娃的卵子内藏有我们和我们的祖先；精子决定论者则认为，我们最初都藏在亚当的精子里。然而，这两个学派都有一个共同的信念：生物是预成的。

令人惊讶的是，科学界曾经满足于这种奇异的观点：只要把包装生物体的最初创造行为归因于上帝，似乎就可以把有关生物制作自身的问题排除在正常的科学探索研究之外，但科学与宗教的关系在十七八世纪时并不同于现在。预成论者认为他们的工作绝对遵循牛顿（Isaac Newton）的科学体系。牛顿本人就是一位虔诚的宗教人士，他坚定地相信上帝创造世界。他认为，通过研究自然界，科学家可以进一步领悟上帝设计自然的真谛。他深信，上帝创造了一个遵循简单法则的有序世界，如重力定律。创世纪后，由上帝设置的各种力学定律和机械力便操纵着宇宙的运行方式，偶尔，上帝也许会做些干预，使事物的运行井然有序。预成论者认为，他们的观点是牛顿理论的衍生。尽管最初制作生物的微缩体是一件很复杂的事，但这无关紧要，因为上帝以他无所不能的创世力量直接介入这个过程。关键在于微缩的生物体一旦被创造出来，它们就遵循简单的规律自动发育成长。成体从卵子开始的发育过程，是一个遵循各种几何定律的简单机械过程，即预先已经存在结构的放大。因为所有的制作已经在上帝的创世过程中完成，生物就不再需要任何特殊的力量或复杂的规律。生物一旦被创造出来，发育过程就如同行星围绕太阳运动一样，十分简洁和无可变更。

到了 18 世纪末和 19 世纪初期，一种与预成论不同的观点逐渐得到人们的广泛认同。这种观点认为，生物体并非预存在受精卵内，而是需要通过一个真实的制作过程而形成。初始阶段，生物体比较简单。经过一个被称为“渐成”〔1〕的过程，逐步建立起生物体的复杂结构，直至出现最终的结构形式。在卵子成长为成体的过程中，生物体的每一构造都需逐渐生成。这是一种真正的制作过程，决不仅仅是简单的放大过程。但是，渐成论有一个根本性的缺陷：没有任何物理机制可以解释它。相比之下，预成论的解释十分简单，只需打开一个个盒子即可，而渐成论似乎需

〔1〕“渐成”（epigenesis），希腊语单词，原义是“从此起源”。

要一种特殊的“构成力量”（一种生命活力）来完成制作生物体的所有复杂事情。上帝要么创造了一种独特的力量，这种力量能够组织和制作事物，要么就必须不断地介入发育过程，在每一个生物体形成时，都得在一旁引导整个发育过程。因此，信奉真正的制作过程，就得接受生命活力这一超出常理的概念。这种思考方式的极端形式使人认为，卵子几乎是一张白纸，而有关生物体的所有结构信息都来自作用于卵子的生命活力。

一旦接受了生命活力的观念，人们就可以想象，还可以用别的方式来组建生物体，甚至从完全无序的物质中自主地引发生命。为什么将生命活力局限于卵子的发育；为什么不用它来解释一些自然现象，如腐肉上长蛆，或者喝剩的肉汤内产生微生物？因此，渐成论变得与17世纪流行的另一种理论相一致，那就是自然生成论。后来，自然生成的观念开始受到一些实验结果的挑战，如斯帕朗扎尼（Lazzaro Spallanzani）的实验。斯帕朗扎尼于1767年证明，只有在瓶口敞开接触空气的条件下，肉汤才会产生微生物；如果在肉汤烧开后，把瓶口密封，就不会产生微生物。这个实验提示，微生物不是在生命活力的作用下，从肉汤里自发地产生的。由于这些实验结果都不支持生命活力，许多人把这些实验看做是反对渐成论的强有力证据。[1]

可以看到，渐成论和预成论都把生物体的制作归因于上帝，但在解释机制方面，它们并不相同。根据预成论，制作过程的所有难点都在最初的创造阶段，产生包装好的微缩体，随后，生物体遵循最初由上帝设置的简单法则在机械力的作用下形成。渐成论就不一样了，因为创造过程的复杂性不在于卵子内的微缩体，而在于上帝所设计的特殊生命活力，生命活力负责从卵子或其他物质中制作生物体，这是一个实实在在的制作过程。我用最极端

〔1〕通过巴斯德（Louis Pasteur）的研究，自然生成论才于19世纪后半期寿终正寝。

的形式描述了这些学说，以便使他们的基本假设更加清晰明了。实际上，许多科学家持较为中庸的看法，分别采纳源于两派的一些观点。

人们也许认为，解决这两个学说的争论应借助显微镜的观察，看看在卵子转变为成体的过程中究竟发生了什么。譬如说，是否真的在卵子或精子内观察到微小的微缩物，或者胚胎结构是否逐步显现。一些早期的预成论者确实宣布过，说看到了称为雏形人的微形人，他们具有完整的手臂、头和腿，被紧紧地裹在每个精子内。后来，对于发育中胚胎的详尽研究结果，推翻了上述说法。研究结果表明，器官和手足等是逐步出现的，而不是预先存在的各部分的扩大。很明显，观察结果有力地支持渐成论。预成论者则抗辩说，生物微缩体的各部分很小或透明，难以在早期识别，仅仅在成长的后期才逐步显现出来，因而不一定非得在精子或卵子中看到包裹好的微缩体。因此，预成论与渐成论之间的争执此消彼长，单凭对发育过程的观察不足以解决问题。在遗传和进化研究基础上的其他探索，才最终解决了这两个学派之间的争论。

遗传与进化

遗传与进化理论的先驱莫泊丢（Pierre-Louis Moreau de Maupertuis）是一位18世纪中叶的法国科学家。不幸的是，莫泊丢的杰出洞察力被长期埋没，起因是他与当时法国的著名哲学家和作家伏尔泰（Voltaire）发生争吵。莫泊丢在世时受到伏尔泰公开的嘲弄和羞辱。由于伏尔泰的猛烈攻击，他名誉扫地，其学术成就直到最近才逐步获得人们的认可。

莫泊丢详尽地研究了人类多指（趾）症的遗传特性，这是一种十分罕见的疾病，其症状是婴儿出生时有多余的手指或脚趾。通过收集患此疾病患者的家庭资料，他发现一位患此病的妇女把该疾病遗传给她 8 个孩子中的 4 个；其中一个患此病的儿子又把此病传给了他 5 个孩子中的 2 个。这表明此种疾病可以通过男人或女人传给后代。而根据预成论，生物微缩体只存在于母亲体内或父亲体内，但不可能同时储藏在双亲身上。因此很难解释为什么母亲和父亲都能把一种遗传特征传给他们的下一代。莫泊丢的结论是，预成论一定是错误的，并且提出，双亲都提供了决定下一代特征的遗传粒子。受精的过程是让来自双亲的遗传粒子以各种组合方式混合，然后互相结合，结果产生可继承双亲中任何一方特征的下一代。例如，一个孩子的头发和眼睛的颜色像母亲，但鼻子却像父亲。如果孩子已经预成在双亲中的任何一方，就难以解释怎么会出现上述的特征组合。莫泊丢曾经试图用各种动物（如冰岛狗）来做育种实验，以进一步证实他的这种观点。但直到 1865 年，通过孟德尔（Gregor Mendel）对植物的研究，才最终阐明了遗传粒子的精确行为。

植物比常用于育种实验的狗或其他动物能产生更多的后代，而且植物易于培育，也容易自交和杂交。莫泊丢逝世后不久，科尔诺埃特（Joseph Koelreuter）也用与莫泊丢相似的论点来反驳预成论。他用不同品种的烟草进行杂交，证实双亲平等地决定其后代的特征。哪个品种提供花粉（即父本）或哪个品种接受花粉（即母本）都无关紧要；正反交产生的杂交后代看起来都是一样的。大约 100 年后，孟德尔用精确的豌豆杂交实验证实，这是因为每个亲本植物都提供了一组现在被称为基因的遗传因子。每个雄或雌的亲本，都携带一组基因，这些基因在重新混合后分配到后代中。每个个体的特征都取决于从亲本遗传而来的基因组合。因为个体的特征要从来自于双亲的基因组合中重新产生，所以每个个体不可能预先存在于父亲或母亲的体内。

虽然遗传规律可作为反对预成论的有力证据，但是，这些规律也有悖于某些极端形式的渐成论。可别忘了，渐成论需要一种能从卵子制作成体的生命活力。在最极端的渐成论学说中，卵子可以被设想为一张白纸，生命活力提供了发育中生物体的所有结构信息。但是，如果一开始就含有双亲提供的基因，受精卵很显然不是一张白纸，它携带来自两个亲本个体的信息。即使存在生命活力，它的行为也必然受到遗传的高度限制。遗传规律也使自然生成论难以成立，因为生物体不能无中生有地发育而来，它必须取决于从双亲遗传而来的基因。

尽管生命活力的作用受到遗传学的挑战，但仅凭遗传因子以及完全遵循简洁的力学定律，怎么可能解释生物体高度有序的各种形态呢？也许仍然需要用生命活力去解释生物体的形成原因，如一只蝴蝶或一朵兰花所具有的精致花纹与美感。或者遗传因子本身似乎被赋予了某种特殊的组织力量，或者遗传因子必须接受另外一种力量的引导。不管是哪种可能性，都难以摆脱存在着潜在的生命活力的思路。解决这个问题的惟一途径是证明在生物界中存在与生命活力完全无关的组织性源泉。只考察遗传本身是不可能找到这个源泉的，只有把遗传与更广泛的进化问题联系在一起才有可能找到答案。

1751 年，莫泊丢发表进化论，比达尔文（Charles Darwin）早一个多世纪，他就考虑到了怎样用遗传粒子的变异来解释物种的起源：

> “物种”的最初起源可能只是某些意外的产物。在这些产物中，基本（遗传）粒子没有保持其父母的结构形式，每个不同程度的差错就可能产生一个新的物种。我们今天所看到的丰富的动物种类，就是不断重复的差错的结果。随着时间的推移，物种的数目还在不断地增加，但是，对于这个过程来说，几个世纪的时间跨度也只能带来几乎难以察觉的细微增加。

物种可能起源于遗传粒子传递过程中差错的累积，在时间的长河中，这种积累逐步改变了生物体的特征。莫泊丢意识到，如果物种确实以这种方式进化，而且随着时间不断发生变化，那么预存论将寿终正寝。因为这种理论认为，生物个体只包含预存的微缩体，因此谈不上变异，更谈不上新物种的起源。因为物种一旦被创造出来，就一成不变，不能逐渐进化和改变，所以，物种通过遗传组分的逐步改变而进化的理念，对预成论提出了质疑。而且，通过排除生命活力存在的必要性，进化论的研究最终也向渐成论的某些形式发出挑战。达尔文和华莱士（Alfred Russel Wallace）提出一种新的机制来解释生物界的结构状况（组织性）：自然选择理论。

自然选择理论基于三个基本假设。

（1）一个物种的每个成员在某种程度上都互有差异。一个群体由许多各不相同的成员所构成，这在人类中非常明显，但也适用于其他生物。

（2）个体成员之间存在的许多差异是遗传的，可逐代传递。遗传依赖于遗传因子（基因）的传递（尽管达尔文并不熟悉孟德尔的具体研究成果）。

（3）生物具有过度的繁殖率。它们倾向于生产超过其生存环境所能承受的子代数目，因而不可避免地许多子代个体夭折。

如果上述三个假设是正确的，那么将发生下述的自然选择过程。在每一代里，群体中只有一些经过选择的成员才能生存下来并繁衍后代。这种选择并非完全随机，它向具备某些特征的个体倾斜，这些特征包括，有更强的觅食能力，或者更容易逃脱被其他动物捕食的厄运等。由于个体的差异在某种程度上是遗传的，因此，最终获得繁殖机会的个体将会把自己的一些遗传特征传给下一代。这意味着，有利于个体获得生存和繁殖机会的特征将得到优先遗传。上述过程逐代重复，生物将趋向于使那些有利于在环境中生存和繁衍的特征不断强化，换句话说，这就是适应的形成。

这里，我们最关心的是，自然选择过程对生物体发育方式的影响。为了更清晰地考虑这种影响，我需要区分两种过程。第一是发育过程：从受精卵发育为成体的过程。这个过程的时间跨度是一代。其次是进化过程：由许多个体组成的群体经过许多世代后，可能发生变化的过程。达尔文的自然选择理论主要是解释进化的机制：它表明，我们今天所见到的生物适应能力，是通过对无数代物种群体的自然选择后才形成的。但是，发育过程也体现在进化的历史画卷中。这是因为受精卵发育为成体的方式本身同样可以被看做是一种适应：以有序方式发育的个体，与以有缺陷的方式发育的个体相比，更有机会生存和繁殖。经过数百万代以后，自然选择便导致了发育的进化，产生了我们现在所能观察到的协调而严密的发育方式。通过自然选择，发育的有序性在物理和化学规律所允许的范围内不断进化。我们确实不需要借助特殊的生命活力来解释有序的发育过程。

直到20世纪中叶，生物学家所持的观点可以被称为机械的渐成论。成体不以微缩体的形式预成在卵子内，而是在发育过程中逐步形成。不过，受精卵不是一张白纸：它包含着来自双亲的基因，这些基因影响着成熟个体的特征。整个发育过程是数百万代自然选择的结果，而不是一种特殊生命活力的显现。

然而，上述观点还存在一个主要问题，即受精卵内的遗传因子（即基因）是通过何种机制来引导成体特征形成的，依然是个悬而未决的难题。这就像魔术表演，魔术师把兔子从帽子里拎出来，你知道这不需要巫术，也不存在超自然的力量，但你却不明白这种魔术是怎样做的。每当一个孩子出生，或者一粒种子发芽长大时，我们便目睹这种魔术。这种魔术导致了人的存在，使人具有思考问题的能力。也许，它是迄今出现的最伟大的魔术，不需要任何手就可以完成。达尔文的自然选择理论认为，发育不需要任何真正的魔力；也不必诉诸于生命活力。但是，发育的机理，即受精卵如何使自己转变为成体的方式，依旧是那样难以理解。下面我们来考察一些新近被用于解释发育过程的隐喻，它也许能够很好地阐释发育问题的实质。

现代隐喻

用于解释发育过程的一个最常见隐喻是：受精卵包含一组指令或一个计划，当生物体生长时，就执行这组指令或计划。这些指令可能在说："在这里造一条腿"、"在那里造一个鼻子"，或者"现在得开花了"，等等。仿佛卵子里存在一本与基因相对应的袖珍指令手册，它被不折不扣地执行，直至最终产生成体。于是，生物的发育就像按一组正确的操作指令制造一部汽车一样。

这似乎意味着，一旦有了怎样造车的详细指令，一部车的结构就被完全确定了。但这里出现了一个重要的前提：得有人能够理解和执行指令。为了造一辆车，要有一本操作手册还必须有人能读懂手册，才能将零部件正确地装配起来。

如果我们准备接受卵子内包含一组指令的思考方式，那么，就还需要一个独立的、能够理解和执行指令的中介媒体。我们假定有一个高度复杂的中介，它具有理解和执行指令的能力，并且不依赖于指令而存在。这个复杂的中介从一开始就已经存在，我们的理论就几乎等同于假设存在生命活力。或者假设这个复杂的中介是自然选择进化而来的，它的变异也将逐代传递，这是自然选择能够起作用的关键要求之一。换句话说，这个中介也是由遗传因子（基因）来遗传的。但是，基因相当于指令，结果，中介最终还得依赖于指令。于是，我们陷入了怪圈之中：理解指令的能力取决于指令！这里的问题是，只要你想思考指令是怎样被执行的，指令的隐喻就难圆其说了。发育的过程绝不等同于人们执行操作手册的过程，这是因为它与制造过程不同，不依赖于指令就无法解释如何理解与执行指令。

也许用指令的隐喻不妥当，这与人类的活动太相似。我们最好找一个与人类无关的隐喻。选择计算机比较好。受精卵可能包含一组与计算机程序类似的程序，这组程序在生物体逐渐发育的过程中，被执行。程序经过数百万年的精心编制，而成体则是这种程序的产物。发育没有人为的参与：整个过程似乎是自我封闭的，就像一台机器那样自动运行。然而，计算机就不一样，我们能够区分计算机的硬件（计算机的实际零部件，如印刷电路板、磁盘、电线等）和软件（可以在机器上运行的程序）。这里的要点是，它的硬件独立于软件。在运行程序前，计算机设备已经存在，它不是程序的产物。

我们把上述过程与生物体发育作个比较。发育程序的产物，是生物体以及生物体内器官和组织的复杂形态。这意味着软件（即程序）负责组成硬件（即生物体）。然而在整个发育过程中，都必须由生物体在自身的各个不同发育阶段执行程序。换句话说，在硬件执行软件的同时，软件产生硬件的本身。我们又回到了循环论证中，因为软件与硬件不再是相互独立的。

与生物体不同，计算机不能进行自我复制。它的各种部件不会把自己组装成专用电路板。要制造计算机，就必须借助于外部机构，即人类的手以及由人的手制造出来的机器和工具。与之形成鲜明对比的是，生物体的发育不需要外部力量的引导，所以，软件与硬件、程序与执行之间没有任何独立性。

走出上述困境的一条途径是，仍然用计算机作类比，但设想计算机能够自我复制，且硬件与软件相互依存。我们先假定计算机具有能操作工具的机械手，使计算机可以改变自身。这种设想肯定是解决困境的一条思路，但我想，这条思路最终也会走入岔路口，要么放弃软件与硬件之间相互可区分的概念；要么修改这些概念，使它们与计算机软件及硬件没有太多的关系。但无论如何，我不相信用计算机进行类比会有助于理解发育。

也许我们找不到富有启发性的类比。生物体的发育与其他事物截然不同，所以，当把它与其他过程作比较时，如与执行指令或运行计算机程序等作比较时，注定是要失败的。而且每次类比都使我们陷入同样的自相矛盾中。也许，在我们所熟悉的事物中，根本没有与发育过程相似的东西。据我看，可以用另一种方式来考察这个问题。为此，我们需要重新审视人们是怎样制作事物的。

改变视角

人们在制作东西时，我们很自然地把人与被造物区分开来，将制作的主体独立于被造的客体，比如造房人建造房子，画家绘画。在画家的脑子里似乎已经有一幅油画，他只是利用材料和工具，把自己的创作思路传递到画布上。画家的作用与材料是互相独立的。画家是创造者，材料是随时听从画家调遣和使用的奴隶。这是制作者与被造物之间相互独立的最清晰的例子。

现在，让我们从画家的视角来考察同样的过程。画家边画边看，并不断受到他所看见的东西的影响。只要画家调好颜料，在画布上涂抹，就会不断在画布上出现新的色斑，它必然在画家的脑子里产生反应，而画家是以艺术家独特的方式来看待新色斑的效果的。这颜色也许恰到好处，或者稍微深了点，或者涂抹的地方有点不对，或者与另一种颜色相近，有一种意外的效果。画家的下一笔将受到上述观察的影响，他注视着画布，对他视野中不断变化的图像作出反应。画家要么修正，要么或者保留涂抹在画布上的每一块色斑，对于沉浸在作画之中的画家，他们总是全神贯注地凝视，据此对自己面前的图稿作出反应。随着不断地涂抹作画，油画的效果在形成和积淀，其中每一动作都会对下一动作产生影响。但画家并不需要清醒地意识到这点；他们所考虑的仅是一个连续活动的各个部分。整个过程变得挥洒自如而无须思考。材料、工具和画布等成为画家自身的延伸，油画从相互紧密作用的颜料舞蹈中逐渐展现，将画家头脑中的构思反映到了孤立的画布上。从观众的角度看，画家与画之间泾渭分明，但在艺术家的眼里，却没有一条明显的界线。

从上述的视角，绘画提供了一个极好的例子：在绘画的过程中，不需要制定计划来预先规定所有要用的颜色和画笔的使用次序。我为什么选择绘画为例来说明问题呢？读者看到后面便会明白。其实，其他的创造性活动也可以作为例子。哲学家科林伍德（R. G. Collingwood）在他的《艺术原理》一书中，以写诗为例得出了同样的结论，他写道：

> 设想一位诗人一边走路，一边作诗，他的脑海里闪现出一句诗，接着又是一句诗。然后，他觉得这些诗句不满意，于是，他就开始修改，直到令他喜爱为止。他在执行什么计划呢？他也许模糊地预感到，如果散散步，或许就能写诗；即使如此，他计划作多长的诗，体例又是什么？当然，他可能计划作一首十四行诗，题目已由一本诗评杂志的编辑指定，他也可能没有任何题目，也没有任何明确的计划，然而他依旧是一个正在作诗的诗人。

当人们进行创作时，根本不必区分计划与创作本身。我们能够直觉地意识到，人们绘画或作诗时，无须遵循一成不变的计划。然而，这种创造过程的结果不是随意无序的，而是具备高度的结构性。据此我认为：与依据指令进行的机械制作或运行计算机的程序等相比，人类的创造性活动更接近于生物体的发育过程。

一旦使用类似创造性活动这样的词汇时，警钟可能就开始响了。这不是又进入了生命活力的范畴吗？我们已经全面考察了反对神秘的生命活力的各种论据，但我现在似乎又从后门把这些活力招引进来了。如果我确实设想过，人类的创造性活动具有某种超自然的精神力量，那倒也情有可原。但这不是我的本意。我们创造任何事物的能力，都依赖于独一无二的生物结构——人脑的活动，以及人脑与所处环境相互作用的方式。达尔文曾经指出，人脑本身就是发育过程的产物，这个过程经历了无数代的进化。我们的大脑，包括它潜在的创造能力在进化中产生。我并不认为，人类的创造性活动是一个纯粹的、没有任何文化因素参与的生物学过程。很明显，我们所创造的事物，取决于大脑如何发育，以及它怎样与所处环境相互作用。但是，我们创造任何事物的能力，毕竟依赖于大脑的工作方式和进化而来的基本生物系统。在将生物体的发育与人类的创造性活动相比较时，我并非在引入改头换面的生命活力论，而仅仅是把这两个相互联系的过程作对比而已。

我为什么要作类比？为什么不仅仅关注发育过程，而舍弃种种类比的努力呢？况且，发育不同于创作，我们并不清楚在创作过程中，人类大脑里所发生的一切。为什么要用我们自己都不甚理解的过程，来与发育过程作比较呢？我有两个考虑。

首先，尽管我们不了解思维过程的细节，但可以通过考察创造事物的方式，得到一些具有普遍意义的启迪。我认为，这些启迪将非常有助于我们从整体上把握生物体发育过程中发生的事情，而且也许还能避免作其他不恰当的比较。我的目的不是用创造性活动作类比去解释发育过程，而是以此为出发点，帮助我们深入了解一些有关生物体如何发育的最新的科学理论和成果。

其次，通过比较来揭示其他途径：通过理解发育的基本原理，我们可以重新考察所有其他形式的构建，包括人类的创造性活动。我们应该能够从一个新的视角来观察创造性：不把它看成人类活动的一个孤立部分，而把它看做植根于人类发育过程中的事物。

为了进行这种比较研究，我们需要突破生物体发育过程的表层现象，开始从内部考察这些过程。这看起来似不切实际，我怎么可能深入到一个陌生的、正在逐步发育的生物体内部世界中去呢？当然，我可以从外部进行观察，但是，这与站在画家背后观察绘画一样，不会得到任何深刻的启示。我们必须开辟与生物体的某种对话渠道，以便接近生物体的内部秘密。令人庆幸的是，存在这样的渠道。在近 20 年生物学所取得的伟大成就中，就有来自于这方面的进展——质询生物体的发育过程。这并不意味着召集各种动植物，然后以我们的词汇来询问它们。我们是用一种非同寻常的语言来完成的，即基因的语言。我在本书中要告诉大家的正是这项成就，以及这项成就对于从生物到人类的所有构建形式所产生的重要影响。

2 复制与创造

当把生物体的发育与绘画等创造性过程作比较时，我也许忽视了它们之间的一个重要区别：创造性包括原创性和发明，这两点生物的发育中找不到对应之处。画家不会一而再、再而三地连续画同样一幅画。正如达·芬奇（Leonardo da Vinci）所说：

“一个画家的最大缺点就是重复同样的构思和同样的表现形式。”

然而，生物体似乎是以一种连续一致的方式发育的。当然，每个生物体之间稍有差异；即使是双胞胎，看起来也不是一模一样的。但与不同的原创性艺术品之间的差异相比，生物体的变异程度要小得多。老鼠或橡树的发育过程，从一开始就似乎被限制和定义了。

也许，生物体的发育更像多次复制同样一幅画，而不是一个创造的过程。毕竟，我们在艺术和科学领域使用“复制”一词时，就是不同的。在艺术中，复制意味着以一件原创艺术品为样本来制作复制品的过程，而在生物学中，复制是指在每一代中繁殖新的个体成员的过程。这两个过程所产生的结果可以类比的是：结束时产生了大量相似的事物，即大量的《蒙娜丽莎》复制品或许多的生物后代。

在本章中，我要探讨把艺术与生物学的复制过程作类比的合理性程度。我们将看到，这两种类型的复制过程存在着相似的因素，但也存在着基本的差异，这差异最终将把我们带回到如何把发育与创造性过程作比较的问题上。

艺术中的复制

复制有各种各样的途径，为了复制一件艺术品，你必须选择一种复制方式。请参看图 2—1。

图 2—1 英国维多利亚时代，一间教室里学生的临摹情景

图中展示了一个班的孩子正在学习如何临摹一片叶子的情景，照片取自 1903 年出版的一本关于绘画课的教师手册。图中，每个孩子都以惊人的一致性临摹黑板上的一幅叶片画，生动地反映了今天难以想象的、维多利亚时代陈腐的课堂风气。这个例子也许过于极端，但它却显示了复制的观念是怎样与清规戒律和不折不扣的模仿普遍地联系在一起，而与想象力无关。制作一幅好的复制品，似乎只需要精湛的技术和精确性，但不需要带来独特风格的创造性。

除了手工以外，还有其他的途径复制画。大多数现代绘画的复制品是用摄影的方法来完成的。在这里，复制几乎变成了一种纯粹的技术操作：一个掌握摄影和冲印过程的问题。一幅画被自动地转变成一帧摄影底片，然后，只要你有设备和专业知识，你就可以随心所欲地翻印。复制雕塑艺术品时，也使用类似的复制方法：首先取一个模子，然后制作一个铸件，就可以得到与原雕塑相似的复制品。

在所有这些复制的过程中，无论是只用手，还是借助于仪器设备，总是有一个从原始艺术品或样板开始的复制过程。复制前已经有了终极的目标，就像图 2—1 中，在黑板上有一幅叶片画。这个目标，仅仅是要求做一个与样板尽可能相似的复制品。在最成功的情况下，你得到的是一个几乎可以乱真的复制品。但是，在创造性过程中，目标却不只是简单地制作复制品。若坐在你面前的是一位漂亮女士，肯定会激发起你的创作激情，画家最终所完成的画像决不会只是这位女士的拷贝，它必然是一幅由画家首次创作在画布上的二维图像。我们肯定能区分出《蒙娜丽莎》的画像和她本人。画家的目标不仅是制作一件能够完美地取代画中临摹物的东西，而是创作一幅特殊类型的图像。复制与创作是两个迥然不同的过程。其中哪个与生物繁殖更加接近呢？在我们讨论这个问题之前，我需要先描述构成生物繁殖基础的几条基本原理。

通过分裂的繁殖

我们最好选择从微生物着手来考察生物繁殖的过程。在任何一杯取自池塘里的水或一团泥土中，都充满着微生物。其中许多由单细胞生物组成。这些生物长 0.01 ～ 0.001 毫米，虽小却不简单。它们能从所处的环境中吸收各种养分进行代谢，然后生长，它们甚至还显示出可以被称作“行为”的举动，如游向或离开一种特殊的化学物质。这些微生物的大小、形态各异，生活形式差异极大，从炽热的温泉到大洋的最深处都可以找到它们的踪影。然而，它们的构造都遵循相似的原理。每个微生物都有一个环绕自身的膜，这层薄膜可以防止细胞内的液体涌出。膜还提供了边界，使细胞能保持独立性，与外界隔离，任何进出细胞的物质都必须通过这层膜。当然，细胞决不只是个装满液体的容器。它们包含着大量的复杂结构和分子，其中有一些，我们后面就将涉及到，它们是细胞能够呈现出千姿百态的活动的关键。

在这里，我们最关心的是单细胞生物的自我繁殖能力，这个过程称为细胞分裂。当一个细胞长到一定的大小，它就开始从中间变窄。这个过程一直持续到细胞最终一分为二，变成两个独立的细胞，就像一滴水珠一分为二那样。在理想条件下，一个单细胞细菌，如生长在人体肠子里的大肠杆菌（它们一般没有危害），能够以每20分钟分裂一次的速度生长。这使得大肠杆菌可以仅用7个小时，个体数就增殖到100多万。因而，对于许多单细胞有机体来说，繁殖的问题就可以归结为细胞如何生长和一分为二的问题。

应该注意的是，单细胞生物的繁殖并不是一成不变的，其中的大多数也在某个时段经历某种性的结合过程。这通常包括两个细胞结合在一起——在有些情况下是彻底地融合，结果是产生一个杂交细胞。可以把这个过程比作为细胞分裂的逆向过程，两个细胞融合成为一个，而不是一个细胞分裂成二个。为什么单细胞生物或任何其他生物有性的融合过程，这个问题在许多科学文献中一直有着激烈的争论。这里不便深入地探讨这一问题，但需要指出：性融合带来的毋庸置疑的结果是，使得个体成员之间能够互相交换遗传信息。这意味着，即使是单细胞微生物的繁殖过程，也不仅仅是细胞分裂[1]。

多细胞生物

微生物的繁殖过程也许很迷人，但它与人类的繁殖方式相距甚远。人类不可能直接把自己一分为二来进行繁殖。人类的繁殖方式比单细胞微生物复杂得多，尽管如此，两者之间仍存在着共同因素。比如，微生物和人类的繁殖都建立在同样类型的构造模

〔1〕有些单细胞有机体，如伞藻（Acetabularia），由于在它们的生活史中，细胞形态也发生明显的变化，因此，繁殖过程更加复杂。——译者注

块——细胞之上。不同的是微生物可能由单个细胞构成，而人类却是由数十亿个细胞组成，人类是多细胞生物。

生物学所取得的最伟大和无疑义的发现之一，是认识到植物、动物和微生物都是由同一种基本的细胞单元构成。这是一段令人称奇的历史，其中充满着迂回曲折、跌宕起伏的过程。我们可以上溯到 1665 年，当时，胡克（Robert Hooke）把软木塞的显微结构描述为由许多微室构成的网室，称为小房或细胞：*cellulae*（拉丁语单词）。“*cella*”的意思是“一个小房间”，我们现在说到隐士的密室或牢房时，仍然用的是这个单词的原义。当时使用该术语似乎合情合理，因为胡克观察的软木塞不是活着的细胞，而是细胞的残遗体：即软木塞中的细胞是死的，所以，他只能看见这种植物里原先活细胞的骨骼概貌。因此，细胞起初被看做是一个被动的容器，而不是一个活的实体。随着人们更加细致地观察细胞中的内容物，这个概念不断地变化，细胞最终被认同为一个活着的生命单元，而不仅是一个容器。19 世纪初，生物学取得的一个重要突破是，发现大多数活细胞都包含一个悬浮在细胞液中、被称为细胞核的微小物体。19 世纪 30 年代，通过比较植物和动物细胞里的细胞核，植物学家施莱登（Matthias J. Schleiden）和动物生理学家施旺（Theodor Schwann）认识到，两种类型的细胞可能根据非常相似的原理而形成。施旺回忆道，当时，他正在研究蝌蚪和青蛙的神经组织。在一种称为脊索的特殊结构中，他注意到细胞里存在核：

> 一天，当我和施莱登先生一起吃饭时，这位杰出的植物学家告诉我，细胞核在植物细胞的发育过程中起了重要作用。我立即想起在脊索细胞内曾经看到过的类似器官，一瞬间，我意识到，我的发现可能极为重要，我只需证明，这种细胞核在脊索细胞里所起的作用，与植物细胞核在植物细胞的发育过程中所起的作用一样。

植物和动物细胞都含有一个看起来相似的核，这提示了施莱登和施旺：两种类型的细胞也许由相同的过程所产生。这导致他们提出，植物和动物都由同一种基本单元——细胞所构成，它们的形成都遵循一个共同的机制。换句话说，树木、青蛙、蠕虫和人，都由细胞构成，而细胞的形成方式是一样的。令人遗憾的是，施莱登和施旺虽然在统一植物学与动物学方面做出了巨大的贡献，但他们所信奉的细胞形成机制却被证明是错误的。他们认为，新的细胞是从预先存在的细胞内生长而来，他们对此的深信不疑（尤其是施莱登，对他来说，留有余地就无法形成强有力的信念），误导了生物学家 20 多年。这个问题最终得到了澄清，所有的细胞都通过分裂的方式，而不是通过重新形成的方式来繁殖：植物或动物的每个细胞，都是由已有细胞分裂而产生的。

在研究多细胞植物和动物的同时，微生物的细胞性质也在 19 世纪中叶得到澄清。仅由一个细胞构成的微生物与多细胞生物体内的单个细胞，有许多共同的特性。细胞因而成为所有生命的基本单元。

现在，人们把这种同一性看做是反映了生物有一个共同的进化史。据推测，第一批细胞——地球上所有生命的共同祖先——以单细胞生物体的形式出现在约 35 亿年前。在接下来的约 30 亿年中，生命形式继续以单细胞生物为主。一般认为，当生命还处于单细胞阶段时，就出现了植物与动物之间的差异。单细胞植物从太阳光中摄取能量，通过光合作用来维持生存。单细胞动物则以其他生物为食而维持生命。这些不同的生活方式导致细胞构造的特化，这种特化在今天的植物和动物细胞中仍明显可见。植物自养的生活方式，与它所具有的起保护作用的硬壳（细胞壁）一致。动物细胞则须保持机动性和灵活性，以便捕获和吞食猎物，不可能承受笨重的坚固外壁。当复杂的多细胞植物和动物进化至约 5 亿年前时，这些基本的细胞构造差异被保持下来。请参见图 2—2，图中比较了典型的植物与动物细胞的不同。

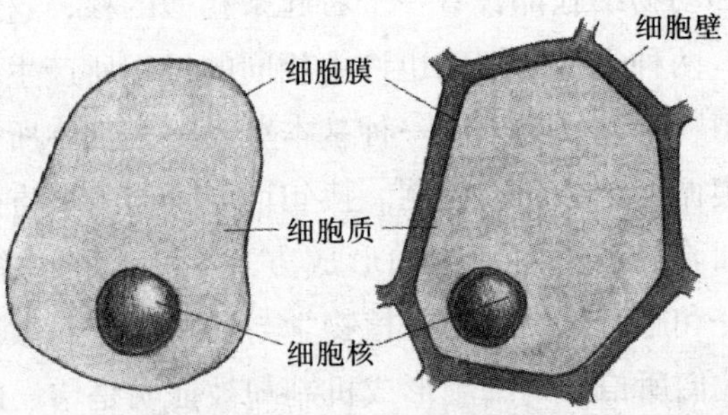

图 2—2　动物和植物细胞略图

这两种类型的细胞都有一层被外膜裹住的细胞液体，被称为细胞质，还有一个位于细胞质内的核。细胞核被它自己的膜包裹，膜上有许多微孔，便于分子在细胞核与细胞质之间穿越。另外，植物细胞产生一个硬的外壳，即细胞壁（细胞壁是构成纸张和木材的主要成分）。这些起保护作用的壁正是胡克当年在显微镜下观察软木塞时所看到的东西。

植物与动物细胞之间的差异，对动、植物的构成方式产生了许多影响。多细胞植物依靠由细胞壁构成的骨架来支撑，这种骨架遍布植物全身。植物能在生命的全过程中，不断生长和发育出新的部分，就像一群雄心勃勃的邻里们在不停地扩建房屋。这是因为植株中每一新的生长部分，都带有用细胞壁来支撑的内部骨架，与此相反，动物用骨骼或坚韧的外壳来支撑，它们都由体内特定部位的特化细胞产生。发育过程大都集中在动物生命的早期阶段，此时动物的所有组成部分均已成形。一个孩子出生时，全部主要的肢体和器官已在正确的位置，其基本的形态在以后生命的各阶段保持不变（有些动物在发育的第二个阶段确实经历了再构建过程。例如，当成虫转变成蝴蝶时，它们要经过一个称为变态的过程，在蛹茧内经历再发育的过程）。

植物与动物对所处环境的反应截然不同，这是它们在生活方式和构造上的差异所产生的另一个后果。植物个体通过生长来开拓环境：在扎根的同时，伸长、分枝、蔓延和侵入周围的空间。动物则通过移动全身来达到相似的结果。飞蛾趋光飞行，而植物却按自己的方式生长和缠绕；动物能通过奔跑、躲藏或格斗来保护自己，植物则几乎没有逃避伤害的能力，但是，它能够承受其躯体的大量损毁，因为植物有持续生长的能力。正是这种能力使除草成为人们每周一次的家务活。有些动物，如螃蟹，也能重新长出脱落的部分，如丢失的一只脚。但是，在这些例子中，螃蟹的脚是重新长在原来脱落的地方，而植物的反应通常是长出另外的枝叶，而不是以新换旧。

通过发育进行繁殖

现在，我们可以回到人、老鼠和橡树等多细胞生物体怎样繁殖的问题上来了。它们的繁殖与单细胞生物体一样，也建立在细胞分裂的基础上，但它们的细胞分裂并不形成许多彼此分离的个体，而是细胞互相聚在一起，逐渐成长为一个多细胞的个体。我们可以用生命周期来概括整个繁殖过程。以人为例，双亲各自提供一个细胞：来自父亲的精细胞和来自母亲的卵细胞。这两个细胞结合在一起，形成一个受精卵。它在子宫内缓慢发育，首先分裂成2个细胞，然后是4个，依次类推。经过许多轮分裂后，受精卵长成一个胚胎，并最终形成由数十亿个细胞构成的新成体。所有这一切都依赖于越来越多的细胞分裂。至此，生命周期完成了第一个时期。在生命周期的第二个时期，如果成体是雌性的，那么，为了产生卵细胞，来自她的卵巢里的某些细胞，将以一种特殊的方式分裂。如果是雄性的，睾丸内的细胞分裂将产生精子细胞。最后，精子和卵子相遇，结合后产生下一代的受精卵，生命周期到此结束。

生命周期包括单细胞时期（受精卵）和复杂的多细胞成体时期之间的交替轮换。这两个时期由无数次的细胞分裂和一次偶然的性结合来连接。

类似的周期也构成了显花植物的繁殖基础。当来自一朵花的花粉粒落在另一朵花的雌性器官上时，花粉粒中的精细胞与母体中的卵细胞结合。然后受精卵不断分裂，每次都加倍增加细胞的数目，直到形成一个微小的植物胚胎。这个过程到这里暂时停止，植物以种子的形式，释放出具有起保护作用的坚固外壳的胚胎。在合适的条件下，例如把种子播种在地里，细胞分裂在胚胎内重新开始，直至最终长成一株新的植物。新植株上的花又产生出更多的卵细胞和花粉粒。与人相似，植物也是单细胞与多细胞时期相互交替。显花植物与人的一个区别是：许多花是雌雄同花，同时产生雌性和雄性器官；如果花粉落在同一植株的雌性器官上，这就是自我受精（也有一些如柳树和刺人的荨麻等植物，更像我们人一样具有独立的性别）。某些多细胞生物，例如蚜虫和蒲公英等，虽然也存在单细胞与多细胞时期的交替，它们却能够在整个生命周期中避开对性结合的要求，并能从非受精卵细胞开始发育。

为了理解多细胞生物繁殖的机制，仅仅知道细胞怎样才能生长和分裂是不够的。我们还需要了解一个单细胞（受精卵）在产生大量不同类型的细胞后，如何以极其复杂的组合方式构建成体。人体包含器官和组织，器官和组织都由不同类型的细胞所构成，如神经细胞、血液细胞、头发细胞等，并以精确的方式组合而成。这些不同的细胞类型可以根据特征来区分，这些特征包括大小、形状、结构和行为等。行为是指细胞的动态特性，如它们是否移动、生长、分裂或死亡。类似的，植物的各个部分也由特性不同的细胞构成。但是，植物细胞与动物细胞不同，由于它已被细胞壁固定，通常不作相互运动。

发育的难题是要了解：在每个世代中，如何能够以延续不变的方式，从单细胞中产生构成生物成体的不同细胞组合以及复杂的形态模式。这个问题适用于多细胞生物体，不适用于以细胞分裂方式繁殖的单细胞生物体。本书中，我将在下述意义上使用“发育”这一概念：从一个单细胞产生一个复杂多细胞生物体的过程。

为了更清晰地理解与发育过程相关的物质，我需要介绍三类在发育过程中起基本作用的分子：蛋白质、DNA 和 RNA。

蛋白质的形状

植物或动物细胞的特性取决于它所包含的蛋白质类型。人们一般在食谱中看到蛋白质的存在。其实，除了食谱以外，蛋白质起的作用无所不在。在我们体内发生的所有过程，如消化、分泌、移动、感觉和思维等，都依赖于不同类型的蛋白质分子的活动。没有蛋白质，我们将一事无成。

蛋白质分子最重要的特征是它的形状，蛋白质的形状能激活在体内发生的各种过程，并影响其方式，这在本书的立论中非常关键，所以，我必须十分清晰地阐明其原理。

如果把一个空水桶放到室外，让它灌满雨水，人们会说，这只水桶正在盛水。很明显，这并不意味着水桶正在想尽办法把水留住，或主动地做任何与水有关的事情。只要下雨以及雨水落到桶内，桶的形状就能积蓄雨水。水桶促使或引导了雨水被收集的状态。如果不把水桶放在那里，雨水决不会自行堆积起来，形成桶状，但决定这个过程的能量来源却与水桶无关。我们可以设想更为复杂的形态组合，例如，把许多水桶放在山腰上，组成一个网络并连接起来，用管子或导管把雨水从一只水桶输送到另一只水桶，最后流入水库中。再用另一批导管把水引出来驱动叶轮机，产生另一种形式的能量。每种组合状态只促成事件的某个特定过程，但状态本身并不能孤立地提供驱动该过程所需要的能量。

类似的，每个细胞都包含数千种不同类型的蛋白质，每种蛋白质又根据它介导的过程而具有不同的形状。这些过程发生在分子的亚微观尺度内。液体中的分子总是处于运动状态，不断高速旋转并且相互碰撞，而且温度越高，分子运动得越快，在维持生命所需的温度范围，细胞内部存在着剧烈的涌动。若要产生分子间的相互作用，例如分子 A 和 B 要结合在一起，两个分子必须以正确的方式聚在一起。通常，当 A 和 B 偶然相互碰撞时，也许什么事都不会发生，这是因为它们没有以一种合适的方式相遇，结果只是继续分别乱窜而已。但如果 A 遇到一个大分子，即蛋白质分子，蛋白质具有一个小巧玲珑的袋子形态，A 就会非常合适地嵌入其中（见图 2—3）。

图 2—3　蛋白质（酶）催化一个化学反应

我们可以设想，蛋白质上的袋子与分子 A 的形状匹配，就像一把锁配一把钥匙一样。分子 A 也许会粘上这个蛋白质，不再飞离。如果在不远的地方，蛋白质还有另一个与分子 B 匹配的袋子，那么，当 B 撞上这个袋子时，它也会粘上。总会有机会，使 A 和 B 同时粘上这个蛋白质；如果它们以正确的方式固定，就将发生化学反应，形成一个新的分子 C，就这样，蛋白质的形状以及它的袋子和缝隙结构，能够促成一个化学反应：即 A 和 B 结合起来产生 C。C 一旦形成，它可能就离开蛋白质，让袋子空出来，以便连接另外一对 A 和 B 分子。因为上述反应并不损耗蛋白质，蛋白质只是有助于引发反应，起催化剂的作用。由蛋白质催化的所有分子反应速度极快：一个蛋白质每秒钟可催化1 000个反应。因为分子是以一种令人目眩的速度旋转和相互反应的。

催化上述化学反应的蛋白质称为酶。在上述例子中，C是反应的产物；但是，这个反应也可能倒过来进行，把C分裂成A和B。任何反应朝哪个方向进行，主要取决于形成或打断分子间化学键所包含的能量以及细胞内A、B和C的数量（浓度）。

必须指出，蛋白质匹配一个分子的形状，并不只是一个三维形状互补的问题。分子的表面也带有微弱的静电荷，结果，导致一个分子的某一区域正电荷多，另一区域则负电荷多。在与分子的外形匹配时，蛋白质也匹配其电荷分布，使得分子中正电荷区域贴近蛋白质的负电荷区域。这些电荷非常重要，它们通过吸引或排斥分子的某些区域，使分子的外形轻微变形，结果有助于产生特殊类型的反应。但为简明起见，我在本书中把“形状”当作广义的概念来使用，它既指一个分子的三维结构，也涵盖其特殊的电荷分布情况。

蛋白质不提供任何能量，它们只凭借其特殊形状起催化作用。它们与各种分子和谐共存，因而蛋白质的形状能够激发或有助于某种特定反应的发生。不同类型的反应需要不同形状的蛋白质。如帮助分子A和B结合起来的蛋白质，无法帮助分子D和E。因此，为了介导细胞内的大量反应，每个细胞需要成千上万种形状各异、不同类型的蛋白质。在本书中，我们将提到具有各种形状的蛋白质，因此，记住这点非常重要：蛋白质的作用以及蛋白质所催化的反应，是其形状所带来的必然结果。蛋白质除了起催化作用外，它并不主动“做”任何事情，这与水桶使得水在某个地方积聚，而不在另一个地方积聚的道理是一样的。然而，我习惯于通俗地说：蛋白质做这做那。与“蛋白质的形状有利于X发生”这句话相比，说蛋白质“做了X”要简洁得多。出于同样的道理，我们说水桶“盛水”，而不说“它的形状有利于水保持像水桶那样的形状”。

像桶灌满了雨水一样，归根到底，驱动所有蛋白质的能量都来自太阳（也有例外，有些细菌从无机分子中获得所需的能量）。太阳能被植物细胞吸收，它被用于从二氧化碳和水中产生糖。于是，光能被高效地转化成另一种能量形式，储存在糖分子的化学键里。通过植物内其他类型的蛋白质，糖分子中的化学能和组分输往各个不同的方向，制成诸如碳水化合物、脂肪和更多的蛋白质等分子。这些产物是动物维持生命所必不可缺的：当动物吃植物时，动物的蛋白质对植物的能量和化学组分进行转换，制造动物自身的碳水化合物、脂肪和蛋白质。换句话说，驱动动物内部反应的能量来自它所吃的食物，而后者的能量来自于太阳。

蛋白质还有另一个更为关键的特性：它们的形状不是完全刚性的，而是可以改变的，这取决于与蛋白质结合着的其他分子。当一个分子落入袋中与蛋白质结合时，它会引起蛋白质的整个构形发生变化。在大多数情况下，当结合的分子离开时，蛋白质就回复原来的形状。蛋白质形状的可逆变化，构成了我们许多行为的基础。人体内每块肌肉的运动，都依赖于无数肌肉蛋白质非常迅速地来回改变它们的形状。类似地，人类大脑和神经细胞内电信号的传递，也取决于某些蛋白质形状的快速可逆性变化。就像所有提到过的过程一样，驱动这些过程的能量不是来自于蛋白质本身，而是最终来自于太阳。

当我们知道细胞内蛋白质形状的组合规定了细胞的许多特性后，要理解其发育过程，就得去解释为什么不同细胞中会包含各自独特的蛋白质。为什么在大脑区域形成的细胞，具有与大脑细胞相适应的蛋白质，而在肝脏区域的细胞，则有与肝细胞相关的蛋白质？人体内有数千种细胞类型，它们都以一种非常精确的方式组合在一起。因此，每个细胞怎样逐步具有自身特殊的蛋白质图谱的问题，令人感到非常困惑和棘手。我将在后面的几章里试图阐明这个问题。这里，我要先探讨蛋白质本身是如何制造的以及它们是怎样获得其形状的。

制作生物拷贝

为了理解如何决定蛋白质的结构，我需要介绍另一个关键性的分子：DNA。DNA 是由两条链构成的非常长的分子，它呈现双螺旋的结构形式，由两条相互缠绕的分子链构成（图 2—4）。

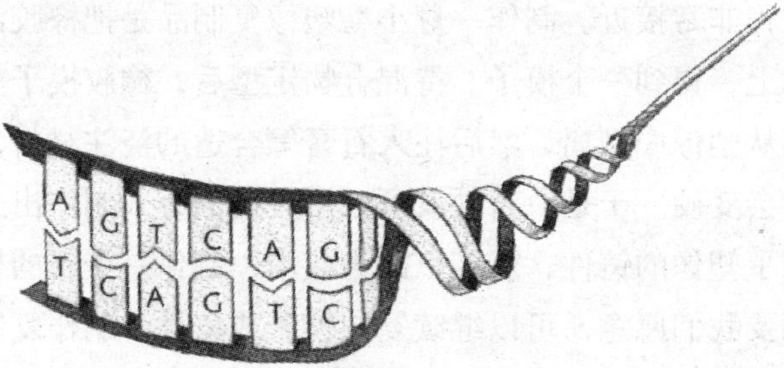

图 2—4 DNA 的结构，示位于对应的分子链上碱基的配对情况

每条链由称为碱基的小单元分子序列组成。碱基有 4 种不同的类型，分别用字母 A、C、G 和 T 来表示［这些字母分别代表这些碱基的化学名称，即腺嘌呤（Adenine）、胞嘧啶（Cytosine）、鸟嘌呤（Guanine）和胸腺嘧啶（Thymine）］。碱基以一种特殊的次序连接在一起，正如字母在每个单词中的有序排列一样；当然，我们的字母表里有 26 个字母，而在 DNA 内只有 4 种类型的字母。然而，由于一个 DNA 分子长得惊人，因此，它能凭借 4 个字母的排列而携带大量的信息。

大多数细胞内含有各种不同长度的几个 DNA 分子，每个 DNA 分子称为染色体。在许多生物体内，染色体是成对的，同对的成员具有相同的长度和相对应的 DNA 序列。染色体的数量和长度在不同物种中是不同的。例如，人的每个细胞，核内有 23 对染色体，总数是 46 个，果蝇的每个细胞里有 4 对染色体，金鱼草则有 8 对染色体。一条典型的人的染色体内有 1 亿个碱基，这使得它有数厘米长。如果我们把染色体放大成一条线，每个碱基相距 1 毫米，那么，它可以延伸约 100 千米长。虽然 DNA 分子很长，但每个 DNA 分子都非常紧密地折叠起来，这使得 46 条染色体都可以被储存在单个细胞的核内。

DNA 分子的最重要的特性是能被复制（拷贝），这奠定了它在生命现象中独一无二的地位。这种行为的产生方式与艺术中的复制过程非常接近。制作一尊小型塑像复制品是把橡胶混合物浇在塑像上，得到一个模子。待混合物定型后，橡胶模子就可以被小心地从塑像中剥离，然后注入石膏等合适的浇注材料，浇注材料最后会变硬。于是，铸件就可以用脱模的方式制作出来。一旦我们有了塑像的铸件，就能以此为蓝本，制作一个新的模子，所以，只要我们愿意，可以继续复制模子或铸件。制作复制品所需要的全部东西，就是两种互补的材料，它们能互相匹配：即模子和铸件。这与我们是从模子开始、还是从铸件开始无关，我们想做多少复制品，就能做多少。

DNA 分子可按照相似的原理复制，不同的是，模子和铸件由相同的材料构成。相同的是，DNA 分子的两条链也是互补的。构成每条链的碱基像锯齿一样，根据下列规则与另外一条链上的对应碱基匹配：A 匹配 T，G 匹配 C，图 2—4 是放大的配对过程的图示。如果 A 处于一条链的某个特定位置上，那么，T 将位于另一条链的对应部位上。类似的，处于一条链上的 C 将总是对应于另一条链上的 G。所以，只要知道一条链上的碱基序列，我们就能预测另一条链上互补的序列。

为了复制 DNA 分子，必须分离分子上的两条链，正如我们要制作一尊塑像的拷贝时，必须先脱模一样。两条链一旦被分离，每条链都可以用作模子或铸件，以产生一条新的互补的链。分离后的链起模板的作用，以保证只有与之相匹配的碱基沿线排列，以形成一条新的匹配链，如图 2—5 所示。

图 2—5　通过拼接匹配的碱基，以便形成双螺旋分子的方式，来拷贝 DNA 的一条链

我们用一个 DNA 分子，得到两个相同的 DNA 双螺旋分子，就这样，我们增加了一对铸件和模子。

这种复制机制与 DNA 两条链互补的结构十分自然地吻合。这使得由华生（James Watson）和克里克（Francis Crick）发现的 DNA 分子结构指明了生物复制的途径。华生和克里克在 1953 年发表的论文末尾，写下了一段著名的话：

“我们注意到，我们所假设的特异配对直接提示了遗传物质的一种可能的复制机理。”

DNA 的复制过程不能自发地进行：它需要输入能量和某些引导（就像没有人分离并浇注模子和铸件，塑像就不会自动生成一样）。一些特定的蛋白质与 DNA 复制过程中所需要的能量和组分有关，以确保构成新 DNA 链的每个碱基能高效和正确地拼接在一起（碱基本身是由化学反应产生的，这些反应仍然由另外的蛋白质催化）。必须强调，虽然这些蛋白质有助于保证 DNA 的复制，但它们本身并不提供储存在 DNA 序列里的信息。浇注模子和铸件的人，在复制塑像时并不提供有关塑像的大小和形状等信息。复制者只是让已经存在的结构被复制。同样，催化 DNA 复制的蛋白质也不决定 DNA 的序列（序列本身已经有了），只是纯粹地帮助序列被复制。

当一个细胞分裂时，通常就发生 DNA 分子的复制过程，因此，每个子细胞都继承了一组 DNA 分子。一个含有 23 对染色体的、正在分裂的人体细胞，将把所有 46 条染色体的复制品提供给细胞的每个后代。这种分裂称为有丝分裂，是人体内大多数细胞的典型分裂方式。还有一种较少发生但又非常重要的分裂类型，称减数分裂，它是有性繁殖所必不可少的。对于人来说，减数分裂发生在睾丸和卵巢的某些细胞内。在这些细胞的分裂过程中，每个染色体对应的两个成员互相分离，因此最后得到的子代细胞（精子和卵子）核内只有 23 条染色体，而不是 46 条染色体。因此每个双亲只把自己染色体的一半，放入每个精子或卵子细胞中。当精子与卵子结合时，来自双亲的染色体结合在一起，再次达到 46 条染色体。所以，每个孩子从他（她）的父亲和母亲身上各继承了 23 条染色体。

尽管 DNA 被复制和代代相传的能力给人留下深刻的印象，但它对另外一些潜在作用施加了某些严格的限制。比如，为了使它们具有某些特性，我们要仔细地选择模子或铸件的材料；为了在不损坏铸件或模子的条件下易于脱模，模子和铸件不能互相粘得太牢，这要求模子必须具有足够的柔性。并且，模子和铸件的材料需要从液态变成固态，才容易定型。如果像复制 DNA 分子那样，模子和铸件由相同的材料构成，上述要求就难以满足。所以，DNA 虽然能很好地满足复制的要求，但这是以牺牲其他特性为代价的。例如，DNA 不能折叠成复杂的形状。

由于 DNA 非常适合于被复制，它就无法胜任细胞内的其他事情。这意味着，要使 DNA 分子里包含的信息对细胞的行为和特性产生影响，它必须被转换成另外一种形式，以便与蛋白质发生关联。

从DNA到RNA，再到蛋白质

蛋白质由氨基酸这一小单元分子首尾相连所组成。有20种不同类型的氨基酸，它们分别用蛋白质字母表中的20个字母来表示。蛋白质的形状以及它所介导的对象，都取决于蛋白质中氨基酸的特殊序列（即氨基酸的排列方式）。一个典型的蛋白质分子也许包含数百个以特异的次序连接在一起的氨基酸。虽然氨基酸被连接成为一条线性的链，但由于它们自身的特有形状，它们彼此之间相互挤撞和推拉，不断地调整各自的位置，结果整条线性链自我折叠，直到蛋白质获得一个稳定的形状为止。每种类型的蛋白质都有其自身特有的氨基酸序列，因而也就具有催化细胞内特异反应的独特形状。

蛋白质和DNA都是由小单元分子的序列（分别是氨基酸和碱基）所组成，这是它们相互类似的方面。但它们在其他方面则差异极大。蛋白质能折叠成各种令人称奇的形状，具有催化细胞内特异反应的能力；而DNA更像居于细胞核里的一段长线，在结构上受到更多的限制。另一方面，DNA极易被复制，它的这种不良特性，恰好让它做蛋白质不能做的事情。每当细胞分裂时，DNA里的信息（也就是它的碱基序列）可被复制和传递。蛋白质无法被用作模板，去制作更多的复制品。蛋白质和DNA都各有不足，但可以相互协作，却能取长补短。现在我们来看这一切是如何发生的。

让我们先想象把一段DNA或染色体分割成比较短的线段（例如数千个碱基长），每小段称之为一个基因。一条染色体最长可达1亿个碱基，所以，在理论上，我们可以把它分割成数千个基因，它们沿着染色体首尾相连地排列。我们把每个基因设想成一个含数千个字母的单词，使用由 A、T、G 和 C 这 4 个字母组成的字母表。因此，由 1 亿个碱基组成的一条染色体含有数千个这样的基因单词。据估计，在人类的每组 23 条染色体中约有 70 000个基因；在果蝇的每组 4 条染色体中，约有 12 000 个基因；而植物中，以拟南芥为例（在花园里常见的一种小野草），它的每组 5 条染色体中含有约 25 000 个基因。

基因和单词一样，由它们所包含字母的特殊序列来表示。就蛋白质而言，一个基因的最重要部分是称之为编码区的一段。这段区域包含的信息，可用 DNA 的 4 个字母表来编码，当这些信息被正确地翻译出来后，就能指导制造一个特异类型的蛋白质。编码区中的碱基序列与由它指导产生的蛋白质中的氨基酸序列之间，存在一个精确的对应关系。因此，每种类型的蛋白质都由一个不同的基因来编码。一旦知道了这种称为遗传密码的对应关系，就能把 DNA 的任何序列转换成一个蛋白质的序列，就像一旦知道了莫尔斯电码后，就能把由点和划组成的一串符号，译成一个用字母组成的单词一样。遗传密码以三联体的形式组成，因此，3 个碱基为一组，对应于一个特定的氨基酸。如 ATG 为蛋氨酸，而 GCA 为丙氨酸。通过这种方式，编码区里的 DNA 序列被翻译成一串连续的三联密码子，用以确定一个蛋白质内的氨基酸序列。这意味着一段 DNA 分子所包含的碱基数，必须是它所编码的蛋白质内氨基酸数的 3 倍：为了构成一个含有 100 个氨基酸的蛋白质，将需要一段 300 个碱基长的编码区。还有一些三联密码子的作用类似于标点符号，提示翻译过程的开始或结束。

在这里，我们不必关心一个基因的信息如何被翻译成一个蛋白质的所有细节，但需要知道：信息从 DNA 到蛋白质的翻译过程并非直接发生，而是需要一个中介，即称之为 RNA 的分子。RNA 分子与 DNA 一样，由一串四种类型的碱基构成，每种类型的 RNA 碱基与一种 DNA 碱基的形状匹配。DNA 是双链分子且非常的长，但一个 RNA 分子由单链构成，并且比 DNA 分子短得多：一个典型的 RNA 分子只有数千个碱基长，而一个 DNA 分子可长达数亿个碱基。

如图 2—6 所示，从基因到蛋白质，基因的编码区首先被拷贝（转录）为 RNA 分子。

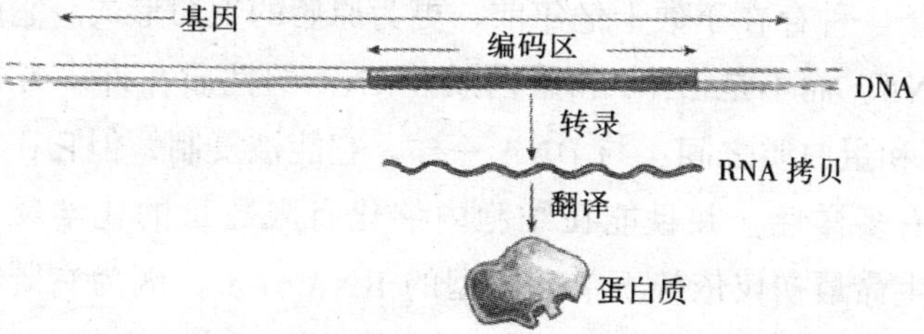

图 2—6 从 DNA 到 RNA 到蛋白质

从 DNA 到 RNA 的转录过程与 DNA 的复制方式差别不大。DNA 的双链被分离后，其中的一条作为模板，按正确的次序，组装成一条互补的 RNA 碱基链。对于任何基因来说，只有包含编码区的那部分 DNA 序列才按上述方式转录为 RNA 分子。然后，RNA 拷贝离开细胞核，进入细胞核四周的细胞液（即细胞质）。在细胞质中，RNA 拷贝里的信息被翻译成氨基酸序列，制成蛋白质分子。视其形状，新合成的蛋白质或留在细胞质里，或进入细胞核内，或分泌到细胞外面。因此，为了制作蛋白质，信息必须从 DNA 传递到 RNA，再到蛋白质。

DNA 与蛋白质之间存在一个相互依赖的关系。就每种类型的分子结构而言，信息流动的方向是，从 DNA 经过 RNA 到蛋白质。这意味着，如果一个编码区域的 DNA 序列被改变，那么，被编码的蛋白质的氨基酸序列也会跟着变化。反过来则行不通：一个蛋白质序列的变化，不会对 DNA 的序列产生直接的影响。结构性信息不会从蛋白质流返 DNA。另一方面，蛋白质的信息——蛋白质的形状——要用于介导细胞内的各种事件，这包括 DNA 的复制、从 DNA 到 RNA 的转录、从 RNA 到蛋白质的翻译，以及发生在细胞里的其他许多过程。DNA 与蛋白质之间的相互依存性，建立在各自分子的非常不同的特性上，它们已被特化为彼此互补。

由于蛋白质或 DNA 不能独立发挥作用，所以人们会问，这样的一个系统最初是怎样进化而来的。一种观点认为，这个系统来自于一种存在于数十亿年前、更为原始的生命形式。它的基础是 RNA，而不是 DNA 和蛋白质。RNA 的性质在许多方面处于 DNA 和蛋白质之间：与 DNA 一样，它能被复制，但它在形状上更具有多样性，并且能在细胞内催化有限数量的化学反应。也许，生命最初仅依赖于单一类型的 RNA 分子，因为它既能被复制，也能催化某些特殊的反应。根据这种观点，DNA 和蛋白质是后来特化的产物，这种特化使得生命的复制、转录和翻译等过程能更为有效地进行。

生物学和艺术中的复制

现在，我们来作一总结。在本章开始，我提出的问题是：艺术与生物学中的复制过程相互类似的程度。在艺术中，复制涉及了制作拷贝的过程。在探讨生物学的复制时，我们也遇到了制作拷贝的过程：DNA 的复制。一组 DNA 分子作为最初的样板，被毫无保留地拷贝，并在每个世代中从双亲传递到下一代。

尽管我们已经探讨了生物繁殖中所涉及的制作拷贝的过程，但被拷贝的对象却与复杂的生物体相距甚远。46 条 DNA 线段，每条线段用 4 种颜色组成的序列来标识，4 种颜色分别以 A、G、C 和 T 来表示，这些根本无法与人体等同起来。目前有一项国际合作计划，即人类基因组计划，目标是精确测定人的所有染色体的 DNA 序列。因为人类个体成员的序列都略有差异，无法独一无二地确定人类的序列，但获得一条人的 DNA 的典型序列应该是可能的。然而，即使我们知道了这条极长的字母串以后，它也并不告诉我们，人是如何构建的。为了理解人等复杂生物体的繁殖过程，我们必须通过某种方式，把 DNA 序列与一个受精卵细胞发育成一个活人的过程联系起来。

一段 DNA 序列与一个发育成熟的生物体之间的关系，无法用与艺术品的复制过程作比较来理解：人体与 DNA 分子的关系，完全不同于拷贝与原件的关系。如果发育与制作拷贝一样，那么我们只得设想，在受精卵内存在某种作为原件的微缩人体，这种观点把我们又带回到上一章曾讨论过的预成论思想。当然，我们已经看到，生物拷贝的对象不是微缩的人，而是具有完全不同结构的 DNA 分子。这便引出了一个基本问题：DNA 序列如何与从受精卵发育而来的、复杂的生物形态联系起来。

尽管在艺术复制中找不到与生物繁殖对等的过程，但我的观点是，艺术中的创造性过程在许多方面与生物繁殖相近。我所理解的创造性是一个高度相互作用的过程，比方说，一位画家创作一幅原创性画的过程就与制作拷贝不同，在开始作画时，画家的面前没有终极的目标。通过画家、画布和氛围之间的相互作用，一幅画才逐渐显现。而一段 DNA 序列在复杂生物体内最终显露出来的作用过程，与创作一件原创艺术品的过程相比，虽然在许多方面非常相似，但与制作一件复制品或拷贝的过程相距甚远。当然，这种类比仍然存在一些问题：生物体的发育过程比起创作一幅画，受到更高的限制。在本书的后面，当我进一步澄清发育过程中所发生的事情以后，最终还要回到这个问题上来。

从 DNA 到有机体

为了阐明发育的问题，我们需要了解更多的 DNA 语言：

DNA 分子上的碱基序列如何与一个生物体联系起来。在讨论之前，我要先简述一种译解 DNA 意义的常用方法，这种方法在全书中都将用到。

译解 DNA 很像学习一种全新类型的语言。小时候，我们通过几种途径学习语言。一种是联想法：人们指着某些物体，然后说出相关的单词，如“桌子”、“椅子”、“花”等。这能帮助传递一个名词的含义，但是，它并不涵盖语言的其他方面，如动词和句子结构。

为了理解 DNA 的意义，我们必须设法找到建立基因语意和用法的途径。事实上，的确存在这样一种方法，但是，它几乎是我们通常学习语言方法的逆向过程。为了学会这种方法，我将试图以人类的语言为蓝本，引出一种平行的学习程序。

设想有这么一个社会，它除了没有桌子以外，其他方面均与正常的社会一模一样。我把它命名为突变社会，它仅在一个方面与正常社会不同：不存在桌子。在这个社会中，没有人感到有必要提到桌子，在语言中，也没有“桌子”这个单词。如果把突变社会与正常社会作比较的话，那么，这个社会存在两个异常：(1) 没有桌子；(2) 语言中缺少“桌子”这个单词。把这两件事情联系起来，我们也许会得出这样的结论，单词“桌子”被用来指某些物体，它们存在于正常的社会里，但在突变的社会中却找不到。我们利用这种方式来译解一种语言，即桌子与单词“桌子”并存。两者中去掉任何一个，另一个就自动消失。这是一种通过联想的学习形式，就像“找差异”游戏的间接指示方法。在这种游戏中，出示两张画，它们仅在一个细节上不同，例如在一幅画中略去了树上的苹果。只要你能把缺少的物体与一个单词联系起来（在游戏中例子是苹果），单词的意义就可以被猜出来。

在假定的突变社会里，我们先去掉桌子，然后发现，单词“桌子”也不需要了。但是，如果反过来，结果如何呢？设想从一种语言里去掉单词“桌子”时，桌子这个物体也消失了。在这个例子中，这个突变的社会是去掉该单词的一个直接结果。显然这不是我们语言的工作方式：我们不可能去掉单词，然后看着物体消失。尽管这样的观念对我们来说，也许是天方夜谭，但从外部观察者的视角来看，呈现在他们眼前的，是两个同样的社会，他们仍然会得出结论，单词“桌子”是指从突变社会中消失的那些物体。

这种逆向推理方法是生物学家用来学习特定 DNA 词汇意义的重要方法。丢失的单词对应于基因中的突变。虽然 DNA 的复制非常精确，但在拷贝过程中偶尔也会产生错误，如放进了一个错误的碱基（比方说用 A 取代了 G），或者一小段 DNA 没有被拷贝，因而在下一代的分子中缺失了这段 DNA 等。当这样的突变发生后，它可能产生持续性后果，因为它将被忠实地复制，并传递给以后所有的 DNA 拷贝。这就像我们在铸件上留下了划痕，然后用它来做模子，以后来自这个模子的所有铸件，都将带有这个划痕。

突变很少发生，通常每拷贝 10 亿个碱基，才会出现一个错误。在某些条件下，如当 DNA 在紫外线的照射下，由于 DNA 分子遭到破坏，突变的概率可能增加。那就是为什么过度的日光浴可能是有害的：它引起皮肤细胞里的 DNA 发生突变，有时会导致癌症。在这个例子中，突变局限于所发生的那个人身上（即它不会被传递给下一代），因为突变影响的只是留在他体内的细胞。但是，如果 DNA 的突变发生在生殖细胞里，突变就可能被传给下一代。当带有突变的精子或卵子细胞把 DNA 提供给受精卵时，从该受精卵发育出来的个体，它体内的所有细胞都将带有这个突变。如果该个体有后代，那么，它将通过自己的精子或卵子细胞，把突变传递给下一代（实际上，因为每个精子或卵子细胞只携带半数的染色体，所以，这个突变将只传递给一半的后代）。通过这种方式，这个突变最终会在一个群体中积累。

虽然生殖细胞里的某些突变不影响以后发育出来的生物体，

因为它们改变的是一段相对来说不重要的 DNA，但其他的突变也许会有严重的后果。例如，如果突变发生在一个基因的编码区，它可能改变被编码蛋白质中的氨基酸序列，因而也就改变了蛋白质的形状。这个被改变的蛋白质也许不再有正常的功能，无法介导细胞内特定的过程。随着特定反应过程的失去或存在缺陷，发育出来的生物体也可能发生变化，并产生可被观察到的变异。这种变异随着 DNA 的被复制而得到遗传。将个体彼此区分开来的遗传性变异，如眼睛或头发的颜色，花或叶子的颜色、高度、形状及许多其他的特征，都是 DNA 序列发生改变的结果，而这些改变总是从突变产生的。基本上，所有可遗传的变异，即进化的物质基础，都是 DNA 突变的结果。

突变在阐明 DNA 的含义方面非常重要，因为它向我们提供了一条把 DNA 与生物体的外观联系起来的途径。通过把生物体特征的改变与发生在某段特定 DNA 上的突变联系起来，我们就获得提示：那段 DNA 通常的含义是什么。这就像用逆向的方法学习一门语言，去掉某些单词，然后观察哪些物体消失了。如果我在许多开红花的金鱼草植物中，发现了由突变引起的白花，我就可以说：表示红色含义的一个基因已经被改变了。如果我发现一只秃头的突变老鼠，我也可以得出结论，表示头发含义的一个基因存在缺陷。

所有这些例子说明，突变的作用正好与该基因通常表示的含义相反，因为它反映了基因的缺陷。突变通常显示当一个基因的作用被否定或删除时所发生的状况，而不是展示它的正常作用。这可能会引起某些混乱，因为命名突变和基因，通常是依据它们如何被首次注意到，而不是它们在正常情况下表示的含义。例如，当注意到一只突变的果蝇具有白色的眼睛而不是正常的红色眼睛时，人们就说白色的基因里有一个突变，其实在正常情况下，这个基因参与了制作红色眼睛的过程。所以，在许多事例中，一个基因的名字正好与它在正常情况下为生物体所表示的含义相反，这是因为我们用颠倒的方式去发现基因的含义。

用上述方式研究突变虽然非常有启示，但它不可能提供DNA语言的完整景况。因此，我们需要用另外的方法去研究DNA的含义：我们必须确定，在生命过程中，基因是如何被使用的。

通过考察基因是如何借助RNA作为中介，对蛋白质进行编码，我们已经初步涉及了基因如何被使用的问题。为了深入探讨，我们必须追溯与发育过程关系特别密切的基因的活动。这样做的主要难题之一是识别一小段与发育过程的某个特征有关的DNA，即基因。20世纪70和80年代，人们开发了许多克隆基因的方法，使特定的基因可从生物体内分离出来，然后在细菌中增殖。一旦通过这种方式被分离出来后，特定的基因连同与之对应的RNA和蛋白质分子，都可以被细致地研究，使人们更好地理解在发育过程中，基因是如何被使用的。本书的主要目的之一，就是要说明这种研究方法如何使我们深入地认识DNA语言的含义。

实际上，通过这种方式研究基因，已在很少的生物中展开。选择哪种生物体来做研究，经常成为生物学家们热烈争论的一个问题。如果你问一位生物学家，为什么要选择某个特殊的生物做研究，他会告诉你许多优点。随着生物学问题和技术的不断变化，生物学家用来证明其选择正确性的理由也在不断地改变。在早期的发育研究中，人们喜欢使用的生物是小鸡。正如海克尔（Ernst Haeckel）在1874年所指出的：

> 鸡蛋要多少有多少，并且，可以用人工孵化的方法，一步一步地跟踪观察小鸡的发育过程。而哺乳动物的发育过程难以跟踪，因为它们的胚胎不是存在于一个离体的、大的卵子里，而是以微小的卵子形式呆在子宫内，直到完全长成为止。

虽然小鸡在很长的一段时间里是研究的热门材料，但其他的生物，如蛙、蝾螈和海胆等，在19世纪末期和20世纪初期，也是非常流行的材料。这是因为科学家曾热衷于观察用手术切除或干扰胚胎的某些部分时所发生的状况。蛙和海胆特别适合于这种研究，因为它们的胚胎易于操作，并且手术后存活较好。

最近，对基因和突变的详尽研究，又为选择哪种生物做研究设立了新的标准：要求生物体能非常大量地生长和繁殖，并且世代时间很短。经常围着垃圾箱或酒杯转的果蝇，是人们特别喜欢的实验对象，因为在一个瓶子里就能饲养数百只果蝇，而且代与代之间的间隔只有2～3周。摩尔根（Thomas Hunt Morgan）约在1910年开始对果蝇进行了重要的研究，直到80年代，随着基因克隆技术的进步，果蝇才成为分子生物学详尽研究的对象。通过分子生物学方法被列入深入研究的其他动物物种还包括：老鼠、线虫和斑马鱼。

许多植物物种也有成为遗传学研究对象的优势，因为它们易于大量地自我受精、杂交和繁育。正是基于这样的考虑，使得孟德尔在1865年利用豌豆来进行开创性的遗传研究。近年来，许多植物学家选择一种花园野草——拟南芥——进行研究。研究野草并不像初听起来那样令人吃惊，因为用于遗传研究的生物应具备的某些特性，如快速生长和每代之间相隔时间短等，也正是野草所具备的特性。80年代末期，这些优势因与分子生物学方法相结合而变得日益明显，研究拟南芥像淘金热一样在实验室中盛行起来。然而，我却钟情于一种特殊的植物，这就是金鱼草，因为研究与花发育有关的基因时，它被证明具有好几个优势。

总之，多细胞生物的繁殖涉及受精卵的发育。这个过程的核心是DNA分子，每当细胞分裂时，它们就被拷贝，这与复制一件艺术品很相像。但是，这里提出了一个基本问题：DNA只是一段线性的碱基序列，它是如何与精致复杂的三维生物体联系起来的呢？为了说明这个问题，我们需要用各种不同的方法来译解

DNA语言，揭示出它的内涵以及对生物体的意义。实际上，这些方法已被应用于好几种经过筛选的植物和动物。在后面几章中，我将讲述一些从近年研究中得到的基本知识，以及这些知识所说明的发育与其他过程之间的关系，例如与人的创造性活动的关系。

3 一个翻译的问题

制作图式是人类创造性活动的一个共同特征。无论插花、修饰蛋糕、设计墙纸，还是演奏一串音符，我们都对构建有序和平衡的形式感到欣喜。图 3—1 所示的镶嵌图案是一个很好的例子，图中不同颜色的石块被细致地拼接，显示出一幅近乎对称与和谐的图案。最后的结果经常是简洁和令人愉悦的。

图 3—1　意大利的镶嵌图案，6 世纪，圣万图，腊万纳 Ravenna

但是，创作一个图式的过程却远不是直截了当的：当图式的制作者反复尝试和摆弄不同的制作元件时（例如一幅镶嵌图案里的各种彩色石头），他头脑里并没有清晰的想法。制作者最后觉得某个组合更为顺眼，却很少能够流畅和确切地解释其原因，常常说不清是什么标准使得某人更喜欢某种形式。制作图式的过程包含着一种复杂的相互作用，难以对其作简洁的分析。

在自然界也存在一个相关的问题。从蝴蝶的翅膀和热带鱼到兰花和伞菌，植物、动物和真菌，展现出大量引人注目的高度有序和协调的图式。在人类的设计中借用了许多这样的图式，图3—1镶嵌图案中所示的孔雀就是个例子。但是，如此美妙的自然图式的多样性是怎样产生的？单细胞又是如何发育成具有如此精致设计的生物体？我们将看到，与人类图式的制作一样，这也牵涉到复杂的相互作用，只是一些基本的要素更容易被分解。在本章中，我要借助于果蝇背上刚毛的排列方式，一种看起来似乎十分深奥难解的图式去探索这个问题。

刚毛图式

20世纪50年代，斯特恩（Curt Stern）在加州大学研究果蝇的刚毛图式。一只成年果蝇的背上通常有40根刚毛，每根长在一个特定的位置上（图3—2，左边）。

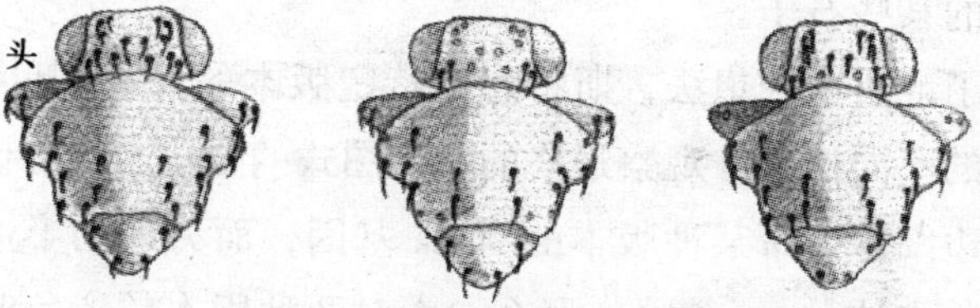

图3—2　由不同的 *scute* 基因产生的刚毛图式。左边显示的是正常 *scute* 基因，与两种发生突变的 *scute*6 和 *scute*2 进行比较

因为果蝇背上的左和右两部分刚毛图式正好互为镜像，所以，整个刚毛的图式由20对排列对称的刚毛构成。使斯特恩感兴趣的是，如何通过基因的作用，产生这种十分协调和可以世代重复的图式。正如我在上一章中所提到的那样，考察突变是分析基因如何影响生物体的一种方法。在这个例子中，斯特恩感兴趣的是那些改变刚毛图式的突变，它们使果蝇产生不同的刚毛类

型。他找到了几个这样的突变体，在这些突变体中的某些部位，但不是所有的部位，发生刚毛的缺失（图3—2，中间和右边）。虽然刚毛的整个数量发生变化，但突变的图式还是对称的，因为刚毛总是成对地缺失。如果我们把每对刚毛分别编号为1～20，发生某种突变的果蝇所缺失编号可能为1、2、3、4、5、10、17和18的刚毛对，而发生另外一种突变的果蝇也许是缺失5、8、9、19和20的刚毛对。这些突变的共同特征是，刚毛以一种协调的方式，从果蝇背部的两边成对地消失。

这些具有不同刚毛图式的果蝇，都在一个特殊的*scute*基因上发生突变。[1] *scute*基因似乎能以不同的方式发生突变，每种突变产生一种不同的刚毛图式。斯特恩推论：*scute*基因可能以某种方式参与了精确规划和协调刚毛图式的活动。也许每种突变产生一个独特版本的*scute*基因，由它改变刚毛形成的整个格局，因此，特定的刚毛以一种恒定和对称的方式缺失。这就像设计镶嵌图案的另一个版本，为保持整体的对称性，同时去改变图案两边的某些石子。

为了证实这种想法，斯特恩把特定版本的*scute*基因放到果蝇背部的不同位置，观察最终的刚毛图式的变化。比方说，果蝇背部半边细胞携带某种版本的*scute*基因，而另外的半边细胞携带另一版本的*scute*基因，那么，面对两种版本的竞争时，刚毛将长在哪里呢？繁殖一只果蝇，它的一部分是一种东西，另一部分是另一种东西。这事听起来就像神话，如希腊神话中的吐火女怪，具有狮头、羊身和蛇尾。然而，的确存在这么令人吃惊的例子。在昆虫的许多物种中，可以发现某些罕见的个体，称为雌雄嵌合体。它们部分是雌性的，部分是雄性的，左半部分是一种性别，右半部分却是另一种性别。当雌雄嵌合体出现在具有性别颜色的物种上时，就特别引人注目，如图3—3。右边的标本是蝴

〔1〕 *scute*的本意是硬化的鳞片或硬片，指昆虫的背上受到突变影响的部分。

图 3—3　左边的昆虫是黄蜂中的一个雌雄嵌合体，它的左半部分是雌性的（红色和无翅膀），右半部分是雄性的（黑色和有翅膀）

蝶中的一个雌雄嵌合体，左半部分是雌性的，右半部分是雄性的。左边所示的标本是一只雌雄嵌合的黄蜂，左半部分是红色和无翅膀的，具有这一物种雌性的典型特征，而右半部分却是黑色和有翅膀的，与雄性相似。图中另一个标本是凤蝶的一个雌雄嵌合体，右边的雄性部分具有独特的淡黄色以及后翅的燕尾，而左半部分则具有雌性的颜色特征。蝴蝶标本收藏者千方百计地寻找这类罕见的个体，甚至甘冒被人欺骗的危险，因为有些不讲道德的人从雌、雄两只蝴蝶上各切下一半，然后再把它们拼接在一起。然而，与这些赝品不同的是，在自然产生的雌雄嵌合体上，雄性与雌性部分之间的分界线并不是沿着中线笔直走的，而是一条蜿蜒曲折的线。

斯特恩想利用雌雄嵌合体来繁殖果蝇，这种果蝇背部的不同部位带有各种独特的 *scute* 基因。为了说明他是如何做的，我要先介绍一些有关决定果蝇性别的背景知识。我曾提到，生物体的每个细胞一般都有一个细胞核，核内含有数个非常长的 DNA 分子，即染色体。染色体携带着所有的基因。人类有 23 对染色体，双亲各提供一组染色体，而果蝇则有 4 对染色体。雄蝇与雌蝇之间的区别与一对特殊的染色体有关，称为性染色体。在雌蝇里，这两条染色体彼此相似，称为 X 染色体。而雄蝇则只有一条 X 染色体，另一条性别染色体十分特别，称为 Y 染色体。果蝇的性别完全由 X 染色体的数量来决定：具有两条 X 染色体的果蝇是雌性的，而只有一条 X 染色体的果蝇是雄性的。果蝇的雌雄嵌合体出现在一个受精雌性卵细胞的分裂过程中，该细胞核内具有两条 X 染色体[1]。细胞核偶尔会发生异常分裂，导致不是两条 X 染色体同时被拷贝到它的下一代的细胞核里，而是丢失了一条 X 染色体，于是，一个细胞核内有两条 X 染色体，另一个细胞核里却只有一条 X 染色体。当成体果蝇发育出来后，它的近一半细胞将携带某种类型的细胞核，而剩下的另一半细胞将携带另一种细胞核。细胞核内有两条 X 染色体的一半将是雌性的，而携带一条 X 染色体的另一半则是雄性的。虽然这样的雌雄嵌合体一般非常罕见，因为在细胞的分裂过程中，X 染色体通常不会丢失，但斯特恩使用的果蝇携带一种特殊类型的环形 X 染色体，这种染色体丢失的机会多，因此，经常出现雌雄嵌合的果蝇。

斯特恩希望看到，当雌雄嵌合体背上的一半携带某一版本的 *scute* 基因，另一半则含有不同版本的 *scute* 基因时，雌雄嵌合体的刚毛图式最终将会是什么样子。他预计，当两种相互冲突的图式共存时，事情可能会陷入混乱。他设想，也许会出现一种新图式，或者出现一种介于两者之间的妥协结果。令他惊讶的是，上述设想根本没有发生。果蝇每部分的表现，独立于另外的部分：在果蝇背上的某个区域是否形成刚毛，只取决于这个区域携带的是哪种版本的 *scute* 基因。这些区域表现出充分的独立自主性，而且与邻近区域携带哪种 *scute* 基因的版本毫无关系。目睹此景，斯特恩惊讶万分：

> 我清楚地记得：对着我的镶嵌图案（雌雄嵌合体），我无法理解在图式形成过程中这种荒谬的自主性。突然

[1] 人类的情况稍有不同，人的性别是由有或没有 Y 染色体，而不是由 X 染色体的数量来决定。

> 我恍然大悟：这种谬误不在于自然界，而在于我的先入之见。我不能自命不凡地坚持，“事实不符合我的理论——是事实错了”，或者抱怨说，“生命现象欺骗了……作者”，我不得不承认歌德（Goethe）的睿智：“自然界……总是真实的……她总是正确的……错误和偏差总是人类自己造成的。”

他只得放弃 *scute* 基因影响刚毛整体格局的原有思路，并对他的实验结果提出另一种解释。

隐色的图式

假设你与许多人一起被邀请到一个足球场，向正在头顶上盘旋的一架直升飞机上的女孩发送一条祝贺生日的信息。足球场已经被划分出许多正方形的格子，每块格子都上了对应的一种颜色，使得足球场看起来像一幅彩色的镶嵌图案。你得到两页纸的指令手册和一张黑白两面的大卡片，然后，指定你站到一个格子里。选定一个格子以后，你阅读指令手册的第一页，上面列出了网格的全部颜色。你所处的格子颜色正好是紫色，手册上写在紫色旁边的一条指令是，“把卡片举过头顶，白色朝上”，你执行了。其余的人，有些人举的卡片白色朝上，有的则黑色朝上，这取决于他们所站立的格子的颜色。尽管从你所处的位置上，看不到最终的信息是什么，过生日的女孩子从直升飞机上往下看时，她看见的是由黑白格子图式制作的单词“快乐”（HAPPY）（如图 3—4）。

然后，有人大声叫道：“全部把手册翻到第二页。”你把手册翻到第二页，对规定站在紫色格子中的人的指令是，“举起卡片，

图 3—4　具有正方形彩色网格的足球场（上图），根据指令手册的第一页，利用上述足球场产生的一条黑白两色信息（下图），你所站立的紫色格子被标出

黑色朝上”。其余的人中，有些人也按规定翻转卡片，而另一些人则被指示不变。那位女孩再从直升飞机上往下看，她看到格子的图式变了，变成了单词“生日”（BIRTHDAY），但对你来说，还是对图式一无所知（如图 3—5）。

图 3—5　根据手册的第二页，在足球场上产生的黑白两色信息

过生日的女孩除了感到无比的激动以外，她也许很想知道，地面上的人是怎样制造出黑、白格子图式的。我们设想，她看不见地面上的人所站立的彩色格子，因此，她只好根据她所看到的黑白格子图式来进行解释。她提出一个假定：下面的人肯定知道最终要传递的信息是什么，每次出示什么卡片，事先他们都仔细地规划和讨论过。当然，实际过程不是这样，但她无法知道。

一年后，这位女孩过生日时，她再次乘上直升飞机，但这次足球场上出现了一个重要的失误。站在足球场的一半以上的人，被错误地指示先读手册的第二页，而不是第一页。于是，场上有一半人举起卡片以制作单词“快乐”，而另一半人则发出“生日”这个单词的信息。她朝下看时，见到的信息就由两部分而组成（如图 3—6）。

图 3—6 分成两部分的信息，左边的人读手册的第一页，右边的人读手册的第二页。为了容易看清楚，图中把两部分信息之间的分界线用一条粗线表示

当女孩回忆起去年所见到的单词时，她就会明白所发生的事情：信息被混杂了。而且，她会想到，她原先的假设是错误的。如果地面上的人真的互相讨论过，并规划好了将发出的信息，他们怎么可能发生一条无意义的信息，而且这两部分的分界线是如此清晰呢？如果事先讨论过，他们就该明白这是一条无意义的信息，应作出相应的改变。即便只在相邻的人之间的小范围讨论，也至少能保证正确地构成每个字母，从而避免出现部分像“P”、部分像“T”的一个怪字母。于是，她现在明白了，每个人的行为都是独立的，他们只是简单地根据一些指令，各自举起一块黑色或白色卡片。根本不考虑周围的人在做什么。

基本上，斯特恩就是这样得出有关刚毛图式结论的。依据每种突变刚毛排列所显现的对称性和恒定性，他预想产生各种图式的原因是，果蝇背上细胞之间的规划和交流发生了变化。然而，当他培育出雌雄嵌合果蝇，其背上的不同部位有不同版本的 *scute* 基因时，他观察到了由两个独立部分构成的刚毛图式，就像两种版本被干净利落地切开后，再重新黏在一起一样，每个区域上的细胞只根据它们的 *scute* 基因版本行事，而不按它们周围的 *scute* 基因来修改自身的刚毛图式。因此，*scute* 基因不参与规划和交流，只影响细胞对一个潜在的网格的应答方式，在斯特恩的术语中，这个网格被称为潜图式。根据类推法，潜图式对应于由彩色格子构成的镶嵌图案，*scute* 基因的每种版本对应于人们所处格子的颜色，而被观察到的刚毛图式则对等于由黑白两色格子最终显示的图案。

因此，我们可以把果蝇的背部看做一种由隐色图式所组成的背景，*scute* 基因对这种图式作出应答。这些隐色是什么，一个基因如何对它们作出应答等问题，将在后面的几章里阐述。现在要确定的是，虽然我们无法看见这些颜色，但作为一种方法，用来解释由两部分构成的刚毛图式，我们可以在抽象的意义上推断出它们的存在。但是，隐色并不一定要用普通的正方形来排列。你可以设想用各种不同的方式使一个网格变形，以便使每块颜色区域的形状和尺寸发生变化，形成极不规则的镶嵌图案。无论这些区域的形状和大小如何，只要在镶嵌图案上存在供 *scute* 基因应答的特异区域即可。虽然我选择用颜色来表示镶嵌图案内的差异，但你完全可以设想用数字或字母来表示。然而在后面几章中将逐渐看到：采用颜色的隐喻，比其他的符号更具有优点。其中一个优点是，颜色完全覆盖了它们所表示的区域，而数字和字母则只能与边界线一起来理解。这也是颜色常用于标示地图的边界线和国家的原因。如果只采用标出国名的方法，你无法一目了然地知道国名与哪些轮廓线有关。

斯特恩解释的关键特征是，潜图式，即隐含颜色组成的镶嵌图案，在每只果蝇里完全一致，而与最终形成的刚毛图式无关。定义基因发生的各种突变，只是通过改变对潜图式的应答，来影响最终观察到的刚毛图式。我想这样来总结上述观点：定义基因的每种版本对潜图式产生不同的译解。“译解”这个词初看起来也许是一种奇怪的单词用法，因为我们通常用它来表示一个纯粹的思维过程。一种基因进行一种译解，这个概念在本书中居于十分中心的地位，因此，在进一步探讨之前，我必须说明在什么意义上使用这个单词。

色斑和墨迹

达·芬奇在笔记本里写满了对有抱负的画家的忠告，建议他们如何提高自己的绘画技巧。在其中一段著名的话中，他建议人们观察色彩斑驳的墙面以获得灵感：

> 请观察溅满色斑的墙面，或者具有各种不同的混合颜色的石块。如果你准备构思某个场景，那么，你就可以看到与许多风景相似的画面，这些画面以各种不同的方式，展现了高山、河流、岩石、树木、大平原、峡谷和小山坡等。你还可以看到各种战斗场景、陌生人物的生动姿态、面部表情、服装和各种各样的事物等，你尽可以把它们还原为优美的一体化艺术形式。这一切都发生在这样的墙面和具有各种色彩的石块上，（它们的作用）就像钟声，在它们的轰鸣声中，你可以找到你所能想象出来的每个名字和单词。
>
> 请不要藐视我的观点，我要提醒你：
>
> 停一下手头上正在做的事情并不困难，找时间仔细看看墙面上的色斑、或一场大火后的灰烬、或云彩、或泥土、或自己喜欢的地方，在那里专心致志地想一想，你也许会发现真正奇迹般的思想。

当达·芬奇注视着一系列的色斑，眼前浮现出一幅正在进行的战斗场景时，显然他正在进行一种十分个人化的译解。另一个人注视着同样的一组色斑时，他可能用一种完全不同的方式来译解它们。但正是色斑的极端不确定性以及可用各种不同的方式来译解，才能使观察者找出新的发现。如果他想告诉别人怎样画一幅风景画，为什么不去看实景，而要看色彩斑斓的墙面呢？因为与实景不同，墙面上的色彩所具有的更多的不确定性，使一颗喜欢无拘无束和富于创造性的心灵看到新颖的形式，这也许是遵循更加直接的路径所达不到的境界。因此，译解不是一个毫无倾向性的过程，而是一个具有高度选择性的过程。

被用于另一种同样目的的原理，构成了心理学测试中使用墨迹的基础。罗夏（H. Rorschach）在20世纪20年代描述了这项测验。在测试中，先让某人看一组墨迹，然后要求他用任何方式来译解这组墨迹。当然，并不是所有的墨迹都能用于这项测验，要按一定的目的来挑选具有暗示性，但又是多义的墨迹，以便激发出各种不同类型的译解。当某人看到图3—7所示的墨迹时，他也许认为是一只蝴蝶或蝙蝠，或其他东西。

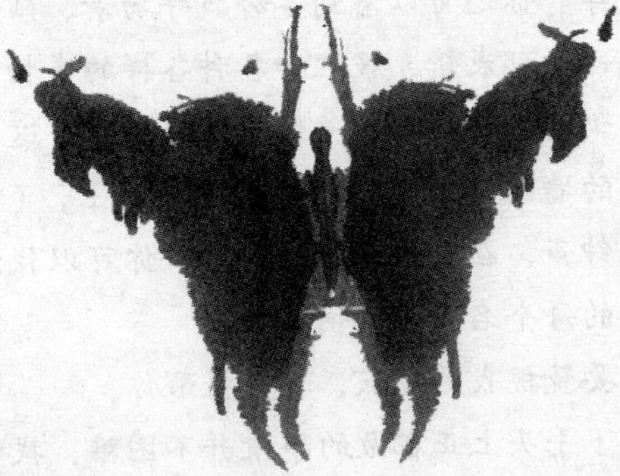

图3—7 墨迹

对特定墨迹的反应显然不是随机的。如果反应是随机的，与出示的任何材料无关，我们就不会把它们称之为译解，而只能称之为某些随机的言语罢了。这里的玄妙之处，是要解释由于什么原因引导某人选择了某种译解。如果一个人看了图3—7所示的墨迹，然后说它看起来像一只蝙蝠，那么，我们有理由相信，他以前看见过蝙蝠，至少是看过蝙蝠画。但是，大多数人都知道蝴蝶是什么样子，为什么他说是“蝙蝠”而不是“蝴蝶”呢？这个问题，在某些特例中也许能得到合理的解答，比如，这人在前一天晚上刚看过一部关于吸血鬼的电影，蝙蝠的形象因而留在了他的脑海里。但在大多数的例子中，这将难以判断。〔1〕

导致某种译解、而不是另一种译解的因素，是如此复杂和难以捉摸，以至于找不到答案。我们只能泛泛而言地说，一个受测验者的反应与他的心理状态有关，这取决于受测验者大脑的发育，以及他对以前的经历的反应，从而追溯到他的童年时代，甚至更远。换句话说，反应具有历史的渊源：它以某种方式依赖于个体的生物学以及环境的历史。但这太复杂了，牵涉了许许多多的相互作用、各种意外的偶合以及随机事件，简直不可能为某一反应找到一种有别于另一种的解释。这既适用于我们正在讨论的墨迹，也适用于墙面上的色斑、天上的云彩或任何其他不确定的形状。

以上这些例子有助于说明译解的三个关键性特征：

（1）在每个例子中，我们能识别出一个共同的参考框架，任何人都能看到这个框架，如墙面上的色斑或一滴墨迹。

（2）每人以一种选择对这个共同的信息作出反应，从众多的反应中选择其中的一种。

（3）选择不是随机的，而是具有历史的渊源，所选择的复杂方式取决于各人的生物学和文化修养的历史。

现在，我们可以回到如何描述一个基因译解某种事物的问题上来了。与其他的译解例子一样，由 *scute* 基因决定的各种刚毛图式，也取决于一个共同的参考框架，即隐色图式。不论最终的刚毛图式像什么样子，每个果蝇的隐色图式都是一样的。在这个

〔1〕罗夏测验回避了这个问题，因为它不打算去解释某些特定的反应。该测验的基础是对“正常的”和有各种心理问题的受测验者所提供的译解进行分类编辑。分析、判断的过程是考察某个受测验者的反应范围是否落在“正常的”范围以内或以外。“正常的”范围则用前面的分类编辑来定义。

共同的隐形镶嵌图案基础上，*scute* 基因的每种版本只能从众多可能的结果中，选择一种特定的刚毛图式。因此，这个过程在两个关键方面与译解相似。现在，我需要探索译解的第三个特征：引导 *scute* 基因以特定的方式作出反应的历史过程。

图式的进化

有机体为什么显示出某些特定的图式，比如刚毛的特殊排列方式。正如我们追溯心理译解的起源一样，这也是一个复杂的历史性问题。为了说明这一点，我们最好从刚毛图式转到另一种图式上，这种图式更易于根据它的进化去理解：这就是蝴蝶翅膀的色彩图式。

1848 年，自然学家贝茨（Henry Walter Bates）和华莱士（Alfred Russel Wallace）离开英格兰，远征亚马孙地区进行联合考察活动。华莱士 4 年后返回，但贝茨多呆了 7 年。在他漫长的逗留期间，贝茨设法收集了大量的生物标本，其中包括 14 000 个昆虫物种。蝴蝶所具有的令人惊奇的特征给贝茨留下极为深刻的印象：某些相距甚远的物种在色彩的图式上存在着惊人的相似性，这提示他，一组蝴蝶物种可能在模仿另一组。因为某些物种不合捕食者的口味，所以他提出，其他物种可能在模仿它们，以便使捕食者误以为它们也是不合口味的。请看图 3—8。

图 3—8 中下面的一行展示了两个色彩明亮的物种，鸟儿迅速地学会不吃它们，因为它们含有毒的化合物，是不可吃的。图中上面一行的蝴蝶表面上非常像下面的蝴蝶，但与下面的蝴蝶相距甚远，属于可吃的物种，鸟儿可以吃它们，不会产生不良作用。可是，因为它们模仿不可吃的物种，鸟儿也根据过去的经验，对它们避而不吃。可吃的物种有效地把鸟类对其他物种习得

图 3—8　不可吃的蝴蝶物种（下面一行）和它们可吃的模仿者（上面一行）。（摘自贝茨的论文，1862 年）

的反应与自己捆在一起（相对于不可吃的物种来说，这只有在模仿物种不太常见的情况下才有效：否则的话，鸟儿就可能经常遇到可吃的模仿者，学不到避而不吃的习得）。这种现象以其第一个提出者的名字，被命名为贝茨拟态，或称警戒拟态。

但是，这种特殊的生存策略为什么会进化的呢？为什么可吃的物种要招惹许多麻烦去模仿其他物种，而不直截了当地进化出一种自身具备的令鸟厌恶的口味呢？为了回答这个问题，我们来考察某些蝴蝶的味道为什么令鸟生厌。在许多例子中，这种令鸟作呕的味道来自一些有毒的植物化合物，蝴蝶在早期的毛虫阶段便吞食了这些化合物。基于这种原因，我们可以设想一个合理的过程来说明不可吃的性质是如何进化的。最开始，植物的某个物种可能为了保护自己免遭动物吃食，产生了一种有毒的化学物质。有了这种很好的保护以后，这些植物繁茂起来。最后，某个昆虫物种突破了植物的这道防御线，比方说用一种特殊的腺体，安全地把这种有毒的化学物质加以隔绝。现在，这种昆虫就可以在没有竞食对手的情况下，放开手脚大吃这些通常有毒的植物，因而这种昆虫就能非常迅速地繁衍开来。作为它的一种额外的收获，对于那些想以它为食的动物来说，这种昆虫就是有害的了，因为它的体内储存了有害的物质。这条途径是众多途径中的一种，某些味道令鸟生厌的蝴蝶或许正是通过这一方式进化而来的。

于是，我们面对的是两种可能的进化结果：在一种情况下，蝴蝶获得了一种令鸟生厌的味道，在另一种情况下，它模仿一种不可吃的蝴蝶物种的外形。其中哪一种情况更可能发生呢?

警戒拟态的进化取决于几个条件。开始时必须有可遗传的变异，即突变，导致可吃的与不可吃的物种之间出现一个偶然的相似性，它经常使鸟类受骗上当。虽然最初的相似性也许非常差，但经过许多代的自然选择，最终会产生越来越接近的相似性。这一系列的自然选择过程是否发生，取决于这些物种开始时相异的程度，以及突变怎样正好影响到翅膀的图式。同时，还必须考虑由此而带来的问题。例如，在某些蝴蝶物种里，雄性的颜色是用于向其他竞争对手发出的信号。因此，如果突变在改变某个蝴蝶色彩图式的同时，也削弱了雄性蝴蝶的竞争能力，那么，交配的劣势就可能抵消掉它从警戒拟态中获得的任何优势。换句话说，从某种观点看，有利的图式的改变，只有在同时不危害它的其他重要作用时，才会被选择。因此，警戒拟态是在一系列条件下偶然发生的进化事件。在许多其他例子中，由于这些条件中的一个或多个无法实现，警戒拟态就得不到进化。

难吃的味道怎样进化呢?在我提出的设想里，毛虫必须通过隔绝某种有毒的化学物质，才能突破植物的防线。正如警戒拟态的进化过程一样，其中也可能包括一系列偶然出现的突变，并且只能通过自然选择才起作用。这个过程究竟是否可行，将取决于多种因素，如昆虫的消化系统、体内是否存在用于隔绝的合适区域、昆虫正常的捕食模式以及突变如何正好影响到所有的这些过程。只有具备了合适的条件，这样的机制才可能进化。

因此，进化是否能使一个蝴蝶物种成为一个模仿者，或者获得一种难吃的味道（或者上述两者都不是，或者两者都是），取决于众多的因素，这些因素涉及到物种本身以及它们所处的环境。今天的蝴蝶展示出来的色彩图式，显然不是随机形成的，它的形成建立在历史的基础上。但是，由于进化的过程就是修改以前产生的东西，因此，它所经历的特定轨迹，必定受到了许多生物的相互作用、各种意外事件的偶合以及随机事件的影响。

同样的原理也适用于人造的图式。克丽斯廷（Archibald Christie）的《图式设计》一书中有一个很好的实例。在许多伊斯兰国家里，织丝艺术在中世纪早期就已经达到很高的水平。那时，穆斯林织丝艺人遵循古代传统，把自己美好的愿望融入织物的设计中。图 3—9 所示的这件丝织品，包含了这种类型的铭文，意思是“荣耀、胜利与繁荣”。

图 3—9　织有阿拉伯铭文图案的丝缎，13 世纪或 14 世纪，维多利亚和阿尔伯特博物馆，伦敦

随着丝织艺术的向西传播，其他国家开始模仿穆斯林织物，

包括各种铭文。在中世纪的欧洲，由于人们不懂这些铭文，在经历了不断的模仿之后，这些原本是书写体的字母最终退化为无意义的描画（图 3—10）。

图 3—10　退化的阿拉伯铭文。位于左边的丝织品：产于西西里岛，13 世纪末期。右边是披在一件雕刻品上的纱巾的部分边沿：产于法国，14 世纪

从织物本身，以及在绘画或雕刻品中出现的铭文中，我们可以追寻到各个不同的阶段。在图 3—10 右边所示的一条纱巾的图案中，艺术家似乎已经对这种混乱的图式深感不满，并试图使它看起来更像西方字母手写体，让它更接近于当时的习俗。某些哥特式艺术的早期作者花费了大量劳而无功的时间，试图诠释这些奇怪字母的意义，却没意识到，它们其实是阿拉伯字母的拙劣翻版。

图 3—11　在各个不同的定型阶段出现的粗制滥造的阿拉伯铭文。顶部的三种图式来自于 14 世纪的意大利织物。底部的图式来自于一部 12 世纪末的烫金《圣经》手抄本的一个首写字母，该手抄本保存于英格兰温彻斯特大教堂内

在某些情况中，追求条理与和谐的本能导致他们把字母更进一步修改成对称的图式，一种称为“模拟阿拉伯语”的设计，如

图 3—11 顶部的三件丝织品。

其他演化产生了一种完全不同的图式，因而彻底丧失了与手写体的相似性，如图 3—11 的底部图案所示。

如果你只是看了某些已经退化的阿拉伯铭文的晚期作品，而对它们的起源一无所知，那么，它们给你的印象充其量不过是些有趣的图式而已。其设计也许纯粹是为了感观上的吸引力。我们只能通过其他途径才可能得到更深入的理解：追溯它们以往的特殊风格、它们的文化变迁史（从一种正使用某种手写体的文化，转到另一种模仿其图式但不理解其原义的文化）。经过连续的模仿，错误悄悄地蔓延，各种改动被引进，最终产生各种完全不同的图式。虽然后来的设计看起来迥然不同，但仍然充满了最初手写体的影响。

基因与译解

蝴蝶图式和人类设计进化的这些例子有助于表明，图式怎样能通过一系列的修改而发生变化，修改的每一步骤都取决于以往所发生的事情。一只果蝇所展示的刚毛的典型图式，取决于一条复杂的进化轨迹，这条轨迹受到一系列不同事件的影响。在这个意义上我们可以说，*scute* 基因对隐色图案的正常应答具有历史的渊源。由于具有一个复杂的进化史，*scute* 基因的应答方式是从许多可能的方式中挑选出来的。在下一章，我们将仔细研究这种应答的进化。

我们可以这样来作总结：*scute* 基因通过作某种译解来影响刚毛的图式。与其他译解的例子一样，这也包括对一个共同的参照框架，即果蝇的隐色图式作出一个选择性的和有依据的应答。正如我们将看到的，译解隐藏颜色的能力并不是 *scute* 基因所独有的一个特征，它是生物体内几乎所有的基因都拥有的一种能力。一旦领会了这点，它将有利于理解基因语言是如何在发育过程中工作的。但是，在进一步探讨之前，我们需要更深入地考察隐色的潜图式。

4 错误特征的案例

1786年9月3日凌晨3时，歌德（Johann Wolfgang Goethe）跳上一辆马车，改名换姓前往意大利。当时，歌德刚过37岁。年轻时，随着一部悲剧小说——《少年维特的烦恼》的出版，他获得了巨大的成功。这本书非常抢手，以至于围绕着它迅速崛起了一个风靡一时的产业。到处上演关于维特的戏剧、歌剧和歌曲；甚至瓷具也被印上有关维特的场景。尽管有着杰出的文学成就，歌德在26岁时还是接受了公爵的邀请，选择到魏玛宫廷服务一段时间。在随后的11年里，他分别负责过矿业、国防部，以及公爵领地的财政。可是，在魏玛的生活最终使他感到过于压抑，到37岁时，歌德实在无法忍受，只好隐姓埋名逃往一个新的环境。

歌德在意大利游历了约20个月。在这段时间里，他发展了各种科学理论，内容涉及了气候、地理和植物。一位著名的诗人投身于科学，这真是叫人惊奇。然而，歌德对自然的兴趣非常广泛。科学研究工作对他特别重要，为此他投入了大量的时间。我们在这里最关心的，是他在意大利旅行途中形成的一个重要的植物学概念。

统一的主题

为了理解歌德的这个概念，以及他如何得到这个概念，我们需要回到数年前他在魏玛的一个发现，那时他34岁。歌德对不同生物体结构的基本相似性有深刻的印象，并逐步相信，它们都有一种共同的形成方式。其中一个最明显的例子是，在许多不同的动物的骨骼中，骨头的排列形式相似。例如，人类的股骨在狗、牛、狮子或任何其他的哺乳动物中，都有一根易于识别的对应骨头。然而，虽然对于动物体内的大部分骨头来说，都可以建立起这样的一一对应关系，但也有一些明显的例外。例如，猴子的面部中间有一根骨头，被称为上颌间骨（它也被称为前颌骨），人类似乎缺少这根骨头。这是过去经常被用来区分人和类人猿的一个重要标志。但是，歌德对生物体之间的基本同一性的信念，驱使他更深入地考察人类的头盖骨。他最终发现，人类也有上颌间骨，但由于它隐藏在上颌里，并且与其他的骨头紧紧连在一起，因此被忽视了（图 4—1）。

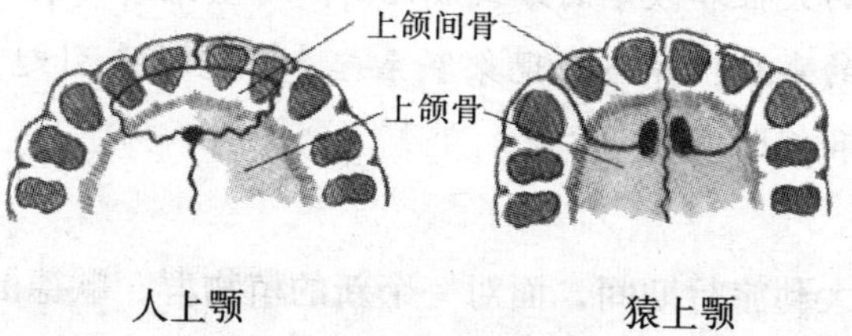

图 4—1　人和猴的上颌间骨

他对形式同一性的信念，使得他发现了被别人忽略的事物。他证明了，上颌间骨实际上是把人与其他动物统一起来的纽带，而不是一个区分标志。

歌德用于支持他对上颌间骨鉴别的一个证据来自畸形动物。他注意到在天生有腭裂的动物里，裂缝线总是位于上颌间骨与周围骨头之间的连接处，这提示上颌间骨是一个独立的实体。他通过腭裂这种罕见的先天性缺陷来更清晰地揭示出正常情况下所发生的事情。为了支持他的植物学理论，他再次使用的也正是这种类型的论证。

在魏玛宫廷任职期间，歌德在邻近城市耶拿科学院教师的帮助下，对植物学也产生了极深的兴趣。当地的森林、花园和庄园提供了一个广泛的植物群，他可以应用植物学知识进行实验研究。但是，只有当他去意大利的时候，关于植物的同一性思想才开始具体化，正如他后来在一篇自传性文章中所阐述的那样：

在我们的眼中，从年轻时代起就伴随我们的所有事物似乎总是普通和琐碎的。虽然我们对这些事物的了解很肤浅，但过于熟悉与常见的结果是，我们对它们不屑一顾。另一方面，我们发现，新颖的事物以其动人心弦的多样性，激发起我们的智慧潜能，并使我们意识到纯真的心灵感应；这些新颖事物也许能引导我们有幸达到更高的层次。这是旅行带来的真正好处，每个人的获益与他的天性和做事的方式成比例。司空见惯的东西变成新颖的事物，并与新现象联系起来，它就会引起注意、沉思和判断。

在意大利旅行期间，面对一个新的植物群，歌德的脑海里产生了对于植物的进一步思考。如同研究颅骨一样，他在寻找隐藏在事物表层下面的基本同一性。他逐渐认识到，植物有一个单一的内在主题，叶子是该主题的缩影。在他看来，在每种植物的整个生命周期里，反复出现同一个主题：

当我漫步在巴勒莫[1]的公共花园里时，脑海中一刹那间闪现出这样一种想法，即在我们习惯上称之为叶子的植物器官里，潜藏着普罗透斯海神[2]的特性，它能以所有的植物形态隐藏或显露自己。自始至终，植物的本质就是叶子，它与未来的胚芽不能分离，人们无法单独考虑叶子或胚芽。面对一个孕育着各种可能性的思路，不管是自己想到的，还是受别人启发的，任何有这种经历的人都知道，这样的思路会产生冲动与激情，这将使他本能地进一步发展这种思路，以及寻求它所产生

〔1〕意大利西西里岛首府。——译者注
〔2〕普罗透斯是希腊神话中的一个海神，能随心所欲地改变自己的面貌。

的结局。

知道这些，就会理解我对植物本质所持有的看法已成为无法摆脱的激情，这种激情迫使我不断思考这一看法，几乎无暇顾及其他。

返回德国后，歌德将他的思路整理成“植物的变态”，论文发表于1790年。他从描述植物的典型生命现象入手。当种子发芽以后，长有1～2片小叶子的微小嫩枝破土而出，随着幼苗的生长，营养叶沿着茎轴相继产生并向外生长。在这个阶段，植物除了茎和叶子之外，别无他物（歌德在研究过程中不考虑根）。但到最后，植物开始形成花朵。问题是，花朵如何与植物的其他部分联系起来。歌德提出，一朵花的不同组成部分从根本上说，是与营养叶相等的，不同之处只是叶子沿着茎干向外生长，而花的各部分都聚生在一起。

摘取一朵花，考察它的各个组成部分，可以发现有几种器官类型，它们以同心圆环（或称为轮）的方式聚生在一起（图4—2）。

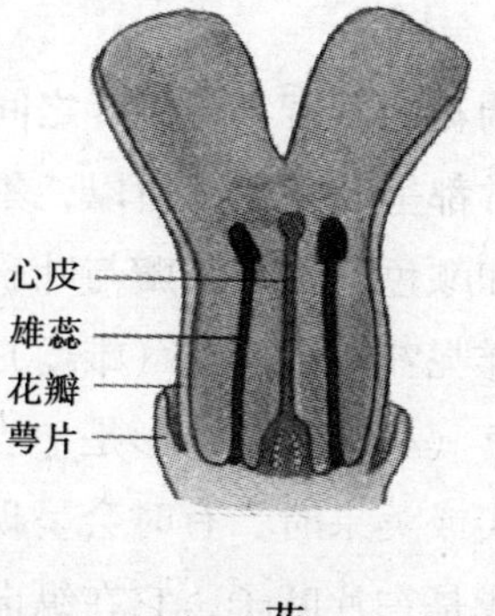

图4—2 典型的一朵花的剖面图（左边），它显示出萼片、花瓣、雄蕊和心皮几个同心轮排列成的多种器官。整个花的形态也可用图解的形式显示（右边）

这里的轮，是指一朵花中的一个区域或环形带，一般包括同一类型的器官（这与植物学家的定义不完全吻合，但对于我们的目的来说，这样的定义更为有用）。许多花有 4 轮器官。最外面的一轮由萼片组成，经常呈绿色的小叶状结构，在花朵含苞未放时起保护作用。在萼片里面，是一轮花瓣，花朵中最招摇和吸引人的部分。再里面是雄蕊，它是花中产生花粉的雄性器官。最后，心皮居于中心位置，即雌性器官，当它们被授粉以后，将生长并形成包含种子的果实。这种同心的排列形态如图 4—2 的右部所示。

歌德提出，花的器官以及所有的营养叶，都只是一个共同主题的不同表现形式。在植物的生长过程中，这个主题可以用各种不同的方式展现出来，首先是营养叶，然后是花的各种器官：萼片、花瓣、雄蕊和心皮等。这就像是一个潜在的器官正经历着一系列不同的形式。他把这个变化过程称为变态，以此来与许多昆虫所经历的变化作类比（当然，在昆虫的变态过程中，整个有机体都经历了一场变化，与该过程不同的是，歌德的构想更加抽象，仅涉及植物体中表现出变化的部分，即各种叶状的器官）。据此，在地面以上，植物仅仅由茎和一系列不同类型的同源器官构成。

为了支持他的断言，歌德强调花的器官与营养叶之间存在着许多相似性。因为萼片的外形通常都呈叶片状，所以，不难想象它们都等同于叶子。若仅从形状和颜色来看，花瓣与叶子也相差不多。但是，性器官的情形怎么样呢？雄性器官（雄蕊）与叶子没有任何明显的相似性。雌性器官（心皮）的情形是，当它们被授粉，然后生长为包含种子的果实或荚果时，有时会呈现一个模糊的叶状外形：豌豆荚可以被看成是一片叶子，它在纵向折叠起来，并有粘在一起的边缘。西红柿的情形又是怎样的呢？横向切开一只西红柿，将看到两个或更多个节段，其中每个节段都含有种子。一只西红柿是否由几个连在一起的叶状器官组成呢？西红柿的各个组成部分看起来不像叶子，因此，说它们与叶子是同一类型的东西毕竟不怎么明显。于是，如同研究人类头盖骨一样，歌德借助各种畸形植物去解决问题。

有用的怪物

畸形的花朵特别吸引人。长期以来，花匠们已经培育出各种有额外花瓣的品种，有时称为重瓣形态。例如，野生的玫瑰花只有5个花瓣，但花园里许多人工培育的品种有更多的花瓣。为了取悦于人，它们被有选择地培育。在某些品种里，这些畸形的花朵以牺牲其性器官为代价，使它长出额外的花瓣，因此，它们不再进行正常的有性繁殖（许多品种采用插枝的方法，进行无性繁殖）。

虽然花匠们觉得这些畸形植物令人赏心悦目，但大多数的植物学家却持怀疑态度，认为它们是一些难以驾驭的畸形怪物，不利于进一步的研究。18世纪的哲学家卢梭（Jean Jacques Rousseau）也是一位热心的植物学家，他警告年轻的女士们，这类畸形的花朵有危险：

> 无论何时，只要发现它们是重瓣的，就别去摆弄它们，花朵的外形已经遭到毁损；或者用时兴的话说，花朵已经穿上我们人类的流行服装，花朵上再也没有自然美。大自然拒绝让残缺不全的畸形怪物繁殖，因为，如果花的更耀眼部分，即花冠［花瓣］被增殖的话，必须以牺牲不可缺少的部分［性器官］为代价，在花的鲜艳性增加的同时，性器官却不见了。

与上述回避畸形花朵的做法相反，歌德意识到，它们可以提供重要的线索去理解花在正常情况下是怎样形成的。在歌德看来，畸形花朵提示了：性器官能以某种方式被转化为花瓣。这无疑表明花的各种器官能够互相转化，它们在本质上是等同的。如果我们赞同这个结论，营养叶与某些花的器官（萼片和花瓣）的相似性表明，植物的所有器官应该归并在相互对等的一族之内。花的组成部分不但互相对等，而且也与其他类型的叶子对等；它们都是基于一个共同主题的变异类型。歌德引用了一个例子：一种畸形的玫瑰花从花中长出了完整的嫩枝，取代了性器官，嫩枝上有花瓣和叶子（图 4—3）。这是表明花器官与叶子等同性的一个清晰例子。

图 4—3　从花中央长出叶状嫩枝的玫瑰花

当歌德撰写关于植物变态的论文时，他并不知道，沃尔夫（Caspar Friedrich Wolff）早在 20 年前就已经提出类似的思想。沃尔夫是渐成论的创始人之一，该理论认为，生物体的发育是一个重新形成的过程，而不是预先隐藏在卵细胞内（第 1 章）。26 岁时，沃尔夫在德国的哈勒大学完成了一篇博士论文，题目是“生殖理论”，由一位如此年轻的作者来完成这样一篇视野开阔，又极具洞察力的论文，实在是令人赞叹不已。它的内容包括了有关动植物发育的显微研究。在其植物学研究中，他一直致力于探讨：植物的叶子和花器官等各组成部分为何以一种相似的方式产生于植物的生长点（沃尔夫是第一位描述植物生长点的人）。几年后，即1768年，他借助于畸形花朵来思考这个问题：

> 有人观察到，林奈多雄蕊纲（在花朵中有许多雄蕊的物种）中的雄蕊经常变成花瓣，由此产生出重瓣，反过来，花瓣也能转变成雄蕊。从这个事实中也许可以得出结论，雄蕊实际上也是叶子。深入的思考揭示出，初看起来，虽然植物的不同部分似乎迥然不同，但因根是茎的一部分，所以植物只是由茎和叶子组成。

沃尔夫已经得出与歌德一样的结论：花的各个不同组成部分可以看做与叶子等同，因而长在地面以上的整个植物只由茎和叶状器官组成。后来，歌德偶然发现了沃尔夫的这项研究成果，便承认是沃尔夫率先提出这个思想。尽管如此，歌德比沃尔夫更为广泛地发展了植物器官等同性的思想，并更有条理地把它作为一个植物发育理论提了出来。

对歌德理论的接受程度参差不齐。一些生物学家认为他的思想极端重要，并将他看做是形态学（歌德创造了这个术语），即关于形状和形态的科学研究的奠基人。另一些人则没那么宽宏大量，认为歌德的理论过于理想主义，试图让自然界符合他诗化的理念，而不是一种建立在客观事实基础上的严肃科学理论；认为歌德的研究只是一名业余爱好者凭兴趣的尝试，而不是一项重要的科学研究工作。正如我已经提到的，歌德本人认为，他的研究工作决不只是诗歌创作的点缀。他十分严肃地看待自己的科学研究，他的一生从未间断过研究，在晚年，他仍将大部分时间用在到光学研究之中。

在评价歌德的植物学思想时，我们遇到的问题之一是，直到近期，他的理论都无法用实验结果来验证。他所关注的是用普通的直觉来理解植物是怎样形成的，而不是从探索性的实验研究中寻找依据。因而，他的许多思想，只能随着研究花发育的新方法出现后，依据新的视点，才得到重新的评价。现在，我将概述这方面的一些最新的研究，然后再回头考察歌德的科学贡献。

特征性突变体

歌德所描述的许多畸形花类型，都是由特定基因的突变引起的。在 80 年代，通过从成千上万个植株中筛选出具有畸形花朵的罕见个体，并系统地收集突变体，这些基因的重要性才变得更加清楚。筛选主要在两个物种里进行：拟南芥和金鱼草。为了展示这些研究工作如何有助于澄清畸形花朵的本质，我将被筛选出的植物归纳成 3 种突变体类型，取名为 *a*、*b* 和 *c*。

我们还记得，一朵花通常有 4 个同心轮的器官，它们从外到里的排列次序是：萼片、花瓣、雄蕊和心皮。在 *a* 类突变体中，通常占据外面两轮的萼片和花瓣被性器官取代：心皮长在萼片的位置上，雄蕊长在花瓣的位置上（图 4—4）。

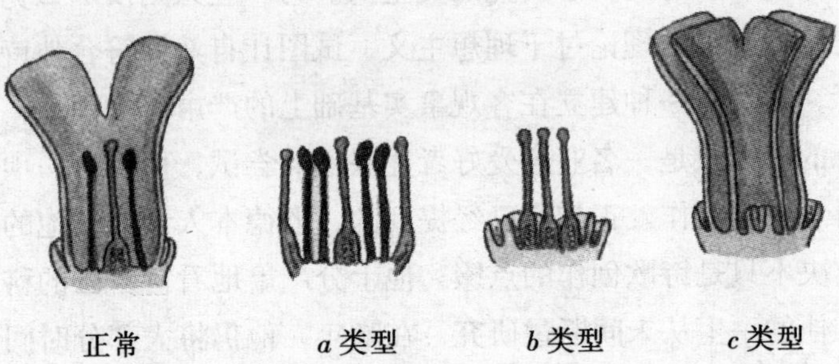

图 4—4　正常的花朵与 *a*、*b* 和 *c* 等三类突变体的比较

如果正常花朵器官的排列式为：萼片、花瓣、雄蕊和心皮，那么，*a* 类突变体就是：<u>心皮</u>、<u>雄蕊</u>、雄蕊、心皮（与正常的器官相比，下面画线的代表被改变的器官）。换句话说，通常被限

定在花朵内层区域的结构，即雄蕊和心皮，现在也占据了外层的位置。我必须强调：这里不涉及任何器官实际上的移动或位置改变。相反，是外层器官以一种改变了的特征发育，即长成心皮和雄蕊，而不是萼片和花瓣。突变体的每个器官都在与正常花朵相同的位置上生长和发育，而且处于外轮位置上的器官所呈现的特征，与通常只有在内轮位置上才能找到的那些特征无异。

上述情形有点让人联想起玛格利特[1]的一幅画，它显示了一双部分被转化为双脚的鞋（图 4—5）。

图 4—5　红色样本，玛格利特作（1935 年）。国立现代艺术博物馆，巴黎

鞋是穿在脚的外面的，但在画中，它们却显示了只在鞋里面的某些东西，即人的皮肤和脚趾。外部结构呈现出内部的某些事物的特征。然而，在这个例子中，转化被故意设置成是不完整

〔1〕玛格利特，(Rene Magritte)，比利时超现实主义画家。——译者注

的，因而每只鞋只有一部分与脚相似（玛格利特尤其喜欢转换事物的正常排列方式，因此，我们在以后几章中将再次看到，他的许多画可以用于图解遗传学里的反逻辑）。

在属于 b 类的突变体中，另外一对器官类型的特征受到影响：萼片取代了花瓣，心皮取代了雄蕊，形成的排列式为：萼片、萼片、心皮、心皮（图 4—4）。与 a 类一样，也有两轮器官类型受到影响，但在这个例子中，位于最外层与最内层之间的一对器官被改变，在正常情况下，这里应该产生花瓣和雄蕊。

在 c 类突变体中，花的里面两轮受到影响：花瓣取代了雄蕊，萼片取代了心皮，形成的排列式为：萼片、花瓣、花瓣、萼片（图 4—4）。这实际上是颠倒了 a 类突变体的次序：外面不结果实的器官取代了里面的繁殖器官。某些具有额外花瓣的园艺品种属于这个类型。在某些情况下，你可以通过这种方式获得许多花瓣，因为一些正常的花朵里含有许多雄蕊，而每个雄蕊都被花瓣取而代之（应该指出，在解释园艺品种时，存在更多的复杂因素。在某些品种里，花瓣的转化可能不完整，因而只是部分性器官被取代，看起来似乎不完美。这可能是因为突变没有使得相关基因彻底失去活性。更为复杂的是，c 类突变体的花朵除了正常的 4 个轮以外，里面也可能有额外的轮，其原因还不很清楚）。

关于隐色 abc

在所有这些突变中，令人瞩目的是，它们似乎引起近于完美无缺的器官类型的转化。我们以为，突变是以某种方式混淆视听，比方说雄蕊，它被形状完美的花瓣所取代。这就是为什么在原本是雄蕊的位置上长出玫瑰花瓣的原因：它们的花瓣仍然长得非常好。基因失去活性的突变，为何能够导致这么巧妙的器官转换呢？

我们可以从语言中的一种相同情形获得有益的启迪。如果在一个句子里去掉一个单词，从语法上讲，该句子就变成不正确和无意义。与突变的情形一样，最后以混乱结束。但也有些单词，去掉后并不会造成负面影响。以单词“请”为例。父母花大量时间来训导孩子说“请”字。“我还要橘子汁……”“亲爱的，可以再说一遍吗？”“请再给我一些橘子汁。”孩子的这两个要求都具有完整的语法意义；区别只在于，一句话显得粗鲁，另一句话则是有礼貌的。单词“请”具有一种特定类型的功能：它可以区分粗鲁与礼貌，但对句子的语法结构来说却是无关紧要的。这是一条武断的习俗，不讲单词“请”，就缺乏礼貌。我们也许可以说，没有了“请”字，粗鲁就通过缺陷呈现出来。缺陷的概念使我们明白，去掉一个单词，将怎样影响句子的意义，而又保留了语法上的正确性。

类似的，突变花朵内受到影响的基因也可以具有一种能用缺陷概念来理解的特殊功能。为了弄清这是怎样进行的，我先描述一个简单的模型，它能够解释 *a*、*b*、*c* 这三种突变类型。80 年代末期，两个研究小组分别独立地获得了该模型的基本要素：梅耶洛维茨（Elliot Meyerowitz）、保曼（John Bowman）及其同事们，在加利福尼亚州的加州理工学院研究拟南芥；卡平特（Rosemary Carpenter）和我，在英国诺里季的詹姆斯·因内斯研究所研究金鱼草。虽然有各种各样的方式来表示这个模型，但在这里，我要用我称之为隐色的概念来描述它。必须记住，这里指的不是真实的颜色，而是抽象的颜色概念。在这个阶段使用隐色的理由，只是为了提供一种便捷的方法，来解释各种不同类型花的突变体。在下一章里，我们将更具体地理解隐色含义。

根据该模型，可以把花表示成由隐色构成的 4 个同心圆环，它们分别对应于由萼片、花瓣、雄蕊、心皮等器官组成的 4 个轮（图 4—6）。

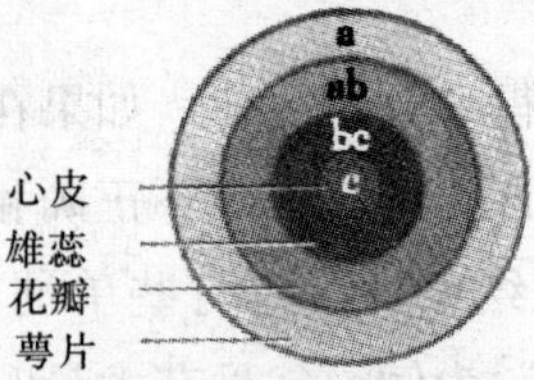

图 4—6　隐色的同心圆环，它们分别对应于一朵正常花的四种器官的特征性

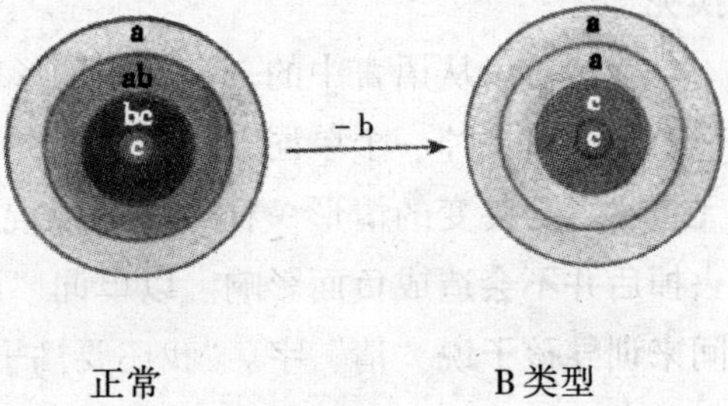

图 4—7　在器官特征中失去隐色 b 的结果

4 个同心环隐色由 3 种基本色组合而成，这些基本隐色被称为 a、b 和 c。最外层的圆环被涂上隐色 a，接着往里的圆环被涂上 a + b 组合色，里面第三个圆环是 b + c 组合色，最后隐色 c 占据中心圆。因此，这些基本隐色和它们的组合色，分别赋予每个轮以一种不同的隐色识别标志。从外轮到中心，这些组合是：a、ab、bc、c，分别表示萼片、花瓣、雄蕊、心皮的特征性。

这个模型的性质是，如果去掉一个或多个隐色，器官的特征将改变成由剩余的隐色所决定的一种缺陷。例如，假设失去隐色 b（图 4—7）。花将具有隐色 a、a、c、c，而不是原先的 a、ab、bc、c。因为基本隐色 a 本身就对应于萼片的特征性，c 本身表示心皮的特征性，所以，具有 a、a、c、c 圆环的花朵，将在外面两轮上长出萼片，里面两轮上长出心皮，形成的器官排列次序是：萼片、萼片、心皮、心皮。这实际上就是属于 *b* 类花突变体的外貌。该模型原来是依据失去特定隐色 b 的情况而设计的，用以解释 *b* 类突变体。

再分别去掉隐色 a 和 c，我们能用类似的方式来解释 *a* 类和 *c* 类突变体。然而在这种情况下，多了一种复杂性。为了预测器官特征的正确图式，我们必须假定隐色 a 和 c 不是完全独立的，而是以某种方式互相对立的。如果由于某种原因丢失了隐色 a，那么，隐色 c 就出现在 a 的位置上。类似地，若丢失了隐色 c，则隐色 a 将顶替它的位置。结果在一个缺失隐色 a 的突变体里，隐色 c 出现在所有的圆环上，但隐色 b 不受影响，形成的隐色为：c、bc、bc、c（图 4—8，左边）。

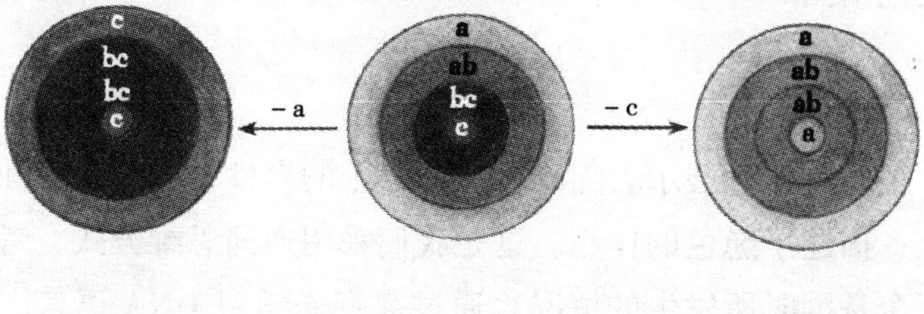

图 4—8　丢失隐色 a（左边）或 c（右边）对器官特征的影响

这预示着一朵花的器官排列式为：心皮、雄蕊、雄蕊、心皮，它与 *a* 类突变体的排列顺序一致。另一方面，如果我们去掉隐色 c，那么，隐色 a 就出现在所有的圆环上，形成的隐色顺序是：a、ab、ab、a，表示一朵花的器官排列顺序是：萼片、花瓣、花瓣、萼片，这正是 *c* 类突变体中的器官排列顺序（图 4—8，右边）。这些规则可能显得十分武断，但请记住，在这个阶段设计它们的用意是解释突变体的外表。在随后的一章里，我们将回到隐色实际上如何相互对立的问题上。

因此，这个模型给予我们一组能用以预测的规则：当失去用隐色表示的区域性识别特征时，将产生什么类型的器官。我们甚至能预测，丢失两种隐色后可能发生的事情。假设隐色 b 和 c 同时丢失：花中将只剩下隐色 a，因为没有与它对立的隐色 c，所以，隐色 a 将出现在所有的圆环上，预测的结果是，花全部由萼片组成。这与 *b* 类和 *c* 类突变同时发生在一个植物上时，所观察到的情形完全相符。

特征性基因

至此，通过展示去除隐色后所发生的事件，我已在负面的意义上，描述了隐色的作用。这是我们采用逆向思维方式，考察缺失某个基因时所发生的情况，通过突变来学习 DNA 语言。从积极的观点看，可以说植物里存在一组特定的基因（我将称它们为器官特征性基因），它们的任务是产生隐色 a、b 和 c。这些基因的积极意义是保证产生特定的隐色。突变使其中的基因失去作用，导致某种隐色的缺失，因而改变了正在发育的各轮器官的特征。

这里必须强调，这些基因和隐色，都不代表怎样构成某个类型器官的指令。它们只提供了区域之间的差异。例如，因为 a+b 导致某个器官发育出花瓣的特征，所以，这个隐色组合规定了花瓣的产生。为了说明为什么不是这样，请看图 4—9，图中比较了金鱼草花和拟南芥花。

这两种花的基本组织结构是相同的：它们都由萼片、花瓣、雄蕊和心皮等的同心轮组成。这反映了隐色 a、b 和 c 在同心圆环上的一个类似的分布情况。然而，各种器官的结构却大不相同，我们很容易就能区分这两个物种。比方说，金鱼草花的器官要大得多，展开后的直线尺寸大约是拟南芥花的 10 倍（作尺寸比较时可参看图 4—9 中小圆里的微小拟南芥花）。但即使把拟南芥花的尺寸放大以后，这两种花的器官结构也明显不同。金鱼草花 5 片花瓣中的一部分连在一起，形成管状部。花瓣在管状部的末端分离，形成 5 个裂片，位置较低的裂片提供了一个平台，供蜜蜂停留和撬开花朵，如图 4—9 中的侧面图所示。比较而言，拟南芥的花瓣更像调羹形状，并且相互之间完全分开。它们共同

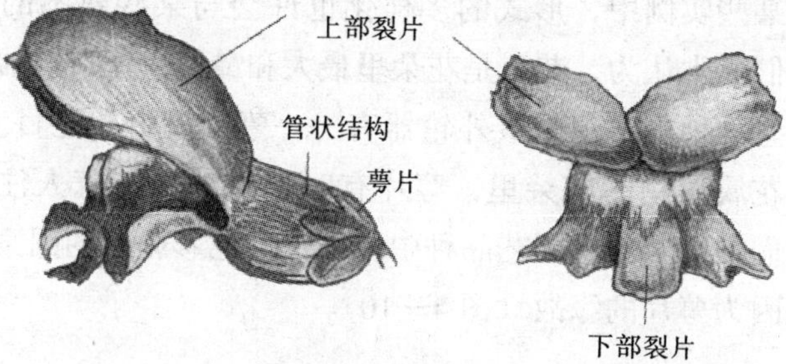

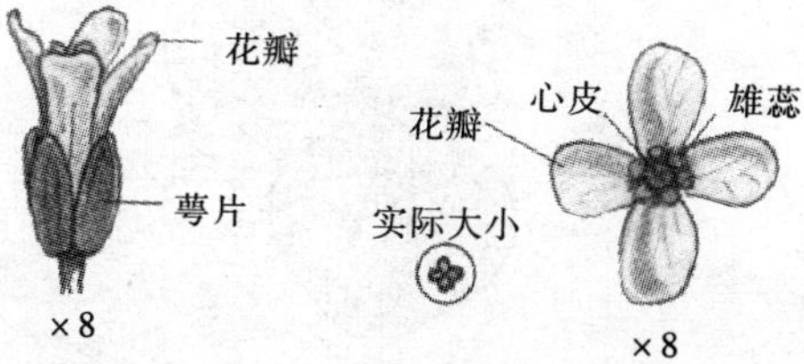

图 4—9　金鱼草花与拟南芥花的比较，每朵花都有侧面图和正面图。若要比较大小，可参考圆圈里的拟南芥花，它是用与金鱼草花（实际尺寸）相同的比例画出来的

构成一个对称的十字形（这个物种属于十字花科）。我们可以对萼片、雄蕊和心皮作类似的比较：在每种器官里，都存在结构和形状上的许多差异，正是这些差异将金鱼草花和拟南芥花的各个对应器官相互区分开来。所以，即使这两个物种里的器官特征性都取决于一组相似的隐色，但器官的具体结构仍然各不相同。

问题是，如果隐色 a、b 和 c 对构成每种类型器官给出了一组准确的指令，那么，这两个物种里的器官应该是完全一样的。如果 a + b 组合规定了怎样构成一片花瓣的细节，那么，金鱼草花的花瓣看起来应该与拟南芥花的花瓣一模一样。很明显，隐色并没有给出这种指令。它们仅仅提供了不同区域之间的差异，使器官以各自的特征发育。这就是说，隐色提供了一个潜在的共同图式，但这种图式在形成的器官里的表现形式，则要随物种发生极大的变化。

在某些实例中，形式的多样化也许会与某些熟悉的观念相悖。人们通常认为，花瓣是花朵里最大和最引人注目的器官。然而在某些物种里，却是最外轮器官——萼片最引人注目。例如，在绣球花属植物的花朵里，萼片有时比花瓣更加惹人注目，所以，我们在绣球花属园艺品种中所欣赏的色彩斑斓的图案，几乎完全是因为萼片的缘故（图 4—10）。

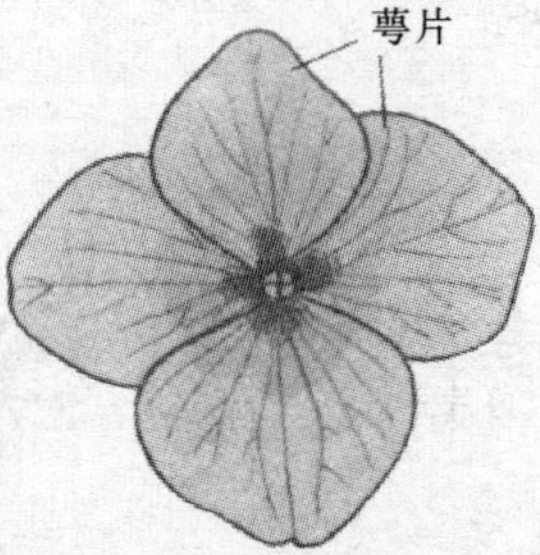

图 4—10　具有显眼的、大萼片的绣球花属植物的花朵

对于这些物种中有关的基因，虽然还有待于研究，但有理由假设，它们将有一组可以用来与金鱼草花或拟南芥花作比较的隐色 a、b 和 c。在绣球花属植物里，这种隐色的图式以另一种方式显现出来。

请读者回想一下，我们在上一章中也遇到了隐色的概念，它们的用途是译解果蝇的刚毛图式。我们曾经假定果蝇包含了一幅隐色的镶嵌图案，即一组看不见的区域间差异。虽然看不见镶嵌图案，但我们却能从它被译解的方式中引申出这幅图案，即在许多可能性之中，展现出特定的刚毛图式，正如一个飞临足球场上空的人，看到了各种各样的信息时，他或许会推论：地面的人群正在对一个彩色网格作出反应。构成这幅镶嵌图案的隐色，在类型上与我在本章中描述的隐色 a、b 和 c 相似。只是在花的例子里，镶嵌图案具有 4 个同心圆环的外形。

至此，我已经从两个角度考察了隐色。在上一章里，我们从突变改变某个特定基因（刚毛基因）译解隐色的方式中，引申出隐色的图式。这些突变并不改变隐色，受影响的只是它们的翻译。在本章中，为了解释各种突变体的外形，我们假设发生变化的正是隐色本身。在这种情况下，突变影响到一组产生隐色 a、b 和 c 时所需要的特定基因，即器官特征基因。每种突变的结果是丢失一种隐色，因而以某种方式改变了器官的特征。所以，在一种情况下，突变影响隐色的翻译；而在另一种情况下，突变却影响隐色的产生。在两种情况中，隐色都提供了一个能以不同方式译解的参照体系，最后在生物体发育的可见结构中显现出来；但隐色并不提供怎样构成某个特定器官或刚毛图式的指令。我知道在现阶段，所有关于隐色及其翻译的讨论听起来都十分抽象，但我希望读者保持耐心。最终，它们在发育过程中的意义和用途将变得十分清晰。

观点的转变

如果从我们目前的视角出发，重新考察歌德的观点，我们可以看到，他的许多思想被证明是相当深刻的。植物的各种器官是一个同一主题的变异产物的思路，与各种隐色赋予器官各种特征的思路异曲同工（我现在主要关注的是各种变异，在第 15 章将回到主题本质的问题上）。不过，我认为歌德最深邃的创见在于清晰地认识到：如何将畸形动、植物的研究，即我们现在所说的突变体，用于理解发育的正常过程。正如他在关于植物的变态论文中所叙述的那样：

> 从我们熟知的这种畸形变态出发，我们就能揭示正常变态里隐藏的秘密，从而明察秋毫地看到在正常发育过程中的机理。正是通过这种方法，我们希望获得最确

切的预期结论（斜体部分是我加上的）。

他清楚地看到，这种逆向的逻辑形式，即用畸形生物来揭示正常生物的发育过程，是一条解释发育的正确和重要的途径。也许正是歌德雄浑的思维，在不太关注具体的实验性结果的基础上，理解自然界的潜在同一性的意愿，导致他具有这种非凡的洞察力。我并不是暗示歌德关于植物的每一句话都是真理。他的某些思想，比如，植物改变外形是因为随着植物的发育，某种体液被逐步提纯的思想，在现代科学中就几乎毫无意义。但是，他明确肯定畸形动植物的研究意义，却无疑是超越时代的思想。

到了20世纪，当人们开始具体研究影响发育的突变时，歌德的直觉才逐步获得大量的实验支持。abc模型的例子，则很好地说明了其思想观念经历了一个怎样的变化。abc模型十分简洁明了，虽然突变体的产生和分类等用以支持此模型的实验基础，早在数十年前就已经存在，但令人十分惊讶的是，直到20世纪80年代末期，人们才提出这个模型。

与最新的研究技术相比，科学进步与人们观察方式的改变更为密切。我还记得，当我们首次获得某种 *a* 类突变体（心皮、雄蕊、雄蕊、心皮）时的情景，在观察了它的花朵以后，我于傍晚回家了。虽然萼片的外轮位置明显地被雄性器官取代了，但在通常形成花瓣的相邻轮上的变化却模糊得多，这些器官的形状狭窄并呈带子状，在末端具有畸形结构。当我在家里思考各种模型时突然想到，如果奇怪的带状结构是因为花瓣向雄性器官雄蕊转变，那么，用一个简单的模型就能解释我们已知的各类突变体。第二天早晨，我急忙冲进温室再次观察突变的花朵。令我惊喜的是，带状器官确实具有雄蕊的某些细微特征，而我在前一天却忽视了这些特征。随后，我们得到了这种突变类型的更加清晰的样本，在这些样本中，雄蕊取代了花瓣是毫无疑问的，但是，在我的心中留下了一个难忘的例子：脑海里正在寻找的事物将会如何影响观察和描述。80 年代期间，我们已经开始用一种不同的方式观察花朵。在我们的思想深处具备了这样一个观念，即基因可能以组合的方式来规定特征性之间的差异。这种新观点，来自另一种十分不同的生物体——果蝇的研究。

果蝇的体节特征

在歌德撰写关于植物的论文之后，又过了约 100 年，动物学家贝特森（*William Bateson*）描述了动物世界里的一组类似的畸形体。贝特森确信，理解进化过程的惟一途径是研究生物形式如何变化，因此，他着手将变异的主要类型编成目录，并于 1894 年出版了专著，题为《变异研究的材料》（贝特森后来成为遗传科学的创始人之一，并创造了遗传学这个名词）。在他描述的变异中，有些是昆虫和甲壳纲动物里引人瞩目的畸形品种。与植物一样，这些动物也被分成基本等同的几组。观察一下小虾或果蝇，你能容易地看到它们由重复的单元（即体节）所构成。这些动物整个躯体的大部似乎都建立在体节的基础上，这些体节又能以各种方式发生改变：一些体节上长出腿，一些体节上长出翅膀，而另外一些体节上却没有任何附器。甚至那些长有触角、眼睛和各种口器的头部，也可以看做是由体节构成的。

贝特森所描述的畸形动物中，某种体节的一部分被转变或转化，具有另外一种不同体节的典型特征：在通常只长触角的位置上却长出了一条腿的昆虫，或以触角取代眼睛的蟹。似乎某种附器取代了另一种附器。在所有这些例子中令人惊奇的是，与花的情形一样，你最后看到的动物并非混乱不堪。尽管长在错误的地方，但多余的触角或腿看起来却十分正常。贝特森意识到这些畸形动物具有重要意义：“在开花植物中常见的现象，却在动物这种更高级的表现形式里如此罕见，它们在变异研究中的地位，也许可以与光谱在研究光的本质中所占据的位置旗鼓相当。”他给这种特定类型的变异创造了一个特殊的术语，即同源异形，在这种类型的变异中，一个重复系列里的某个单元，呈现出与另一种单元联系在一起的特征。

尽管有贝特森的这些高瞻远瞩的评论，人们仍长期忽视同源异形突变体的真实意义：将这些突变体只看做奇形怪物而已。更令人奇怪的是，在大多数人的眼里，正是这些与众不同的特征贬低了它们的意义。我们中的大多数人都有过这样的经历，当一台机器工作不正常时，就不耐烦地用脚踢或猛敲它。有时，这种绝望的行为能使机器震动后重新运行，虽然我们对这个结果也许感到满意，但并不奢望事后对这台机器的性能有更深入的了解。如果真想学点东西，机器对沮丧绝望行为的这种反应，只会使我们更感到机器神秘莫测。这正反映了早期对同源异形突变的看法：虽然突变是引起发育产生重要变化的遗传性变动，但它们本身并不带多少与发育有关的信息。人们将发育视作极其复杂和微妙的过程，因此，同源异形突变这样的遗传巨变不可能有揭示作用。一直到了20世纪60年代和70年代，在加州理工学院工作的刘易斯（*Ed Lewis*）对果蝇的体节进行研究之后，这些同源异形突变的极端重要性才开始浮现。

在解释刘易斯的研究成果之前，我先描述一只正常的果蝇。我们可以将果蝇的躯体看做是由14个体节构成，从头部顶端开始计数（图4—11）。

头部分成3个体节（0、1和2）。胸部也分成3个体节（3、4和5），其中的每个体节都长有一双腿。体节4还长出一对翅膀，而体节5有一对称为平衡棍的小附器。平衡棍在果蝇飞行时起平衡作用。果蝇的其余部分是腹部，它由8个体节（6～13）组成。

40年代，刘易斯已经开始寻找能用来研究基因结构的突变

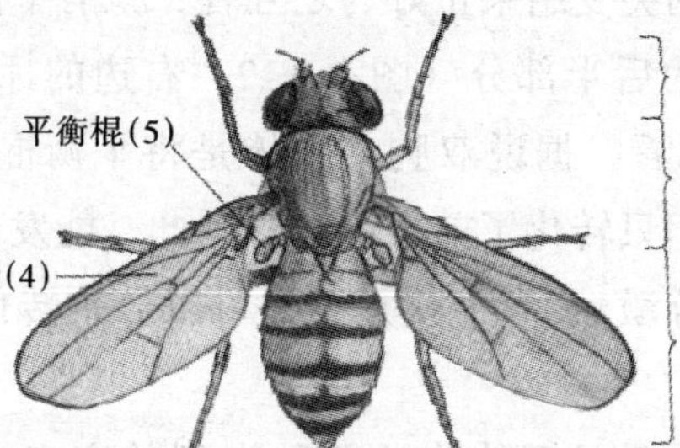

图 4—11　成体果蝇，其体节的数字标在括号内

体，他偶然发现了一种被称为 *bithorax* 的突变体。在双胸突变体里，平衡棍（即体节 5 上微小的平衡器官）已经部分转化为翅膀。仿佛体节 5 变得更像通常发育出翅膀的体节 4。更深入地研究双胸突变体后，刘易斯开始意识到，他正在研究由数个基因构成的一个复合体，这些基因沿着 DNA 染色体相互紧挨着排列在一起。因为每个基因都对应于一小段 DNA 分子，所以在这例子中，刘易斯研究的是数个这样的小片断，这些小段一个接一个地排列。他将这组基因命名为双胸复合体。

刘易斯发现，双胸复合体里的许多突变只影响平衡棍的一部分。例如，最初的双胸突变似乎只把平衡棍的前半部分转化成翅膀的对应部分（图 4—12 中间的标本）。

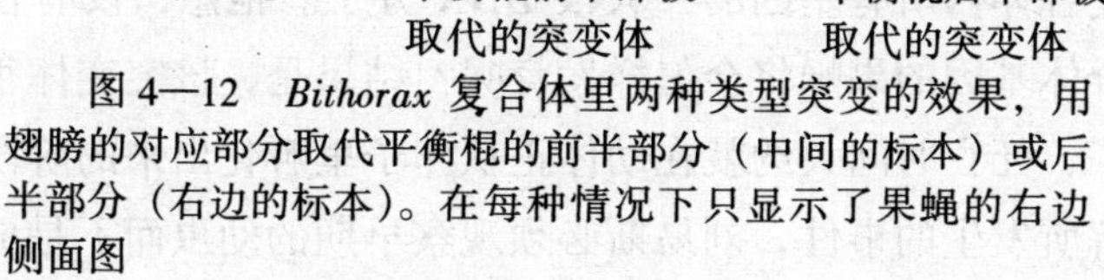

图 4—12　*Bithorax* 复合体里两种类型突变的效果，用翅膀的对应部分取代平衡棍的前半部分（中间的标本）或后半部分（右边的标本）。在每种情况下只显示了果蝇的右边侧面图

另一种类型的突变结果正好与之互补：只有平衡棍的后半部分被转化成翅膀的后半部分（图4—12，右边的标本）。这正如他所回忆的："你看，据说双胸突变体是将平衡棍转化成翅膀，那是错误的，它们只转化了前半部分。因此，能发现突变体做互补的事情令人十分激动。"这就是说，可以分别转化平衡棍的不同部分。

然后，他想看看是否能将这两种类型的突变结果叠加在一起，以便将平衡棍的前后两部分同时转化成翅膀。为了检验这个想法，他将发生不同类型突变的果蝇互相杂交，再设法在同一个果蝇体内将两种突变结合在一起。这两种类型的转化的确能完美地叠加，使翅膀彻底取代了整个平衡棍，产生了有4个翅膀的果蝇。这是一个关键性的突破，因为它告诉刘易斯，这些突变不仅仅是一种随意的生物系统振荡。为什么一种类型的变动始终只转化平衡棍的一半，而另一种类型的变动却总是转化平衡棍的另一半？当这两种突变被合起来，产生了一个彻底而完美的转化时，他想，为什么它们会叠加得如此天衣无缝呢？刘易斯认识到，这些突变提供了果蝇在正常情况下如何发育的重要线索。他的兴趣开始从研究突变本身，转到思考这些突变可能揭示出哪些关于发育的正常途径的信息。双胸复合体内的基因在正常果蝇确立体节4和5的识别特征时，起着决定性作用。因为双胸突变体丢失了特殊的信息，所以这些体节相互变得更加相似。

在很长一段时间里，刘易斯继续收集和研究双胸复合体内的许多发育突变，每种突变都以不同的方式影响成体果蝇。然后在70年代，他设法完整地获得了一种突变，该突变去除了包含在双胸复合体内所有基因的一大段DNA分子。他想，没有任何双胸复合体基因的果蝇将会怎样发育呢？结果是，该突变体很早就夭折了，死亡时间大约就在幼体正从卵子里孵化出来的阶段。为了理解所发生的事件，刘易斯必须观察早期的幼虫而不是成体果蝇。

与许多昆虫一样，果蝇早期摄食阶段的生命形态是幼虫，这些幼蛆最后化蛹并变态为成体果蝇。幼体也可分成 14 个体节，它们分别对应于以后将形成的成体体节，但没有任何特征用以区分它们的翅膀、腿或平衡棍等附器。基于这个原因，幼体被认为十分缺乏有用的科学信息，因而，人们对观察幼体发育的早期阶段没有很大的兴趣。当观察到缺失双胸复合体的突变在幼体阶段就夭折时，刘易斯被迫发明一种方法去净化和制备幼体或胚胎。其中的关键步骤，是用化学试剂乳酸来处理这些处于胚胎阶段的幼体，使得更容易看到角质层的外层表面或皮肤。利用这个方法，刘易斯很快便能把幼体的每个体节与其他体节区分开来，判断的依据，是幼体表皮上被称为小齿的特有图式和它是由微小刺状突起构成的。请看图 4—13 中的左边的幼体，它显示了体节上小齿的特有图式和利用刘易斯方法所识别出来的正常幼体的大多数体节。

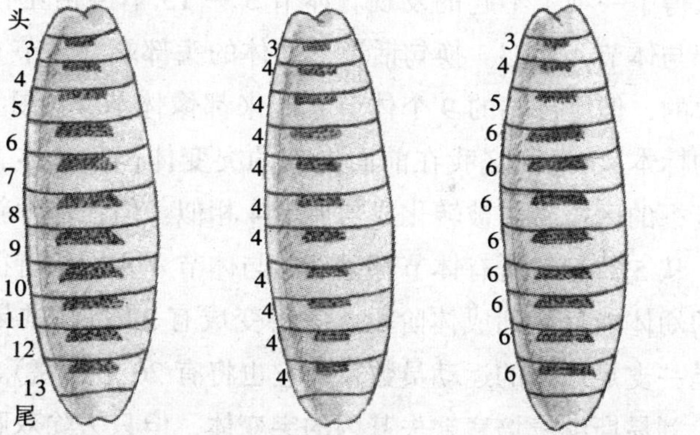

图 4—13　正常果蝇的幼体（左边），缺失所有 *Bithorax* 复合体基因的突变幼体（中间），缺失部分 *Bithorax* 复合体基因的突变幼体（右边）

发明出观察幼体的方法以后，刘易斯接着就能细致考察早夭的突变体。正如他后来所回忆的：

由于是致死突变，我们被迫在幼体中寻找可见的变化。事实上，我现在已经记不清我们制备的第一个幼体有多干净……总之，对它进行观察非常困难。然后，我下决心要改进这个方法，并将它固定下来，光观察一只死幼体是不够的。因此，我采用了乳酸，它很有效。双胸突变体研究的成功都是基于这个发现：乳酸能够简易而迅速地制备胚胎样本，而根据样本上的表皮图式，就能读出基因的功能。一项不起眼的技术常常能让人取得突破性进展，我越想越觉得乳酸的方法真是太有用了，只要将一只幼体放入一滴乳酸和酒精里，我们就能研究任何突变。

通过观察整个双胸复合体缺失的突变幼体的体节图式，刘易斯取得了一项了不起的发现。体节 5 ～ 13 不再相互有差异：它们都与体节 4 相似。换句话说，幼体的头部端（体节 0 ～ 4）是正常的，但尾部端的 9 个体节看起来都像体节 4（图 4—13，中间的标本）。请回忆我在前面提到的突变体，只有体节 5（长出平衡棍的区段）才被转化成与体节 4 相似。但在这种新的突变体里，从 5 数起的所有体节都呈现出与体节 4 相同的特征。如果这样的幼体能存活到成体阶段，它将变成有 22 条腿的果蝇，这正好是一支足球队的运动员数目（它也将有 20 个翅膀）。

刘易斯继续培育缺失基因的突变体，但只去除双胸复合体里的某些基因，使得获取的突变结果类型相似。例如，在一种突变体里，头部和中间体节（0 ～ 6）是正常的，但后面余下的体节看起来都像体节 6（图 4—13，右边的标本）。于是，一个共同的图式从这些突变体中显露出来。幼体从头部至某个点可能是正常的（在刚说到的例子中是体节 6），但后面的所有体节将只重复这个相同的识别特征。

为了解释这些实验结果，刘易斯提出，双胸复合体的正常作用，是在每个体节里产生一组互有区别的“物质”。这些物质的组合能使得每个体节发育出独有的特征。这个模型可能使人感到十分复杂，因此我要用隐色的概念给出一个简化模型，但简化后仍能抓住那些实质性特征。

在我的简化模型中，果蝇只有4个体节，依次具有1～4种独有的特征（1～4）（图4—14）。

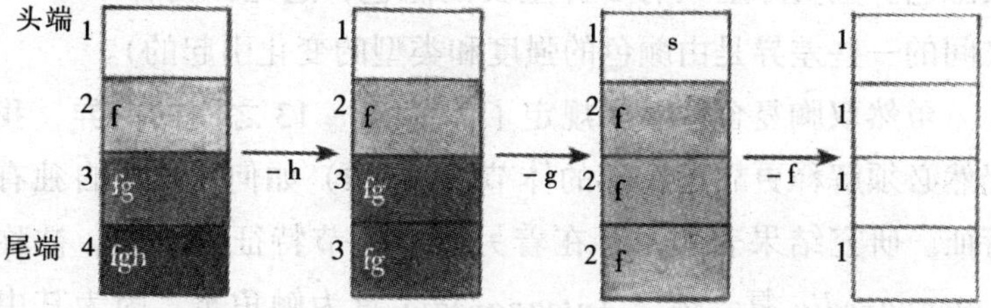

图4—14　用三种基本的隐色f、g和h的组合，来赋予4种体节特征（1～4）的简化模型

这些特征取决于3种相互重叠的基本隐色，3种隐色分别称为f、g和h，它们的分布情况是，朝正常果蝇的尾端移动时，隐色的种类逐渐增加：f位于3个体节（2、3、4）里，g位于2个体节（3、4）里，h只位于体节4里（图4—14，左边）。某个体节的特征取决于它所包含隐色的组合。所以，如果我们去掉最后面的颜色h，最开始3个体节的特征保持不变，但第4个体节里只有f和g，使它产生特征3（突变体*h*，图4—14）。去掉g和h后，3个体节里将只留下f，使它们都呈现特征2（突变体*hg*）。把3种隐色都去掉后，将使全部体节都产生特征1（突变体*hgf*）。换句话说，利用这个模型假定一种或多种隐色的丧失，我们就能解释刘易斯观察到的各类突变体：它们是直到某个点为止是正常的，但随后就重复同一类型的体节。

这基本上说明了双胸复合体基因是如何赋予体节之间以区别的。可以说，双胸复合体包含了一组体节特征性基因。一种特定的隐色需要其中一个这样的基因，而隐色的组合决定了体节特定的特征。因此，这些基因的正常作用是，在它们对应的区域上产生隐色。突变使一种或多种体节特征性基因失去活性或被删除，导致隐色的缺失，因而也改变了某些特征（读者将注意到，在我的简化模型里，我只提到用3种隐色f、g和h来区分4个体节。在真实的果蝇里，双胸复合体里的基因必须区分从5～13的9个体节。你或许与刘易斯一样，也想过这将涉及8种独立的物质或隐色。但实际上只有3种主要的隐色，这是因为体节5～13之间的一些差异是由颜色的强度和类型的变化引起的）。

虽然双胸复合体基因规定了体节5～13之间的差异，我们仍然必须解释更靠近头部的体节（0～4）如何获得各自独有的特征。研究结果表明，存在着另一族体节特征性基因，被称为*Antennapedia*复合体（*Antennapedia*意为触角足，因为其中的某个基因引起的一个突变，将导致在原本是触角的位置上长出了腿，所以才命名为*Antennapedia*复合体）。这些基因的作用方式与*Bithorax*复合体基因相似，它们提供了另外5种隐色（称之为a、b、c、d和e），这些隐色区分头部的体节（与其他隐色相比，隐色a和b的作用受到更多的限制）。因此，在幼体以及从幼体发育而来的果蝇中，从头到尾不同的体节特征取决于8种隐色a～h的组合作用。前面5种隐色a～e，取决于*Antennapedia*复合体内的特征性基因，而最后的3种隐色f～h，则取决于*Bithorax*复合体里的特征性基因。

与以前的例子一样，这些隐色不是关于如何构成一种特定类型结构的指令，如长出腿和翅膀的某个体节，它们只提供区域之间的区别。例如，在许多不同类型的昆虫里，如甲虫和蝴蝶等物种，都存在一组与果蝇相似的隐色。从外表上看，尽管它们差异极大，但它们都有一组共同的潜在隐色，这组隐色提供了区分从头到尾各体节的特征。这些物种之间的许多明显差异，极有可能与这个共同图式被译解和形成可见结构的方式有关。隐色并不表达具体的指令，只提供一个参照体系。

花朵与果蝇

在花朵和果蝇的畸形体中，其组成部分似乎接受了错误的特征。它们的成因可用十分相似的方法来解释。在每个实例中，我们都能引申出由隐色构成的图式，隐色提供了生物体上不同区域的识别性：在花朵里形成同心圆环；在果蝇内形成线性排列。隐色区域间的差异能被译解，使器官或体节具有可区别的特征。这些隐色本身则取决于一组特定的基因，被称为器官或体节特征性基因。删去一个这样的基因或使基因发生突变，相应的隐色也就从图式中丢失了，从而改变了某些结构的特征。

我从植物和动物中挑选了这些实例，用以显示隐色如何依赖于基因。在上一章中，我描述了基因是怎样参与了译解这些隐色的过程，并以灵活的方式对隐色作出反应。我现在需要证明这两个方面能够结合在一起：怎样产生隐色，以及基因如何能够译解隐色。为了圆满地回答这个问题，我们必须更多地了解基因和蛋白质的分子特性。我们必须首先弄清这些基因是表示什么，再来考察它们是如何被利用的。

5 颜色的内在世界

至此，我已经描述了如何把生物体想象为含有一幅由隐色构成的镶嵌图案：即基因能译解的参照体系。在本章中，我要更直接地揭示这些隐色，确切地描述基因是如何设法去译解它们的。因为我将在更抽象的意义上使用颜色的概念，作为开始，我要进一步考察我们的颜色概念，以及揭示一种不可见颜色的含义。我们转换一下视角，从蜜蜂的角度来考察颜色。它将为我们研究更为抽象的隐色提供一个梯石。

蜜蜂的视野

蜜蜂观察世界的方式与人类不同。例如，它们对色谱的视觉范围与人不同。实验中，人们训练蜜蜂飞向一杯标有一种特定颜色的糖水，结果证明它们看不见红色，但能区分其他颜色，如蓝色、绿色或黄色。蜜蜂通过感知光谱紫色端上我们看不见的颜色——紫外线，来弥补自己在光谱红色端上的缺陷。正如紫外线这个名称所提示的那样，在光谱上，它是位于紫光以外的一种光谱。当我们和蜜蜂看同一条彩虹时，看到的彩虹宽度大致相同，但在蜜蜂的眼里，彩虹没有红色端，而在另一端则增添了我们看不见的紫外线。蜜蜂和人的这种差异，与眼睛里的细胞怎样感受光线有关。在人的眼睛后面有三种类型的颜色敏感细胞，其中的每种细胞都对光谱上的某段颜色极为敏感：即红色、绿色或蓝色。这些三原色视觉细胞的组合使我们的大脑能够区分可见光谱上的所有颜色。蜜蜂的眼睛里也有三种类型的颜色敏感细胞。与人一样，其中的两种细胞对蓝色和绿色最敏感，但第三种细胞能感知的不是红色而是紫外线。

这意味着，当一只蜜蜂观察开满花朵的花园时，它感受到的是另一个颜色范围。对于蜜蜂，罂粟花的红色是不可见的。但罂粟花却仍然是醒目的，因为罂粟花反射紫外线，使蜜蜂能感受到人们无法察觉的颜色。有一种方法能更好地了解蜜蜂可以看见什么，那就是利用紫外线照相机拍摄照片（只有紫外线才能穿过这种相机内配置的过滤片，它使用的胶片能感光紫外线）。图 5—1 显示了用这种方法拍摄的几种花朵。浅色区域是反射紫外线的，而黑色区域则不反射紫外线（因为黑色区域含有吸收紫外线的特定分子）。

图 5—1　花的紫外线图像

据认为，由反差强烈的紫外线构成的这些醒目图式提供了视觉向导标记，引导蜜蜂飞向花朵内的花蜜和花粉。由紫外线相机揭示的众多颜色图式，人们通常无法看见，却为蜜蜂提供了重要的线索。

我们与蜜蜂之间除了在感觉颜色方面存在差异之外，蜜蜂看到的世界与我们看见的不同还有更深层次的含义。我们眼里的世界图像依赖于大脑处理视觉信息。当我们左顾右盼时，我们所体验的颜色和图式取决于一系列十分复杂的精神活动。因此，定义某种特定的颜色体验要比识别某种颜色复杂得多。大多数人能够识别红色，但要说清楚对红色的精神体验则困难得多。比如，我们都同意草是绿色的，但却不能断定你对绿色的体验与我的体验完全相同，因为没有任何方法来定义绿色的体验是什么。然而，因为我们的大脑结构相似，所以有理由假设两个人对某些颜色的体验是可比较的（假定这两个人都不是色盲）。因而比较两个人的颜色体验是合理的，但比较人与蜜蜂的体验就变成不合理了，因为人与蜜蜂的脑部大小和构造相差甚远。虽然蜜蜂和人都能区分黄色和蓝色，但蜜蜂对每种颜色的体验可能与人的体验十分不同。蜜蜂对某种颜色的感觉，与人对颜色的感觉不知是否存在着相似的地方。我们知道蜜蜂能看见颜色，因为它们能被训练成飞向某些特定的颜色，并且具备感受和区分这些颜色的视觉器官，但这并不意味着它们对颜色的体验与我们的体验相似。

人类在两个层次上无法体验蜜蜂看见的紫外花型。首先，因为它们显示的颜色超越了人所能看到的颜色范围，所以我们无法想象这种颜色：我们在绘画时，不可能设想一种在正常视觉范围以外的颜色，我们只能调配我们所知道的颜色。其次，即使我们多长了一种能感觉紫外线的视觉细胞类型，使眼睛能感受到紫外线，但我们仍然不知道这种感觉如何与蜜蜂对紫外线的体验联系起来。当我们观看图 5—1 所示的花型的图像时，我们看见的并不是蜜蜂所见到的。这些图像所揭示的事物受到局限：花中的一组区域在不同的程度上吸收紫外线，由于蜜蜂能感知光谱中这个谱段的颜色，因此它能应答这组区域，而人却不能。尽管如此，我们可把这些图式作为一条途径，去理解花的潜在颜色，以及蜜蜂怎样应答颜色，而不必试图进入蜜蜂的“精神世界”。只要意识到正在使用极为抽象意义上的颜色概念，我们仍可以在解释蜜蜂的行为时，谈到它们所看见的紫外线。

我们设想下列情景，以便清晰地感受这些颜色的抽象本质。假设有这样一位博物学家，他花了许多时间来调查蜜蜂的行为，但对紫外线却一无所知。在深入研究蜜蜂如何应答各种花的基础上，这位博物学家也许会得出结论：花中存在着某些隐秘的标记，蜜蜂能够对此作出应答。他甚至可能提出一个理论，即许多花展示出蜜蜂能看见、但人却无法感知的“不可见的颜色”。对于任何不具备紫外线和蜜蜂视觉机制知识的人来说，这样一种观念也许听起来非常抽象，或者甚至是怪诞的。他们很想知道这些神秘而不可见的颜色可能是些什么东西，以及蜜蜂可能怎样应答它们。但是，如果某人随身备有一部紫外线照相机，从而揭示出实际上隐含的图式，这个谜团就会烟消云散。一旦用紫外线感觉细胞来解释蜜蜂的视觉过程，蜜蜂能应答的不可见颜色的观念就有了完整的意义。我们知道了其中的潜在机制，就能十分容易地理解所谓“不可见颜色”的抽象概念。

这种情景与发育的研究相似。在前几章中，我们提出隐色的概念，用于解释图式或特征性发生变化的某些突变体的性质。我们认为，这些隐色提供了区域之间的差异，基因应答或译解这些区域。隐色与博物学家推测出来的“不可见颜色”具有相似之处。在发育过程中，基因对隐色的特异区域作出应答；而对于博物学家来说，则是蜜蜂对不可见颜色的区域作出应答。因此，为了更加具体地理解发育过程中所发生的事件，我需要描述与紫外线相机功能相似的事物：直接显示隐色的方法。我们希望每种隐色都有一个与紫外线花型相似的影像，显示出生物体的各个区域，各区域或多或少地含有某种隐色。在此基础上，我们还需要知道这些隐色是什么东西，以及基因实际上如何应答它们。

下面，我们的研究范围要深入到发育所涉及的基因和蛋白质的某些分子特性。这是本章的目标。

探索内部世界

我将首先定义基因的两种状态：打开和关闭。我们还记得，基因是一段 DNA 分子，它包括一个对蛋白质进行编码的区域。生物体内的每个细胞基本上都在其 DNA 中携带一组相同的基因。构成一个蛋白质时，基因的编码区域首先被转录成 RNA 拷贝，然后被翻译以合成某种类型的蛋白质：遗传信息的传递顺序，是从DNA到RNA再到蛋白质。只要一个基因在细胞中进行着制作RNA和蛋白质的过程，就可以说该基因处于“打开”或“表达”的状态。这时，相应的RNA和蛋白质分子就会在细胞里积累。在一些细胞里，若某个基因编码区域不发生转录RNA拷贝的过程，它就处于“沉默”或“关闭”状态。基因在细胞内是处于“打开”还是“关闭”状态是受到严密调控的。在生物体发育的任何时刻，同一个基因在某些细胞里可能处于“打开”状态，而在另外一些细胞内则处于“关闭”状态。在生物体某个部位的细胞，比如说肝脏内的细胞内，它们的某个特定的基因正在表达，而在其他部分的细胞，如脑中的细胞内，同样的基因却处于休眠状态。我们将基因活性的这种区域性变化模式称之为基因的表达模式。这是一个我将多次引用的重要概念：一个基因的表达模式，是指在任何指定时刻里，这个基因在生物体里处于“打开”或“关闭”状态的区域。

判定细胞里的某个基因是处于“打开”还是“关闭”状态，一个最容易的方法是：检查细胞里是否存在来自这个基因的特定RNA或蛋白质分子。如果基因处于“打开”状态，那么细胞里就应该存在相应的RNA和蛋白质分子；反之，如果它正处于“关闭”状态，就不应该存在相应的RNA和蛋白质分子。甄别某个特定基因的产物是一项十分繁杂的工作，因为每个细胞的DNA分子里都有成千上万个基因，每个基因为不同的蛋白质编码。怎样才能将某个特定基因产生的RNA或蛋白质分子，与细胞里其他基因的产物区分开来呢?

我们利用一种十分特殊的分子探针来解决这个问题，它能将某个基因的产物与所有其他基因的产物区分开来；分子探针的功能与照相机里的特殊光线滤光器相似，能把某个产物与所有其他产物区分开来。可供利用的探针有两种类型：识别特异RNA分子的探针和识别特异蛋白质分子的探针。它们的工作原理，是与细胞内的RNA或蛋白质分子的形状相匹配的。探针的分子形状，与它所探测的 RNA 或蛋白质分子的形状互补，因此，分子探针只黏附与其形状匹配的分子，并将它与其他分子区分开来——就像用一只鞋来甄别灰姑娘那样。在适当的反应条件下，把探针与生物组织切片一起温浴，这个探针将只黏附包含有匹配形状的 RNA 或蛋白质分子的那些细胞。因为探针被设计成无论它位于何处都能被观察到，所以探针所处的位置就能显露出来。

探针有效地提供了一种十分特异的可见染料，揭示出含有某种特定类型 RNA 或蛋白质分子的细胞。我们可以将这个过程与显隐墨水作比较。显隐墨水把信息写在某张纸上，用一种能与显隐墨水结合或起反应的特殊化学物质（探针）处理这张纸片后，就能看见这条信息。这种化学物质只对纸片上写有显隐墨水的地方着色。不同类型的显隐墨水，需要有不同的化学物质处理后才能显现。类似的，每种基因都需要与之匹配的不同探针，用来探测它产生的 RNA 或蛋白质分子。这就是说针对每种基因，需要用不同的探针来对其表达模式着色。

获得探针是上述整个探测程序中最讲究技巧的部分。一旦你有了能探测某种特定类型 RNA 或蛋白质分子的探针，剩下的事就像烹调那样容易：在适当的条件下将东西混合在一起。随着 20 世纪 70 年代和 80 年代基因克隆方法的进步，在获得探针方面也有了关键性突破。一旦分离出一个特定的基因（包含该基因的一段特异 DNA 分子已在细菌里增殖），制备能探测来自该基因的 RNA 或蛋白质分子的探针就不会太难。我们不必拘泥于怎样完成这一切的技术细节，但为了避免使这些探针显得过于神秘莫测，应该指出的是，探针就是大家已经熟知的 RNA 或蛋白质分子。用于探测 RNA 分子的探针本身就是 RNA 分子（探针里的碱基序列与被探测的 RNA 分子里的碱基序列互补）。类似的，用于探测蛋白质分子的探针本身就是蛋白质分子（它们的制备方法是：将某种蛋白质分子注射到鼠或兔子体内，然后等待动物的免疫系统产生一种抗体——这就是与被注入的蛋白质匹配的蛋白质分子)。

特征性基因的表达

至此，我们已经看到如何显示所谓的隐色。在上一章中，我描述了隐色如何依赖于一组特征性基因而存在。以花为例，需要用这些基因来产生隐色的同心圆环，结果形成花器官的四种不同的特征：萼片、花瓣、雄蕊或心皮。在果蝇里，需要用特征性基因来产生一组从头到尾发生变化的隐色，结果形成对应于不同体节的各种特征。果蝇里有 8 种不同的隐色，a ~ h，根据它们所影响的体节按字母顺序排列：a 位于头部顶端，h 在尾部末端。识别特征性基因的方法是借助于基因突变效果，产生具有错误或不正常的器官或体节，原因是缺失一种或多种隐色。在所有这些实例中，为了解释不同类型的突变，我们间接地引申出隐色的概念，正如博物学家通过细致观察蜜蜂的行为以后，推测出可能会存在不可见的颜色一样。

为了更直接地展现隐色，我们需要考察特征性基因的表达模式（请回忆表达模式的概念：基因的表达模式是指在任何特定的时刻，基因在生物体内处于“打开”或“关闭”状态的区域）。这意味着我们需要有各种探针，能够探测每种特征性基因的表达形式。正如我已经指出的，制备这些探针前必须先分离出对应的基因。20 世纪 80 年代初期，3 个研究小组首先分离出影响果蝇体节的特征性基因，它们是：加州斯坦福大学的本德尔（Welcome Bender）、斯皮勒（Pierre Spierer）和霍格尼斯（David Hogness）及其同事；印第安纳大学布鲁明顿校区的斯考特（Matthew Scott）、考夫曼（Thomas Kaufman）及其同事；瑞士贝塞尔的伽柏（Rick Garber）、库茹伊瓦（Atsushi Kuroiwa）和盖林

(Walter Gehring)。

这是一个重要的突破，因为这些研究小组一旦分离出特征性基因以后，就有可能制备出探针来，用它来探测这些基因在果蝇发育过程中的哪个阶段表达。探测结果显示，许多特征性基因在非常早的发育阶段里就表达：即在卵子排出后的几个小时内，这时的果蝇胚胎是一个约有半毫米长、伸展开来的细胞小球。每种探针在胚胎的某个区域染色，显示出特征性基因正在表达的位置，即处于“打开”状态的位置。

最重要的是，着色区域对应于以前曾经被推测存在的隐色的位置。例如，根据除去隐色 e 后的突变效果，隐色 e 已被推断存在于体节 4 和 5 中。盖林实验室的列文（Michael Levine）和哈芬（Ernst Hafen）用探针检测胚胎，检查隐色 e 所需要的特征性基因的表达模式，他们仅在环绕胚胎的一条条纹即带状位点中观察到染色，而体节 4 和 5 就是从这条带状区域发育而来的（图 5—2，左边）。

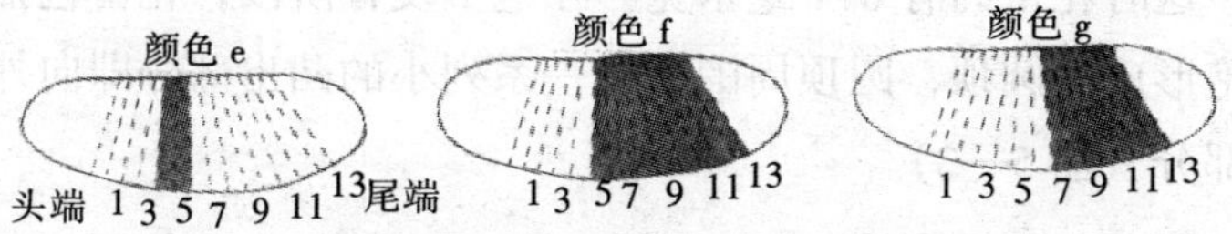

图 5—2　果蝇胚胎的纵向剖面示意图，它显示了对应于隐色 e、f 和 g 的特征性基因的表达区域。虚线指示的区域是果蝇的各种体节以后将从此开始发育的地方

换句话说，基因的表达模式反映了以前推测出来的隐色，就好像隐色被直接展现在他们的眼前！正如博物学家纯粹根据蜜蜂的行为推测出不可见颜色的位置后，突然看到一幅用紫外线相机拍摄的花的照片：这张照片直接显现出颜色的分布情况，而这正是他长期以来一直想象中的图像。

从其他隐色的特征性基因研究中也获得类似的结果。例如，人们推测隐色 f 的起点比隐色 e 更靠近后面一些，它应该分布在体节 5 ~ 13 的区域上；当英国剑桥的阿康姆（Michael Akam）和马蒂内兹-阿里亚斯（Alfonso Martinez-Arias）对隐色 f 需要的基因染色时，发现该基因的确表达在这些体节上（图 5—2，中间）。对应于隐色 g 的基因表达的区域更靠后些，位于体节 7 ~ 13 上（图 5—2，右边）。用这个方法研究 8 种隐色 a - h 中的每种隐色所需要的基因以后，它们的染色模式展现了果蝇上从头到尾循序渐进的一组区域或色带，隐色 a 最靠近头部顶端，h 排在末尾。这就好像在果蝇身上真的能看到一幅隐含的颜色图谱。

从影响花的器官特征的基因研究中也得到了类似的结果。1990 年，有两个研究小组分离出其中的某些基因，德国科隆的索姆（Hans Sommer）、叙瓦兹-索姆（Zsusanne Schwarz-Sommer）及其同事研究了金鱼草里的隐色 b；加州理工学院的雅诺夫斯基（Martin Yanofsky）、梅耶洛维茨（Elliot Meyerowitz）及其同事研究了拟南芥里的隐色 c。他们制备探针对这些基因的表达产物进行了染色观察。在非常早的花发育阶段里就观察到染色：这时花蕾约有 0.1 毫米宽。在这个发育阶段，花蕾包括一组细胞形成的圆顶，圆顶周围长有一系列小的凸出部分即向外生长的部分（图 5—3）。

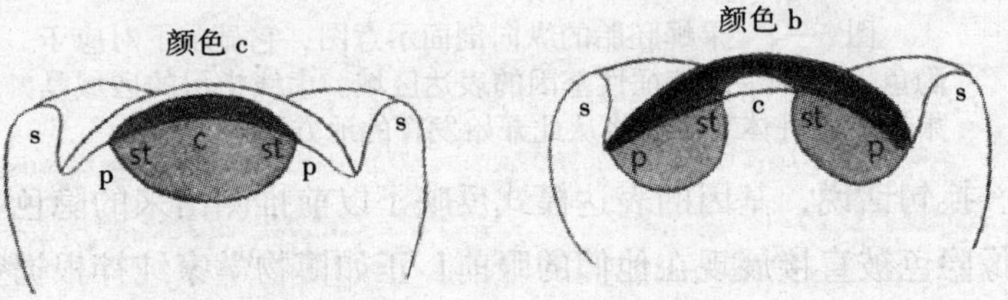

图 5—3　切成两半后的非常幼嫩的花蕾，以及染色所显示的隐色 c 和 b 所需要的特征性基因的表达模式示意图。在发育的这个阶段，花蕾包含一个中心圆顶，边缘长有向外凸出的萼片（s）。图中还标出了以后将长出花瓣（p）、雄蕊（st）和心皮（c）的圆盖上的区域

这些凸出物将生长形成外轮器官（萼片）；剩下的 3 轮器官

（花瓣、雄蕊和心皮）随后将从圆顶上长出。

与果蝇一样，花特征性基因的表达模式，与原来推测的隐色的分布情况相似。我们曾提出有3种基本隐色（a、b和c），它们构成了4种隐色的同心圆环，即a、ab、bc、c，分别对应于萼片、花瓣、雄蕊、心皮的特征。根据这种组合，隐色c位于最里面的两个圆环上，对应于雄蕊和心皮所在的轮。当我们用探针检测早期的花蕾，展现隐色c所需要的特征性基因的表达模式时，仅在圆盖的中心区域观察到染色，那里正好就是雄蕊和心皮器官以后将出现的区域（图5—3左边）。探针染色模式与原来推测存在的隐色c区域完全吻合。同样，探针染色揭示了隐色b所需要的基因在圆盖上特定区域的表达模式，这些区域以后将长出花瓣和雄蕊，恰好就是原来设想的隐色b起作用的区域（图5—3右边）。由隐色构成的抽象圆环被直接展现为在发育中花蕾的基因表达区域。

我们可以得出这样的结论，即花朵和果蝇的隐色对应于特征性基因正在表达的区域。当一个特定的特征性基因在某个细胞里处于“打开”状态时，就会产生其被编码的蛋白质分子，这赋予该细胞以某种隐色。换句话说，由特征性基因产生的蛋白质分子是隐色的原由。我们可以把它与可见颜色里的颜料进行比较。如果你用红色颜料给一张白纸上的某个区域着色，你所看到的颜色取决于红色颜料里的特殊类型的分子。这些颜料分子吸收可见光光谱中除了红色以外的所有其他颜色，保证纸张仅反射红色光线。当我们说这张纸是红色的时候，我们其实正在检视该区域的某种特定类型的分子，依据是一种我们正好能感知的特性（除了红色以外吸收所有的颜色）。类似的，当蜜蜂看见花朵上的紫外线标记时，它正要应答某些分子的区域，这些分子吸收除紫外线以外的所有其他颜色。尽管如此，为了方便，仍可以根据这些分子赋予的颜色名称来命名它们：视情况不同，可以称之为红色或紫外线色素分子。同样，每种隐色也取决于特定类型分子的存在：由特征性基因编码的蛋白质分子。我们可用蛋白质分子负责的隐色来命名蛋白质：蛋白质－f，决定隐色 f，蛋白质－g，决定隐色 g 等。不过，这里是基因而不是动物的视觉系统应答这些蛋白质。

总而言之，根据对各种不同的突变体的研究，我们可以推论出花和果蝇里具有一系列隐色，这些隐色赋予各种器官或体节之间的差异。从一组不寻常的特征性基因产生了这些隐色，当我们分离出这些特征性基因后，就有可能制作探针来检测每种基因表达的区域：生物体里的某个区域含有来源于该基因的 RNA 和蛋白质分子。这使得每种隐色所处的区域被直接显现出来，正如可以利用照相机里的滤色镜来定位原来看不见的颜色。完成了这一切以后，就可以清晰地看到隐色等同于由各种特征性基因产生的蛋白质。这些蛋白质构成隐色的方式，与颜料分子构成可见颜色的方式完全一样。

隐色是如何被译解的呢？动物通过探察光线对可见的颜色作出反应，而基因则对隐色作出反应。由于基因译解隐色的内在机制十分复杂，因此我必须分阶段解释这个机制。首先要描述的是负责隐色的蛋白质分子的主要特性：是什么分子形状让这些蛋白质在细胞里发挥作用。然后，我将继续描述基因如何能够按照某些简单的规则对这些蛋白质作出反应。最后是进一步详细地说明这些规则，以对实际发生的过程有更确切的感受。

主导蛋白质

所有负责隐色的蛋白质都具有一个共同的重要特性：它们能识别和结合小段 DNA 序列。请读者回忆一下，蛋白质的功能取决于它的形状。既然是这样，所有的这些蛋白质都具有与 DNA

的某些小序列匹配的形状。例如，产生某种隐色的蛋白质形状与TTATTG碱基序列十分匹配。因此，这种蛋白质将与含有这个碱基序列的一段DNA分子结合：它将结合到DNA分子上具有TTATTG碱基序列的某个特定位点。我们把被这种蛋白质识别的6个碱基序列称为结合位点。把这个结合位点看做是一种锁，把与之匹配的蛋白质看做是能开这种锁的钥匙。正如形状各异的钥匙能开各种不同的锁一样，产生不同隐色的各种蛋白质之间具有细微的形状差别，这使它们能够识别不同的DNA序列（即结合位点）。

蛋白质能与DNA分子结合十分重要，因为这使得蛋白质能够影响基因的表达。当它与基因的结合位点直接结合时，就能影响基因的“打开”或“关闭”状态。这些能与DNA分子结合的蛋白质被称为主导蛋白质。因此，隐色对应于能结合到DNA分子的特定结合位点上的主导蛋白质。

应答主导蛋白质

为了考察这些主导蛋白质是怎样工作的，我需要区分两类基因：即产生隐色所需要的基因，以及能应答隐色的基因。第一类基因是：产生隐色所需要的特征性基因。我现在要命名第二类基因——应答隐色的基因——为译释基因。译释基因能应答或译解由特征性基因产生的隐色。特征性基因产生一个参照体系，而译释基因则以特定的方式应答这个体系。这两类基因也产生两种不同的蛋白质。一方面，特征性基因产生主导蛋白质。另一方面，译释基因产生的蛋白质在细胞里具有各种其他的功能（我在这里对特征性基因和译释基因所作的区分，虽然就我们目前的用法来说很简便，但在某种程度上也过于简化。我们将在第九章中回到这个问题上来)。

与特征性基因一样，每个译释基因也可能处于“打开”或“关闭”状态。当译释基因在细胞里被打开时，就产生与它对应的蛋白质；而当译释基因被关闭时，则不产生任何蛋白质。那么,是由什么来决定译释基因处于“打开”或“关闭”状态的呢?

请看图 5—4 的左边方框。

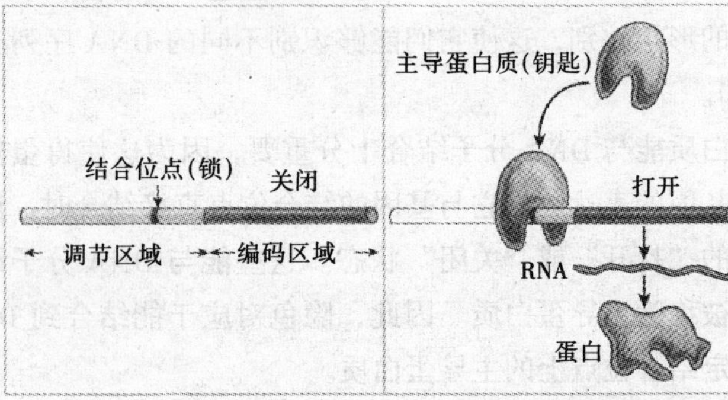

图 5—4　译释基因的结构包含调节区域和编码区域。图中所示的调节区包含一个结合位点,编码区被用来制作 RNA 分子(它接着又导致蛋白质的产生)。在左边的方框里不存在主导蛋白质,译释基因处于“关闭”状态。在右边的方框里有一个主导蛋白质,它与调节区结合:这种结合促使编码区被转录,形成 RNA 分子,因此该基因处于“打开”状态

它显示了一个译释基因被分成两个区域：携带产生一个蛋白质分子所需信息的编码区，和一个我还未提及的新区域：调节区(为了简洁起见，图中只在一边显示了调节区，但众多的调节区也可能出现在其他位置上)。调节区一般有数千个碱基长，并包含一系列结合位点，这些位点就是主导蛋白质能够结合上去的 DNA 分子短链。我们可以把调节区看成是一系列不同的锁（结合位点)，它们由各种类型的钥匙（主导蛋白质）来识别。为了简洁起见，图中只显示了其中一个结合位点（一把锁)。

总结以上内容：特征性基因产生能与 DNA 分子结合的特定

类型蛋白质，称为主导蛋白质（隐色）。每种特征性基因能产生一种对应的主导蛋白质（一种对应的隐色），这种蛋白质可以识别和结合到一段对应的DNA分子序列上，它被称为该蛋白质的结合位点；这很像每把钥匙只能开与它相配的锁。结合位点处在译释基因的调节区里，负责应答特定的主导蛋白质。

现在我要整合上述的思路，以便揭示主导蛋白质如何影响一个译释基因。我们还记得，一个译释基因可以处于“打开”或“关闭”这两个状态中的一个。当它被打开时，它的编码区被用来产生蛋白质，而当它被关闭时，则不产生蛋白质。译释基因处于何种状态取决于哪种主导蛋白质结合到该基因的调节区里。请再参看图5—4，它给出了一个简单的图解。在左半部分，没有任何主导蛋白质被结合到调节区里，译释基因正处于“关闭”状态。在右半部分，一个主导蛋白质被结合到译释基因里，使该基因处于“打开”状态，主导蛋白质通过与译释基因结合，促进或参与编码区的转录，使得该基因处于“打开”状态。（主导蛋白质可以这么做的一种方式是，与某些蛋白质发生物理接触，影响它们的形状，而这些蛋白质的功能是把DNA转录成RNA。这些蛋白质可能原先已经存在，但原有的形状使它们无法做转录的工作。当主导蛋白质与它们发生接触时，它们的形状被改变，接着开始引导转录过程）。你可以将开启译释基因的主导蛋白质看成是插入一把锁（结合位点）里的钥匙。译释基因处于“打开”还是“关闭”的表达状态，取决于结合到该基因调节区里的那些主导蛋白质。

译释基因的这两个区域具有十分不同的功能。与编码区不同的是，虽然调节区里的DNA序列不决定由一个译释基因产生的蛋白质的类型，但它携带一系列能决定该基因是处于“打开”还是“关闭”状态的结合位点（锁）。因此，调节区里的DNA序列影响该基因的表达，但不影响所产生的蛋白质类型。对比之下，编码区里的DNA序列决定由一个译释基因产生的蛋白质类型。例如，一个特征性基因的编码区产生某个特定的主导蛋白质；而一个译释基因的编码区却在细胞里产生一个具有另一种功能的蛋白质。

在经我简化后的例子里，译释基因是处于“打开”还是“关闭”状态，取决于细胞里是否存在相关的主导蛋白质。是什么决定是否存在主导蛋白质呢？回忆一下，有一个特征性基因负责对某种隐色的主导蛋白质进行编码，特征性基因本身也可能处于“打开”或“关闭”状态（图 5—5）。

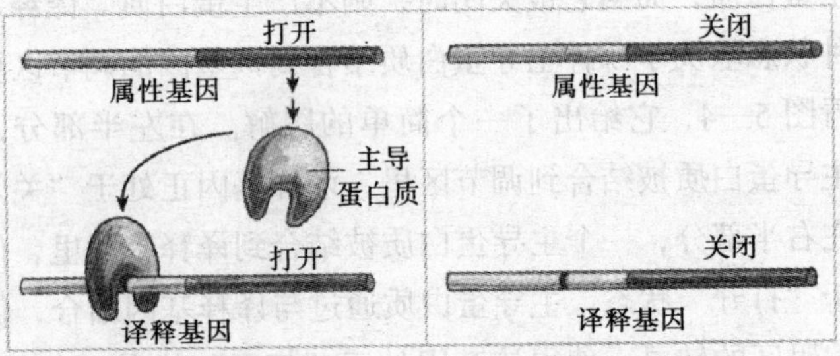

图 5—5　特征性基因的表达与译释基因的表达之间关系的例子。当特征性基因处于“关闭”状态时（右边），不产生任何主导蛋白质，所以译释基因也处于“关闭”状态。当特征性基因处于“打开”状态时（左边），产生主导蛋白质与译释基因结合，也使译释基因处于“打开”状态

因此，主导蛋白质是否存在，取决于特征性基因的表达状态。于是，存在着一环扣一环的连续事件：如果特征性基因处于“打开”状态，就将产生主导蛋白质，因此译释基因也将处于“打开”状态（图 5—5，左边）；如果特征性基因处于“关闭”状态，不产生主导蛋白质，因此译释基因也将处于“关闭”状态（图 5—5，右边）。换句话说，在这个例子里，译释基因的状态只依赖于特征性基因所处的状态。这两个基因的表达模式通过主导蛋白质被成对地联系在一起。为了说明上述的情形，我撇开了一个重要的问题：是什么决定了特征性基因处于“打开”还是“关闭”状态。这问题将在后面几章里进行探讨。

一个简单的游戏

到目前为止，我已经描述了两种类型基因（特征性基因和译释基因）的表达模式如何成对地联系在一起的基本原理，但为了考察它们如何与隐色的译解联系起来，我必须把这过程放到一个正在发育的生物体的范畴里考虑。下面，我将以果蝇的八种隐色 a～h 为例子，其中每种隐色对应于某种特异类型的主导蛋白质。我们现在可以做个预测游戏，看看译释基因将如何应答图式。开始时，我先制定 3 个简单的假设或规则：

规则 1：每种类型的主导蛋白质与一个特异的 DNA 序列结合（即，每把钥匙只能开与它匹配的一把锁）。结合位点可以用一个相应的大写字母来表示。因此，主导蛋白质 - a 结合到一个被称为 A-位点的 DNA 序列里。类似的，主导蛋白质 - b 结合到一个 B-位点里，等等，直至主导蛋白质 - h 结合到一个 H-位点里。

规则 2：一个译释基因的调节区可能只包含其中的一个位点，A 或 B 或 C 或……H（即，每个译释基因只携带一把锁）。

规则 3：只有当一个主导蛋白质结合到一个译释基因的调节区里时，该基因才处于“打开”状态；如果没有任何主导蛋白质被结合到译释基因里，该基因将处于“关闭”状态（即，只有当锁里插进了钥匙时，该基因才处于“激活”状态）。

记住这些规则后，我们现在就可以作出某些预测。假设某个译释基因的调节区里有一个 E-位点。因为只有当主导蛋白质结合到译释基因里时，该基因才处于“打开”状态，所以，它只在那些具有主导蛋白质 - e 的细胞里才表达。我们知道，对应于主导蛋白质 - e 的特征性基因不是在生物体的所有区域里表达，而只在将形成体节 4 和 5 的细胞环形带里表达。因此，这也正是我们的译释基因将要表达的区域（图 5—6）。

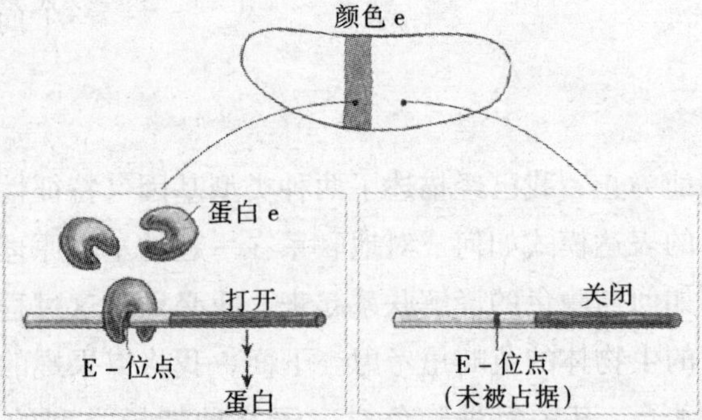

图 5—6　在调节区有 E-位点的译释基因在胚胎的各种部分中的表达状态。在包含主导蛋白质－e 的细胞带里，该译释基因处于“打开”状态，而在胚胎的其他区域里，该基因处于“关闭”状态

译释基因的表达模式将只依赖于特征性基因的表达模式：它们位于同一个细胞带里。请注意：这一系统决定了译释基因将在何时、何处被表达。很明显，在主导蛋白质－e 出现之前，该译释基因将不会在胚胎里处于“打开”状态。类似的，如果主导蛋白质－e 在以后的发育阶段里消失，那么该译释基因也将被关闭。

在调节区里含有另一种结合位点的一个译释基因，例如有一个 F-位点，它在更靠近尾部的区域里表达。与前面一样，只有当存在主导蛋白质－f 时，该基因才能被表达。

总之，译释基因能以 8 种不同的方式在这个生物系统里表达，它们对应于隐色的 8 种图式，即 a ～ h。换句话说，按照本游戏规则，对于这样的隐色参照体系，可以做出 8 种不同的译解或应答。根据译释基因调节区里的特定结合位点，任何特定的译释基因将只以一种方式表达，产生一种译解。为便于讨论起见，假设存在 80 种不同的译释基因，每种基因都有自己的调节区和编码区。其中的 10 种译释基因的调节区里可能有一个 E-位点，因此它们将在主导蛋白质-e所在的细胞带里表达。另外10种译释基因可能有一个F-位点，使得它们在任何存在主导蛋白质-f的地方被打开。依此类推，隐色的每种区域都有一组属于它自己的、正在表达的10种译释基因。

所有这一切形成什么结果呢？请回忆一下，每种细胞的特性依赖于它所包含的蛋白质的类型（第2章）。每个细胞里蛋白质的类型将影响细胞的形状、大小和在细胞内发生的所有化学反应。这就是说由译释基因产生的蛋白质能影响各种细胞特性。例如，假设调节区里有E-位点的一组译释基因产生的蛋白质，把某种特性赋予某个细胞，比方说，使它的表面长出一根毛发，于是，表达这组译释基因的任何细胞都将产生一根毛发。但是，因为这些基因只在含有主导蛋白质-e的细胞区域里表达，所以毛发也只出现在该动物的特定部分，即果蝇里含有隐色e的区域上将发育出有毛发的细胞带。就这样，译释基因通过应答，把产生毛发这个特征赋予该动物的某个区域。如果在同一组译释基因的调节区里有另一个结合位点，这些毛发同样会出现在该动物体的相应部分。隐色或主导蛋白质提供了一个基因能够翻译的参照体系,使得动物体的各种不同的部分具有各自不同的特征。虽然我举的例子是产生毛发,但适用于一个细胞的其他特征。这样的系统使得8种隐色区域中的每个区域内的细胞都具有丰富多彩的特性。

变换规则

根据已经给出的规则，译释基因只能以8种可能的方式应答8种隐色a～h。然而，通过修改某些规则可以提供更多的可能性。规则本身依赖于调节区里的DNA分子序列和主导蛋白质的结构。因此，若要变换规则，只需以不同的方式扩展或修改上述特性。

例如，改变每个调节区里只能有一个结合位点的规则（规则2），现在允许有两个结合位点（即每个基因里有两把锁）。因为每个结合位点只是一段十分短的DNA分子链，所以每个调节区里有足够的地方来容纳这两个结合位点。一个译释基因现在有可能在两种隐色的区域里表达，产生一个组合应答。例如，含有一个E-位点和一个F-位点的译释基因将在动物体内含有主导蛋白质-e或主导蛋白质-f的两个区域里表达。

但是，如果主导蛋白质所属的区域相互重叠，便引起一个新的复杂问题。在这样一些互相重叠的区域里，多于一个主导蛋白质（例如同时有主导蛋白质-e和主导蛋白质-f）将同时结合到某个调节区里。为了解决这个问题，我们可以修改其中的一条规则。不再说只有当一个主导蛋白质结合到一个译释基因里时，它才处于“打开”状态（规则3）。我们可以修改为，当一个或多个主导蛋白质与译释基因结合时，它就被打开（即把钥匙插入到一把或多把锁中）。换句话说，当主导蛋白质同时结合到译释基因里时，它们并不相互干扰。这就是说译释基因能在两种隐色区域内表达，也包括这两种隐色相互重叠的地方。

根据这些新的规则，就有28种额外的方式去应答8种隐色。这是因为从8种结合位点A～H中，可以产生出28种不同的成对组合方式。若加上只有一个结合位点时的8种可能的方式，我们终将获得36种不同的方式，对特征性基因的8种原初表达模式作出反应。每种译释基因将根据自己调节区内结合位点的特定组合，从36种可能的方式中只挑出一种方式作出应答。

我们还可以提出其他的规则，也将导致其他可能的译解。例如，假设我们把规则3修改成要使一个译释基因处于“打开”状态，必须同时有两个主导蛋白质（而不是一个或更多个）结合到它的调节区里。换句话说，现在打开译释基因，它需要两个，而不是一个主导蛋白质。这与必须同时开两把锁才能开启一扇门是一个道理。有了这条新规则后，某个译释基因只在主导蛋白质互相重叠的区域里表达。含有一个 E-位点和一个 F-位点的基因将只在主导蛋白质-e 和主导蛋白质-f 互相重叠的区域里才处于“打开”状态。这代表了另一组可能的模式。

可见，仅仅是 8 种隐色而每个译释基因只含有两个结合位点，仍可能用几个基本规则来产生范围极广的译解。

分子触角

上述各种可能的应答仅仅是开了个头。至今，我只提到果蝇里的 8 种主导蛋白质，参与区分体节的 8 种隐色 a ~ h。目前还不知道果蝇里主导蛋白质的类型总共有多少，但已经发现的类型要比 8 种多得多，比较合理的估计是在 1 000 个数量级。其中的每种蛋白质负责产生一个在特定时刻、特定地点、分布在生物体内的特异隐色。整个结果是一幅生物体内复杂的隐色镶嵌图案。此外，一个译释基因的每个调节区里通常有两个以上的结合位点，10 个结合位点更符合实际些。这就是说可能的译解数量大得无法想象（可能在 10^{14} 个数量级以上）。因此，一个译释基因调节区里的结合位点的某个特定组合，将从几乎无限种可能的应答中产生一个应答。

总之，结合位点的组合决定了该基因怎样应答或译解隐色的图式。调节区提供了一种特殊的化学触角，它只在特定的时刻和地点被激活，这取决于它所包含的一组结合位点。每个译释基因携带它自己的触角（调节区），该触角被精确地调整到只应答某组特殊的主导蛋白质。这个系统的优点在于，一旦出现一幅隐色镶嵌图案，任何含有调节区的基因都能作出它自己的译解。调节区里含有一组结合位点的基因将作出一种翻译，而含有另一组结合位点的基因将作出另一种翻译。

为了对基因数量有一个整体概念，我们在讨论时，曾假设果蝇里有 1 000 个基因，对各种类型的主导蛋白质进行编码。结果，果蝇 DNA 分子里剩下的所有基因基本上都是译释基因，比方说有 10 000 个。这些译释基因能够通过它们的调节区来应答隐含的镶嵌图案。因此，隐色提供了一个通用的参照体系，它对所有进行翻译的基因开放，使每个基因在生物体的特殊区域里表达。

在这里，我要提到在讨论中故意掩盖的一些复杂性。我曾经假设主导蛋白质与译释基因结合后，总是使得该基因被打开。但是，当主导蛋白质结合到调节区里时，也有可能通过干扰或阻碍基因的编码区被转录成 RNA 分子，从而使基因关闭。事实上，一个基因应答某个特定主导蛋白质的方式（即它是被打开还是关闭）是一件十分复杂的事，这取决于某个蛋白质如何与同时结合到调节区里的其他类型的主导蛋白质相互作用。这意味着由于主导蛋白质的相互作用，每个主导蛋白质实际上监控的不只是它直接结合的那段 DNA 分子序列。因此，一个 E-位点包含的独特性质可能超越蛋白质-e 直接接触的 DNA 区域。而且，译释基因应答隐色的方式比我所指出的更加捉摸不定。基因的状态可能不止“打开”或“关闭”这两种状态，它可能像允许连续调节亮度的可变电灯开关那样。这是因为基因被转录成 RNA 的速率，随各种主导蛋白质结合到它的调节区里而发生变化，所以，有可能对隐色产生一种梯度或定量变化的应答。

总之，有关图式或特征发生改变的突变体研究导致一种思路，即多细胞生物体包含一系列用隐色来表示的抽象区域，基因能译解这些隐色。通过分离和研究其中的许多基因，已有可能获得一幅更加具体的画面。隐色对应于主导蛋白质，它们由特征性基因在生物体的特定区域里产生。译释基因接着应答主导蛋白质的图式。每个译释基因携带一个分子触角，分子触角是基因调节区里的结合位点的组合。译释基因的表达模式取决于它的分子触角如何与生物体里的主导蛋白质的模式相互作用。这使得成千上万个译释基因能以各种不同的方式应答一个共同的参照体系，即隐色的镶嵌图案。

以上讨论，我自始至终说的是基因译解隐色。但是，我原本可以说：隐色操纵基因，规定基因何时打开或关闭。从逻辑的观点看，首先产生的是隐色或主导蛋白质，然后它们行使权力去影响基因。我为什么不说隐色驱动或操纵基因，而是说基因译解隐色呢？我们在下一章中探讨这个问题。

6 锁和钥匙的进化

假设你的办公大楼有许多房间。这些房间有些异乎寻常的特征，每个房间有几个锁，如果要打开一扇门，你需要一把至少能开其中一只锁的钥匙。假设你主要使用3个房间，就要有一把能开每扇门上一只锁的钥匙。但是，当你要进入一个新房间时，比如房号23，你的钥匙就无法打开它了。怎么办呢？你试着修改你的钥匙，把钥匙改造成能打开23号房间的其中一只锁，使你能够进入这个房间。惟一的麻烦是，修改后的钥匙不再能打开原来的锁，所以，你现在又无法进入原来的3个房间了。为了使这把钥匙能打开新房间的锁，你牺牲了它打开原来房间的能力。

其实，解决这个问题有一个更简单的方法，它避免了上述所有的烦恼，即不在钥匙上浪费时间，而是修改23号房间的锁。你请修锁匠在23号房间的门上再装一只锁，使你的钥匙能开这只锁。这样，你的钥匙开其他门的能力不受影响，因此，你现在既能打开这个新房间，又能打开原来的3个房间。类似的，如果目前你的钥匙能打开一扇门，比方说是12号房间的门，你希望它无法被打开（也许出于安全原因），那么，修改你的钥匙可能是一个错误的选择，因为不能再用它打开那些你以后还需要进入的房门了。更好的方法是干脆拆掉12号房间门上的那只锁，使你的钥匙无法打开12号房间门。换句话说，如果想修改一个系统，而它包含相互识别或匹配的组分，如锁和钥匙，那么选择何种方式修改组分，其结果具有很大的差异。在这个例子中，改锁要比改钥匙容易得多。

我们设想，在一段时间里，锁被连续地以这种方式修改，根据需要，又在某些门上增加或拆下一些锁，那么，一幢楼里的房间门上的锁终将形成一种特定的形式，一把特定的钥匙能打开一组房门。现在，不了解这幢楼的历史的人可能以为，设计这把钥匙的目的就是为了能打开这些房门。打开或关闭一扇门，毕竟需要这把特定的钥匙，因此钥匙似乎比锁具有更强的控制力。但是，当我们知道了这幢楼的历史以后就明白：这把钥匙在设计中只是起了十分被动的作用。曾经被改变或修改的是锁而不是钥匙。在某种意义上，钥匙能开哪扇门，取决于与其匹配的锁，而不是钥匙。我们甚至可以说，因为有了一只匹配的锁，才使某些房门能被某把钥匙打开，而不是由这把钥匙决定可以打开哪些房门。

译释的进化

我们在上一章里已经看到，一个主导蛋白质（隐色）如何结合到一个译释基因调节区中的特异位点中，如同一把钥匙配一只锁那样打开或关闭该基因。就像在那幢满是房间的大楼里改锁要比改钥匙容易得多，大多数的生物进化是改变调节区里结合位点（锁），而不是改变主导蛋白质本身（钥匙）。因为一个典型的主导蛋白质可以与多达100种不同的译释基因结合，所以主导蛋白质的形状在进化过程中能够被修改的程度受到极大的限制：任何大的变化都可能危及主导蛋白质所结合的100种基因的表达，从而对生物体的发育和生存造成灾难性的后果。比较而言，改变译释基因调节区里的某个结合位点，直接受到影响的将只是那个基因的表达。基于这个原因，进化过程中的改变，较有可能牵涉的是调节区里结合位点的突变，而不是主导蛋白质本身编码区上的变化。

创造新的结合位点是调节区里发生变化的一种方式。结合位点是一些十分短的DNA分子链，一般有6～10个碱基长。因此，在一个数千碱基长的调节区里，只改变DNA分子里1或2个碱基的偶然突变，还是有可能创造一个对应于某个主导蛋白质的新结合位点，至少是非常接近于一个新结合位点的突变。这种突变开始时，是把这种译释基因与另一种不同的主导蛋白质联系起来，从而改变了该基因的表达模式。如果这种新的表达模式被证明对于该生物体有优势，在调节区里，就会有更多的突变被选择进而改善这一匹配，创造出一个更好的结合位点。新结合位点（锁）的进化目标，就是与业已存在的主导蛋白质（钥匙）匹配。同时也容易看到，突变能使调节区丧失一个结合位点。一个结合位点上的DNA分子序列里只要发生一个碱基的改变，这就意味着识别该位点的主导蛋白质不能再结合到这个部位，这个译释基因以后也将不再应答这种特定的主导蛋白质。

因此，一个基因调节区里结合位点的组合，是逐步进化而来的产物。在进化过程中，不断产生或丢失特定的结合位点，也改变着译释基因对主导蛋白质镶嵌图案的反应方式。

主导蛋白质之所以为主导者，其意义只在于它们能影响许多基因的活性，就像一把钥匙可以打开许多锁那样。从发号施令者的意义上来说，主导蛋白质却不是主导者，因为决定哪个译释基因应该被打开或关闭的所有信息，并不是由主导蛋白质主动制定的。这要归因于上述系统的进化方式，即通过基因修改自身对主导蛋白质的应答，而不是主导蛋白质进化出越来越复杂的形状，使它能操纵越来越多的基因。

我们不要造成这样的印象，即主导蛋白质从不变化。在主导蛋白质的早期进化阶段，它只与几个基因结合，拥有不少变化的空间。但随着更多的译释基因进化出合适的结合位点，并受到主导蛋白质的影响时，主导蛋白质发生变化的可能性更受限制。接着，变化了的基因表达模式越来越多地涉及译解的改变，而不是主导蛋白质本身的改变。

我们现在可以看到，基因译解隐色的含义就是第三章中定义的译解概念：

（1）隐色提供了一个参照体系，即各种类型主导蛋白质的分布。

（2）每种基因有选择地应答这种图式，根据基因调节区里的一组结合位点，在生物体内特定的时刻和地点表达。结合位点的另一种组合产生另一种表达模式。

（3）在每种情况下作出的特殊选择具有历史的渊源，它依赖于一系列历史事件，由这些事件产生调节区里的一组特异的结合位点。

颜色的谱系

虽然主导蛋白质的进化受到限制，但有一种克服的方法，可以部分克服这些限制，即一个被称为基因重复的过程。该过程发生于 DNA 分子复制期间产生的错误。我们还记得，每当一个细胞分裂时，通常就复制 DNA 分子。在复制过程中偶尔会产生错误，如一段 DNA 分子链最后被拷贝两次。我们在这里并不需要关注这个过程发生的细节，需要关心的是：有时，这过程导致了一个基因的额外拷贝并被结合到 DNA 分子中。这意味着：如果生物体含有一个对应于某个主导蛋白质的基因，偶然产生的一个后代会含有该基因的一份额外拷贝。这个后代就有了对应于某种隐色的两份基因拷贝（图 6—1，上面部分）。这两份拷贝的 DNA 分子具有完全相同的碱基序列：它们百分之百的一模一样。

开始时，基因重复几乎没有任何影响，但随着重复拷贝的演化，在以后更长的时间里，它提供了更大的进化灵活性。正是基于同样的原因，如果一把钥匙有两份拷贝，那么就能在不损害开门能力的前提下，修改其中的一把钥匙，因为另一份钥匙拷贝起到了候补的作用。如果一个基因有两份拷贝，那么，就可以容忍在通常情况下对生物体有害的某些突变，因为这两个基因能够互补。可以预计，经历了一段进化时间后，突变将逐渐累积，因此重复的基因最终在序列上开始趋异，如图 6—1 中的重复基因的

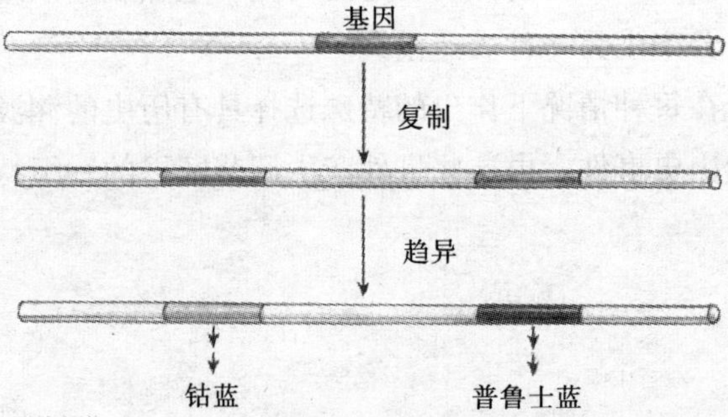

图 6—1　对某个主导蛋白质进行编码的一个基因的复制和趋异，产生对应于两种不同类型蓝隐色的两个基因

各种阴影部分。基因重复之后，接着是重复拷贝之间的趋异，所以重复基因之间的 DNA 分子序列不再是 100 % 的相同，比方说只有 90 % 相同（即在 DNA 分子序列的每 10 个碱基中，现在平均有一个差异，正如单词 convection 与单词 conviction 相比，10 个字母里只有一个对不上号）。随着 DNA 分子序列的趋异，由每个重复基因编码的蛋白质也可能开始趋异。这将导致了蛋白质分子的形状变得稍有不同，因此，它们便以差别甚微的特异性与调节区结合。一开始，一种隐色便进化出两种不同的版本。因为这两种隐色都出自相同的原始基因，所以，它们将紧密地相互联系在一起。利用相似的颜色可以显示这种内在的联系，比方说钴蓝和普鲁士蓝。这两种颜色都属于蓝色谱系。我们可以想象，重复过程和趋异过程不断进行，最后将得到主导蛋白质的一个大家族，家族里每个成员都具有少许不同的形状，可以用不同类型的蓝色来表示。

然而，基因拷贝之间的这种趋异过程，终究又重新导致了与原先一样的限制。随着重复的主导蛋白质开始识别不同的结合位点，它们不再能起到互补的作用：它们不再是完全一样的拷贝了。因此，尽管重复在开始时能带来一些额外的灵活性，但随着重复基因的趋异，限制性终归又再次建立。

影响花朵和果蝇特征性的许多隐色，据认为是从基因重复和趋异中产生出来的。80 年代初期，当隐色所必需的特征性基因被分离出来以后，这点就变得十分清楚。一旦分离出一个基因以后，就能够确定该基因的 DNA 分子序列和被编码的蛋白质分子。比较不同的特征性基因的 DNA 序列，事情立即就很清楚：这些基因的确是通过基因重复而产生的。例如，隐色 a ～ h 需要的 8 种果蝇基因都具有相似的 DNA 分子序列（参见 p100）。这 8 种基因之间的相似程度在一段 DNA 分子链中特别高，这段分子链长约 180 个碱基，被称为同源异形盒（homeobox）[1]。同源异形盒提供了一种共同的识别标志，表明这 8 种基因都是起源于相互重复的产物。因为如此，依据它们的 DNA 分子都拥有这种相似的区域，果蝇的特征性基因有时也被称为同源异形盒基因。这并非意味着在不同的特征性基因里，同源异形盒的区域都是完全一样的；由于趋异性，它们各自在这个区域里都有微小的差异。但同源异形盒的确是这些基因之间的最相似区域。

据认为，重复基因拷贝之间能完好保存同源异形盒的原因是，同源异形盒编码了主导蛋白质的一个部分，被称为同源异形域；同源异形域直接与 DNA 分子接触，是主导蛋白质里匹配结合位点的区域（等同于你插入锁内的那部分钥匙）。这区域内的分子序列发生任何变化，都有可能损害主导蛋白质正常工作的能力，因此，在进化过程中，这些突变被选择剔除。

因为它们编码的主导蛋白质相互类似或关联，我们可以把这些基因表示为相关隐色组成的一个谱系，比方说各种不同类型的绿色（图 6—2）。

我们可以用字母表里的第一个字母与隐色的第一个字母相同的各种类型绿色来取代隐色 a ～ h：隐色 a 变成苹果绿（apple-

〔1〕同源（homeo）来自同源异形（homeosis），这个术语最初用于描述含有错误特征的突变体，而加上后缀盒（box）是因为在这个 DNA 分子序列周围画上一个框可以突出显示这个序列。

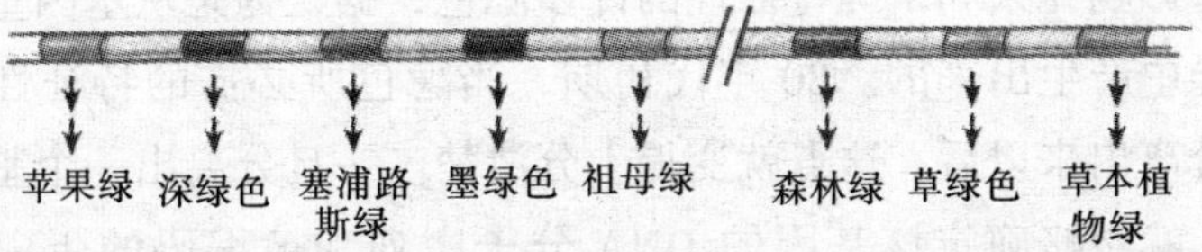

图 6—2　果蝇 DNA 分子里的特征性（同源异形盒）基因簇，以及由它们编码的对应隐色

green），隐色 b 现在是深绿色（bottle-green），隐色 c 是塞浦路斯绿（cyprus-green），隐色 d 是墨绿色（deep-green），隐色 e 是祖母绿（emerald-green），隐色 f 是森林绿（forest-green），隐色 g 是草绿色（grass-green），隐色 h 是草本植物绿（herb-green）。果蝇被分成具有各种不同类型的绿色区段，从头部顶端的苹果绿开始，直到尾部末端的草本植物绿结束。每种类型的绿色区段对应于一类细胞区域，在这区域产生某种类型的主导蛋白质。

如图 6—2 所示，决定各种绿色所需要的特征性基因，在 DNA 分子里被分成两簇：一簇是 5 个基因，另一簇是 3 个基因。你可能注意到，基因簇内各基因的排列顺序，与生物体从头到尾的隐色排列顺序相同。例如，请观察左边的一簇基因，对应于苹果绿的基因的后面是对应于深绿色的基因，紧随其后的又是对应于塞浦路斯绿的基因，等等。这些基因的 DNA 分子里的排列顺序，为什么会如此完美地与生物体内它们的表达顺序一一对应，虽然还不清楚原因，但这极可能与基因重复的进化方式有关。

影响花的器官轮的许多特征性基因也是通过重复和趋异产生的。这些基因的 DNA 分子序列里，各自含有一段相似的分子链或识别标志。这种识别标志与果蝇特征性基因里的识别标志不同，因此它有另一个名称：MADS 盒〔1〕。

我们可以用红色而不是绿色，来表示由这些基因编码的一组主导蛋白质。以前被称为 a、b 和 c 的花朵的隐色，现在可以分

〔1〕MADS 是一个首字母缩略词，取自这个基因家族中最早被描述的一些成员的名称。

别用阿梅隆酒红色（amarone-red）、勃艮第红色（burgundy-red）和紫红色（claret-red）来取代（幸运的是，葡萄酒为我们提供了许多表示红色的名称）。我们可以把花蕾看做是由红色构成的同心区域：开始时是最外面的轮（萼片）上的阿梅隆酒红色，然后是阿梅隆酒红色＋勃艮第红色（花瓣），接着是勃艮第红色＋紫红色（雄蕊），最后是中心的紫红色（心皮）。正是这种隐色图式赋予各轮花器官以独特的识别特征。

至此，我把要点归纳如下：果蝇和花都包含一组在体内不同区域里表达的特征性基因，产生主导蛋白质。主导蛋白质的分布情况等同于一幅隐色地图或隐色镶嵌图案。许多主导蛋白质相互关联，因为各种不同的特征性基因通过重复和趋异而产生。这些主导蛋白质可以用红色（花朵）或绿色（果蝇）的隐色谱系来表示。隐色地图提供了一个参照体系，许多基因可以通过它们的调节区来译解这个体系。调节区里结合位点的组合起到了特殊的分子触角作用。这些基因对隐色图式作出反应的方式是：每个基因在生物体内的特定时间与地点表达。

基因与语言

下面，我们把基因的语言来作一比较。由 DNA 碱基序列构成的每个基因，经常被比作由一系列字母组成的一个单词。于是，一个生物体全部 DNA 分子内所有的数万个基因，可以被看做是包含数万个单词的一部大型词典。当然，DNA 分子表达其内容时，它与词典之间是存在着基本差异的。为了从一部词典里查到某个单词的意思，人们需要查寻这个单词并读出它。单词本身并不携带读或不读的信息，这是由使用这部词典的读者来决定的。但是，一个基因却在它的调节区里含有决定基因何时、何处表达的信息。基因含有一个分子触角，即一系列的结合位点，保证基因在某些细胞里表达，而不至于在别的细胞里表达。这就好像每个单词都有一个前缀，这个前缀保证基因在特定的时间和地点被读出来。

虽然与单词的类比只能到此为止，但我认为还有一种更好的语言学比较方式，即与我们在大脑使用词汇的方式作比较。当我们说话或进行思考时，词汇会自动地跑出来。假设你有一个想法，如“我想知道蜜蜂如何观察花朵”。你不会到一部思维词典里去寻找每个单词，如先查“我”，然后是“想知道”，接着是“如何”，因为这样做，你得首先知道要找的是什么词：要在脑海里寻找“如何”，你必须已经知道“如何”就是你要找的单词，这使得整个查寻过程毫无意义。我们使用的词汇储存在大脑里，在某些特殊的条件下便会想到它们。当某个单词就在舌头边上，而我们却一时想不起来时，我们只得耐心等待，直到这个单词自己冒出来为止。思想，不是某种事先计划好，然后执行的事物，我们只是拥有它们。当然，我们可以计划去思考某件事情，如“接下来的一个小时我准备思考蜜蜂”；但我们不是去计划即将形成的关于蜜蜂的想法，然后据此查寻这些单词，因为这样将意味着，我们已经有了这些想法。

通过与基因作类比，我们可以从概念上把我们脑海里的每个单词分成两个部分。一部分与它的意思有关，这部分负责该单词在我们大脑里如何“发音”。我在这里说的“发音”是指，在我们的思维中有这个单词的经历，它与我们是否大声读出来无关。这等同于产生某个特定蛋白质的基因的编码区。单词的另一个部分决定我们何时想起它，保证每个单词在某些条件下出现在我们的脑海里。这部分对应于一个基因的调节区。根据我们大脑的条件，脑海里的单词携带的信息，导致它表达或显现在我们的意识中，而不只是一个要检索的实体。我们脑海里的单词与写在纸上的单词不同，它们被构成一个网络，或被锁定在思考过程中。当然，它们被锁定的方式并不是一成不变的：随着我们的经验和思维过程的发展，这种方式可以发生变化。在任何时刻，每个单词的“调节部分”具有其历史渊源，依赖于我们早先的学习经验。

我并不是说，脑海里的单词简单得就像一个基因的线性序列。虽然我们还不知道脑海里的单词是如何工作的，但它们极有可能反映了大脑里细胞之间复杂的相互作用。这些相互作用无法被简单地分解，等同于一个基因的调节区和编码区。我将思维单词与基因之间进行比较的原因，不是要过于简单地看待思维过程，而是要更好地理解基因是如何工作的，这比在词典上查阅单词要复杂得多。这里并没有任何读者去浏览每个细胞里的基因档案。基因携带的信息导致它们自己在特定的时刻和地点被表达。

当然，整个思维过程是高度互动的过程。你想到的每个单词或想法都导致新的词汇进入你的脑海里。思维始终处于不断变化的状态之中，其中的每个单词或想法都源自早先的单词或思路。我已开始证明，这也适用于基因。基因通过译解隐色而表达；这些隐色即主导蛋白质的本身又依赖于一组基因（特征性基因）。基因与词汇一样也相互作用，但我还未解释，隐色编码的基因如何在图式里表达。虽然我们可以轻松地说，基因译解一个复杂的镶嵌图案，但最初又是什么构造了这个镶嵌图案的呢？我从中间开始解释，假定隐色图式已经存在，我们将看到，这种图式的产生依赖于基因与蛋白质之间的进一步相互作用。在探讨这个问题之前，我在下一章里要描述另一个问题：人类的隐色。

7 隐含的骨骼

一天早晨，当格里戈尔·萨姆沙从心神不定的睡梦中惊醒时，他发现自己在床上变成一只巨大的甲虫。他正躺在坚硬的、就像是装甲的背上，只要稍微抬起头，就能看见自己棕色的穹顶状腹部已经被分成僵硬的弧形体节，盖在上面的被褥即将彻底滑落，已无法停留在原来的位置上。与身躯相比，他的许多只腿极细，正绝望地在他的眼前摆动。

这就是卡夫卡[1]的短篇小说《变形记》的开头一段，这篇小说描述了主人公格里戈尔变成一只甲虫后的生活。卡夫卡选择一只昆虫作为他的梦魇的载体并不是偶然的。昆虫生活在它们的骨骼里：它们的躯体外部携带着支撑框架，被绝望地限制在或埋葬于一个僵硬的外壳内，从而展现了一幅凭幻想才能看到的幽闭恐怖的形象。它们似乎具有一种封闭的和怪异的躯体，这为科学幻想小说和恐怖小说提供了可资利用的素材。尽管如此，昆虫与我们之间却存在一种基本的相似性。与我们一样，它们的一端有一个带有嘴和眼睛的头，躯体上长出肢（翼），以及长在尾部的肛门。正是这点使得卡夫卡十分顺理成章地将一个人转化成一只甲虫：我们可以轻易地把人的各个部分替换成甲虫的对应部分，头换头，身躯换身躯。我们可能认为，这是在说明脊椎动物，即像人那样的具有内在骨骼的动物，以及节肢动物，像甲虫那样的具有一个外壳的有节动物，都是基于相似的原理形成的。也许有一个共同的系统构成了这些不同类型动物的形态基础。另一种观点则认为，脊椎动物与节肢动物之间存在的这种相似性，只是动物以有限的方式行使功能，所造成的无关要紧的结果。动物能够活动的方式就只有这么几种。一端有一个头，躯干上长出四肢

---

〔1〕卡夫卡（Kafka，1883～1924），奥地利小说家，现代文学的先驱。——译者注

（或翼），以及一个尾部，这是一种特别简便的安排，因此，在各种不同类型的动物中发现这样的共同点并不令人惊讶。根据这种观点，甲虫和人是两种完全不同类型的生物，它们之间存在的任何相似性都只是一种表观结果，只反映动物发挥功能的方式有限。

脊椎动物和节肢动物是以相似的方式形成的，还是以完全不同的方式构成的，这在19世纪初期是个热点问题。这个问题最终以一场发生在1830年的著名论战而达到高潮。这次争论是在两位高度受人尊敬的教授之间展开的，他们是巴黎自然历史博物馆的居维叶和杰弗莱。[1]

形态与功能

19世纪初期是比较解剖学的黄金时代，在许多最激动人心的新发现中，巴黎自然历史博物馆居于中心地位。那时，科学家们忙于对许多不同类型动物的首次解剖、描述和比较，试图发现它们的内部结构的秘密。今天，我们仍然可以在巴黎自然历史博物馆的比较解剖学陈列室里看到这个时代的科学遗产。在那里，你能看到一支似乎正在行进中的骨骼队伍：令人目眩地展示出来自所有动物种类的骨骼，它们被排列成似乎正朝着一个方向行进（图7—1）。

这些骨骼是那段时期解剖学处在生物学研究最前沿的历史见证。在这些研究的基础上，居维叶和杰弗莱各自认为，他们已经揭示了指导解剖学研究的统一性原理。然而，他们的研究风格却

〔1〕居维叶（Georges Cuvier），1769～1832，法国动物学家，杰弗莱（Etienne Geoffroy Saint-Hilaire），关于这场论战的精彩描述，请参阅阿佩尔（Toby Appel）撰写的《居维叶—杰弗莱论战》一书。

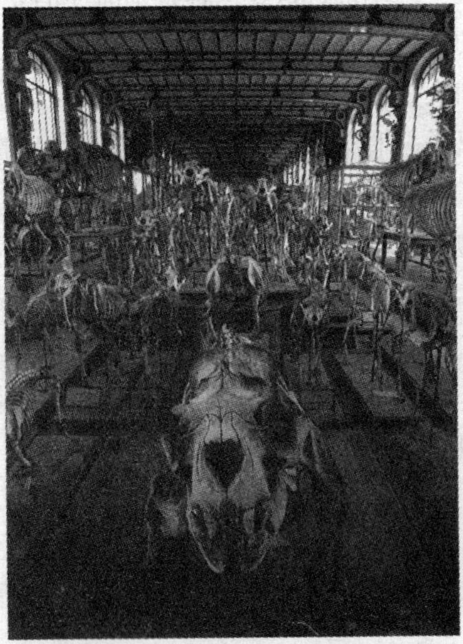

图 7—1　比较解剖学陈列室，国立自然历史博物馆，巴黎

是截然不同的。

可以用两种方式来对乐器进行分类。一种是根据它们的外形进行分类：小提琴和大提琴形状相似，并且都用木头和弦制成；小号和喇叭看起来相似，并且都是用金属制成。这是一种基于乐器的形态或结构的分类方法。另一种方法是，你可以根据它们怎样发声来进行分类：你必须拨弹或用弓拉弦乐器；既可以直接地、也可以用簧片吹响木制管乐器；为了演奏铜管乐器，你必须把嘴唇压到乐器的吹口上，以便当你吹奏时，它们能振动；最后，需要猛敲打击乐器组。在这种情况下，分类是基于乐器发挥功能的方式。这两种分类方法——乐器的形态或它发挥功能的方式——强调了乐器的不同方面。如果你根据形态对萨克斯管进行分类，那么你可以把它归到铜管乐类，反之，如果功能是你分类的主要准则，那么你将把它归到木管乐器类，因为你通过簧片来吹奏它（基于这个原因，萨克斯管通常被归到木管乐类）。尽管

存在这些差异，但这两种分类法的结果却经常是相似的，因为乐器的结构与它发出声音的方式明显地紧密联系在一起。

对居维叶来说，理解动物结构的关键在于它发挥功能的方式。每种动物都被完美地设计成能以一种特殊的方式发挥功能，这决定了它的形态和结构。对杰弗莱来说，事情正好相反：动物的基本特征是其形态的统一性。它们发挥功能的特殊方式是次要的。居维叶和杰弗莱遵循这两种研究思路，各自建立了构成解剖学基础的理论系统。

居维叶与功能的整体化

居维叶根据广泛的动物解剖和研究断定，试图孤立地理解器官或组织毫无益处，要把它们看做是一个不可分割活体的组成部分才有意义。例如，鸟为什么会有羽毛？只有长在前肢上，构成翅膀时，羽毛才有意义。只有存在翅膀肌肉能够长在上面的锁骨或胸骨时，翅膀才有意义。接着，肌肉只在能够获得高浓度的氧气时才发挥作用，这需要胸腔和呼吸系统。如此追根究底的话，从一根羽毛开始可以演绎出鸟的整个躯体结构。只要知道某个动物有一根羽毛，我们就能推断出它一定也有某种类型的锁骨；如果给定某个特殊的锁骨，我们就可以推测出拥有这根锁骨的动物有羽毛。不长在鸟身上的羽毛，或没有羽毛的鸟，将不构成任何意义：这样的动物是不合逻辑的，不能发挥正常的功能，因而也无法生存。居维叶把这条原理应用和推广到范围极广的动物中。只要拿到一根化石骨头，他就能熟练地预测出骨架的其余部分像什么样子，这种动物吃什么和如何行走。

然而，居维叶也意识到，实际上各部分之间的许多联系必须用追溯的方式来推测。如果某人从未见过鸟，只有一块羽毛化石，他不可能演绎出一只鸟的结构。在现实当中，我们不可能从初始的原理推断出所有的事物，而是需要从我们周围的动物中搜集有关知识。居维叶利用骨头化石来推断的方法，是建立在与其他已知的骨骼作比较的基础上，而不是纯粹的逻辑推理。但居维叶认为他的理论是完美的，推断中所出现的问题更多的与人们的逻辑思维不足有关。如果我们有足够的智慧，也许就能从一根羽毛开始推测出一只鸟的结构，而不需要首先观察任何实例。

遗憾的是，居维叶从未见过福尔摩斯，那是另一位积极推崇演绎逻辑力量的著名人物。在小说《血字的研究》一书中，福尔摩斯是这样描述推理艺术的：

> 从一滴水中，逻辑学家就能够推测出它来自大西洋或尼亚加拉河的可能性，而不必曾经看见或听说过这种水或其他的水。生活是一条长链，无论我们在哪里看见过它的一个链节，就能够掌握它的本质。与所有其他的艺术一样，推理和分析科学也只能通过长期和耐心的学习而获得，生活没有给予足够长的时间，让任何凡人在推理方面达到可能的最高境界。

对居维叶来说，把生物体的各个不同部分联系起来的逻辑原理，就是根据它们功能的相互依赖性：各部分的连接无法分离，因为它们相互依存才能发挥正常的功能。这个观点是十分明显的，其他人以前也曾做过阐述。居维叶的成就是以一种系统的方式完善了这个思想，并将它提升为一条基本的法则，他称之为生存条件：

> 正是功能之间的这种相互依赖性和相互帮助，被确立为决定它们的器官之间相互关系的各种规律，这些规律拥有与形而上学的或数学定律一样的必然性，因为相

> 互作用的器官之间存在完美的协调一致性，显然是拥有这些器官的生物之所以存在的一种必然条件，而且，如果其中的一个功能的变化方式，与其他功能的变化方式不协调，这个生物就不再可能继续生存下去。

生物若要生存，它的不同组成部分必然一起正常地发挥功能。这就是说，如果某个组成部分发生变化，不再与其他部分协调一致，这个有机体将无法生存下去。功能的整体化是存在的必需条件，并且是构成所有的动物设计基础的指导性原理。居维叶把在动物解剖中观察到的这种协调一致的安排，看做是反映了上帝的智慧：上帝在创造物种的同时，也建立了逻辑规则，以保证各组成部分协调一致的运行。

居维叶登峰造极的成就也许是把他自己的原理应用到所有动物分类中。在概括地研究了动物界以后，他提出动物基本上分成4种类型，每种都有相应的构成形态：

（1）脊椎动物，即有一根脊骨的动物。

（2）软体动物，即身体柔软的动物，如蛞蝓（俗称鼻涕虫）和蜗牛。

（3）节体动物，即有节的动物，如昆虫和虾（即节肢动物）。

（4）放射形动物，即径向对称的动物，如海星和水母。

任何动物都可以被归类到属于这4种范畴中的一种（或分支），正如一个管弦乐器可以被归属于弦乐、木制管乐、铜管乐或打击乐器组一样。

提出这个四重分类法也许并不令人惊讶，但若要求你以一种直观合理的方式，对整个动物界进行分类，你将从哪里开始，按什么标准来分？你也许从鸟、鱼、哺乳动物等开始分类。这样分类的问题是有点流于表面化和以人为中心看待宇宙万物：它侧重于我们比较熟悉的动物。当我们将鸟、鱼、哺乳动物等放入整个动物界的范畴网络中时，它们被看成是都沿着非常相似的途径形成自己的组织结构。居维叶提出了一个较不狭隘的分类法，顾及了动物功能和结构的基本特征。对于居维叶来说，这 4 个分支定性地表示了功能性组织的不同类型。在他的分类体系里，哺乳动物、鸟和鱼全都只属于其中的一个分支，即脊椎动物。余下的三个分支被保留给根本上不同的动物，如昆虫、蛞蝓和海星等（在现代的分类法中，脊椎动物的这种少数地位甚至更加明显，它区分出约 35 个主要的大类或门，脊椎动物只是其中的一个门）。

根据居维叶的分类法，虽然你可以把属于同一个分支的动物作比较，但各个分支之间的比较却是无意义的。就像试图比较一把小提琴与一个喇叭一样。例如，属于脊椎动物的人类，不可能与属于环节动物的昆虫作比较，因为它们的组织形态完全不同。对居维叶来说，动物界的关键特征是功能的整体化，他认为这不可避免地导致了对各种类型的四重分类法。正是这种根据功能来分类动物的方法，最终导致了居维叶与杰弗莱的这场冲突。

杰弗莱与器官关系原则

杰弗莱从另一个十分不同的角度来研究动物的结构。如比较马与人的步行方式，当一匹马行走时，后腿在膝盖处的弯曲方式是，小腿向前朝上摆动。你不妨试着这样走一下，最终你会进医院的，因为人的正常行走方式是，膝盖以下的小腿朝后面摆动。马的前腿看起来稍微舒服些：它的小腿在膝盖以下朝后摆动（图 7—2）。但我们真正应该比较的，是马的前腿与人类中的对等物——手臂。如果你放下手臂，然后在肘部弯曲，前臂是向前摆动的，正好与马的前腿的弯曲方式相反。

为了弄清楚人与马的关节为什么以彻底不同的方式工作，我们需要考察肢体的内部骨骼结构。如果从骨盆开始考察大腿上的

图 7—2　正在行走的马（达·芬奇作，温莎皇家收藏品，第 12341 号）

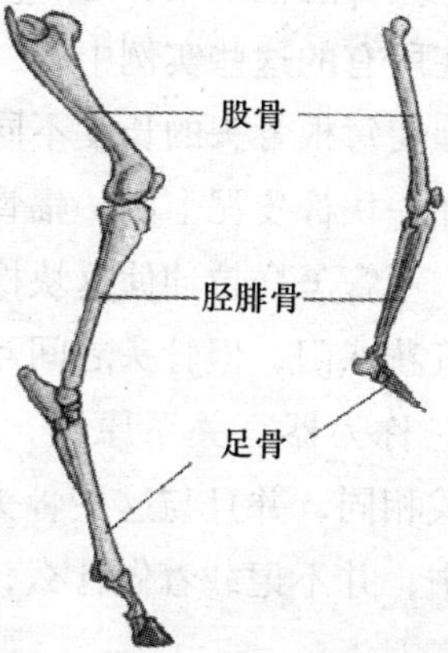

图 7—3　马和人的后肢的骨骼

骨骼结构，首先看到一根独立的股骨，然后在膝盖处连着两根胫骨（胫骨和腓骨），接着在足部又连着踝骨。马的后腿的骨骼结构与之十分相似，但是，如果试图把马的骨骼与人的骨骼一一对应的话，结果是，我称之为膝盖骨的对应于我们的踝骨，马的小腿对应于我们足部的中骨（蹠骨），它的终端是中趾。为了把人变成一匹马，人得想象：人脚上的中趾与胫骨一样大，把中趾上的趾甲放大成足部，手上的中指和指甲与前臂一样长。这样，人就可以像马那样移动了，弯曲踝关节和腕关节，就可以向前摆动“后腿”和向后摆动“前腿”。马的骨骼与人类相比，其分布顺序和在关节处的弯曲方式都相似，但相对长度差别很大。

如果纯粹以功能为基础来设计马和人类，一般不可能选择完全一样的骨骼结构，也不会满足于只改变它们的相对长度。为什么没有最适合于各自的独特布局呢？当考察其他动物时就更糟。为了让人的手变成蝙蝠的翅膀，你要拉长手指，张开手掌，并覆盖上一层蹼皮。鲸的鳍状肢也是这种骨骼结构的另一种变形。

自然在构造躯体和肢体时，明显地缺乏想象力，总是利用相同的骨骼结构。这表明在动物的骨骼结构中，功能并不是主要因素。真正的关键性因素应该是某种其他东西：即超越具体功能细节的普遍性事物，这些功能包括飞、跑、游或夹住等。

杰弗莱指出，在所有的这些实例中有一点是相同的，即骨骼相互连接的方式。即使每根骨头的长度不同，它们的连接顺序是相对不变的。有如在一块橡皮泥上画一幅骨头结构图，然后以各种方式伸展这幅图。不管怎样拉伸使这块橡皮泥变形，最后得到的骨骼结构图或许五花八门，但骨头之间互相连接的顺序总是保持不变。杰弗莱把它称为器官关系原则，即在各种不同的动物中，骨头的连接方式相同，并且与这些骨头的特定功能无关。在骨头的“名人录”中，并不记载着做什么，而只描述与哪位有关的人连接在一起。

从器官关系原则可以演绎出，所有的哺乳动物都具有一个共同的骨头连接图，即它们都符合一种规划的统一性。这种统一的规划并不对应于任何特殊的动物，而是对应于一种所有动物共同拥有的基本布局。类似的，我们也能试着勾画一幅所有弦乐器的结构示意图，它说明了弦乐器的基本布局。示意图本身并不是一部乐器，它只是一幅草图，描绘了小提琴、大提琴或双低音提琴里的各种部件的共同布局。这个统一的规划是抽象提炼的产物，体现在每个单独的实例中。

争论和论战

在一定的范围里，居维叶接受甚至赞赏杰弗莱的器官的关系原则和规划的统一性。它们阐明了一个众所周知的事实，即各种不同的哺乳动物展示了相似的骨骼布局。只是当杰弗莱开始宣称他的原理具有真正的普遍意义和至高无上的地位时，才酿成问题。首先，他断言哺乳动物的骨骼结构不仅互相相似，而且也展现出与鱼类的骨骼相同的基本连接方式。从表面上看，这似乎是荒谬可笑的，因为许多鱼的骨头、特别是头部骨头，在哺乳动物中根本找不到明显的对应物。但杰弗莱并没有被这点吓倒，他不顾骨头的相对尺寸和功能等存在的表面差异，继续用器官的关系原则来确立他认为是更加基本的相似性。

居维叶发现杰弗莱的某些观点比较有说服力，但其他一方面则差点，如果事情到此为止，他们的争论也许只是一个侧重点的问题。但杰弗莱的下一个步骤是改变所有这一切。他于 1820 年提出，各种不同的脊椎动物，如哺乳动物和鱼类，不仅骨头的布局类型相同，而且它们的基本布局也与昆虫一样——昆虫是甚至没有任何骨头的动物！这与居维叶的观点明显对立，居维叶认为脊椎动物和昆虫分别属于不同的分支。他根本不允许把人与苍蝇作比较，这就像比较粉笔与乳酪一样可笑。

杰弗莱在坚持他的激进主张时指出，昆虫与脊椎动物在基本的组织方面具有许多共同的特征。它们都有一个长着嘴和眼睛的头，躯体的其余部分都分成两个体节：胸部和腹部。它们的主要差异是，脊椎动物由骨骼从内部支撑，而昆虫则是由硬壳从外部支撑。杰弗莱提出，这些明显不同的组织类型，实际上只是同一枚硬币的正反两面：脊椎动物围绕着一个骨骼组织起来，而昆虫则生长在骨骼的里面。为了把人变成一只昆虫，你必须设想人的骨骼长到了外面，同时躯体的大小保持不变。最后，骨头长出并包住皮肤，软组织和生物器官长在骨头的里面，就像一种非常精致的骨髓。他相信，只要认识到这点，昆虫与脊椎动物结构之间的详细对应关系，就会依照他的器官关系原则各就其位。例如，昆虫的躯体将对应于脊骨，它的腿等同于我们的肋骨。毫不奇怪，许多人不相信这种把昆虫看成是一具围绕着肋骨闲荡的骨骼的观点，他们认为，杰弗莱所描述的昆虫与脊椎动物之间的具体对应关系，似乎过于荒诞离奇。然而，杰弗莱坚持他的论点，确信器官关系原则揭示了有机体共同拥有的深层次的统一性。他认为，怀疑者只是被更易识别的表面特征蒙蔽住了。

对于居维叶来说，脊椎动物与昆虫之间的这些比较既是荒谬的，也是咄咄逼人的，在随后的10年里，他试图驳斥杰弗莱及其追随者。正如历史学家阿佩尔所总结的：

> 所有的人都看到了这两位自然学家之间存在的紧张关系，这种关系不但使科学院的负责人，也使整个科学界感到山雨欲来风满楼。在他们公开发表的所有讲座、文章、论著和报告中，居维叶和杰弗莱不断地相互攻击对方，但却从不正面回答对方。杰弗莱指责居维叶搞背后偷袭，而不是对他的工作提出合情合理的批评。在自1820年开始的10年里，他一直努力诱使反对他的科学理论的人进入一场公开的争论，但居维叶更愿意选择间接攻击的策略。

冲突终于在1830年2月15日爆发。事情发生在巴黎科学院的一次每周例会上，会员们在那里宣读报告或论文。梅朗克斯（Meyranx）和劳伦舍特（Laurencet）是两位相对来说资历较浅的年轻自然学家，在他们提交科学院的一份研究报告中指出，如果脊椎动物能依靠自身向后弯曲的话，那么，它的器官所处的位置将与软体动物墨鱼的器官相似。这种观点，杰弗莱听起来非常顺耳，因为这意味着他的普遍类型将能扩展到居维叶的另一个分支中，即软体动物。当要求杰弗莱在会上对这篇报告做口头评论时，他抓住机会，不仅发表评论，而且宣扬他自己的观点。他说，这篇报告作为一个例子说明了通过应用器官连接原理，怎样能够在揭示动物的基本统一性方面取得实质性进展。与陈旧的观点相比，这是如此地激动人心，他情不自禁地引用了居维叶在经典论著中的话来举例发挥。

居维叶感到这太过分了。当杰弗莱的评论结束时，他站起来明确反对评论中的科学内容，并抗议对他的人身诋毁，他允诺，过几天详细讨论这个问题。在科学院的下一周例会上，居维叶带来了一只墨鱼的示意图和向后弯曲的脊椎动物的示意图，准备大干一场。他一开始就表明，软体动物与脊椎动物之间存在的许多所谓的相似性，根本经不起仔细推敲。现在，这场论战开始受到公众相当多的关注，在以后的 4 周里，论战持续激烈地进行着，有时，双方的争执焦点居然集中在应该由谁先说。最后的一次会议标志着在科学院内举行的这场辩论赛的结束，但辩论已经在很大程度上激发起科学界和公众的想象力。两位法国知识界的巨人争论的，是关于人类在自然界所处位置的基本问题。报纸、杂志和著作报道了这场论战，其中有些偏向于居维叶，另一些则支持杰弗莱。

达尔文的答案

科学院里这场论战结束后约 30 年，达尔文（Charles Darwin）认为，他的《物种起源》（1859 年）一书为这场论战提供了答案。对于达尔文来说，骨骼的布局不过是进化过程中的产物。居维叶所强调的骨骼的功能性方面，可以被解释成由自然选择产生的各种适应性机制：有机体由协调一致地发挥功能的各个部分构成，是因为这样一种结构布局更有可能生存下来并繁殖后代。达尔文这样写道：

> 杰出的居维叶始终坚持的生存条件的表现形态，已经完全包含在自然选择理论中。因为，对于其有机和无机的环境，生物的变异要么是即刻适应，要么缓慢适应。自然选择就是通过这两种方式起着作用。

对于达尔文来说，功能的整体化是一种适应，它是通过自然选择历经数百万年逐步进化出来的产物。他同意居维叶的理论，但不把它看做是反映了上帝的设计思想，而是把它解释为自然选择的一种产物。达尔文也可以用共同的祖先来解释杰弗莱所强调的形态的统一性。马、人和所有其他的哺乳动物拥有一个共同的祖先，这是它们的骨骼具有相似性的根本原因。由于进化是一个逐渐变化的过程，其中的每一步都修正过去遗传下来的东西，因此祖先和它们的后代应该保持某些共同的特征。以脊椎动物为例，达尔文指出，改变骨头的大小和形状的可能性，要比改变它们的布局大，这就解释了杰弗莱的器官关系原则：

> 为了形成鳍的功能，肢体的骨头可能会缩短和放宽到任何程度，并逐渐被厚膜包裹住；为了产生一只翅膀，一只蹼足可能会使它的所有骨头或某些骨头伸长到任何程度，连接这些骨头的膜也会增加到任何程度；然而，在所有这些大量的改变中，决不包含改变骨头的结构体系或组成部分之间的连接方式。

因为鳍、翅膀以及其他类型的哺乳动物的肢体，是通过逐步的修正从一个共同的远祖附肢中进化而来的，所以它们拥有一组相似的骨头连接方式。杰弗莱的器官关系原则和规划的统一性不再是一些基本的规律，而只是拥有共同祖先的一个历史性产物。

杰弗莱的原理还存在一个更深层次的致命缺陷。因为一个共同的祖先规定了有机体的基本布局，所以这个布局本身将是某种进化的产物。例如，哺乳动物的共同祖先不会凭空出现，它也有一个更早的祖先。因此，根据达尔文的进化论，把属于一个纲的所有动物，如所有的哺乳动物联系起来的布局本身，也是一种适应的产物，它通过自然选择来自更早的祖先。这就是说，统一的规划（或类型的统一性，达尔文这样命名它）起源于过去的功能适应过程。对于达尔文来说，杰弗莱关于形态的规律从属于居维叶关于功能的规律：

> 人们普遍承认，所有的有机生物依据两条伟大的规律形成——类型的统一性和生存条件……事实上，生存条件的规律是一条更高层次的规律，因为它通过遗传以往的各类适应，包含了类型的统一性。

如果一个基本布局是进化的产物，那么，你设想它不会一次性产生。例如，脊椎动物的祖先进化出它的基本布局，这种布局与节肢动物（昆虫、甲壳纲动物等）的祖先完全无关。提出昆虫与脊椎动物的基本布局有共同的地方是毫无理由的。当然，如果追溯到进化史足够早的时候，那么，你也许会找到一个脊椎动物与昆虫共同的祖先。但是，这种远古时代的有机体也许没有什么基本布局可言，它也许只是一个简单的水生动物，既没有内部也没有外部骨骼，因而缺乏可以与现代的昆虫或脊椎动物的基本布局联系起来的形态框架。即使在这种远古动物中存在某种简单的布局，它与现代形态之间的相似性遗迹，也在漫长的进化过程中消失殆尽。昆虫和脊椎动物的骨骼结构，大部分基本布局实际上是独立产生的，几乎没有共同点。现代的昆虫和脊椎动物的结构基本上是沿着各自不同的轨迹形成的，不可能做有实质性意义的比较。在这个问题上，居维叶最终赢了，杰弗莱的立场至多是一个历史的传奇罢了。

脊椎动物的同源异形盒基因

如果这场论战的余音就此消失，我无须不厌其烦地描述这个故事。重新激起人们对这个问题的兴趣，是 1984 年首次发生的激动人心的事件，这时距居维叶与杰弗莱之间的那场论战已经有约 150 年了。当时，人们分离出了影响果蝇体节的特征性基因。我们还记得，决定果蝇体内各个不同区域的一组隐含颜色需要这些基因。这些基因对一组相关蛋白质进行编码，我们用 8 种隐含绿色来表示这些蛋白质，按照字母顺序从头到尾的分布：从头部顶端的苹果绿一直到尾部的草本绿。

这些隐含颜色的排列顺序为果蝇建立了一种从头到尾的基本布局。一只果蝇的躯体由具有各种不同的识别基因的 14 个体节构成：3 个头部体节带有各种附器，如触角，接着是 3 个长有腿或翅膀的胸部体节，然后是 8 个不同的腹部体节。体节之间的这些区别，即从头部到尾部的基本布局，取决于一个隐含绿色谱系。缺失一种或多种隐含颜色的突变，导致在区分某些区域时发生错误，产生了数个具有相同识别基因的体节。如果丢失了所有的隐含绿色的话，那么最后将得到的是由 14 个相似体节构成的单一布局，失去了从头到尾有区别的基本布局。换句话说，骨骼的基本布局取决于隐含颜色构成的布局图。

如果昆虫与脊椎动物的骨骼基本布局存在许多差异的话，那么，它们的隐含颜色布局图也将十分不同。只要从果蝇体内分离出对应于隐含颜色的识别基因，就可以直接验证这个问题。一旦从一个物种内分离出一个基因后，就能在其他物种中寻找相关的基因。因此，从果蝇体内分离出隐含颜色所需的识别基因后不久，瑞士的瓦尔特·盖林实验室的麦克金尼斯（Bill McGinnis）和列文（Michael Levine），就开始着手研究在其他的动物中是否存在类似的基因。因为脊椎动物和节肢动物具有不同的骨骼基本布局，所以预期的结果是，脊椎动物内根本不存在相似的基因，或者脊椎动物具有一种与节肢动物不同意义的基因。

他们在其他的物种里寻找相关基因的方法，与我在第五章中所描述的确定基因在哪个部位被表达的方法，原则上没有太大的区别。一个分离出的基因被用作一根分子探针，这根探针不探测RNA或蛋白质分子，而是探测一段特定的DNA序列（探针本身是一个DNA分子，已经用化学方法处理过）。每个有机体包含数千种基因，每个基因是一段DNA分子链。探针能从这个巨型基因库中识别出一段特定的DNA分子链，它只须黏住或杂交这段分子链，把它从其他的分子链中区分出来。麦克金尼斯和列文制作的探针取自果蝇体内的一个识别基因，这根探针被用来识别在序列上与它相似的任何一段DNA分子链。如果一个类似的基因正好存在于另外一个物种的DNA分子中的话，比如存在于人的基因中，那么这根探针将确定那个基因与它交叉杂交。用这个方法，他们在其他有机体，包括蠕虫的DNA分子中试验了这根探针，麦克金尼斯这样回忆道：

> 列文提出我们也可以用某些蠕虫来做实验，于是，我的夫人娜婷就到附近的鱼饵商店买了各种昆虫和蠕虫回来。甚至在我确定它们是什么物种之前，我已经分离出它们的DNA分子。我还放入了某些脊椎动物的DNA分子，虽然我把它们看做是起相反作用的对照物，但我

希望能获得某种交叉杂交，当我拿出第一个杂交印迹，很显然在人、蛙的样品泳道上有显著的杂交片断。我激动得双手颤抖，但是，大多数人对这个实验结果持怀疑态度，这令我有点失望。

探针能与来自脊椎动物的 DNA 分子链杂交的事实表明，这些动物拥有与果蝇体内的识别基因类似或相关的基因。麦克金尼斯反复做了这个实验，得到的结果完全一样，因此人们终于相信他的结果了。只要用这种方法识别出来自其他物种的基因，这些基因就可以被分离出来，并用于详细的研究。因此，不少实验室着手进行一系列的分离 DNA 分子的研究工作，利用来自果蝇的特征性基因的探针，从包括蛙、鼠和人等的脊椎动物中分离出相似的基因。

用上述方法分离出的脊椎动物的基因，在许多细节上与来源于果蝇的基因相似。

第一个相似点来自对 DNA 分子序列的比较。我们还记得，基因的复制和趋异（第六章）产生了影响果蝇体节识别的 8 种基因。这些基因的 DNA 分子中都共同拥有一段非常相似的序列，该序列被称为同源异形盒，因此，这些识别基因有时又被称为同源异形盒基因。同源异形盒位于编码区，这些由一组隐含绿色来表示的基因产生相关的蛋白质。现在，从脊椎动物中分离出来的各种不同的基因，也包含一个同源异形盒，即它们也是同源异形盒基因。这就是说，脊椎动物的基因对蛋白质进行编码，这些蛋白质属于与果蝇体内相同的一组隐含颜色谱系，即隐含绿色谱系。这并不奇怪，正因为脊椎动物与果蝇的基因之间存在相似性，它们才最终被分离出来。从脊椎动物中分离出的基因包含相似的 DNA 分子链并不出人意料。有趣的是，不同类型的果蝇和脊椎动物的同源异形盒基因之间的对应程度。脊椎动物不仅包含对应于一个隐含绿色谱系的基因，而且每种类型的隐含绿色都存在。例如，脊椎动物的同源异形盒基因中的某一个，与苹果绿所需的果蝇的同源异形盒基因极为相似，即与果蝇的其他 7 个同源框基因中的任何一个相比，脊椎动物的这个同源异形盒基因的 DNA 分子序列，明显地更加接近于苹果绿所需的那个果蝇的基因。另一个脊椎动物的同源异形盒基因，与产生深绿色的果蝇基因非常相似。还有一个则明显地最接近于产生塞浦路斯绿的果蝇基因。每种脊椎动物的基因都可以作为一个配对物，与 8 种果蝇的同源异形盒基因中的某一个对应起来。因此，脊椎动物包含的一系列同源异形盒基因，产生出从苹果绿到草本绿的对等隐色。

果蝇和脊椎动物的基因之间存在的第二个相似点，是这些基因在 DNA 分子上的排列。在果蝇体内，8 个同源异形盒基因——它们对隐含颜色进行编码——沿着 DNA 分子群集在一起。其中的 5 个基因成为一组，余下的 3 个在另一组。

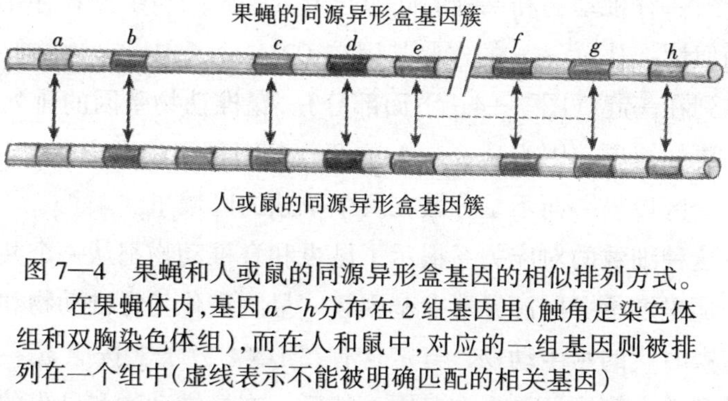

图 7—4　果蝇和人或鼠的同源异形盒基因的相似排列方式。在果蝇体内，基因 a～h 分布在 2 组基因里（触角足染色体组和双胸染色体组），而在人和鼠中，对应的一组基因则被排列在一个组中（虚线表示不能被明确匹配的相关基因）

图 7—4 所示的上面部分中，每个基因用它所对应的隐含颜色的第一个字母来表示。因此，基因 a ～ e 在一组，f ～ h 在另一组。当开始研究脊椎动物的同源框基因时，人们意识到它们也以十分类似的方式排列。在伦敦研究鼠的同源异形盒基因的克虏姆劳夫（Robb Krumlauf）回忆道：

1986 年末，盖林召开了首次同源异形盒基因专题研讨会。约有8位研究脊椎动物的学者与会参加讨论。那时，我们各自得到了一小组同源异形盒基因组。意外的是，当时在斯特拉斯堡（法国城市——译者注）的皮埃尔·切姆本实验室工作的杜伯勒（Denis Duboule），带来了由四五个基因组成的一组基因，那与我的一组基因相似，于是我们开始互相讨论并交流研究成果。

脊椎动物的各种同源异形盒基因以一种特定的方式群集在一起的事实逐渐清晰起来。当时，伦敦的克虏姆劳夫和他的同事们，以及在斯特拉斯堡工作的杜伯勒和多勒（Pascal Dolle），分别细致地拼合出鼠的同源异形盒基因的排列方式。与此同时，那不勒斯[1]的伯西里（Eduardo Boncinelli）和他的同事们，正在研究人类的同源异形盒基因的排列方式。来自鼠和人的研究结果基本一致。脊椎动物和果蝇的同源异形盒基因的组织方式存在惊人的相似性：从 $a \sim h$ 的这些基因在DNA分子内以一种相似的顺序排列在一起（图7—4，下面部分）。脊椎动物基因的排列比果蝇的更加简单，因为从 $a \sim h$ 的全部基因都聚集在DNA分子上的一个区域内，而不是分散在两个单独的区域里。

这种细致的对应关系揭示了昆虫和脊椎动物都从一个共同的祖先那里继承了同源异形盒基因簇。最终进化为脊椎动物和昆虫的远古时代的水生动物，肯定含有在DNA分子上按照 $a \sim h$ 顺序排列的一簇同源异形盒基因。然后，在脊椎动物和昆虫的整个进化过程中，这些基因的排列顺序基本上一直保持不变。在进化史的某个时间点上产生了果蝇，这簇基因分裂成两个独立的部分，即 $a \sim e$ 和 $f \sim h$ 这两簇同源异形盒基因（并不是所有的昆虫世系都发生这种分裂，因为某些昆虫，如甲虫，仍然只有一簇基因）。

---

〔1〕意大利港口城市。——译者注

我在前面掩盖了某些复杂性。首先，哺乳动物的每个基因簇在它们的 DNA 分子上有 4 个拷贝。在脊椎动物的进化过程中，包含从 $a \sim h$ 的整个同源异形盒基因簇的一段 DNA 长链，已经被多次复制,产生出 4 个拷贝的基因簇(总数约 32 个基因)。伴随着这些大规模的复制过程,4 个基因簇之间已经存在某种趋异,产生了与每种基因类型稍有差异的变体:人或鼠含有多个对应于苹果绿基因、多个深绿色基因的变体等等。其次,在基因簇内,已经存在对单个基因的某些多余的复制(和某些缺失)。这就是说,某些基因簇可能含有比其他基因簇更多的基因(例如,图 7—4 所示的脊椎动物基因簇有 9 个基因,而不是 8 个),并且某些脊椎动物基因不能明确地与它们在果蝇内的对应基因匹配(如图 7—4 中的虚线所示)。即使知道了这些复杂性,我们还是对昆虫和脊椎动物的同源异形盒基因之间所保留的相似程度惊叹不已。

脊椎动物的隐含结构图

既然脊椎动物骨骼的基本布局与昆虫的差异极大，这些同源异形盒基因对于脊椎动物意义何在呢？在果蝇中，同源异形盒基因用来建立体内各个不同的区域，构成从头到尾基本布局的基础。虽然脊椎动物的骨骼结构与昆虫差异极大，但这些同源异形盒基因在脊椎动物中，或许也起着类似的作用。或许，它们与脊椎动物从头到尾的布局无关：即对于人类来说，它们可能具有完全不同于果蝇的意义。验证这两种可能性的一种好方法是，考察同源异形盒基因在正处于发育过程的动物中，是在何时和何处被表达的（回忆一下，我曾把表达一个基因定义为，在任何一个给定的时刻，它在何处被打开，产生一个蛋白质）。在果蝇中，每个同源异形盒基因被表达在某个特定的区域里，该区域位于早期胚胎的从头到尾的中轴线上。产生出从头到尾分布的一组隐含绿色，头部顶端是苹果绿，尾部末端是草本绿。如果脊椎动物的同源异形盒基因也被包含在从头到尾的布局中，那么，它们也会以类似的分布顺序，在该有机体的各个区域上表达。为了验证这点，脊椎动物的胚胎被着色，以便展现正在被表达的各种不同的同源异形盒基因，即它们在何处被打开或关闭。

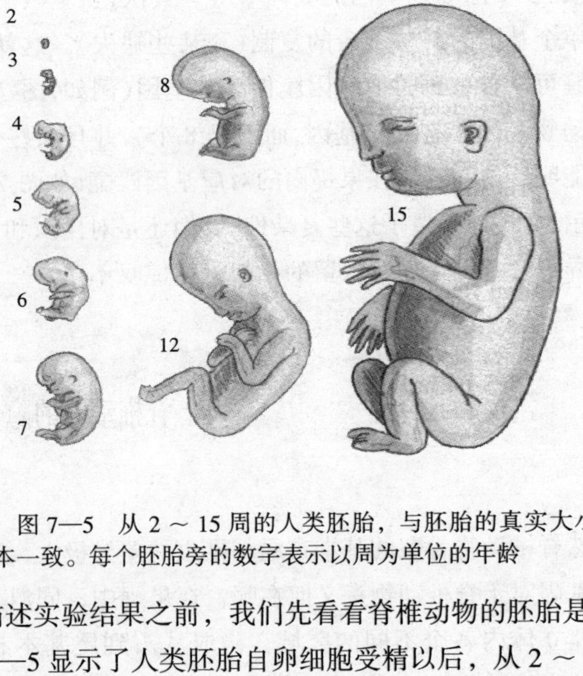

图 7—5　从 2 ～ 15 周的人类胚胎，与胚胎的真实大小基本一致。每个胚胎旁的数字表示以周为单位的年龄

在描述实验结果之前，我们先看看脊椎动物的胚胎是什么样子。图 7—5 显示了人类胚胎自卵细胞受精以后，从 2 ～ 15 周的各个发育阶段。它们在图中的尺寸与真的胚胎基本相同。你可以看到，即使在这些发育阶段中最早的一个阶段，胚胎中已经存在可以识别出的头和尾。随着发育过程的继续进行，各种结构逐渐显现出来，如肢体。虽然某些哺乳动物与其他的动物相比，可能经历了更快的发育阶段，但所有的哺乳动物物种都具有一个非常相似的早期发育过程。

现在我们来看图 7—6 所示的两个着色后的老鼠胚胎，目的

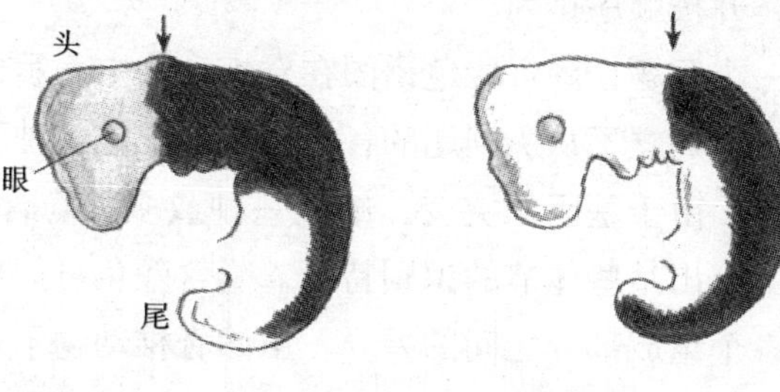

图 7—6　着色后的老鼠胚胎示意图，目的是展现对应于深绿（左边）或塞浦路斯绿（右边）的基因的表达形式。注意，塞浦路斯绿所在的区域的起点远远落在深绿区域的后面（见箭头）

是展现当老鼠处于早期的发育阶段时，其特定的同源框基因的表达形式（这个阶段在骨骼上对应于图 7—5 中约 4 周的人体胚胎）。其中的一个基因对深绿色蛋白质对应的一个蛋白质进行编码，另一个基因对塞浦路斯绿蛋白质进行编码。你可以看到，这些基因中的每一个在胚胎内一个不连续的区域里被表达，从距离头部一定长度的点开始，然后从这个点向后面延伸。深绿色的起点比塞浦路斯绿更靠近头部。这就是说，从头到尾的顺序与果蝇相同。所有其他同源框基因的实验也证实了这个结果，即脊椎动物内的基因的表达顺序与果蝇相同，最靠近头部顶端的是苹果绿，接着是深绿色，然后是塞浦路斯绿，最后在尾部末端的是草本绿。总之，各种不同的隐含绿色给出了从头到尾的一系列不同的区域，正如在果蝇体内所观察到的那样。

这是一项惊人的实验结果，因为它表明，昆虫和脊椎动物的组织结构存在一个共同的方面，即它们都具有一个潜在的颜色谱图，其中的每种隐含颜色从头到尾的相对位置和顺序完全一致。这使人联想起杰弗莱的器官关系原则，但在这里它的适用对象是隐含颜色，而不是骨头。杰弗莱的器官关系原则建立在骨骼的排列顺序上，而在这里，却是隐含颜色的顺序。脊椎动物和昆虫被一组隐含绿色统一起来，这些隐含绿色以一种相似的方式从头到尾地连接，并按顺序排列。

还有一个问题，隐含绿色谱图在脊椎动物中表示什么呢？在果蝇内，它们建立了从头到尾的各个区域，规定各种不同的体节之间的差异。由于基因的突变，缺失一种或多种隐含颜色的话，就不再能区分出某些体节的识别特征。隐含颜色可能也提供了脊椎动物的各个组成部分之间的差异。虽然脊椎动物不是与昆虫一样的方式分段，但它们从头到尾也是由各种类型的重复部分构成，这在脊椎骨中最明显，它由一系列重复的单元或椎骨构成。

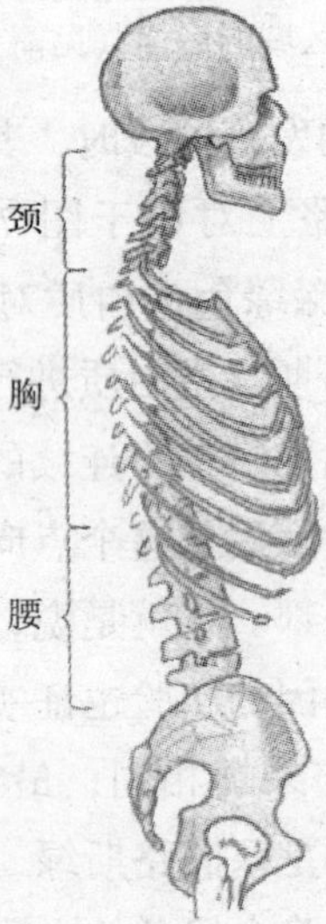

图 7—7　人类脊椎骨的侧面图，它展示了连和没连肋骨的各种椎骨

如图 7—7，从头到尾地数下去，颈部有 7 根椎骨（颈椎骨），接着是胸部的 12 根椎骨（胸椎骨），其上连着各种长度的肋骨，然后是腹部不连肋骨的 5 根椎骨（腰椎骨）。此外，在背的底部有几根其他的椎骨。在长有尾巴的哺乳动物中，椎骨可以继续延伸。要寻找脊椎动物中隐含绿色的类似作用，从头到尾的各种类型的椎骨是最明显的地方，即隐含绿色可能提供了从头到尾的椎骨之间的差异，类似于它们区分昆虫体节的方式。

如果在提供区分椎骨之间的差异方面，隐含绿色是重要的，可以预计缺失其中的一种隐含颜色的突变，将特定椎骨识别特征的改变。这可以在鼠中进行验证，因为人们已经有一种方法，可以通过突变使得某些鼠的基因失去活性。这种方法可以使某些特定的同源异形盒基因失去作用，产生丢失对应的隐含颜色的老鼠突变体。其中的某些突变体确实展示特定椎骨的识别特征发生了显著变化。

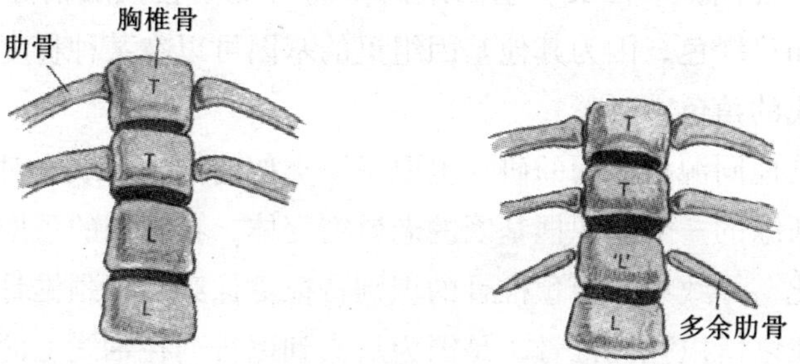

图 7—8　一只正常老鼠的部分骨骼示意图（左边），它显示了胸部（T）和腰部（L）椎骨，与之比较的是一只老鼠突变体（右边），它携带了一个对应于草绿色的同源框基因的突变体。注意突变体中的一对多余肋骨，突变导致一根腰椎骨（L）部分地转化成一根胸椎骨

图 7—8 给出了一个实例，取材于莫埃里克（Herve Le Mouellic）、拉勒芒德（Yvan Lallemand）和布律莱特（Phillipe Brulet）1992 年在巴黎所做的研究工作。与人一样，老鼠也有一系列的胸椎骨，每根都连着一对肋骨，接着是没有肋骨的一系列腰椎骨。从胸椎骨到腰椎骨的过渡区域如图 7—8 中左边的一只正常老鼠所示。

图 7—8 的右边所示，是老鼠的一个同源框基因发生突变，该基因对应于隐含草绿色。在这个发生突变的鼠中，在通常没有肋骨的第一根腰椎骨上却连着一对小肋骨。这根腰椎骨展示出的，是连着一对肋骨的特征，而这一般是胸椎骨才有的特征。事实上，如果把胸椎骨定义为是连有肋骨的椎骨，那么我们可以

说，第一根腰椎骨已经被胸椎骨所取代，即它的识别特征已经由腰椎骨变成为胸椎骨。换句话说，与果蝇中的情况一样，需要用隐色来提供从头到尾的各种差异，在这个实例中是椎骨之间的差异。由于隐色缺失的突变导致差异的消失，使得腰椎骨具有与胸椎骨相似的特征。其实，这是一种不彻底的转化，腰椎骨上这一对多余长出的肋骨比长在正常胸椎骨上的肋骨要小得多。这是极有可能发生的事情，因为鼠的同源框基因组有 4 个拷贝，它们可以互相替代。来自某个基因组的基因突变不会彻底消除一种颜色，如草绿色，因为其他基因组里的基因可以在某种程度上担当起替代的角色。

其他同源框基因的研究也取得了类似的结果。缺失对应于塞浦路斯绿的一个同源框基因的老鼠突变体，在它们的颈椎骨上发生变化，导致第二根颈椎骨的识别特征更像第一根颈椎骨。

我之所以强调椎骨，是因为从头到尾排列在轴线上的椎骨是最容易观察到的特征。隐含绿色也影响到这根轴线上的其他识别特征。换句话说，这组隐含绿色提供了把从头到尾的区域区分开来的特征差异，这将在发育期间产生各种不同的结构，脊椎是其中最简单的实例。

归纳起来，与果蝇一样，脊椎动物也需要用隐含绿色，提供区分动物从头到尾的各个区域之间的差异。缺失或去除其中的某个颜色，将导致排列在从头到尾轴线上的各个区域的某个差异消失，这在某些椎骨中最容易看到，它们通常开始具有十分相似的特征。因此，与在昆虫中发现的情况相似，脊椎动物内从头到尾的骨骼基本布局，也取决于一个潜在的隐含绿色谱图。

从颜色到形态

如果昆虫与脊椎动物都包含一组相似的隐含绿色，它们怎么会从头到尾如此地迥然不同？我们还记得，隐色并不对应于一组指令集，并不规定了应该怎样构造一个结构，如构造某个特定类型的体节，即颜色只是提供了一个参照体系，然后由基因来译解这个体系。所以，虽然两个生物体可以具有相似的隐含绿色谱图，但译解这张谱图的方式，以及这张图最后在动物的骨骼中的体现方式，却可能十分不同。

不论是脊椎动物还是昆虫，关于隐色与动物的最终结构之间的精确关系，我将试着描述某些起作用的因素，以便更好地理解为什么这些动物都具有一个相似的潜在隐色谱图，而最终看起来又是如此的不同。

我们在第五章看到，隐色对应于主导蛋白质，这些蛋白质能结合到译解基因调节区里的某些特殊结合部位内。例如，祖母绿主导蛋白质能识别出某段DNA分子短序列，即E-结合部位，而草绿色主导蛋白质则能识别出与之稍有差异的序列，即G-结合部位。主导蛋白质结合到这些部位里，能影响一个译解基因是处于“打开”还是“关闭”状态。在最简单的情况下，只要在有机体内找到祖母绿蛋白质，在调节区里，就有一个E-结合部位的译解基因被打开。同样，一旦确定了草绿色蛋白质的位置，带有一个G-结合部位的基因就将被表达。虽然在脊椎动物和昆虫从头到尾的轴线上，都有一个共同的隐含绿色主导蛋白质布局图，但每种动物对应于每个主导蛋白质的许多译解基因却可能各不相同。例如，昆虫内含有一个E-结合部位的译解基因，与脊椎动物里含有一个E-结合部位的基因并不相同。而且，在区分两种动物的长期的进化过程中，译解基因调节区上的结合部位也在发生变化。这将意味着，表达在脊椎动物内祖母绿蛋白质区域上的译解基因，不同于表达在昆虫里祖母绿区域上的那些基因。这就是说，隐色谱图可能一致，但它们的译解却不同。

当然，真实的情况比我简化后所表示的内容要复杂得多。例如，译解基因在它们的调节区里有数个结合部位，响应有机体内的隐含颜色组合。除了隐含绿色谱系以外，还有许多其他类型的主导蛋白质，每个蛋白质对应于一种隐色，构成一幅复杂的部分重叠的镶嵌图案。一个基因对一种或多种隐含绿色作出的响应，不能游离于其他的隐色的形式范畴之外，某些响应在脊椎动物和昆虫之间可能是相似的，但还有许多响应则可能互有差异。而且，由译解基因来编码的蛋白质本身也是进化的产物，因此，它们对有机体的作用在昆虫和脊椎动物中是不一样的。隐色的译解最终产生动物体内可见的结构的方式，是一件十分复杂的事情，它以多种方式在昆虫与脊椎动物之间有所区别。

所有这一切都表明，一组隐色的译解过程，以及这组隐色最后在有机体的成熟骨骼中的逐步展现过程，在进化期间会以许多方式发生变化。在昆虫中，隐含绿色最后逐渐体现在各种类型的体节上，而在脊椎动物中，这些隐色的作用则逐步展现在其他的结构中，如脊骨的类型等。所以，即使昆虫和脊椎动物从头到尾的基本布局取决于一幅相似的隐色谱图，但仅凭它们的形态结构，可能很难猜到。

隐含的统一性

我们可以从另一个角度来考察杰弗莱与居维叶之间的那场论战。对于昆虫和脊椎动物，居维叶强调功能的结果是，他把它们看成是由完全不同的原理构成的，因此，他的比较是毫无意义的，而杰弗莱痴迷于各类动物器官的相似形态，不考虑器官的特殊功能。当他找到自信不疑的相似性原理，即骨骼相互联系的方式以后，他又试图把这条原理推广到其他动物中，甚至推广到昆虫里。为了做到这点，他必须在昆虫和脊椎动物的器官之间建立起某种对应的关系。他的解决方法是，把昆虫的外部形态与脊椎动物的内部骨骼进行匹配。一旦用这种方式进行比较以后，就能描述出详细的对应关系，如长着肋骨的脊椎动物的脊椎骨与连着腿的昆虫的外部身躯之间的对应关系。可以认为，杰弗莱与居维叶两种理论是有联系的。

作为事后诸葛亮，我们可以看到，杰弗莱的观点中存在某些正确的东西。在昆虫与脊椎动物之间，存在一组相似的内在关系，即隐色图谱。这两类动物共同拥有一组隐含绿色谱系，它们以相同的顺序从头到尾地排列及连接，苹果绿在头部顶端，一直到草本绿位于尾部末端。在这两类动物中，隐含颜色提供了区域之间的差异，导致沿着轴线从头到尾地发育出具有各种不同识别特征的结构。但是，这个共同的隐色图谱被译解的方式，以及它最后在有机体的可见特征里显现出来的方式，却十分不同。在昆虫中，这幅图谱显现在昆虫体节之间的差异上，而在脊椎动物里，它则影响各种不同的结构，最明显的是排列在脊椎骨上的各种类型的脊骨。因此，形态结构只是间接地展现了隐色的内在图谱。

随之而来的结果是，即使动物具有一组相似的隐含颜色，但在动物形态结构的层次上，这种统一性只是依稀可见。这就是为什么杰弗莱指出的许多详细的对应关系，如脊椎动物肋骨与昆虫的腿之间的对应关系，被认为是缺乏说服力的，因为他正试图根据纯粹的结构特征，来确立一种规划的统一性。在这个意义上，居维叶轻视杰弗莱的某些比较是正确的。然而，即使我们不同意杰弗莱的某些特殊论点，但他的整个观点，即动物之间、甚至是看起来极不相同的昆虫与脊椎动物之间，存在一个共同的内在形态结构图谱的理论，却被证明是正确的。

从进化论的观点看，形态学研究的这些局限性，取决于被比较动物之间的关联程度。用最浅显的观察，也能毫无困难地建立起人的手与猿的手之间的对应关系。比较困难的是找到人的手臂与马的腿或鲸的鳍状肢之间的对应关系。如果仅从外表观察，那么，我们可能会得出结论，认为它们是完全不同类型的附肢。然而，通过考察骨头的布局，我们澄清了这种对应关系。表面看似不同的动物，却反映了一个共同的骨骼布局形态。但是，对于关联程度较远的不同动物做比较时，如昆虫和脊椎动物，形态结构的比较研究的价值有限。鉴此，我们得出结论，这些动物的基本布局之间不存在任何共同点（除非与杰弗莱一样，我们相信存在一种规划的基本统一性）。骨骼的各种基本设计可能是彼此完全独立地进化出来的。为了更深入地研究这个问题，我们来考察构成有机体布局基础的隐色图谱。我们看到，即使隐色图谱以十分不同的方式，译解和显现在各种动物的骨骼结构中，却仍然存在一种统一性。隐色图谱提供了一个隐含的结构，即一组内在的连接关系，确实使得我们可以对相距甚远的有机体做有意义的比较研究。

我的意思并不是指隐含的绿色谱系提供了一幅绝对的或一成不变的隐色图谱。在绿色谱系所需要的同源异形盒基因中，已经存在各种修改，如同源异形盒基因的重复。整个同源异形盒基因簇甚至也被重复，结果产生保留到今天鼠类和人类中的4个基因簇。这些改变使得隐含绿色谱系在某种程度上被修改。然而，在将昆虫和脊椎动物从它们的共同祖先里分离开来的6亿年进化期内，隐含绿色从头到尾的基本顺序，即这幅图谱中的相互关系，却没有发生根本性变化。

在昆虫和脊椎动物的共同祖先中，同源异形盒基因起的作用是什么呢？极有可能的是，与今天存在的有机体一样，这个共同祖先的同源异形盒基因也对一组隐含颜色进行编码，这组颜色规定了从头到尾的各种差异。隐色在各种不同区域的译解，可能既没有产生各种不同的体节，如果蝇内的体节，也没有产生各种类型的脊骨，如老鼠体内的脊骨。相反，它们可能以不同的方式显现出来。

对一种线虫的同源异形盒基因的研究很好地说明了这个问题。它是一种微小的蠕虫形动物（约 1 毫米长），在动物分类学上属于与昆虫或脊椎动物相距甚远的一个门。虽然这种线虫既无体节，也没有脊骨，但是，它仍然有一簇同源异形盒基因（这种线虫的基因簇里只有 4 个基因，而在昆虫和脊椎动物中却能找到 8 个或更多个基因）。线虫的同源异形盒基因被表达在特异的区域里，产生从头到尾排列的隐含绿色的各种区域。然后，基因译解隐色，使线虫的各种不同组成部分，沿着轴线从头到尾具有各自不同的识别特征。当然，在这个例子中，识别特征不是指体节或脊骨，而是指各组细胞，它们排列在线虫体纵向体轴上。这些细胞组既不像昆虫的体节那样，由一层硬壳包裹，也不像脊骨那样产生骨头状区域：它们只是形成线虫的有识别特征的区域。换句话说，隐色仍然提供了一幅从头到尾的布局图或参照体系，但这些隐色的翻译方式，以及最后的显现方式，却不同于脊椎动物或昆虫。

我们得出这样的结论，即昆虫和脊椎动物（以及线虫）的共同祖先极有可能拥有一簇同源异形盒基因，这簇基因提供了从头到尾的各种不同特征。但是，这个隐含图谱在远古动物中被译解的方式和逐渐显现的方式，完全不同于今天在人或果蝇中所看到的方式。动物之间在某些隐色图谱中存在显著的统一性，这种统一性已经保存了数十亿年；然而，这种统一性在动物骨骼中的显现方式却可能差异极大。我将在本书的最后几章回到这种内在的统一性问题上。在接下来的几章中，则讨论在发育中如何建立隐色图式这个基本问题。

8 扩展的画布

至此，我们已经明白了生物体的发育依赖于一幅由隐色构成的镶嵌图案。这幅图案提供了一个参照体系，可以被许多译释基因翻译，使这些基因在特定的时刻和地点在生物体里表达。基因的活性模式构成了植物和动物复杂结构的基础。但是，镶嵌图案是怎样产生的呢？我在没有解释它的起源的情况下，首先默认了它的存在。

在随后数章中，我将证明，由隐色构成的镶嵌图案是通过一系列的连锁过程而产生的，这包括把一组隐色建立在另一组隐色的基础上，另一组隐色又依赖于另外的一组隐色。在本章中，我将解释隐色以这种方式相互依存所产生的效果。为了说明这个问题，我将对两个过程作一比较：建立一幅隐色的镶嵌图案与创作一幅油画。这两种过程都产生由特异区域构成的复杂组合：创作的画是在一幅二维的画布里完成的；而在生物的发育中，隐色的各种区域分布在生物体的三维结构里。在比较之前，我必须引入某些异乎寻常的概念：会生长和扩展的画布、会增加和增殖的画家等。这些想象可能显得奇异怪诞，但引入它们的用意是突出发育的某些显著特征。

图式的精细化

有许多种绘画的方法，其中最有条不紊的画法之一也许是用数字绘画：一幅画被细致地分割，并且每块区域都用一个数字来表示，以便指明每种颜色应该画在哪里。所有的空间信息都被放入这幅格子画里；绘画的行为只是在标有数字的区域里涂上相应的颜色。

在把数字绘画方法类比于隐含的镶嵌图案的起源方式时，出现的麻烦是，它并不增添任何新的空间信息。如果我们认为隐色的每块区域，都是通过描绘一系列标有数字的区域而产生，这仅是用未经证明的假设，来探讨标有数字的区域来自何方。实际上，在我所使用隐色的意义上（用颜色把各种区域区分开来的方法），隐色区域与标有数字的区域实质上毫无差异。采用标数字的方法，只是在试图解释一组区域时，参照一组完全相同，但以另一种方式进行编码的隐含区域，即用隐含数字的区域取代隐含颜色的区域。

还有另一种绘画方式，它提供了一种更加有用的类比。请参看图 8—1 所展示的自画像的三个阶段，它取材于一本自学书《自画像的创作》。

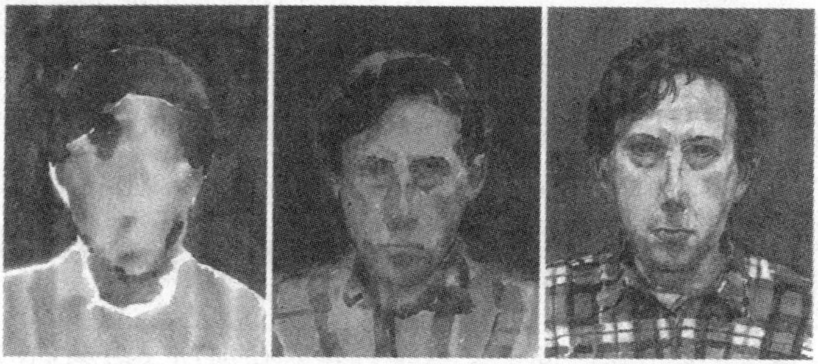

图 8—1　保耶（Francis Bowyer）所作自画像的三个阶段（Coates 出版社，1989 年）

在第一个阶段，画家在轮廓上确定了几个颜色区域，大致定下脸、头发和衬衫的位置。在这个阶段，每块区域的界线有些模糊不清，只是被粗略地确定下来。在第二个阶段，颜色被涂在第一个阶段的画面上，提供更多的细节：眼睛、鼻子、嘴、衬衫领子等等的位置。第一个阶段提供了一个轮廓性的参照标准，接着在第二个阶段被细化。这种精细化过程在第三个阶段继续进行，展示出许多细节，如眼睫毛、鼻孔、衬衫上的格子图案，等等。我们可以看到，每个阶段都是对前一个阶段的回应；伴随着增添的色彩，线条在显现，图像在细化，在每个阶段中，画笔都变得越来越精练和细致。下面是该书提到的另一位画家弗吕厄（Roy Freer），描述他是如何绘画的：

> 我创作水彩画的方法与油画或粉笔画十分相似。开始时，我先粗犷地描绘一些主要部分，然后经过数个细致入微的描绘阶段，直到形成最后的画面。

画家为什么不跨过其他阶段，直接进入最后的细节描绘阶段？前面几个阶段的目的是什么呢？因为过于快速地进入细节描绘，容易画错位置。如果你开始时就描绘眼睛的细节，以后你会发现，它们与其他特征的相对位置不协调。你得回过头来，全部重画。所以，只有首先确定总体构图，然后逐步进入细节阶段，才能在每个层次上逐渐建立起特征之间正确的相对位置关系：从脸部的轮廓，到眼睛的位置，再进入到眼睛里的各种细节部分。为了有助于做到这点，一些画家在绘画的开始阶段，眯紧眼睛观察对象，故意使视线模糊，以便更容易看到对象的大致轮廓，避免被细节分散注意力。

通过上述方法，即把一组颜色建立在前面一组颜色的基础上，可以有助于细致描绘一幅画的各个细节。这提供了一个很好的类比，帮助我们理解隐含的镶嵌图案如何在生物的发育过程中产生。隐色图式随着生物体的发育逐步建立和不断完美起来，而不像数字绘画，以一步到位的方式。隐色是通过一种相互作用的过程建立起来的，在这个过程中，一组隐色依赖于已产生的隐色图式，并逐步精细化。

生长的画布

在我描述的绘画过程中，没有涵盖生物体内部绘图过程的一个重要方面：生物体能够在它们发育图式精细化的同时进行生长。这就好像画布的尺寸不是固定不变的，而是在持续扩展。发育期内能够出现的生长程度十分显著。下面的一段话是 18 世纪的生物学家哈勒（Albrecht von Haller）所描述的这种情形：

> 母亲子宫内的胚胎以令人无法相信的速度生长。我们不知道胚胎最初形成时的大小，但它肯定微小得甚至用最好的显微镜也看不见。9 个月后，胚胎的体重就达到了 3 或 4 千克。为了弄清上述猜想，让我们考察鸡蛋内小鸡的生长。即使是鸡蛋，我们也无法在开始孵化的时刻测量它的尺寸，但它的长度不可能超过 4/100 英寸（约 1/25 米），因为如果大于这个长度的话，它就会是能够看得见的。然而 25 天后，它的长度已经达到 4 英寸（约 0.1 米）。因此，它的增长比例是 64 比 6400 万（体重）或 1 比 100 万。

从哈勒的时代以来，人类胚胎生长的细节已被确定。在受精的时刻，人的卵细胞的直径大约是 0.1 毫米，重约百万分之一克。约 7 周后，它已长成 17 毫米长、1 克重：重量增加了 100 万倍。到成体形成时，在线性的尺度上再增加约 100 倍，重量则还要增加约 10 万倍。总的来说，从受精卵到成体的生长速率是，在线性尺度上增加了 1 万倍，重量约增加了 1 000 亿倍。植物也可以用类似的方法来测算。一个典型的植物卵细胞的直径在百万分之一毫米的数量级上，而它可能会长成一棵高度超过 10 米的大树，它的树根可能延伸到地下相当长的距离，即在线性尺度上增加了约 100 万倍。因此，我们必须想象：隐色是在一个逐步生长的体系里逐步建立起来的。

根据绘画类比，我们可以设想随着绘画的进行，画布也在扩展。我已在图 8—2 中对这种情形作了图解，图中展示了与图

8—1 里的自画像相同的 3 个阶段，但在图 8—2 中，当它们经历这些不同的阶段时，它们的总体尺寸也在不断地增加。

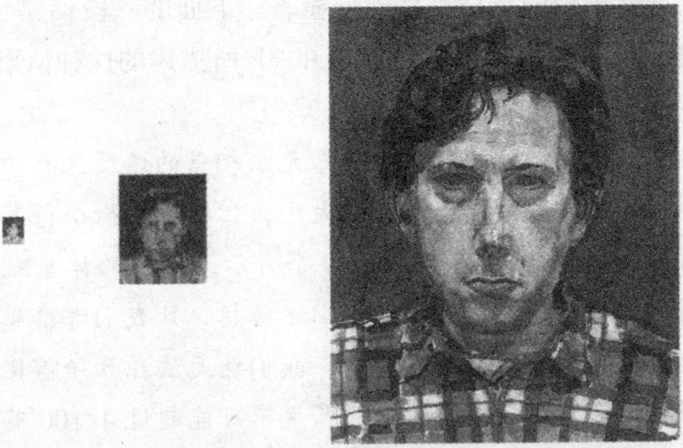

图 8—2　由保耶创作的一幅自画像，图中以不断增加的放大率展示了它的 3 个阶段（Coates 出版社，1989 年）

我把每个阶段的画像在线性长度上放大了 4 倍，相应地在面积上就放大了 16 倍，第 3 个阶段与第 1 个阶段相比，在长度上放大了 16 倍，或者说在面积上放大了 256 倍。当然，在这个例子中，生长只发生在二维空间里，而生物体则是在三维空间内生长。

你将注意到，以上述方法放大画布时，画家无须在每个阶段使用越来越细腻的笔法，他能够持续地在一个固定的尺度上创作。这是因为这种方法改变的是画布的尺度，而不是笔法。的确，我选择了画布的尺寸来证明这点，在每个阶段，保持每添一笔的尺度基本不变。随着画像的逐渐放大，整个肖像不断地细化，因为画像的质量和细节增加了。可是，进行细致描绘的尺度一点没变，因为新添每一笔的绝对尺寸没有改变。

在一块不断放大的画布上创作，将极大地简化绘画过程。我们不必用一整套尺寸系列的画笔来细化图像：我们可以重复使用一支具有固定尺寸的标准画笔，然后让不断扩展的画布为我们完成剩下的事情。若要在画中涂抹含有大色块的一大片区域，我们不必使用一支大画笔，只需在画还比较小的时候采用标准画笔就可以了。若要绘出一些精细之处，我们可以再次使用同样大小的标准画笔，但要等到画布长得比较大时再动画笔。

类似的思路也适用于生物体发育时隐色图式的精细化。为了说明这点，我可以举出若干个例子，但我将选择其中一个我正好熟悉的例子。

嫩芽中的绘画

1987 年的某一天，我与同事卡平特一起，在一块金鱼草试验地里走着，寻找花朵发生变化的突变体。我们十分惊异地发现一株没有任何花朵的植物，它生长在一大片正常开花的植株中。听起来，不开花的植物似乎与有个漏洞的水桶一样没用。但根据遗传学的逆向思维逻辑，缺乏花朵的突变体极有可能存在某种基因缺陷，因为基因的正常意义是促进花朵的形成。因此，这个突变体提供了一个机会，让我们研究一个在正常情况下参与花发育过程的基因。

我们细致地观察了这个突变体后发现，在所有通常应该长出花朵的地方，现在却长出了带叶的嫩枝。我们把这种突变体命名为（*floricaula*），或者简称为 *flo*，因为茎（拉丁语 *caulis*）正在取代花（*flori* 在英语中意为“像花”，译者注）。为了澄清在 *flo* 突变体内所发生的事情，我先要描述正常的金鱼草植株里两种类型的嫩芽：枝芽和花芽。

（1）一个枝芽长出一根茎。在植物的早期生长阶段，当它是一株幼苗时，植株的顶端只有一个枝芽，它负责长出植株地面上绝大部分的生长物。随着在其下端长出更多的茎和叶子，枝芽不断地往上长。这就像一个站在砖塔上的人，可以脚下不断地添加砖头，而使自己节节升高一样。如果植物就只是这样生长的话，那它将仅形成一根长满叶子的长茎。然而，额外的嫩芽也会从叶和茎形成的夹缝里长出。这些新长出的嫩芽本身可能就是枝芽；也就是说，它们也可能长出茎和叶子，以便从植物的侧面开始形成一个分枝。在植物的早期生长阶段，所有新增的嫩芽都属于这种类型：它们都将形成嫩枝。但在后期将产生另一种类型的嫩芽：即花芽。

(2) 花芽生长后形成由 4 轮器官构成的花朵：即萼片、花瓣、雄蕊和心皮。它与几乎能无限制地持续生长的枝芽不同，花芽的生长被严格限制在只产生 4 轮器官，此后它就停止形成任何更多的器官。花芽产生于植物生命的一个比较晚的阶段，并且是从每根茎上部的开花区域长出，这一区域称为花序。这个区域的示意图见图 8—3 的左边部分（该区域的叶子比在植株上处于它下面的叶子小，有时被称为苞片）。

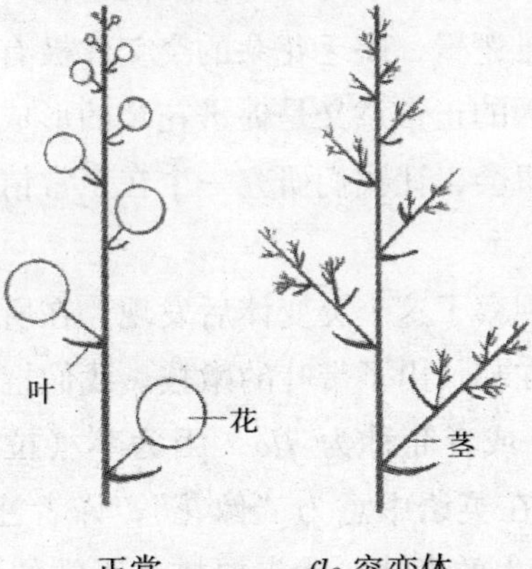

图 8—3　正常金鱼草植株开花区（花序）与 *flo* 突变体内对应区域的比较示意图。请注意在突变体中，每朵花被一根重复的嫩枝取而代之

关于正常的金鱼草植株就介绍这么多。如果用 *flo* 突变体来作比较，我们要注意，所有的花芽已经被枝芽取代（参见图 8—

3的右边部分)。在通常形成花朵的所有部位，现在都长出侧枝。然后，这些侧枝继续在与它们的叶子形成的夹缝上长出枝芽，这些嫩芽将生长并形成更多的侧枝。这过程用上述方式持续进行下去，重复在侧枝上长出侧枝，这令人想起埃希创作的一幅画（图8—4)，图中同样的构图形式无限地重复（这样的图式被称为分形体，其中程度相同的细节被以日益缩小的规模不断地重复)。

图8—4　循环界限1（1958年)，埃希作

这就像在*flo*突变体内存在缺陷,导致无法区分两种类型的嫩芽:花芽和枝芽。缺少这种差异后,枝芽就被错误地不断重复。

与我已经描述的某些突变体一样，可以认为 *flo* 突变体缺失了一种隐色。为了方便起见，我将把它命名为隐含 f-粉红。隐含 f-粉红通常赋予花芽一种特征。如果具有这种隐色，嫩芽将形成一朵花；如果没有这种隐色，则将形成一根嫩枝。在正常的植株中，隐含 f-粉红只存在于茎的上部嫩芽里。有了隐含 f-粉红后，这些嫩芽最后将形成花朵，而不是嫩枝。在 *flo* 突变体内，植株完全丧失 f-粉红，所以能产生的惟一的嫩芽类型就是枝芽。于是，在缺乏隐含 f-粉红的情况下，所有本应产生花朵的嫩芽只能形成嫩枝。

用基因的术语来分析,我们可以说:受到 *flo* 突变影响的基因通常被用来产生隐含 f-粉红。按惯例,基因根据它们所影响的突变来命名,在这个例子中是 *flo*。归纳起来就是,在 *flo* 基因内发生突变的植株不能产生隐含 f-粉红,因此长出枝芽以取代花芽。

我们可以把隐含 f-粉红与我以前提到过的一些其他隐色作个比较，那些都是区分花朵内各轮器官的隐色（萼片、花瓣、雄蕊和心皮)。这些器官类型之间的差异取决于 3 种隐色，分别用阿梅隆酒红色、勃艮第酒红色和波尔多酒红色来表示（第 6 章)。由这些隐红色构成的各种组合建立起隐色的 4 个同心圆区域，提供了各轮器官之间的区别。隐含 f-粉红的作用可与上述的各种隐红类比，但它只影响整个花芽的特征，而不影响花芽内的各特定轮的特征。换句话说，隐含 f-粉红的作用比任何红色更加广泛，能影响整个花芽，而不是花芽里某个区域的特征。

我曾描述过如何直接观察花芽内各种隐含红色的分布情况，即用探针来染色，探针能特异地检测到与自己对应的 RNA 或蛋白质分子（第 5 章)。如何把隐含红色的分布状况与隐含 f-粉红的分布状况作比较呢？非常幸运，我们的研究小组成功地分离出产生隐含 f-粉红所必需的 *flo* 基因。我们随后就可以制作探针，用来观察 *flo* 基因在正常植株里的表达部位（也就是 *flo* 基因被打开，产生它的 RNA 和蛋白质的区域)。这使得我们能直接确定隐含 f-粉红产生于何时与何处。实验结果表明，*flo* 基因只在发育极早期的花芽里表达。在这一阶段，每个花芽只是一小组的细胞，约 1/30 毫米宽。各种隐含红色这时还未出现，通常要到数天后，花芽已宽约 1/5 毫米才能看见。

总之，隐含 f-粉红在花芽里的出现时间早于各种隐含红色，此时可以看到的花芽也更小。我已经在图 8—5 中显示了这点，图中花芽被图解成一个二维的圆盘。

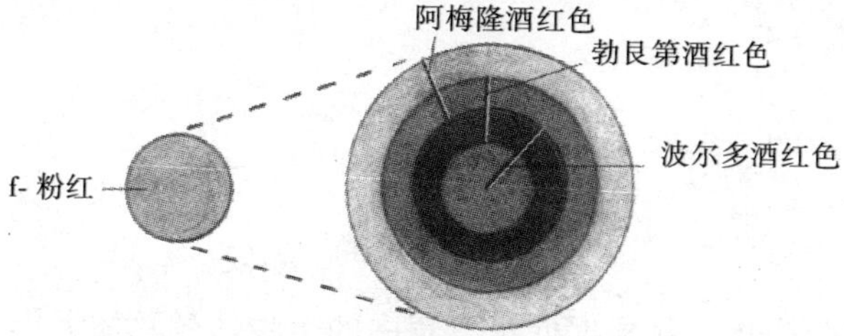

图 8—5　用圆盘来表示的处于两个发育阶段的花芽。在其中更早的一个阶段（左边），整个花芽含有隐含 f-粉红，使得花芽与枝芽区分开来。在后一个阶段（右边），当花芽长大些后，出现了由各种隐色构成的同心圆形式，导致 4 轮器官具有各自的识别特征

在发育的早期阶段，当嫩芽很小时，隐含 f-粉红被产生出来，由此为整个嫩芽确立了特异的隐色，并保证花芽以后将形成一朵花，而不是一根嫩枝。接着，当花芽稍许长大些后，就出现了隐含红色的同心圆形式，它们确定了其中的各个区域，这 4 个区域产生对应于 4 轮器官的各种特征。每个阶段中，上色所用的比例尺基本相同，但花芽的大小各不相同。更加综合性的区域，如那些跨越整个花芽的区域，是在花芽还非常小的早期发育阶段建立起来。更加精细化的区域性特征，如各轮之间的区别，是在花芽已经长得比较大的发育后期才确定下来。与在一张画布上绘画一样，轮廓先于在细部区域被确定下来，但由于体系正在扩展，因此上色的尺度保持基本不变。

还有其他与绘画相似的地方：后来的隐色依赖于它前面的隐色。如果隐含 f-粉红从早期的嫩芽里丢失，如同在 *flo* 突变体内发生的情形，以后将不会出现由隐红色区域构成的同心圆图式。某组隐色取决于在它前面出现的一组隐色，正如在一块画布上绘画时，每加一种颜色都依赖于已在画上的颜色。我们将在后面的几章中再次遇到这个概念，在那些章节里，我要更具体地说明隐色之间如何相互细化与完善。

不断增多的画家

迄今为止，我根据处于发育中的生物体的总体大小，着重探讨了生长过程，但还需要考虑生长的另一个重要方面。多细胞生物体除了在尺寸上生长以外，也在细胞的数量上生长。随着生物体的发育，细胞不断地分裂产生更多的细胞，新增的细胞接着又能够再次分裂。在许多实例中，细胞数量的增加与细胞总体尺寸的扩大同时进行：在细胞不断分裂的同时，生物体越长越大。

根据与绘画的类比，可以把每个细胞核看做是一位画家。这是因为应用或产生隐色都依赖于细胞核里的一组基因，例如，隐含绿色或红色谱系所需要的特征性基因。不管这些基因是处于“打开”还是“关闭”状态，它们的表达都决定出现哪些隐色（主导蛋白质），就像一位画家决定把哪些颜色用到画布上一样。如果在生物体的总体尺寸增加的同时，细胞以及它们里面的细胞核也在不断地分裂和增殖，那么我们得想象，在画布扩展的同时，画家的数目也在不断增加。

为了体会画家的数目不断增加的含义，设想把一块正方形的画布摊在地面上。最初，画布的边长1米，但它逐渐放大，直到最后的边长比最初大10 000倍为止，使得正方形的边长达到1万米。这恰好对应于一个卵细胞发育成为一个成人时，在长度上的相对生长率。最初，只有一位画家站在画布上涂着基色。稍后，画布已经扩大，这时多了几个手持画笔的画家，每人站在画布的某个区域上，在已有颜色的基础上粗略地勾画着这幅画的基本布局。随着画布的进一步扩大，画家的数目也增加了，每个人这时继续画着，使早些时候画出的比较粗略的区域不断地精细化。画布更进一步扩大，导致更多的画家参与进来，每人利用已经涂抹在画上的颜色作为参照，进一步细致描绘。参与其间的画家本身总是在基本相同的比例尺度上创作和构造图式，但是，画布作为一个整体，正变得越来越错综复杂，并具有更加精美的图式。每位画家都把更精细的颜色加入到画中他所在的区域里，整体的精致完美来自于连续不断的同类型的细致描绘。

虽然所有的画家都是一模一样的（每个细胞核都拥有同样的一组基因），但他们最后却做着互不相同的事情，因为他们在画布上各自的区域内工作。每位画家对画布上各自的区域内的状况作出应答，添加颜色，并以某种方式细绘图式。所有这一切都在每位画家所在区域的比例尺度上进行，所以，在某块区域上工作的画家也许对整幅画的样子一无所知。事实上，只有最初的少数几位画家可能在很早期阶段对整幅画有所了解，而这时画的形式十分粗糙。

一个不断扩展的画布，同时伴随着画家数目的日益增加，这一概念反映了在生物体内建立隐色图式的过程的许多关键特点。可是，这个过程并不总是如此有规律。例如，在许多动物的早期发育阶段里，受精卵经历了一系列在尺寸上没有任何总体性生长的分裂，因为它分裂成更小的细胞，该过程被称为卵裂。这可能对应于绘画的某个阶段，这时画布已经比较大，画家也在增加，而画布的总体尺寸却保持不变。

回到源头

至此，我已经探讨了从受精的时刻起，直到成熟生物体形成的发育过程。现在，我要完成整个生命周期，并考察在这个类比中，与初始的画布对应的受精卵本身是怎样起源的。受精卵细胞核里的 DNA 分子来自父母双方：卵子和精子细胞各自提供了一半的 DNA 分子（第 2 章）。虽然两性对细胞核的贡献是一样的，但它们对细胞的其余部分（细胞质以及包裹细胞质的细胞膜）的贡献却相差极大。细胞质以及包裹细胞质的细胞膜主要来自母亲。卵细胞比精子细胞大得多，因此，它对细胞质的贡献占据主导地位。我们可以认为雌性的卵细胞既是当代的产物（即母亲），同时也为下一代提供了最初的材料。

按照绘画的类比，我们需要设想构成最初画布的材料大部分来自一片母亲的画布。我在图 8—6 中，用了达·芬奇的《蒙娜丽莎》作为母亲的角色，来图解这点。

图 8—6 《蒙娜丽莎》(1503-6)，达·芬奇作(藏于巴黎卢浮宫)，图中用放大的形式展示了画布中两个微小的部分

我们一般认为这幅画像是绘画过程的最终产物，但我现在要把它看做是提供重新绘画过程的来源。我们可以想象从画像中取出一个微小的部分，为新的绘画过程提供一块初始画布。来自《蒙娜丽莎》的两小片画布被放大后显示在图 8—6 中，图示用这种方法获得的一块初始画布看起来可能像什么样子。《蒙娜丽莎》原作的尺寸大约是 50 厘米 × 80 厘米，这些放大后的小片画布取自原作上 2 厘米 × 2 厘米的区域，分别表示了整幅画像面积的约

1/1 000区域。这两个小布块只有比较简单的颜色，这颜色也许是完全一致的（图中上面的小片画布），或者仍然存在某种色差（图中下面的小片画布）。在任何一片小画布中，它们都明显地缺乏整幅《蒙娜丽莎》画像所具有的复杂性。

现在，我们可以依据绘画的周期来探讨多细胞生物体的生命周期。从一块较小的颜色一致的画布开始，随着画布的扩大，一模一样的画家数量不断增加，他们使画布上的颜色增多并且使颜色越来越精细化。最终产生像《蒙娜丽莎》这样的复杂画像。然后，从这幅画中又取出一小片画布，成为一幅新画的初始材料。这块原始画布上并未描绘有以后将出现的整幅画像，它只提供一个近乎均一性的框架，一幅新画可以由此制作而成。新画像将不同于《蒙娜丽莎》，因为参与描绘的画家们的风格有一半来自他们的父亲。所以，虽然母亲提供了最初的画布，进一步的精细化将依赖于来自父母双方的贡献（由于能无性繁殖，在雌性蚜虫中的情况就简单得多，相当于能连续不断地产生同一幅画：大批一模一样的《蒙娜丽莎》）。从这种绘画周期，我们可以得到一种总的印象：伴随着生物体的发育，对隐色图式进行精细化的过程所获得的结果。开始时，卵细胞里隐色的分布比较简单，它们的大部分来自母亲。当卵细胞受精以后，随着分裂和生长，隐色的图式开始变得更加精细化，同时产生越来越多的细胞。我们也许可以把隐色精细化的整个过程称为内在绘画过程。精子和卵子细胞通过它们的 DNA 分子，平等地贡献出这个过程所需要的信息，但卵细胞提供了大部分的初始材料，包括最初的隐色。最后，发育出成熟的生物体，它具有一幅复杂的内部隐色镶嵌图案。然后，成熟生物体的一个微小组分（它的卵子或精子细胞），又贡献给下一代。卵细胞提供了大部分的后代初始细胞材料，以及细胞核里 DNA 分子的一半。精子的主要贡献除了另一半的 DNA 分子以外，就几乎没别的东西。脑海里有了这个总的概念后，我就要讨论在发育时期里，隐色的图式如何被精细化的问题：即内在的绘画过程是如何从一个阶段进入下一个阶段的。

9 模式的精细化

数年前，我去上了一堂关于怎样绘画的晚间课。我在一个空画架前坐下，老师正在一块台布上仔细布置各种蔬菜和一个空酒瓶。“我们今天画静物写生。”他宣布道。课堂里的其他同学大多数是正式的学生，他们开始忙于绘略图和画场景，老师则走来走去评价他们画的各种草图：“约翰，很好，但那里的色调再暗些怎么样。”或者，“安妮，我喜欢这种绿色，但我觉得画中的瓶子是否略微小了点。”

最后他走到我这里。他注视着我一笔未画的空画板。“你好像还没有构思好。”他说。“我不知道从哪里开始画。”我解释道。于是，他建议我先用大块的主色勾画桌上物体的轮廓。我接受了他的建议，发现以这种方式从一些大范围色彩区域开始，确是一种十分有效的起步方法。

我将在本章中描述内在绘画过程的一些初始步骤：隐色在发育时通过这个过程逐步精细化。这过程的起点，是一个涂抹有来自母亲的基本隐色的受精卵细胞。它提供了最原初的画布。接着，我们将考察更多的隐色是如何被增添到这个框架里，使得早期的胚胎具有由色彩不同的区域所构成的图式，就像画家先勾画出一些主要的色块。当然，与画家绘画不同的是，内在绘画的过程全都不是用手来完成的，仅仅涉及了一系列相互作用的分子。

为了令人信服地描述上述过程，我需要深入探究其中包含的一些具体的机制。虽然这些机制开始看起来十分复杂，但经过仔细的探讨之后，就能得到相对简单的整体概念。读者也许会问，是否有可能避开所有细节的探讨，只谈谈主要的结论。我的回答是，只有知道了其中牵涉的机制之后，我们才能逐渐了解图式如何能够用纯粹的分子语汇来细化与完善，而根本不必借助于外来的引导。只要我们深刻地理解了这点，就可以重新考察生物发育过程如何与创造性过程作比较的问题。

我选择果蝇作为内在绘画的一个例子。这是因为近 20 年来，对果蝇的研究已经取得十分显著的成果，对它早期发育过程的了解最为清楚。在描述这个研究系统如何起作用之前，我要先解释在研究过程中起关键性作用的实验方法。

筛选死亡的果蝇

遗传学的逆向逻辑告诉我们，如果要理解某个过程，可以从观察突变体开始，在突变体里，这个过程存在缺陷或以某种方式被改变。所以，为了研究果蝇的早期发育过程，也要寻找受精卵没有正常发育的突变体。也许可以筛选大量的果蝇，从中搜寻胚胎没有正常地形成的罕见突变体。通过研究已经发生突变的基因，这些突变导致有缺陷胚胎的形成，也许能演绎出一幅正常发育过程的图景。虽然从理论上看似乎很不错，但这种研究策略存在几个问题。

首先，在早期发育过程中存在的任何重要缺陷，很有可能导致胚胎远在未成熟之前就夭折。以人类为例，在所有的怀孕过程中，有 10 % ~ 15 % 在受精后 20 周内就自发地流产，这通常是因为正在发育的胚胎里存在严重的畸形。可以在孵化失败的果蝇卵细胞里找到死胎的余留物。在这些卵细胞的内部观察胚胎里所发生的情况，可能是件十分耗时的工作，尤其是必须用这种方法观察许多死亡胚胎时更为困难。

筛选突变胚胎遇到的另一个问题是，如果突变体不留下任何直系后代，研究的难度更大。如果要详细分析有缺陷的基因，就得设法使它继续繁衍。只要突变体能够存活到成体阶段就好办了，因为它所含的缺损基因和其他基因一道，被传递到下一代中。然而，在胚胎阶段就夭折的突变体却不留下任何后代（有一种方法可以避开这个问题，但用起来十分烦琐：必须用间接的方式，从死胎的双亲或兄妹中增殖有缺陷的基因。这是有可能做到的，因为每个个体的基因有两份拷贝，分别来自父亲和母亲。一般两份拷贝必须同时存在缺陷，才能对生物体产生明显的影响。所以，虽然在死胎里某个基因的两份拷贝同时都有缺陷，但有缺陷基因的单份拷贝仍可能存在于看起来正常的双亲或兄妹中)。

除了上述实际的困难之外，筛选发生突变的胚胎时还存在另一个理论上的障碍。发育的早期过程可能非常复杂和完美协调，任何对它有较大影响的突变都会使整个有机体混乱不堪。最后形成的突变体甚至混乱到无法辨认出它的头或尾；若要研究它的来龙去脉，其难度也许不亚于解释一团杂乱无章的卵细胞。因此，即使能够获得发生突变的胚胎，也会因极度混乱而无法了解很多信息。

正是由于这些原因(还有其他的问题)，传统的果蝇遗传学研究只集中在影响成体的突变而不是胚胎的突变。通过分析突变对成体果蝇特征的影响，从而推断胚胎在开始时如何发育。因此，没人认为直接寻找发生突变的胚胎是最富于成效的研究途径。直到70年代末期，所有这一切才发生改变，两位科学家开始了一系列突变胚胎的筛选工作：他们是在德国海德堡工作的沃哈特（Christiane Nuesslein-Volhard）和费夏豪斯（Eric Wieschaus)。

沃哈特意识到，若要在筛选突变体方面取得成功，就必须有一种观察胚胎的快捷简便方法。为此，她采用一种特殊的解决方法，使卵细胞的大部分内含物变成透明状态，这样就能十分容易地看到胚胎的表皮（即硬皮)。读者也许由此想起刘易斯所发展的一种类似方法，用以研究早夭的双胸复合体突变胚胎（第四章)。但刘易斯是用这种方法来研究已有的突变，而沃哈特则把它用于最初的筛选，以便从一开始就识别出发生突变的胚胎。

沃哈特和韦乔斯把这种方法试用在一些已有的果蝇株系中。据报道，这些株系可产下有缺陷的卵子（例如卵子不孵化)。当仔细观察这些卵子时，他们发现了一些卵子里含有发生突变的胚胎，这些胚胎的表皮图式内具有十分特异的缺陷。这些胚胎明显地没有像传统理论所预言的那样，被彻底搞乱，而是具有十分确定的改变，就像成体里丢失的特定区域。这是十分重要的，因为它意味着，发生突变的胚胎可能展示了早期发育过程中具有特定功能的基因。突变不会以非特异方式扰乱发育过程，它们影响具有特定功能的基因，这些功能是可以解释的。沃哈特和费夏豪斯大受鼓舞，决定继续试验，筛选大量的果蝇，寻找更多的突变胚胎。突变体夭折是个难题，因此对果蝇的储备和保存是个严峻的挑战，这包括了系统地保存和记录大量的果蝇。喜欢作战略性规划的沃哈特回忆起他们是怎样着手开展这项研究工作的：

> 我组织了这项研究工作，大概因为我是个很讲究实际的人。我是说，虽然我做事十分拖泥带水，但当我想做一项实验时，就会努力做好周密的组织工作。除此以外，每件事情都是一起做的。有4个人和我们一起工作：2个是技术员，另外2个负责管理动物。一个人的全部时间都用于收集处女蝇（即未受精的雌性果蝇），另一个人制作表皮样品，两位技术员则在数培养皿和固定胚胎，在你需要果蝇时，他们即刻送到。
>
> 晚上，我和费夏豪斯一起观察已经制备好的胚胎。由两个人一起来观察是十分必要的。我们有一个双通道的显微镜，两个人就可以同时观察同一个样品，这实在是重要极了。然后，我们一起讨论。

通过观察和讨论，他们分类和挑选出许多不同类型的突变体，每种类型都含有特异的缺陷。接着，其他人也做了这种早期胚胎的筛选工作，建立起一套系统的、胚胎图式发生改变的突变体库。一旦这些突变被识别出来后，就有可能分离出一些有关的基因，并进行详细的研究。他们在挖掘一座金矿，提供了一套价值无比的收藏品，这些信息使人们首次揭示出果蝇发育的早期情形。

Bicoid 产生黑色

我现在要描述一种来自这些胚胎突变筛选实验的突变体：这是一种被称为 *bicoid* 的突变体。正常的果蝇可被分成3个主要区域：头部、胸部和尾部。*bicoid* 突变体胚胎有一个十分重要的缺陷，它们几乎没有头部或胸部！图9—1显示了 *bicoid* 突变体与正常果蝇胚胎形状的比较。

图9—1　正常的果蝇胚胎与 *bicoid* 突变体的比较（侧面图）

为了使我们对同样的突变影响人体的情况有个概念，请观察图9—2中创作的一幅画。当然，在这幅画里，是缺少头部和胸部的一个成人，而不是胚胎。

因为在 *bicoid* 突变体中缺少头部和胸部，所以，*bicoid* 基因（即被 *bicoid* 突变改变的基因）的正常意义是促进头和胸的形成。*bicoid* 基因的正常功能是在躯体上确立头部和胸部区域，因此，没有它，这些区域就不能发育，没有了头或胸，一只果蝇也就无从谈起。因此，我们讨论的这个基因是非常重要的，因为它在发育中所具有基本的功能是，动物主要部分的发育需要它。

bicoid 基因对一个主导蛋白质进行编码，这个蛋白质能够结

图 9—2 对称的戏法（1928 年），诺内·玛格利特作。私人收藏品

合到其他基因上，并使基因被打开或关闭。因为主导蛋白质对应于隐色（第五章），所以，我们可以认为 *bicoid* 基因产生了某种特定类型的隐色。为方便起见，我把这种隐色、以及与它对应的主导蛋白质称为黑色。如果读者能记住 *bicoid* 基因产生黑色将是有益的。形成头部和胸部需要隐含的黑色。因为在 *bicoid* 突变体里不产生任何隐含黑色，所以躯体上的这些区域不能发育。

这种隐含黑色将为内在绘画的制作提供一个有用的起点。当然，在进一步讨论之前，我还需要描述初始画布的更多细节。

估量画布

我曾在上一章中提到，母体提供受精卵的大部分物质：细胞膜和细胞膜内的东西（细胞质）。虽然双亲各自提供了细胞核里 DNA 分子的一半，但周围的细胞质却来自母体。根据与绘画的类比，大部分的初始画布来自母体的画。

许多生物体的卵细胞在受精前，就可以在母体内长得非常大。这好比新画布有良好的开端，在母体内已经扩展形成一片开阔的区域。例如，人的卵细胞在受精之前，已经长到直径约1/10毫米。在长度上要比一般的人体细胞大 5 ~ 10 倍。在果蝇中，卵细胞的这种扩展更加显著：最终长约半毫米。这是一个巨大的细胞，大约是雌性果蝇总体长度的 1/6。如果把果蝇放大为人体的尺寸，它的卵细胞差不多与一只橄榄球一样大小。在一只雌性果蝇的整个生命中，它也许可以产生 200 多个这样的橄榄球：这用任何标准来衡量，都是一个奇迹。

受精以后，巨大的细胞一般开始分裂，但整体尺寸扩展很小。这个庞大的细胞实际上分解成更小的细胞。虽然细胞的总数增加了，但是，它们的平均尺寸在每次分裂后逐渐变小，最后接近于普通细胞的大小。例如，受精后 4 天，虽然一个人卵经历了数次分裂周期，产生出约 100 个细胞，但这团细胞的整体尺寸基本上与最初的卵子相同，约 1/10 毫米宽。虽然有了更多的细胞，但它们每一个都比受精卵细胞小得多。最后，卵裂的过程结束，随着胚胎里细胞的生长和分裂，胚胎在总体尺寸上开始越长越大。

果蝇的卵子也经历了一个总体上不生长的卵裂阶段，但还存在另外一个复杂的情形。卵细胞受精以后，它的细胞核分裂成 2 个细胞核，但包裹卵细胞的细胞膜不分裂。换句话说，最终在同一个细胞质里得到 2 个相同的细胞核。虽然每个细胞核包含一对完整的 DNA 分子（来自双亲），但两个细胞核共享一个细胞质。这个过程重复多次，直到形成许多细胞核，它们全部沉浸在同一细胞液里（图 9—3）。

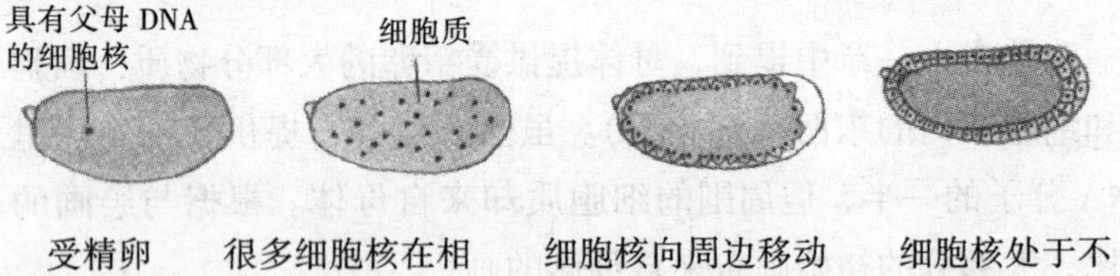

图 9—3　果蝇受精卵的早期发育

胚胎在这个发育阶段里是一个大细胞，其中含有许多细胞核。然后，细胞核迁移到这个大细胞内的外围，在那里，每个细胞核的周围开始形成一层细胞膜。游离的细胞核逐渐被细胞膜包围，形成独立的细胞，产生了外层聚集了约 6 000 个细胞的团块（图 9—3）。在整个过程中胚胎总体不长大，所以，含有 6 000 个细胞的团块基本上与最初的受精卵一样大小（半毫米长）。

可以认为胚胎里这些细胞的出现经历了两个阶段。在第一个阶段，细胞核在同一细胞液内自由地分裂，没有任何细胞膜把它们彼此隔离开来。在第二个阶段，细胞核获得了属于自己的细胞膜，它们集合在一起，形成一个含有 6 000 个细胞的团块。所有这一切发生得十分快：从只有一个单独的细胞核到成为一个含 6 000个细胞的团块大约需要 3 小时。然后，从这一团块中发育出果蝇幼体的各种结构，如头部和躯体体节等：一端形成头部，一端产生尾部。

如果用绘画的术语来描述，新画布开始时十分大，一位画家（细胞核）站在画布的中间。随后，这位画家开始分裂，产生出两位画家，接着又增殖，因此，最后这块初始大画布上聚集了数千位画家。在这个过程中，没有任何障碍物（细胞膜）把每位画家正在画的一小块画布清晰地分隔开来；画家们只是在他们附近的画布上工作。稍后，出现了某些分界线，因此，6 000 位画家中的每个人的活动逐渐受到更多的限制。在整个过程中，画布的总体尺寸没有改变。

虽然果蝇发育的例子也许不那么典型，但它的确在两个方面简化了最初的绘画活动。首先，因为不存在任何总体性生长，所以不必担心在绘画的同时，画布会膨胀。其次，早期阶段细胞核之间缺乏分隔物，意味着正在发育胚胎的不同区域之间存在自由的交流活动。当我们要考虑处于相邻区域上的隐色如何协调一致时，这将极大地简化所涉及的事情。

颜色的梯度

现在，我们可以回到由 *bicoid* 基因产生的黑色主导蛋白质上来了。卵子刚受精后，隐含黑色就开始出现在发育中的胚胎里。如果用探针来检测受精卵里黑色主导蛋白质出现的区域，可看到染色的明暗度从细胞的一端到另一端出现梯度变化（图 9—4）。

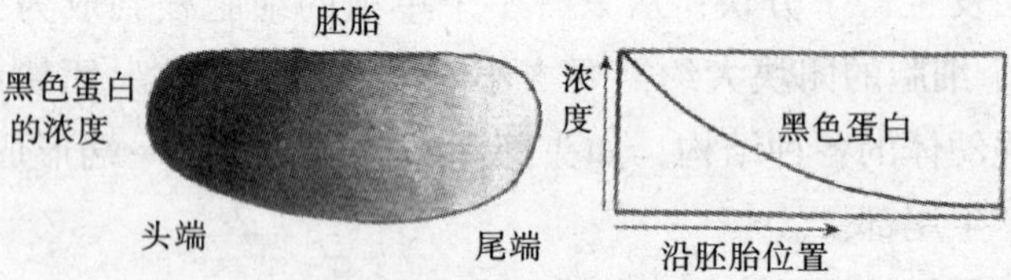

图 9—4　黑色蛋白质在果蝇的早期胚胎里的梯度变化

在早期果蝇胚胎头顶部（果蝇的头部最终就在这里形成）细胞质里的黑色蛋白质，要比胚胎尾端的黑色蛋白质多得多。换句话说，从细胞的头部到尾部，黑色蛋白质的浓度存在一个梯度（这里的浓度是指每个单位容积里黑色蛋白质分子的数量，它等同于隐色的明暗度）。图 9—4 中胚胎旁的图表显示了浓度的梯度变化率。可以认为头顶部是黑色的，随着向尾端移动，颜色变成一系列越来越淡的灰色而逐渐消失。

梯度的形成是因为只有在细胞头顶部的细胞质才产生黑色：黑色蛋白质只在头顶部通过翻译 RNA 而产生。然后，黑色蛋白质扩散到细胞质的其他区域里，浓度朝着尾端方向逐渐降低，直至消失。头顶部成为隐含黑色的一个源泉，离它越远，黑色变得越来越淡。这说明，受精卵里从一端到另一端，已经存在隐色的基本图式，即在它的细胞质里有一个黑色蛋白质的梯度。这就像初始画布被涂上了一层逐渐变化的底色，左端为黑色，然后朝右端方向逐渐消失于白色中。

读者也许觉得奇怪：黑色蛋白质为什么只产生于胚胎的一端。我将在本章的后面回到这个重要的问题上来。至于现在，我要考察如何解释隐含黑色的这种梯度变化，以及怎样用它来建立一幅更详细的画面。

译解灰色的明暗度

隐色（主导蛋白质）的功能，是为译释基因提供可以应答的参照体系（第5章）。请读者回忆，每个译释基因被分成两个区域：编码区和调节区。编码区决定基因产生的蛋白质类型；调节区影响基因在何时和何地被表达。调节区包含一组结合位点，这是由主导蛋白质（钥匙）来识别的小片段DNA（锁）。在研究黑色主导蛋白质时，我们可以把结合位点（即黑色主导蛋白质所识别的DNA短序列），称为B-位点。在最简单的情况下，如果译释基因的调节区上有一个B-位点，当黑色主导蛋白质存在时，译释基因就被打开（图9—5左边）。

反之，如果不存在黑色蛋白质，译释基因就将被关闭（图9—5右边）。

我在第五章已经描述过，译释基因如何对生物体的特定区域存不存在隐色作出响应。现在，我要考察译释基因如何应答隐色梯度。应答一个梯度更为复杂，因为这不仅仅涉及主导蛋白质的存在与否，还要考虑它的浓度。

为了理解黑色蛋白质的浓度如何发生作用，必须懂得黑色蛋白质结合到B-位点是个可逆的过程。这就是说，当黑色蛋白质遇到B-位点时，它可能会结合一段时间，然后离开。只要存在

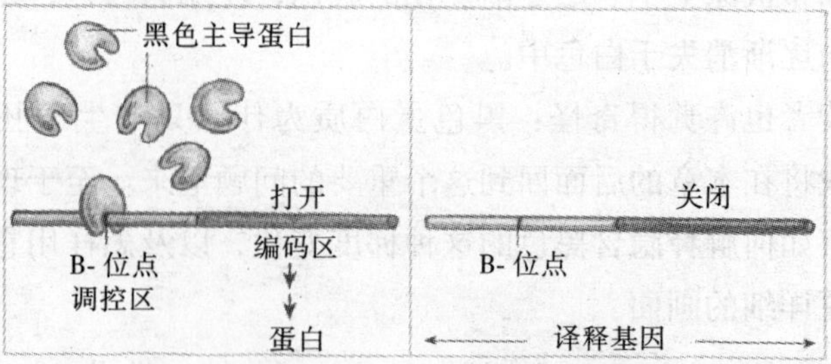

图 9—5　存在（左边）或不存在（右边）黑色主导蛋白质的情况下，在调节区上有一个 B-位点的译释基因活性

许多黑色蛋白质，某个分子一离开某个 B-位点，另一个分子就接踵而至，结合到这个位点上，因此，B-位点总是被占据着。

我们现在可以考虑一个具有 B-位点的译释基因，如何在果蝇早期胚胎从头部到尾部的各种位置上，应答黑色蛋白质的浓度分布。我们已经知道，胚胎刚受精后便成为一个大细胞，含有分布在细胞质各个位置上的许多细胞核（图 9—3）。每个细胞核都有译释基因，因此，我们可以考察位于细胞不同位置上的基因是如何作出应答的。从位于黑色蛋白质浓度很高的头部细胞核开始，因为那里的 B-位点几乎总是被占据着，所以译释基因处于“打开”状态。朝着尾部方向考察，在灰度不同的区域，这种情形可能继续保持着。但肯定会出现一个临界点，比方说在卵细胞的中间点上，黑色的浓度在这个位置上不再足以保证 B-位点始终被占据着。换句话说，黑色蛋白质的浓度已经开始变得十分低，使它不足以保证总有一些分子结合到 B-位点上。在这个位置上，基因可能有时被打开（黑色蛋白质正好结合上去），另外一些时候则处于“关闭”状态（没有黑色蛋白质结合上去），使得译释基因总的平均活性减弱（图 9—6）。

换句话说，译释基因不再以最高速率产生其蛋白质，而以一个较低的平均速率继续工作。继续朝着尾部方向考察，随着黑色浓度的下降，基因的平均活性进一步衰减，直到最后活性可能为

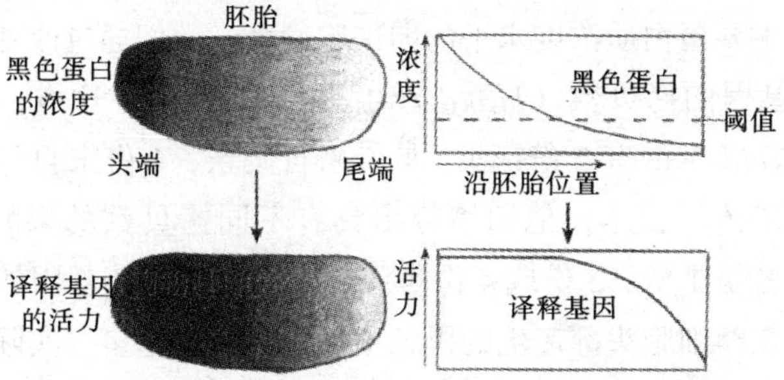

图 9—6　译释基因响应黑色蛋白质梯度性浓度变化

零，译释基因在尾端被关闭（图 9—6）。基因在靠近头部的前半部分，通过处于“打开”状态而应答梯度，但在靠近尾部的后半部分，活性逐渐消失。

根据这种情况，译释基因的活性开始下降的分界点，取决于黑色蛋白质的浓度在此点低于一定的水平。在这个临界水平之上，译释基因基本上处于“打开”状态，而在这个水平之下，基因的活性开始衰减。在我所举的例子中，黑色蛋白质大约在细胞的中间位置达到临界水平。通过改变黑色的浓度梯度，原则上可以修改细胞里临界点的位置。因为黑色蛋白质只产生于细胞的头部，如果从这个源头上产生出更多的黑色蛋白质，就有更多的蛋白质通过细胞质扩散开来，在某种程度上增加了细胞里每个点上的浓度。这意味着，黑色的浓度下降到临界水平的那点，将不再处于细胞的中间位置，而是更靠近尾部。换句话说，译释基因的表达将进一步向后面延伸，例如到了距离尾端约细胞总长度 1/3 的位置上。相反，如果在头部减少黑色蛋白质的数量，它的浓度将很快降至临界水平以下，这个临界点更靠近头部。这将意味着，译释基因的表达更加受到限制，比方说只到距离头部占细胞总长度 1/3 的位置上。

如果译释基因的确应答黑色蛋白质的浓度，它的活性将按照上述预期的方式随着黑色梯度发生变化。沃哈特和她的同事德里福尔（Wolfgang Driever）对此进行了实验检测，他们观察了不同黑色主导蛋白质浓度水平的卵细胞发育。他们通过改变果蝇内 *bicoid* 基因的拷贝数（*bicoid* 产生黑色），做到了这点。一般果蝇的 *bicoid* 基因有 2 份拷贝，1 份来自父亲，1 份来自母亲。利用多种遗传学技术，他们培育出具有不同拷贝数的果蝇，如 0 份，或者是 1 份、3 份或 4 份拷贝。果蝇内 *bicoid* 基因的拷贝数越多，在卵细胞头部产生的黑色主导蛋白质就越多（实际上起作用的，是产生卵子的雌果蝇体内 *bicoid* 基因的拷贝数。稍后再叙述其原因），译释基因的活性也会更向尾部延伸。如图 9—7 所示，这正是沃哈特和德里福尔所观察到的现象。

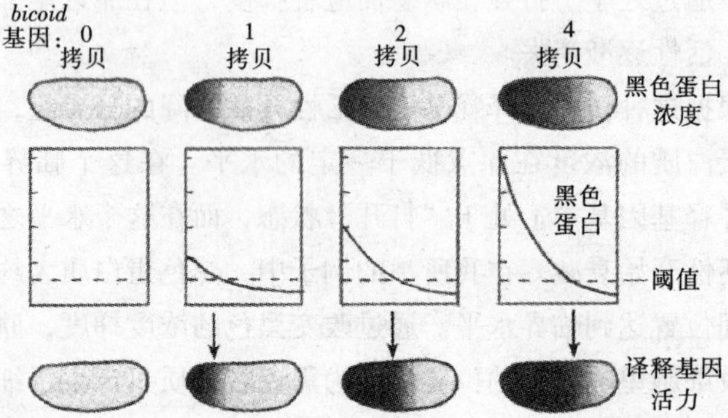

图 9—7　*bicoid* 基因的额外拷贝导致在果蝇胚胎的头部产生更多的黑色蛋白质，这又形成更为陡峭的梯度。译释基因活性也相应地进一步向尾部延伸

没有 *bicoid* 基因的任何拷贝时（即没有黑色蛋白质），译释基因不在任何地方表达。有了 *bicoid* 基因的 1 份拷贝以后，译释基因确实表达了，但仅限于头部附近区域。随着 *bicoid* 基因拷贝数的进一步增加，译释基因的表达越来越向尾部靠拢。这些实验结果证实，译释基因确实在应答梯度，只是当黑色的浓度降至临界水平以下时，它的活性才开始逐渐消失。

发育过程可能与梯度有关的思想并非首次提出，它的起源可以追溯到19世纪末期。当时，摩尔根（Thomas Hunt Morgan）正在研究蠕虫被切除头以后，再生出新头的能力（他那时还没有开始研究果蝇）。他发现，随着切点越来越靠近尾部，重新长出头的能力也逐渐降低。仿佛再生能力沿着蠕虫的躯体逐渐消失。他总结道："或许我们还缺乏一种更好的表达方法，因此只能说蠕虫的细胞含有某种物质，这种物质在躯体不同部位上的含量不一。向尾部移动时，这种头部的物质将逐渐减少。"头部"物质"的梯度在当时只是一种纯假设，没有引起注意。正如摩尔根本人所注意到的那样："我并不认为这说明了任何事情，但这种描述很适合实验结果所反映出来的东西。"

bicoid 基因研究工作的重要性在于，首次鉴别出一种特殊的主导蛋白质分子，它的浓度随着有机体的位置从一端到另一端发生变化，并以一种特定的方式被应答。它与某种神秘的"物质"不同，是一种在早期发育过程中起着关键作用的已知分子，其影响可以被详细地研究。

让我总结一下要点。通过筛选各种类型的胚胎突变体，发现了一种缺少头部和胸部的关键突变体，称为 *bicoid*。这种突变体有一个基因（也被称为 *bicoid*）存在着缺陷，这种基因在正常情况下产生一种特定类型的主导蛋白质，本书中用隐含的黑色来表示。在正常胚胎里，黑色主导蛋白质只产生于头部，然后扩散开来，形成朝着尾部浓度逐渐降低的梯度。在调节区上有 B-位点（锁）的译释基因能够应答这个梯度，B-位点由黑色主导蛋白质（钥匙）来识别。应答导致译释基因在头部端处于十分活跃的状态（在大多数时间里处于"打开"状态），但越靠近尾部，活性就越低。胚胎内发生译释基因活性降低的位置，取决于黑色主导蛋白质的浓度在何处开始降至关键性的临界水平。

改变应答

我已经描述了译释基因如何对黑色的梯度作出一种应答。现在我要考察其他类型的应答：译解梯度的其他方式。与前一节中所做的改变梯度不同，我们将保持梯度不变但改变应答。具体做法详述如下。

对任何特定的梯度，一个译释基因的活性将在离头部特定的距离开始下降。开始发生下降的位置依赖于黑色蛋白质与B-位点的结合程度，即黑色蛋白质与它所结合的DNA分子序列之间，存在多大的亲和性。如果黑色蛋白质对B-位点有很高的亲和性，与其结合得很牢固，即使是比较低的黑色蛋白质浓度，也有可能足以使译释基因在相当一段时间里保持“打开”状态。在这种情况下，译释基因的活性也许只在接近胚胎尾部的地方才开始明显地降低，那里的黑色水平已经非常低了（图9—8，左边）。

另一方面，如果黑色蛋白质与B-位点的亲和性较低，结合得不牢，则需要比较高的黑色浓度才能使译释基因保持“打开”的状态：黑色蛋白质总是离开B-位点，所以需要很多黑色蛋白质分子保证B-位点被占据一段比较长的时间。这意味着，甚至在深灰色区域，也可能没有足够的黑色蛋白质，以保证基因在大多数时间里处于“打开”状态。换句话说，译释基因的活性将在十分靠近胚胎头部的地方开始下降（图9—8，右边）。因此，低亲和性将导致活性出现在靠近头部的一个狭窄范围内，而高亲和性则将导致一个更加宽广的范围。德里福尔和沃哈特用实验证实了这点。他们证明：降低结合位点的亲和性，的确使译释基因的表达被限制在更加靠近头部的区域。

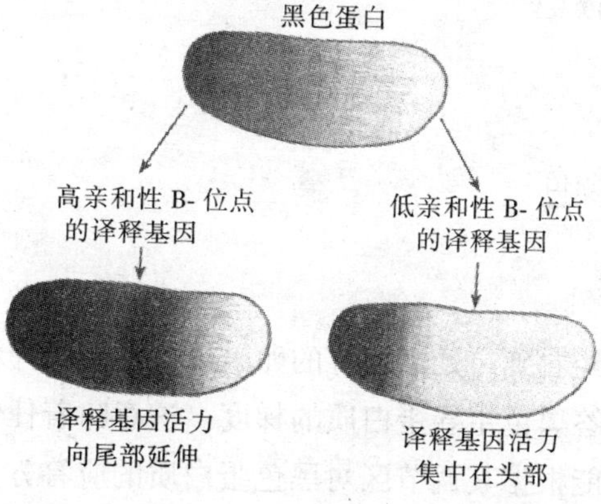

图 9—8　果蝇的胚胎，显示在调节区上有高亲和性 B-位点或低亲和性 B-位点的不同译释基因，对黑色梯度分别作出的两种不同类型的应答

用分子生物学的语汇则是：黑色主导蛋白质与 B-位点之间的亲和性，取决于它们之间分子形状的相互匹配程度。如果主导蛋白质非常吻合地结合到特异的 B-位点上，就像一把钥匙与一只锁完全匹配，两者的亲和性就高。如果结合不那么好，亲和性就低，比方说某个 B-位点上的 DNA 序列与黑色主导蛋白质并不完全匹配。这意味着对 B-位点上 DNA 序列稍作改动，改变它匹配黑色主导蛋白质的能力，就可以改变它与黑色的亲和性。

亲和性发生变化十分重要，它允许根据译释基因上 B-位点的特定 DNA 序列，采用数种不同的方式来译解黑色的梯度。在调节区上有高亲和性位点的译释基因的应答方式，将不同于有低亲和性位点的基因的应答方式。换句话说，可以用各种不同的方式应答同一个梯度。任何特定译释基因的应答方式，都依赖于调节区上 B-位点的亲和性（我对应答过程作了过多的简化。应答过程要比我所说的复杂得多。一个译释基因一般可能有数个 B-位点，而不是只是一个，并且可能存在其他的背景隐色，它们也可能影响黑色的结合方式以及影响基因的表达。这些附加的因素意味着：译释基因的活性在接近临界水平时的变化，比简化的情形要快得多）。

五彩缤纷的颜色

我们已经看到，处于发育的卵子里，不同的译释基因可能用多种方式应答黑色主导蛋白质的梯度。这意味着任何特定的译释基因，都可能根据其调节区对黑色蛋白质的应答方式，在胚胎的某些区域内十分活跃（主要处于“打开”状态），在其他的区域里不活跃（主要处于“关闭”状态）。一个译释基因被打开后，将从编码区产生自身类型的蛋白质（即从编码区转录 RNA 分子，接着翻译成蛋白质）。绘画活动中下一步的关键是，考察由译释基因产生的蛋白质本身可能做些什么。换句话说，我们需要考虑应答黑色的译释基因所产生蛋白质的功能。我们将看到，许多译释基因的产物本身就是主导蛋白质：这些基因产生出更多的隐色！

这一来，我处于不能自圆其说的危险之中。我曾经把基因分成两类：产生隐色的基因（如特征性基因）和应答隐色的基因（译释基因）。这样做的目的，是避免在隐色的产生与译解之间造成混乱。基因的这种分类法只是起阶梯作用，有助于我们达到一定的认识水平。达到这个水平之后，我们现在可以拆掉这把梯子了。我现在要解释，产生隐色的基因，也是译释基因。这是因为产生隐色的基因，也有它们自己的调节区和分子触角。产生隐色的基因与所有的译释基因一样，也有两个区域：一个调节区和一个编码区。但在这种情况下，从编码区里产生的蛋白质类型，本身也是一个主导蛋白质，即一种隐色。的确只有一部分译释基因产生隐色（主导蛋白质），但所有的译释基因（包括产生隐色的译释基因本身）都能解译隐色。产生隐色的基因能够解译自己，虽然初听起来也许像一种循环的说法，但说到一些具体的例子时，就会明白是怎么一回事了。

为了说明产生隐色的译释基因如何对图式进行精细化，我要讲一个简化了的例子。首先要介绍 7 种不同的译释基因，它们通过各自的调节区应答黑色的梯度。在应答某个隐色的同时，每个基因也从自己的编码区里产生本身的隐色，一种特定类型的主导蛋白质。我们可以根据彩虹里的各种颜色，把由 7 种基因产生的主导蛋白质命名为：红色、橙色、黄色、绿色、蓝色、青色和紫色。每个这样的译释基因都有一个编码区，它对某个特定的主导蛋白质（红色、橙色或黄色等等）进行编码；它还有一个调节区，成为自己独有的分子触角，保证在特定的时刻和地点被表达。

我们假定，每个基因的调节区都含有一个 B-位点，这个位点对黑色主导蛋白质具有特定的亲和性，使基因能以某种特定的方式应答黑色的梯度。我们在上一节看到，低亲和性的 B-位点将导致活性出现在靠近头部的一个狭窄范围内，而高亲和性的 B-位点则将导致一个更加宽阔的范围。我们假定，产生红色的基因有一个亲和性最低的 B-位点，因此只在发育中的胚胎头部附近的区域里表达。产生橙色的基因有一个亲和性稍高一点的 B-位点，所以它的表达范围与红色区域部分重叠，但向尾部稍微延伸了一点。产生黄色的基因有一个亲和性又更高一点的 B-位点，因此它的表达范围比橙色更向尾部延伸一些；如此类推，直到对应于紫色的基因，它有一个亲和性很高的 B-位点，在从头部到尾部的所有位置上都表达。结果是一系列相互部分重叠的颜色，所有的 7 种颜色都产生于头部，然而越往尾部，产生的颜色越来越少，到尾部后主要是紫色。接着，我要描述这个重叠的图式，如何被转化为由独立颜色构成的五彩缤纷的排列组合。在说明这点之前，先做一个类比是有益的。

环绕山脉的植物带

山脉是各种生物的聚集处，盛产许多不同的植物物种。山脚下靠近平地的植被与周围田野的植被相似，但向上攀登时，温度逐渐降低，主要的植物物种渐渐地变为能更好地适应越来越冷的环境条件的物种。温度的梯度变化产生了由各种特定物种组成的环绕山脉的植物带，喜温暖的物种靠近山脚分布，喜寒冷的物种则在高处生长（在我们的讨论中，可以忽略其他与山高有关的环境因素，如雨水或土壤质量）。

除了物理因素以外，影响植物物种分布的还有另一个因素：它们的相互竞争。为了更清楚地看到这点，我们可以先找一座不长任何植物的山，然后在春季撒满各种植物的种子，连续数年跟踪研究它们的生长情况。所用的植物都属于一年生，生长一年后，产生下一年的种子。另外还假定，它们产生的种子不能传播到离亲本植物很远的地方。

在最简单的情况下，我们可以在整座山上，以很低的密度撒播一种称为紫色植物的种子。我们假定，紫色植物在某种程度上能在几乎所有的温度条件下存活下来。因此，它能独自长满整座山，在年底结出种子，下一年能长出更多的紫色植物。最后，整座山被稠密的紫色植物所覆盖（图 9—9 左边）。

如果我们开始时撒播分属于两种植物（紫色和青色）的种子，它们彼此竞争，那么事情就变得有趣多了。青色也许在山顶上的区域长得不太好，因此，紫色植物将在那里取得优势。但是，我们假定在山顶以下，青色更具竞争力，并胜过紫色。在生长的第一年年末，山顶上有更多的紫色，而在山顶以下区域，则是青色占据优势。这意味着，下一年的种子将不会均匀地分布在

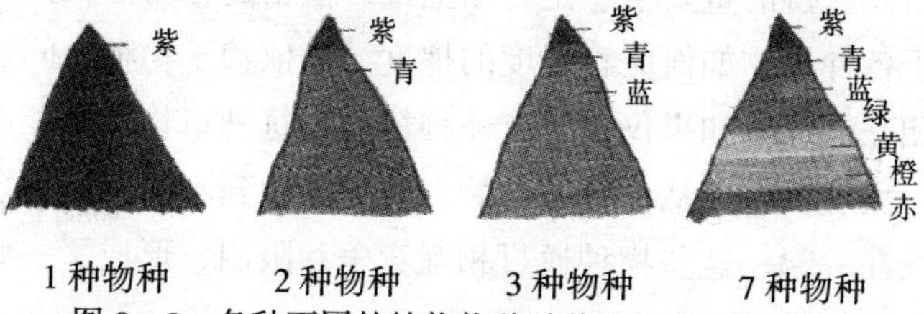

图 9—9　各种不同的植物物种随着它们之间的竞争，在一座山上的分布情况

整座山上：山的上面部分将有更多的紫色种子，而下面部分则是更多的青色种子。现在，位于上面的紫色有了两层优势：它的种子数量更加丰富，而且在生长上比青色更具优势。类似地，在下面的区域，青色的种子数量超过紫色，并且，在生长方面更具竞争力。因此，你可以预计，在生长的第二年里，与青色相比，紫色在上面的区域里占据更大的优势，而在下面的区域里，则是青色比紫色有更大的优势。这个过程重复数年以后，你最终将看到两个界线分明的植物带：即紫色在上面，而青色则占据着其余的区域（图 9—9，中间偏左）。

如果开始时我们在寸草不生的山上撒播蓝色、青色和紫色 3 种植物的种子，事情就更复杂了：我们假定，蓝色是一种比青色更具竞争力的物种，但它又不喜欢长在很高的地方。正如紫色和青色在山的上面区域展开竞争一样，青色和蓝色将在稍低的区域展开竞争。青色在比较高的地方比蓝色长得好，但蓝色在比较低的地方胜过青色。经过数代的竞争之后，我们现在可能在山顶上看到紫色，然后是青色带，山下面的其他区域则覆盖着蓝色（图 9—9，中间偏右）。

我们可以继续用这种方法，在原来光秃的山上撒播越来越多的物种（绿色、黄色、橙色和红色），每个新的物种对寒冷越来越敏感，但在越来越低的地方，它们逐渐具有更强的竞争力，直到最后，我们看到一个彩虹图式，从山脚下的红色带，逐渐过渡到山顶上的紫色（图 9—9，右边）。

由此获得的重要信息是，山上最终植物的分布图式并不仅仅取决于各种植物如何应答温度的梯度，还依赖于物种之间历经数代的相互应答。如果仅仅只有一种植物，每种植物都可能独自占据着一大块区域，从山脚下开始，往上延伸到不同的高度。但把它们放在一起，这些物种通过相互竞争和限制，形成了一些较为狭窄的植物带。

颜色的冲突

我们可以把在胚胎里应答黑色梯度变化的 7 种译释基因，类比于应答山坡上温度梯度的不同植物种类。在山坡上，最初的应答通过物种之间的生存竞争而被进一步地精细化。我们将看到，类似的事情也发生在胚胎里，这包括译释基因之间的表达竞争。

为了解释这种分子之间的竞争如何进行，我要考察两种主导蛋白质：即青色和紫色。我们和以前一样，根据每种主导蛋白质的颜色来命名被它识别的结合位点：紫色与 V-位点结合，青色与 I-位点结合。每个这样的主导蛋白质由一个基因来编码，基因上附有一个属于它自己的调节区。假设编码紫色基因的调节区上有一个 I-位点，如图 9—10 的左边部分所示。

这意味着，青色蛋白质分子可以结合到紫色基因里，并影响它的活性。我们假定，当青色主导蛋白质结合到紫色基因上时，它就把紫色基因关闭（即青色蛋白质的结合干涉或阻碍了紫色基因产生 RNA 分子）。这意味着只要在隐含青色大量产生的区域，紫色基因都被关闭。换句话说，如果青色基因处于“打开”状态，并产生大量的青色蛋白质，紫色基因就将被关闭。

图 9—10 的右边部分展示了相反的情形。在这种情况下，青色基因的调节区上有一个 V-位点，使紫色蛋白质可以结合。一

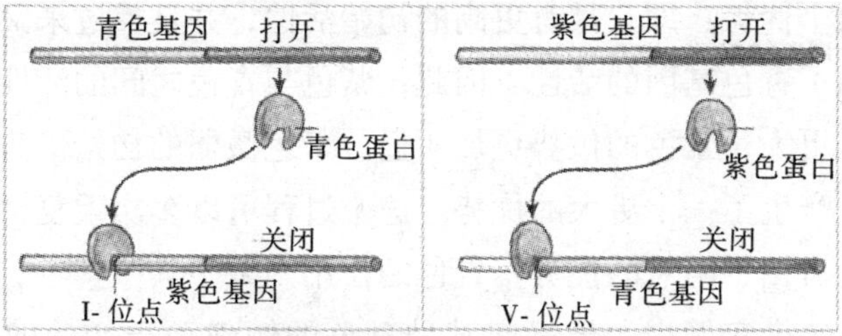

图 9—10　青色基因与紫色基因之间的相互作用。左边，青色基因处于“打开”状态，并将紫色基因关闭。右边，紫色基因处于“打开”状态，并使青色基因关闭

旦有紫色蛋白质的结合，青色基因就被关闭。这意味着如果紫色基因恰好处于“打开”状态，并产生大量的紫色蛋白质，青色基因就将被关闭。

我们可以设想一种情形，产生了两个相互竞争的结果。如果我们把图 9—10 中的左边和右边部分结合起来，紫色基因携带一个 I-位点，而青色基因则携带一个 V-位点，两者就会产生拮抗作用：青色要关闭紫色基因，而紫色则要关闭青色基因。青色蛋白质和紫色蛋白质倾向于相互抑制对方的表达，这非常像两个不同的物种在山坡上相互竞争同一块地方。哪一种颜色将取胜呢？是青色将消灭紫色，还是紫色将取代青色呢？我们将看到，该结果取决于两个因素：每个基因的初始活性，以及主导蛋白质与基因结合位点的亲和性。

首先，让我们考虑初始活性的效果（即开始时基因“打开”或“关闭”的程度）。假定我们从紫色基因开始，它的活性比青色基因稍微高一点（即紫色基因比青色基因更经常地处于“打开”状态）。这将意味着与青色相比，它产生了更多的紫色蛋白质，这提高了紫色的相对浓度。因为紫色蛋白质的数量更加丰富，所以，与青色抑制紫色的能力相比，紫色能更有效地抑制青色基因（假定每个主导蛋白质都以某种相似的亲和性结合到它的对应位点上）。结果是，青色基因比紫色基因的活性变得更低、产生的蛋白质也更少。现在，与青色基因相比，紫色基因显然具

备了两个优势：即它具有更高的初始活性，并且反过来又更有效地抑制了青色基因的活性。因此，紫色与青色之间的活性差异比开始时更大，紫色的优势更加明显。紫色微弱的初始优势经过增强后，产生了一个更大的优势。这个过程可以多次重复，直到最后紫色占据了绝对的优势，青色的作用则微乎其微。

在这个实例中，虽然向某种颜色的倾斜源于初始的活性差异，但我们也可以通过改变调节区上结合位点的亲和性，来创造一种优势。例如，假定与V-位点对紫色蛋白质的亲和性相比，I-位点对青色主导蛋白质的亲和性更高。这将意味着在相同的浓度条件下，青色反过来将更有效地关闭紫色。因此，即使开始时每个基因的活性水平相同，产生的每种蛋白质也具有相同的丰富程度，但与青色相比，紫色仍然将受到更多的抑制。这接着又将影响这些蛋白质的整体浓度，导致青色比紫色有更高的浓度水平。现在，青色与紫色相比有两大优势：既具有更高的浓度，又是一个更有效的抑制者。结果是，与紫色相比，产生出更多的青色，这进一步增加了青色的优势。最后，青色将盛行起来，而紫色则成为一种十分微不足道的颜色。

作为总结，青色与紫色之间分子竞争的最后结果，取决于基因的初始活性，以及主导蛋白质与基因上结合位点的亲和性。获胜的颜色具有更高的初始活性或亲和性。

为了避免任何可能存在的误解，我得十分明确地指出：正在讨论的这种竞争纯粹发生在分子的层次上。它并不是指一个基因为了生存而努力抑制另外一个基因。紫色基因和青色基因都存在于同一个有机体的DNA分子里，并且，我只是用竞争这个概念来指某种分子的相互作用，这种相互作用本身就是分子间进化而来的。从生物体的生存竞争原则来看，基因实际上是合作的，相互帮助对方使表达模式精细化。接着，我们就要讨论这个问题。

有了这个分子间的竞争概念以后，我们要考察在早期果蝇胚胎里，如何精细地描绘各种彩虹颜色的图式。请读者回忆一下，我曾经提到过 7 种译释基因，每种基因产生一种主导蛋白质，这些蛋白质根据彩虹中的一种颜色名字来命名：红色、橙色、黄色，等等。我们在一个特定的胚胎发育阶段研究这些基因：此时的胚胎是一个大细胞，在细胞质各处散布着许多细胞核。虽然每个细胞核里都存在所有的 7 种译释基因，但为了更容易地进行描述，我将逐个考察这些基因，就像越来越多的物种被撒播到山上一样。

让我们首先考虑紫色基因。最初，该基因的活性取决于它怎样响应胚胎里黑色蛋白质的梯度变化。我曾经在本章的前面提出，紫色基因的调节区有一个高亲和性的 B-位点，这使得它甚至在黑色浓度十分低的地方也能被打开。因此，在遍布胚胎各处的所有细胞核里，紫色基因从一开始便处于活跃状态。这意味着每个细胞核都从紫色基因里产生 RNA 分子，这些 RNA 分子进入四周的细胞质中，然后翻译成紫色蛋白质。每个细胞核都成为紫色的一个源泉，因此，所有的细胞核加在一起就使得细胞质各处都存在紫色蛋白质。细胞里现在存在两种隐色：黑色的梯度和均匀分布的紫色。

我们接着考虑第二种基因：青色基因。青色基因也通过自身调节区上的 B-位点，应答黑色的梯度。但是，因为青色基因的 B-位点上的亲和性要稍微低一些，所以，它的活性朝尾部延伸的距离要比紫色短些，在靠近尾部的区域逐渐衰减。因此，胚胎里的大多数细胞核都成为产生青色的源泉，尾部上的细胞核则产生不多的青色。

我要考察青色基因和紫色基因如何对这种局面作反应。与以前相同，我们假定紫色基因和青色基因相互竞争表达（即每个基因的调节区上有一个被其他主导蛋白质识别的位点，当某个基因的识别位点被占据时，这个基因就被关闭）。我们还假设，青色蛋白质与它的结合位点的亲和性更高一点，因此，如果其他条件相同，青色就将胜过紫色。现在开始竞争！

由于青色具有更高的亲和性，对于细胞的大部分区域，只要这两种颜色的初始活性基本相同，当青色存在时，紫色将被清除。然而，在接近尾部时，紫色的初始活性要比青色的活性高（原因是对黑色梯度的应答）。结果存在两种相互冲突的倾向：紫色的初始活性更大，但青色的亲和性更高。因为越接近尾部，紫色越具有数量上的优势，可以预计存在一个临界点，从这个点开始，紫色将占据上风，开始胜过青色。接着，这使得紫色更有效地抑制住青色，因此，紫色变得更有优势。最后在胚胎的尾部形成一块紫色区域。因此，紫色和青色的区域大范围相互重叠的情形不复存在，紫色逐渐被限制在尾部，而细胞里的其余地方则被青色占据（图 9—11）。

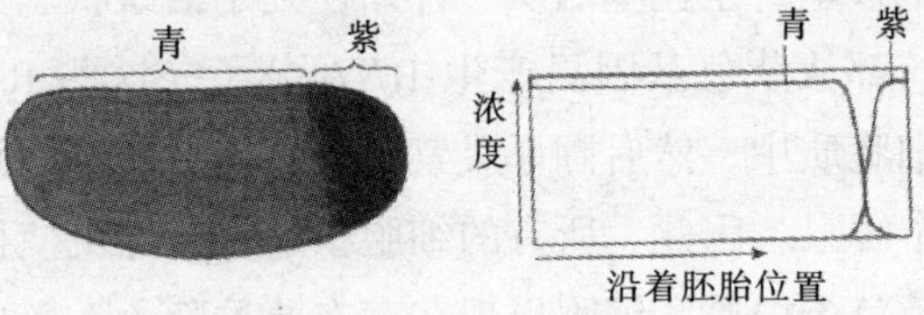

图 9—11　分子间竞争的结果是，青色占据细胞里的大多数地方，而紫色则只集中在尾部

在紫色和青色区域的交界处，仍然存在一个部分重叠的狭窄区域。因为细胞核之间不存在细胞膜，所以这些颜色可以慢慢地通过细胞质扩散开来。这使得来自某个区域的颜色将渗透或扩散到另一个区域里，在两个区域之间产生一个模糊的区域（图 9—

11)。扩散的过程使颜色趋于均匀分布，保证隐色在细胞的区域之间以渐进和协调的方式变化。

总的结果是，从黑色的梯度开始，图式被细化，产生了青色和紫色两个区域。我说“被细化”，是因为这些区域之间的区别，比只有黑色时的情形更为清晰。换句话说，区分青色与紫色区域的梯度变化率，比初始的黑色梯度变化率更加陡峭。这是因为紫色基因和青色基因相互竞争的方式，致使这些区域比初始时受到更严格的限制。因为紫色基因和青色基因同时产生和应答隐色，所以才出现了精细化。

我们可以把同样的原理，应用到其他的彩虹颜色基因上。例如，当我们引入第三种基因（蓝色基因）时，将发生什么事情呢？这种基因的表达开始减少的位置比青色稍微更靠近头部（与青色基因相比，蓝色基因的 B-位点与黑色的亲和性稍低些）。蓝色和青色除了在靠近尾部的区域外大部分是重叠的，蓝色的强度在靠近尾部的区域开始下降。现在假设青色与蓝色互相竞争（它们的调节区上各自有一个由另一种颜色来识别的结合位点，当结合位点被占据时，基因被关闭）。我们还假设，蓝色比青色以稍高一点的亲和性结合到位点上。与青色和紫色之间的竞争一样，由于蓝色具有更高的结合亲和性，因此，它将在大部分地方胜过青色（我还假设蓝色也能在这区域淘汰紫色）。但在尾部附近，蓝色的浓度开始下降，青色将占据上风。最后，我们看到三个区域：蓝色占据细胞的大部分区域，然后是青色区域，最后在尾部是紫色区域（图 9—12）。

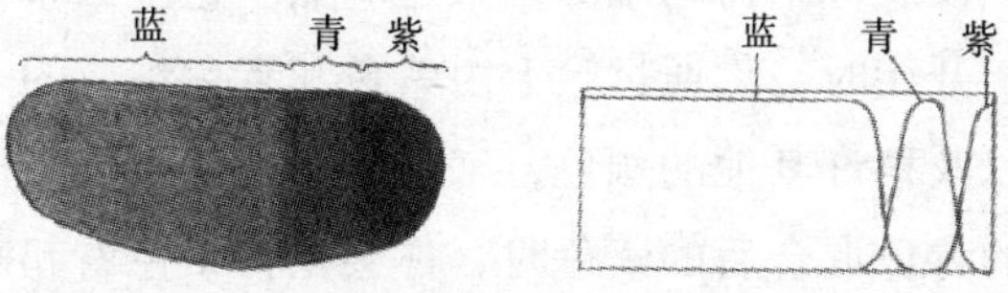

图 9—12　三种隐色之间分子竞争的结果

我们可以沿着这条思路考虑越来越多的基因，直到获得一道由各种隐色构成的完整彩虹，从头部到尾部的颜色排列是从红色——直到紫色。黑色的初始梯度变化已经被译解和精细化为 7 种颜色区域（图 9—13）。

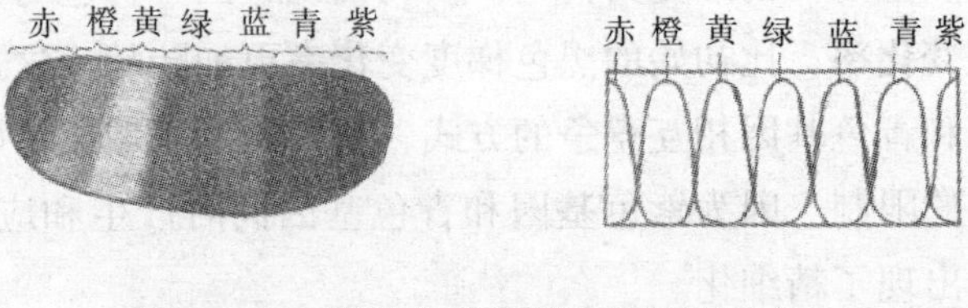

图 9—13　胚胎内彩虹颜色的最终图式

你可以通过思考画家在一张画布上创作的情形，来体会上述过程。设想你是众多画家（细胞核）里的一位，正在一张大画布的某个区域上创作。你的这部分画布与邻近画家所在的部分之间没有清晰的界线，而是与它们部分重叠（在细胞核之间不存在任何细胞膜）。画布已被涂抹上呈现出梯度变化的底色，从一端（头部）的黑色，通过不同深浅的灰色，直到另一端（尾部）的近白色。假设你站在尾部，应答所处区域上的十分淡的灰色，涂上一层淡淡的混合色，其中主要是紫色，以及稍许青色（甚至还有更淡的其他彩虹颜色）。接着，你被画布上的紫色所吸引，与其他的颜色相比，你开始更喜欢紫色，并决定在下一次的调色中，增加紫色的比重。涂上一层新调好的混合色以后，你发现与其他的颜色相比，紫色更加吸引人了，最后你在画布上只画紫色。邻近你的画家也这样做，于是整个这块区域就被画上紫色了。

现在，设想你站得离尾部稍微远一点。这里画布上的灰色稍微深一些，开始时，你通过涂上由紫色和青色组成的一层淡淡的混合色，以及稍许其他的颜色，来应答这层灰色。当你观赏与差不多等量的青色混合后的紫色时，你会觉得紫色看起来更不吸引人，而青色现在则成为更赏心悦目的颜色。在与紫色的初始混合中，青色只占了一小部分，它看起来不引人注意，而当它与紫色等量混合后，看起来就优于紫色了。因此你的反应是：当你下一次调色时，你就会使用比紫色更多的青色。这个过程多次重复，直到最后你和你旁边的画家把整个区域都画成了青色。

如果你再次从画布上灰色更深的区域开始作画，那么开始时，你可以在画布上涂由 3 种颜色组成的淡淡的混合色，它们是蓝色、青色和紫色。但是，当你看到它们以后，蓝色更讨你喜欢，并且从这时起，你和你旁边的画家就开始增加蓝色的比重。

同样地，绿色也出现了，接着是其他的颜色等等，直到红色。因为你每次都加进了新的颜色，你应答你所看见的情形，最后的图式就出现了。

让我们考察各种不同颜色区域的会合处所发生的情形，例如青色与紫色之间的交界区域。在这个区域里，你对究竟喜欢哪一种颜色可能犹豫不决。初始灰色深浅上微妙的差异可能导致某些画家更喜欢紫色，而其他的画家则喜欢青色。如果每位画家都各自埋头于描绘画布上他自己那部分区域，你最后看到的，可能是一幅由紫色和青色拼合而成的、杂乱无章的图案形式。但请记住，你描绘的这部分区域与你周围画家的区域之间的界线，并不是泾渭分明的：在某种程度上你所描绘的区域也有其他画家在作画。结果你受到四周画家正在使用的颜色的影响。比方说，你正站在青色区域里，所站的地方接近与紫色的交界处，并且你凑巧略微偏离了你周围的画家正在使用的颜色，开始使用稍微更多的紫色。旁边正在使用青色的画家，跟着也涂抹你描绘过的画布，把画布上的青色比重，提高到与他们的画布类似的水平。你将被你的同事在数量上超过，并将趋向于与他们正在使用的颜色保持一致。当然，朝着尾端方向会出现一个临界点，画家们将逐步改为使用紫色，但大家将以一种集体的方式做这件事，而不是作为分散的个人，独自乱涂乱画紫色。整个结果是不同颜色区之间的过渡带将趋向于十分笔直和狭窄，界线一边的每个画家使用一种颜色，而另一边则使用另一种颜色。

在上述整个绘画过程中，你并不需要了解你正站在画布中哪个位置上，或者整幅画面看起来像什么样子。你只是不断地应答所看到的局部颜色，然后加入更多的颜色，以某种方式修正它们。对于某位居高临下的观察者来说，这种情形看起来就像所有的画家都准确知道自己的位置，因为每人使用的颜色似乎都符合整体的图式。但是，画家们本身对此却毫无意识，只是看着自己周围的画布，然后据此作出反应。他们对自己所处位置的意识，决不会多于某个植物对自己在山坡上所处位置的了解。

让我总结一些译解和细化黑色梯度的基本要素。首先，大量的细胞核（众多画家）遍布胚胎内各处，它们能应答初始的梯度。这就允许建立起不同的基因活性区域（如果只有一个细胞核，在任何时刻只可能存在一种应答，所以该系统将无法运转起来）。其次，细胞核之间不存在任何壁垒，因此，相邻的细胞趋向于协调一致的行动。这保证了应答协调一致，而不是过于混乱不堪。最后，每个细胞核里的基因，既能产生，也能响应隐色。7种基因中的每一个都在译解局部颜色的同时，又能通过加入一定量的自身隐色来修饰颜色。这些要素加起来后，伴随着隐色在已有的基础上不断地被修改和更新，就使得初始图式能以一种互动的方式被译解和精细化。

填补间隙

我已经把产生一道彩虹的整个过程，描述为一个绘画活动，全面考察了如何建立隐色的梯度和对它进行精细化。但对于生物体，目的并不是为了描绘一些优美的图式，而是要建立一个发育过程的基本参照体系。为此我们要更细致地考察隐色的生物学作用。

至今，我只提到了其中一个隐色基因的作用：*bicoid* 基因产生黑色。请读者回忆：缺失 *bicoid* 基因的突变体形成了没有头部或胸部的胚胎。换句话说，胚胎靠近头部一半部分的发育需要黑色。

如果某个突变使得产生彩虹中某种颜色的基因失去作用，将发生什么事情呢？结果是，这些突变使胚胎失去数个相邻的体节（我在第 4 章中已经指出，果蝇一般有 14 个主要的体节）。如果彩虹中缺少绿色，那么胚胎的中间部分（即通常是绿色的区域）将不发育，使得胚胎失去一些中间体节。类似地，如果缺少的是紫色，胚胎发育时将失去尾部的数个体节。总之，胚胎上每部分的发育都需要彩虹中某个对应的颜色。实际上，这就是最初产生彩虹颜色的基因被识别的原因：沃哈特和费夏豪斯在筛选发生突变的胚胎时，注意到它们属于一组身体上失去某些体节的异常胚胎。正是因为胚胎里存在这种缺陷或间隙，所以，受到这些突变影响的基因被命名为间隙基因。间隙基因就是我所说的对应于彩虹颜色的基因。每个间隙基因为一个主导蛋白质编码，在胚胎的某个特定区域或部位上表达，赋予这个部位某种隐色。它们共同把早期胚胎从头到尾分成各种不同的区域，很像描述过的彩虹图式，但要复杂得多（实际上有约 9 种间隙基因，而不是我在举例时只讲的 7 种）。

按照我简化后的例子，产生彩虹颜色的所有间隙基因通过应答黑色梯度而被激活。这意味着，没有黑色的突变体必然缺乏所有的彩虹颜色。也许可以预计，这样的突变体将发育出一个全是间隙的胚胎，或许形成没有任何体节的一团小东西。在 *bicoid* 突变体中看到的并非如此。我们知道，虽然 *bicoid* 突变体缺少头部和胸部，但它仍然产生腹部。其原因在于，除了黑色以外，卵子里还有几种其他的颜色（前面为了简化起见没有提到）。这些其他的颜色可以在某种程度上（尤其在胚胎的后半部分）弥补 *bicoid* 突变体内缺少的黑色。因此，*bicoid* 突变体并非缺少所有的彩虹颜色，它在胚胎的后半部分上仍然具有某些颜色，如绿色、蓝色、青色和紫色，使得腹部能照常发育出来。如果建立彩虹所需要的所有初始颜色或底色全丢失（正如除了 *bicoid* 基因以外，还有数个基因都失去活性的突变体里发生的情形一样），胚胎的确会成为没有头部、胸部或腹部的一小团东西。

因此，要建立起间隙基因的表达，实际上不是只通过译解一种初始颜色（黑色），而是要通过译解数种其他的颜色。通过研究间隙基因如何应答初始颜色以及怎样相互应答，研究人员已能弄清楚彩虹颜色的最终图式是怎样产生出来的。这个过程虽然十分复杂，但总的原理与简化后的彩虹作画方式差异不大，即间隙基因应答局部的隐色，并增添新的隐色，是通过分子间的相互作用和竞争，最后建立起基因的表达区域。

彩虹之后

我已经详细描述了彩虹颜色的形成过程，以便揭示出基本的原理。依据这些原理，通过分子间的相互作用，就可以建立和细化一组隐色。那么，反复应用类似的原理，便使得图式进一步精细化。正如黑色梯度在胚胎的一大块区域上起着参照体系的作用，每道彩虹颜色图式提供了一个更加陡峭的梯度，可以被其他基因进一步译解和精细化。通过这种方式颜色变得越来越精美。当然，其他需要考虑的事情也在后期阶段中开始出现，如细胞核之间细胞膜的形成，以及生物体越长越大。这里必须明确的观点是，产生一道彩虹，只是在绘画过程中的一步。彩虹颜色只是增添更多隐色的一个前奏，图式要被进一步精细化和译释。

应答彩虹颜色的是一组不同特征的基因。请回忆有 8 种这样的特征性基因，在从头部到尾部产生从苹果绿直到草本绿等颜色区域（第六章）。绿色的出现比彩虹晚，并且它们的作用受到更多的限制。每种类型体节的形成需要彩虹颜色，但是各种不同的绿色只影响每个体节的特征：去除彩虹颜色后，便没有体节的发育；只去掉各种绿色，体节还能发育，但都拥有相同的识别特征。

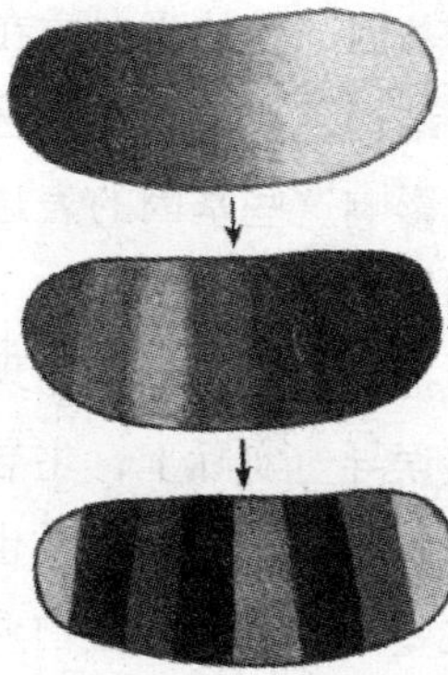

图 9—14　某些隐色在发育的各种不同阶段里的示意性图解

从头部到尾部的绿色区域布局，要依赖已经建立起来的彩虹颜色：如果没有彩虹，就无法建立起绿色的各种区域。我们可以把整个过程看做是一系列的绘画步骤：开始时是一幅粗略的黑色梯度图，然后是一道具有模糊界线的彩虹，接着是一系列界线清晰的绿色，如图 9—14 所示。

内在的绘画过程并不就此停止：它在绿色以及其他隐色的基础上，继续进行下去，以便产生一幅更加精美和细致的图画。伴随着生物体的发育，一幅变化中的内在隐色图景变得越来越细微。

这意味着在时间和空间上，存在一个特定的颜色序列。先有黑色，然后是彩虹颜色，接着才是绿色。我已经描述了少数几个隐色的序列，但同样的原理也适用于众多其他的颜色，因此随着果蝇的发育，一幅复杂的三维镶嵌图案被逐步精细化。颜色不断改变的内在图景，为基因的译解提供了一个四维的参照体系（即三维空间加上一维时间），使每个基因在特定的时刻和位置表达。

实际上，生物体里的所有基因都可以译解颜色图式的序列，每个基因根据其调节区上的结合位点作出反应。虽然参与产生隐色的只有某组基因中的一部分，但所有的基因却都能应答隐色。就像我们在本章中所看到的，译释基因当中本身就有一些基因为隐色编码。但是，大多数基因产生的蛋白质在细胞里具有各种其他的功能，如改变细胞的结构，或者影响细胞的分裂、生长、移动，甚至死亡。只有通过影响这些基因的表达，隐含的参照体系最终才在生物体的形状和结构上显现出来。

我把内在的绘画过程描述成一种颜色出现后，它似乎就存留下来。然而，这多少有点误导。实际上，主导蛋白质的平均存活期很有限，不一会儿就降解了。主导蛋白质也与山坡上的植物一样，不断地推陈出新，在基因产生出新蛋白质的同时，一些蛋白质降解掉。其实，我们应该在这种更动态的意义上，思考隐色的精细化过程。某些颜色，如黑色和彩虹颜色，只在早期发育阶段中一个比较短的时间里存在，然后就消失了。其他的颜色，如绿色，因为它们持续不断地被更新，所以存留的时间可能会长一点。

回到母体

绘画过程的起点，是一个只在一端产生黑色蛋白质的大受精卵细胞。黑色蛋白质逐渐扩散到细胞内各处后，产生一幅黑色梯度，构成一个由其他颜色来细化的参照体系。但是，受精卵里的初始不对称性又来自何处呢？为什么卵子只在一端产生黑色蛋白质？

黑色的不对称性可以追溯到卵子受精前的发育过程，此时卵子还是母体的一部分。我们在上一章中看到，受精卵里大部分的物质来自母体。母亲卵巢内的特定细胞（称为滋卵细胞）位于卵子的外面，它们与即将发育成卵子头部的细胞相连。这些滋卵细胞转录 *bicoid* 基因，产生 RNA 拷贝。RNA 分子接着进入卵子里，并储存在卵细胞的细胞质中，此时，卵子仍然在母体内生长（因此，*bicoid* RNA 分子并不是由卵细胞核里的 *bicoid* 基因产生出来的，而是从一端的母体细胞中引入的）。RNA 分子一旦进入卵细胞之后就锚定在头端，随之在卵子受精后翻译产生黑色蛋白质。因为在母体内的早期发育过程保证了 *bicoid* RNA 分子只存在于头部，所以黑色蛋白质也只产生于头部。

为了证明 *bicoid* RNA 分子的定位形式，确实导致了黑色蛋白质梯度的建立，德里福尔、沃哈特和同事们把从 *bicoid* 基因转录下来的 RNA 分子提纯，然后注入卵细胞中通常形成尾部的一端里（图 9—15）。

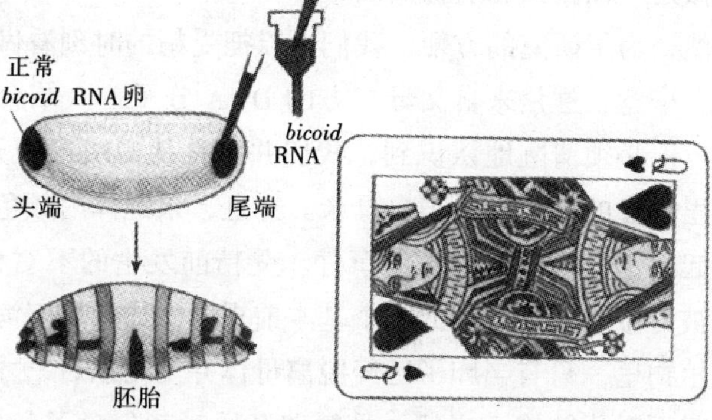

图 9—15　如果把 *bicoid* RNA 分子注入果蝇卵子的尾部，就会发育出具有对称的双头的胚胎，类似于在一张扑克牌上所看到的图像

他们发现，如预计的一样，黑色蛋白质现在产生在受精卵的两端。而且，发育出的对称胚胎的两端都有头和胸！人类社会中一个极好的相似物是纸牌中的 K、Q、J 的图像。这生动地揭示

了 *bicoid* RNA 分子位置的初始不对称性，确实决定了头部和胸部图式的方向。两端都产生黑色蛋白质的结果是形成黑色的两种梯度，它们接着被译解，产生一对相互颠倒的半道彩虹（红色、橙色、黄色；黄色、橙色、红色），最后形成双头胚胎。

这里的关键在于，追溯发育过程中隐色的源头如黑色时，我们找不到整个发育过程的绝对起点——我们只会越来越深入到母体的发育过程里。例如，如果我们要问：为什么只有位于卵子一端的细胞才转录 *bicoid*、产生 RNA 分子？我们就得弄清楚使这些细胞不同于卵巢里其他细胞的原因。这接着引出的问题是：在卵巢的发育中，隐色的区域如何被译释和细化。再往前追溯这个问题时，我们就将进入母体自身发育过程中越来越早的阶段。从某种意义上讲，可以随意地把卵子的生长看做是母体发育过程中的一个晚期阶段，或看做是下一代发育过程中的一个十分早期的阶段。我们既可以把它看做是成熟的母体画布中的一个片段，也可以看做是一幅新图画的初始画布。

当然，为了研究的方便，我们可以把受精的时刻看做是发育的起点。毕竟，这是来自父母双方的 DNA 分子首次结合在一起的时刻。但必须清醒地认识到，我们并不是从一块白板开始的。受精卵里包含的隐色主要来自母亲。并且，果蝇体内颜色的不对称性，起因于受精前所发生的事件。受精前发生的不对称现象，不应该被看做是发育过程的一个基本前提。例如，属于海草的墨角藻属植物里，只有当卵子已经脱离母体并受精以后，才在卵子内建立起不对称结构。当然，受精卵开始时就包含了某些隐色，这就像每幅画的初始画布必须建立在某些颜色之上，即便它是白色的。

找到发育过程的一个绝对起点并不重要，要紧的是理解发育过程的本质，理解生物体内的细胞如何从一个阶段发展到下一个阶段。我们已经看到，虽然受精卵可能已涂抹了来自母体的某些初始颜色，但这并不是最后的画面。它只提供了一幅早期隐色画面，这幅画面只是更多的转变和精细化过程的前奏。这些早期的颜色并不是最终画面的各种缩微物。它们只是画布上极为粗犷的大笔泼涂，提供的是十分初步的构图，这构图将在一系列的译释过程被逐步精细化。

我已经描述了隐色在发育时如何逐步建立和被精细化，这个过程十分类似于画家的绘画过程。在下一章中，我要考察它是否应该被看做是一个创造性过程。

10 创造性与可复制性

初看起来，生物体的可复制性以及代与代之间的相似性，似乎意味着它们的形成过程遵循着某种计划或一组指令。果蝇每次发育时，其内在绘画（隐色的译释与精细化）的过程基本相同，这使人认为发育与创造性过程不同，它更像一种缺乏创意的制造过程。若要进一步探讨这个问题，我们就必须更细致地考察构成可复制性的基础是什么，是什么决定了生物体每一代恒定的发育过程？一旦揭示出这点，我们就能够更有依据地把它与艺术创作过程作比较，并能弄清楚创造性与可复制性之间，是否从根本上就是水火不相容的。

虽然生物的繁殖趋向于每代都产生相似的个体，但它们并不全是一模一样的。我们在人类中最能意识到这点，例如人与人之间在面部特征和体格方面产生的变异。但是，如果我们能熟知其他物种的个体特征，我们也可能在它们的个体中间找到程度相似的变异。例如，鸟类学家斯科特（Peter Scott）通过细心观察天鹅嘴上的颜色特征，学会识别单个天鹅的方法。因为其他物种对我们来说似乎不是很重要，我们通常很少注意到物种内的变异。区分人与人是日常生活的一项基本要求，但是不能识别单个的雏菊或果蝇，我们却照样能过日子。

某个物种个体之间存在的许多差异来自遗传上的变异，即它们 DNA 序列上的微小变异。如果两个个体的 DNA 分子完全相同（例如在同卵双生的双胞胎中），与具有不同的 DNA 序列的个体相比，它们之间的相似程度要高得多。因此，生物可复制性的程度依赖于遗传构成上的相似性。为了达到发育过程中最大的连贯性，正在发育中卵子的 DNA 序列应该始终不变：受精卵开始发育时总具有完全相同的基因。当我们说发育是一个完全可复制的过程时，它的涵义建立在一个十分相似、乃至分毫不差的遗传基础之上。

除了遗传构成以外，环境也影响生物体的发育形式。在某种类型土壤和气候环境下，一粒种子所长出的植物，与同类种子在其他条件下所长出的作物完全不同。在某些例子中，只是因为两种植物的生长环境不同，就有可能把它们归于不同的物种。类似的，环境条件对动物的发育方式也有重要的影响。如果把果蝇幼体短时间放入一个比较高的温度环境中，它们常常会发育成身体结构畸形的成体，这些缺陷的严重程度与基因突变所产生的缺陷相当。环境影响的另一个极好例子，是某些种属的蝴蝶在不同的季节发育，会形成不同的颜色。例如春季里出现的是某个颜色样式，而夏季里却又是另外一个颜色样式（这种现象被称为非遗传多型性）。因为在不同环境条件下发育而导致的颜色差异，看起来就像分别属于两个不同的种属（有关的环境条件可以包括温度和日照长度等）。对于哺乳动物，胚胎的环境由母体的子宫小心翼翼地保护着，使其免受母体外环境条件的干扰。但是，如果胚胎的环境发生了改变，就可能导致胚胎发育方式的变化甚至发生畸形。例如，如果母亲在怀孕的早期染上风疹，她产下的婴儿就可能先天严重畸形。风疹病毒能穿过母亲与婴儿之间的胎盘，感染胚胎并改变胚胎的发育过程。

生物体以连贯和可复制的方式发育时，总是与特定的环境和遗传背景相联系的，如果要发育按预测的方式进行，就得首先确定这两大因素。因此，为了合理地比较发育与艺术创作，我们要对绘画过程的初始条件进行标准化。

我们可以把画家的创作环境看做是发育中生物体的生长环境。例如，在达·芬奇创作《蒙娜丽莎》时，有被画的对象本人和围绕着她的背景。作画时的光线条件也是一个非常重要的因素，就像达·芬奇本人所竭力指出的那样：

> 想画肖像画时，就在坏天气里画，而且要在黄昏时，让被画像的人背靠庭院的一面墙。在坏天气的黄昏，你注意大街上的行人脸部——它们所展示出的是何等的优美和柔和！因此，画家啊，你真应该有一个四面

有墙的院子，墙面呈黑色，院顶略微伸出墙壁，院子的宽度应该是 5 米，长度是 10 米，高度是 5 米；当太阳照在院子里时，你应该用遮篷遮挡光线，或者索性等到多云和有薄雾的黄昏时分才描绘你的画像，因为此时的光线是最完美的。

作为总环境的一部分，我们可能还要把乐师和逗乐小丑包括在内。按照传记作者瓦塞利（Vasari）的描述，达·芬奇利用乐师和小丑，使《蒙娜丽莎》的原型在绘画过程里始终保持微笑状态。

为了使画像的环境标准化，我们应该只观察在相同条件下创作出来的画，使被画的对象、光线和所有的其他因素保持一致。

然而，这些条件并不单独决定创作出来的画的类型。许多因素取决于进行创作的画家。让我们把《蒙娜丽莎》与凡高（Vin-

图 10—1　达·芬奇创作的《蒙娜丽莎》，左面（藏于卢浮宫，巴黎），与凡高的《意大利妇人》（L'Italiana），右面（藏于迪奥塞博物馆，巴黎）

cent van Gogh）的《意大利妇人》作个比较（图 10—1）。虽然画中的对象可以进行比较，但在风格上，显然存在着极大的差异。如果你设想把达·芬奇画的原型、连同她所在的院子、乐师和小丑等创作现场，原封不动地移到19世纪末期供凡高创作，其结果，要区分两位画师创作的画像《蒙娜丽莎》也应该毫无困难。这是因为每位画家的创作方法差异极大。这并不是说，达·芬奇的画比凡高的画更接近现实。达·芬奇以自己特有的方式，利用各种不同风格的绘画技巧来描绘对象。各种阴影，尤其是《蒙娜丽莎》上眼睛和嘴边的阴影区域，被达·芬奇有意识地画得弥漫开来和模糊不清，以产生某种模棱两可的和略微神秘的效果（达·芬奇发明的这种绘画技巧被称为 *sfumato*）（*sfumato* 意大利文，绘画用语，意为模糊轮廓。译者注）。而且，达·芬奇所画的背景也是一幅想象出来的图景，并不是被画者身后的真实背景。与之相反，虽然凡高色彩浓重、硬朗的绘画风格可能显得缺乏现实感，但是，这种画面也许更有效地传递出对象的个性和外貌的某些特征。达·芬奇和凡高只是以不同的风格绘画，每种风格都可以看到其独特的优点。

我们可以把达·芬奇和凡高的作品比做是两个不同物种的发育。即使保持类似的现场环境，每个发育过程都将产生十分不同的结果。就画家而言，这是因为他们具有各自不同的文化传统和家庭出身。达·芬奇是一名私生子，出生于15世纪，在意大利文艺复兴的鼎盛时期长大。凡高的家庭背景则完全不同，出生于400年后印象主义时兴的年代。这意味着，当开始作画时，他们潜意识中的环境完全不同。由于他们独特的生物学和文化的背景，他们大脑工作和反应的方式也各不相同。

类似的，因为两个物种具有各自不同的进化史，所以它们能够以十分不同的方式发育。在这种情况下，过去的影响被保留在受精卵的遗传构成和特征里。如果进化的产物具有实质性的差异，那么即使环境相似，发育出来的生物体外貌也将有明显的差异。

由此可见，特定遗传背景和环境条件下生物体的可复制性，相当于是画家和环境两者被标准化以后的一系列绘画过程。我们可以观察达·芬奇在相同的环境条件下创作的一系列作品。严格来说，我们实际上不仅需要对画家，而且也需要对他每次开始创作时的心智状态进行标准化。这可能相当于同卵双生的双胞胎，它们从完全一样的遗传背景开始发育。但我们又遇到了一个问题。达·芬奇一旦完成《蒙娜丽莎》以后，他的心智状态就会与开始创作时不同。这幅画像的创作过程改变了他的认识观。比如说，现在，他已经画了一幅《蒙娜丽莎》画像，而他在刚开始画这幅画时，却没有。如果他准备再次画这幅画，也许会避免第二幅画像与前一幅画像过于相似，探索第一幅画像中没有很好地表达出来的新特征。或者，由于已经在这个创作对象上花费了大量的时间，他可能对她不再有太多的兴趣。不管是哪种情况，他不会再以与第一次创作时相同的心智状态来画第二幅画像。

为了解决这个难题，我们可以假设达·芬奇每完成一幅画后，都会有一次记忆缺失症发作。设想他每次完成《蒙娜丽莎》画像后，就忘掉了这次绘画过程中的所有细节。创作完一幅画后，他又激发起与开始创作第一幅画时相同的心智状态。当然，他的朋友必须对他保密，把他已经完成的作品隐藏起来，并且不向他泄漏以前曾做过的一切事情。

在这些极为奇特的条件下，达·芬奇就能够在一段时间里，画出一批《蒙娜丽莎》画像的翻版。这情形等同于具有固定遗传背景的生物体在标准环境里的发育过程。当然，由于不可避免的随机变异，众多的《蒙娜丽莎》画像看起来可能并不完全相同。但是，同卵双生的双胞胎其实看起来也并非完全一样的。

我要说明的观点与画像是否每次都完全一样没有太大的关系。只是与绘画过程的本质有关。对密约一无所知的局外人，只看到《蒙娜丽莎》画像的一系列翻版被艰苦地制作出来，于是，他可能会断定，达·芬奇不过是在制作同一幅画像的许多略有差异的拷贝。由于众多拷贝的一致性，看上去，不同的翻版好像都是对一幅原创性画像的拷贝，或者始终遵循一组约定俗成的指令去制作的。

但这完全不是达·芬奇的看法。对他来说，每幅画都是名副其实的全新创作。因为不知道最终完成的画看起来会是什么样子，所以他不是在拷贝。他也不是按照一个独立的计划或一组指令来制作它们的。他通过一种高度互动的方式来创作画像，在作画的过程中，构思与绘画之间不存在任何界线。每次开始时，他可能先对图像有某种构思，然后就挥洒寥寥几笔。他可能以多种方式对最初的几笔作出响应，东涂西抹地增添和修改。画像通过一种创造性过程，而不是一种制作拷贝的过程而显现出来。虽然所有的作品也许看起来相似，但它们都是作为原创性作品被创作出来的，没有任何临摹的成分。根据结果的一致性来断定他是在制作拷贝的旁观者，完全误解了达·芬奇的实际创作过程。

读者或许会反驳道：达·芬奇在创作《蒙娜丽莎》画像时，虽然不必在脑海里先有个详尽的计划，但有一个计划却是可能的。也许达·芬奇真有十分精确的构思来创作这幅画像：甚至在动笔之前，脑海中对创作过程已经有了一个清晰的轮廓。这不就意味着，在遵循一个计划的同时，他也具备了创造性吗？我不相信大多数画家真的预先知道自己作品的最后模样，因为这将否定他们与创作环境互动的重要性。但是，为了利于论证，让我们忽略这一点，并且假设在达·芬奇创作《蒙娜丽莎》之前，他确实对绘此画所需的每一笔都有精确的计划，也在脑海中对画像有一个清晰的幻像。于是在绘画的过程中，计划与执行之间是明显分离的。

但是，这将引出的问题是，达·芬奇脑海里的计划本身来自何处。达·芬奇如何形成详细的幻像的？说幻像本身起源于一个更早的内心计划意义不大，因为这只能引出更早的计划又来自何处的问题，结果导致一个无限的倒退过程。答案肯定是，幻像是达·芬奇内心的创造性产物：计划本身是个高度相互作用的精神过程的结果。这个过程也许完全发生在达·芬奇的大脑里，或者达·芬奇也可能作了一些未定型的草图，用来帮助自己更细致地形成计划。不论用哪种方式，形成计划总得通过内心相互作用的过程，而这过程本身不可能来自某个计划（否则又要回到无限的倒退过程中）。这里的关键论点是：如果达·芬奇确实以这种方式创作《蒙娜丽莎》，从他的角度看，最具有创造性的部分可能是形成计划或幻像，而不是绘画的行为。一旦他对如何作画形成了详尽的思维概念后，按计划在画布上进行描绘只是纯机械性的动作，它与想好了每行诗的词句，笔录一首诗的过程相同。换种说法则是：如果达·芬奇对画像最终的样子已经有了一个完美无缺的幻像，绘画的行为只相当于拷贝一个幻像。即使在这种情况下，创造性过程也与遵循一个计划无关。相反，它与绘画开始前，达·芬奇形成详细幻像的事件有关。

如果《蒙娜丽莎》是以这种方式完成的，我们就能把画像的创作过程分为两个阶段：形成计划的原创过程和执行计划的从属性技术过程。尽管创造性出现在形成计划的阶段而不在实际的绘画阶段，只要达·芬奇从记忆缺失症中苏醒过来进入这两个阶段，他便会觉得每次都在从事真正的创造性活动。在苏醒时，他仍然对最后完成的画像没有任何清晰的概念，每次得通过创造性的过程来获得幻像。同样，局外人仍然会误解这是在平淡无奇地制造拷贝，但实际上却涉及了无原初计划的高度创造性过程。

我们通过绘画作为类比，目的是表明创造性与可复制性不一定无法相容。我们可以想象有的过程具有创造性，也有或多或少的可复制性结果。当然，现实中的画家每完成一幅画以后，并不会患上记忆缺失症，因此，合理的假设是，一系列十分相似的画不是创作的，而是被拷贝或制造出来的。

在考察发育过程时，印象最深的是生物体的可复制性。首先，我们想当然地把发育等同于某个始终如一地按照指令行事的人。但我认为这是一种误导，与局外人在观察健忘的达·芬奇作画时所犯的错误一样。其实，发育的过程更像创作一幅原创画，而不是制作拷贝，这主要是指：最终的产物（成体）并不是一开始就有，而是通过相互作用而逐渐产生的；在这过程中的每一步，都依赖于以前发生的事件，并对已有的事件按历史的渊源作出反应。与健忘的达·芬奇一样，受精卵对画像最后的样子没有任何具体的概念。与其说卵子忘了前面画像的样子，倒不如说它起初根本就没有看到过这幅画，在原先的画布上，它只是一个微小区域（与许多其他细胞混在一起的一个细胞），然而只要有特定的环境条件，该细胞携带的信息就足以产生另一块画布。

每个步骤都有历史渊源，这个观念十分重要，它把发育和人类的创造性，与许多其他类型的相互作用过程区分开来。许多过程中的各种步骤并无历史的印迹，尽管这些步骤以复杂的方式相互依赖。以雪花的形成过程为例，水在一个不断增长的冰晶体的表面上结晶。该过程的相互影响是：晶体的形状影响雪花的生长方式，而雪花的生长方式又影响晶体的形状。因此，雪花增长过程中的每一步都依赖于以前发生的过程，并影响到将要形成的结果（因此，增长条件的微小变异会以十分复杂的方式影响最后的形状，结果产生许多不同形状的雪花）。然而，这些步骤没有一个具有历史印迹：晶体的生长方式并没有受到前面晶体生长经历的影响，它只依赖于主要的物理条件。与之形成对照的是，生物体发育过程中的每一步，都有生物进化历史的印迹，涉及了世代的自然选择。同样，人类的创造能力也取决于生物遗传、文化遗产和经历等。在这方面，与那些没有任何历史信息输入的过程相比，受精卵的发育与创造性过程更加相似。

请读者不要误解。我并非试图暗示受精卵受到某种神秘的创造性力量的驱使。我也不希望从这里引申出，卵子发育时确实在思考着它要做的事情。我的观点是：把发育过程与人类的创造性作比较，可以更好地整体把握发育的本质。

在上一章，我们关于绘画的论述中已谈到，发育是一个相互作用的过程，其中的每个步骤都依赖于以前发生的事件，并对已有的事件按历史的渊源作出反应。因为计划和执行深深地交织在一起，所以要区分它们的努力是徒劳的。作为局外人，发育的一致性结果，导致我们把它等同于生产过程。但是，一旦深究发育的内在机制，我们便发现，尽管它产生可重复的结果，却与创造性活动具有更多的共同特征。

11 气味和敏感性

生物学家霍尔丹（J. B. S. Haldane）在他的《可能的世界》中，对于具有与人类不同感觉和本能的生物（例如狗）进行了探讨。霍尔丹的狗比任何真实存在的狗智商要高得多，它的大脑跟人类一样复杂，当然，与人类不同，它是以十分不同的途径组织起来的。一条狗的生活由它的鼻子来主宰：它通过闻每件东西来探查周围的世界。而人类是眼见为实，相比之下嗅觉更主观和不太可靠。比如，对于一个房间里的东西，我们看到后，很容易就列出来了。但要描述一瓶酒所散发的各种香味却困难得多。这不是因为香味缺乏客观性，而是因为与狗相比，人的嗅觉比视觉发育得差些。将狗的生活与人的生活比较一下会怎样呢?

霍尔丹的狗依靠嗅觉来定位和认路。它不用视觉信号，而是利用气味来营造所处的环境，标出界线和路径。它不是依靠阅读地图，而是通过追寻气味的路线和痕迹来认路的。它也通过气味来识别朋友。当在街上遇到同伴时，霍尔丹的狗会首先用鼻子来嗅它，而不是用视觉来识别它。霍尔丹的狗居室加上各种气味，使每间房的墙上都有不同的气味。实际上，1943 年，有人申请了一项关于有气味墙纸的专利，提出在墙纸中渗入有气味的化合物，这些化合物可以缓慢地释放到空气中。

综上所述，对于霍尔丹的狗来说，物体最重要的性质是它的气味，它按照物体气味的类型和强度来进行分类。因而，它是非常出色的化学家：许多纯净的化学物质看起来是白色的，人们无法区分，但可以用嗅觉及与嗅觉密切相关的味觉来区分（味觉和嗅觉有时被称为化学感觉，因为它们能直接探测出物质的化学性质）。其次，霍尔丹的狗还是一名优秀的厨师，它可以不可思议地做出具有特别气味的菜肴。事实上，烹调是狗世界中的最高艺术形式之一，最高等级的犬类大厨在气味方面达到的细微和精巧水平，完全可以与绘画或雕塑比美。

人们通常把某个“物体”看成是具有固定尺寸，占据一定空间的，而霍尔丹的狗不同。对它来说，物体是通过各自的气味来定义的，它的存在具有易变性，经常从一种形态转化成另一种形态。一块烤好的蛋糕，散发的香味与开始时不同。牛奶变酸后，就变成另一种新的东西了。在狗的观念中，化学转化起着作用。炉内的一块蛋糕在气味世界中，连续不断地从一个状态“转移”到另一个状态，这与人们看待一个物体从一个位置移动到另一个位置十分类似。

在数学方面，霍尔丹的狗在计数和获得数字概念方面毫无问题，因为这些狗都能够在时间、而不是空间上将事物排序，它可以像我们数砖头那样熟练地数气味。当然，它的几何概念很差。在三维空间中，每个点都有一组对应的坐标，如把物体映在镜中，或进行几何变换，这对霍尔丹的狗来说，几乎就是一个神秘的观念，与由化学反应产生的气味的变化比较起来，这个观念难以掌握。比较而言，这狗的弱项是几何学，强项是化学。

在理解发育过程时，霍尔丹的狗也许有些优势。我们在思考发育时遇到的许多困难，都源于过度依赖外部的几何形状。卵子发育为成体的过程中，最引人瞩目的特征是几何复杂性的增加：在空间的组织结构方面，卵子与成体相比，要简单得多。然而，从纯粹的几何学角度看，这点似乎令人难以理解，因为物体的几何变换，并不增加复杂性，而只是保存原有复杂性。举一个简单的几何变换例子，如把一个物体沿着一条直线从一个地方移动到另一个地方，数学上把这个过程称为平移。虽然这种变换改变了物体的位置，但它丝毫没有改变物体的复杂性。用其他的几何变换，如旋转一个物体，或将它映在镜子中，放大或缩小它的尺寸。虽然所有这些操作都以某种方式改变了物体的外形，但它们并不改变它的性质或复杂性。我们最后得到的只是从另一个视角呈现出来的同一个物体。

依我看来，正是这种几何学的观点导致我们认为，在卵子内存在成体的预成物（第 1 章）。预成论之所以成为一种引人注意的理论，是因为它把整个发育过程解释为一系列纯粹的几何变换过程：发育是与成体一样复杂的微缩体的放大。从这个意义上说，这就很容易理解预成论，因为这十分适合受视觉系统控制的大脑。

但是，在试图理解发育过程时，我们必须撇开这种纯粹的几何学视角，更多地依据化学观点去考察变换过程。我们需要像霍尔丹的狗那样去思考：通过鼻子而不是眼睛。

现在，我建议试着多用嗅觉来思考。但是，我们本质上是视觉动物，因而不可能改变认识世界的方式，只依据气味、而不是图像来思考。我们通过一幅有关事件的内心图景来理解事物，要比形成某种内在的气味环境图好得多。那就是为什么我们在习惯上总是说“看法”而不说“闻法”，来谈论自己对某件事情的理解。

我研究这个问题所要采用的方法，与化学家采用的方法一致，这就是仍然使用几何学，但不是在宏观的可见事物上，而是在微观的分子水平上。我们对化学反应的理解是基于两个概念，即分子的几何形状和能量。化学反应总是伴随着原子在空间的重新排列和能量的重新分布。臭蛋因为发生化学反应而散发出令人厌恶的气味，在这个反应中，氢原子和硫原子以某种特定的空间排列方式结合在一起，形成一股被称为硫化氢的刺鼻气味。化学性质发生变化的产物，如气味，可以被认为是发生在亚微观层次上的原子的重新排列，即分子形状的改变（请记住，我用形状来表示电荷的分布以及原子的整体三维排列形式）。气味的变化，可以让我们从总体上直觉地把握正在进行的化学反应，但要准确地理解，还必须借助于分子几何学。

在本章中，我要利用气味来帮助解释发育过程的一个关键性问题：细胞间如何交流。就像利用颜色来直观演示生物体内的区域一样，我将利用气味来揭示细胞间的相互作用，帮助我们综合地理解细胞间信息交流的过程。

我们不讨论能量变化的细节，但请记住，所有的过程都需要以化学键形式储存的能量，以使这些过程能够正常运转。正如第二章中所描述的那样，能量最终来自太阳。正是通过这种能量的传递，才会随着发育最终产生出更多的几何复杂性。

受体蛋白质

探究气味的一个好方法，是更细致地考察我们的鼻子。鼻子，并不是局限于我们脸上的隆起部分，而是深入里面数厘米。由位于鼻腔深处的一组受体细胞探测气味，然后把接收到的信息输送到大脑里。因为受体细胞的细胞膜上，含有称为受体蛋白质的特殊蛋白质，所以，这些细胞能识别出空气中的分子。正是这些蛋白质的形状，使我们能区分吸入鼻内的各种化学物质。每个受体蛋白质位于受体细胞的细胞膜上，并指向鼻腔，它可能遇到与空气一起吸进来的各种分子（图 11—1）。

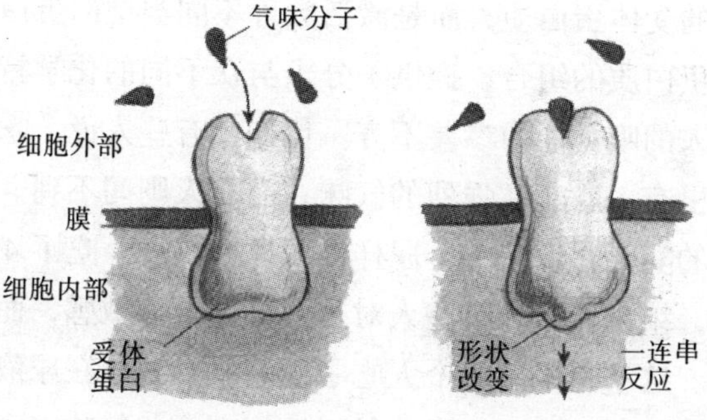

图 11—1　当气味分子与鼻腔内受体细胞上的受体蛋白质结合，蛋白质被激活，并启动一连串的反应

鼻腔里有数百种不同类型的受体蛋白质，每种蛋白质都具有与某些分子匹配的形状。当某个分子匹配（即结合到）一个受体蛋白质上，它将影响这个蛋白质的形状。我在图中标明了这点，

即在蛋白质一端形成的突出部分。请回忆，蛋白质的形状决定了它做什么（由它激发的特定类型的反应）。因此，当受体蛋白质改变形状时，便促使在细胞里产生新的化学反应。这接着又激发一连串其他的反应，最终导致一个神经脉冲从受体细胞传递到大脑里。

当我们闻到某种气味时，大脑如何知道哪些特定的受体蛋白质已经被激活呢？虽然鼻腔里的受体细胞产生了大量不同类型的受体蛋白质，但每种特定的受体细胞只产生一种或极少种类型的受体蛋白质。例如，当我们嗅樟属植物时，吸入的气味分子只会激活一组含有与樟属植物气味匹配的受体蛋白质的细胞。然后，这些细胞把一组神经脉冲传递到大脑里。正是来自鼻腔内特定受体细胞的这组脉冲，让我们有了闻到樟属植物的感觉。用力嗅杏仁会激活另一组受体细胞，我们把它称为杏仁气味。据认为，即便是嗅觉发育得很差的人类，也能用这种方式区分出约 1 万种气味。与受体蛋白质类型的数量（数百种）相比，我们能区分出更多的气味种类（数千种）。这是因为吸入的气味分子，不只激活一种类型的受体蛋白质，而是激活数种不同类型的蛋白质。正是这种受体蛋白质的组合，提供了分子与众不同的化学特性。

每个人的嗅觉能力参差不齐。比如，有些人说，吃了芦笋以后，尿液里有一股非常强烈的气味，而有人则闻不到。我们可以做一系列的实验，试嗅一个尿样，尿样来自一个吃了 450 克罐头芦笋的人，结果显示，某些人对这种气味十分敏感，而其他人却不是这样。这就是说，每个人吃了芦笋后，都会在尿液中产生刺鼻的化合物，但某些人却无法敏锐地闻到这些气味。类似的，有些人感觉不到小苍兰属植物花朵散发的气味。对特定的气味没感觉被称为特异嗅觉缺失，等同于视觉中的色盲。

特异嗅觉缺失症的起因是什么，我们还不清楚，但有几个例子表明它是遗传的。也就是说，特异嗅觉缺失症由基因来传递。一个很好的猜想是，嗅觉缺失症是由对应于受体蛋白质的基因突变引起的。与其他所有的蛋白质一样，鼻子里的每个受体蛋白质都由基因来编码。如果某人身上这些基因中的一个发生突变，其DNA序列被改变，与它对应的受体蛋白质就可能产生缺陷。导致受体蛋白质探测某些特异分子的能力逐渐退化，如嗅小苍兰属植物气味的能力退化，就闻不到它的气味。因此，我们对气味的敏感性，依赖于对受体蛋白质进行编码的所有基因。

当分子结合到鼻腔内的受体蛋白质上时，便会启动细胞里的一连串化学反应，最后产生一个特定的反应：发送一个神经脉冲。这就是在烘烤蛋糕、牛奶变酸或鸡蛋变臭时，嗅觉是如何检测散发到空气中的气味分子的。

味觉的工作方式与嗅觉相似，当然，味觉中包含的受体蛋白质类型要少得多。我们通过舌头上的受体细胞，只能区分4种类型的味道（酸、甜、苦和咸）。我们通常所说的还有许多味道。实际上是由于我们吃食物时闻到的气味（因此在鼻塞时，许多味道尝不到）。

闻你的近邻

受体蛋白质不仅能使生物体闻或尝自己所处的外部环境，而且在体内细胞之间的信息交流方面也起着决定性作用。我们以为，受体蛋白质检测的分子都来自周围的空气，但体内大多数细胞的四周并不是空气，而是其他细胞，甚至鼻子里的受体细胞，也只在一边有空气，其余各边都被细胞所包围。所以，受体蛋白质的一个重要的性质是使细胞能应答它们的近邻。

我们在第九章中看到，果蝇早期胚胎里图式的精细化依赖于相邻细胞核之间的交流。如果缺乏某种交流，每个细胞核就将孤立起来，不顾近邻去做自己的事，产生一堆乱七八糟的混杂物，无法对图式进行精细的描绘。对于果蝇的早期胚胎，信息交流是毫无问题的，因为不存在把细胞核分开的细胞膜。它的所有细胞核浸没在共同的细胞质里，隐色（主导蛋白质）可以从一个区域扩散到另一个区域中。

当然，这是十分罕见的，在大多数情况下，发育开始时，细胞核都被固定在彼此分离的细胞里。由于细胞膜把细胞隔离开来，因此，主导蛋白质不能自由地从一个细胞扩散到另一个细胞中。这将产生两个重要的结果：一方面，它意味图式可以更加稳定和彼此独立，一个细胞里的隐色不会连续地渗入邻近的细胞中，因而更易保持各隐色区域的彼此独立；另一方面，邻近的细胞之间没有直接的交流，细胞核不再自由接触，所以无法通过扩散来协调彼此的活动，但由于缺乏接触，就会产生细胞各顾各的混乱状态。

但是，这也正是受体蛋白质起作用之处：它们允许发育中的生物体细胞即使被细胞膜隔开，也能相互交流。在细胞间，因为能借助于受体蛋白质来相互传递分子信息，所以图式能以一种协调一致的方式被精细化。我们将看到，与真实的嗅觉不同，发育期间被激发的受体蛋白质并不往大脑里输送神经脉冲，而是产生另一种应答：隐色的改变。

从蝾螈着手

发育过程中，关于细胞之间的化学信息交流，早期的证据是德国的斯佩曼（Hans Spemann）及其同事们在20世纪20年代研究蝾螈得到的。斯佩曼从蝾螈的胚胎上切下一些小片段，然后把它们移植到另一个蝾螈内，观察移植后的组织如何发育。在大多数情况下，如果在发育的早期阶段进行移植，几乎不会干扰发育过程，只是被移植的组织融入到其寄主的发育过程中。他注意到，当早期胚胎的某个特殊区域被移植时，就会产生一个戏剧性的效果，移植物不会简单地参与到新环境的发育中，而是形成了第二个胚胎。

斯佩曼起初以为，第二个胚胎只是由移植物的生长和发育衍生出来的。几年后，他改变了这个想法，他的同事曼戈尔德（Hilde Mangold）用两个蝾螈物种重复了移植实验，这两种蝾螈胚胎上有不同的色素沉积，很容易区分（图 11—2）。

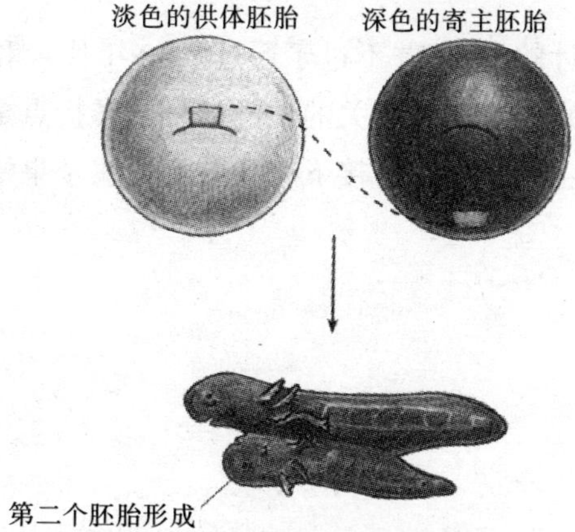

图 11—2　在斯佩曼和曼戈尔德的实验中，淡颜色供体蝾螈的部分早期胚胎被移植到深颜色的寄主里，导致形成了含有大量寄主组织的第二个胚胎

从淡颜色物种的胚胎上切下一小块，然后把它移植到深颜色寄主里，便可以从颜色相对较淡这一点一直追踪移植体。斯佩曼和曼戈尔德观察到，第二个胚胎形成时，它不只是来自淡颜色的移植体组织，还包含了大量深颜色的寄主组织。像是移植体以某种方式组织或引导邻近的寄主细胞，参与产生一个新的胚胎。

一种可能的解释是：移植体发送某种化学信号，引导邻近的细胞形成胚胎。如果能识别这种化学信号，就可以揭示在发育期间细胞的协调活动。试图找到这种化学物质的研究热潮接踵而至，但很不幸，遇到的挫折要多于成功。李约瑟（Joseph Needham）在1939年总结了这种情形：

> 可以这么说，虽然近10年来在这些领域取得了很大的进步，但由于问题的特殊难度……很可能要到50年以后，我们才会得知有关天然产生的诱导胚胎发育物质的化学本质。与众多的生物学问题一样，这问题比初期研究者所设想的要复杂得多。

李约瑟估计的50年并不过于遥远。80年代末和90年代初，人们就开始识别出与发育有关的化学信号。转折点是由于一些特殊基因的分子生物学研究，接下来我就要用一个果蝇的例子来说明这点。

分子间的婚配

60年代，加州理工学院的本泽（Seymour Benzer）实验室筛选对光线无反应果蝇的突变体。当用光照射正常的果蝇时，一般都会朝着光源方向移动。但有一种行为异常的果蝇，它们并不移向光源，而是原地不动。本泽得到其中的一个突变体，后来被证明是眼睛里存在某种特殊的缺陷，使它部分地看不见光线。

为了理解部分失明的果蝇存在的缺陷，需要知道昆虫眼睛的一些基本知识。果蝇的眼睛由约750个相同的小眼构成（图11—3）。

每个小眼由分属几种不同类型的20个细胞组成，每种类型的细胞以一定的方式特化：一种类型的细胞分泌主要的晶状体，另一种产生色素，其他的则负责感受光线。这20个细胞以十分

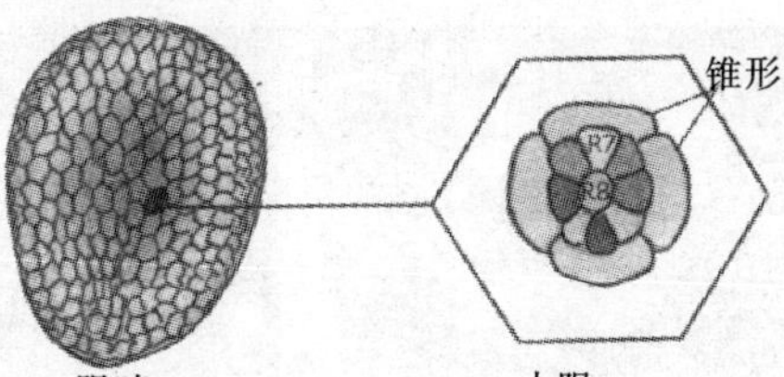

图 11—3　一只果蝇的眼睛由许多小眼构成。右图显示了每个小眼中的一些细胞，标示出 R7、R8 和锥形细胞的相对位置

精确和固定的程式排列，每个小眼里的细胞排列模式完全一样。下面我将集中探讨这些细胞中被称为 R7 和 R8 的两个细胞间的相互作用。

本泽所得到的一个突变体部分失明，原因是它的每个小眼都缺乏 R7 这种特殊类型的细胞。果蝇在小眼里没有了 R7 细胞，就不能像正常果蝇那样对光线作出反应。由于 R7 细胞的缺失，这突变体被称为缺 *t* 突变体，它引人注意的特征是，除了缺少 R7 以外，这些小眼的其他方面都是正常的。为了形象地说明这种特征的含义，请参看图 11—4 所示的玛格利特的一幅画。

如图所示是一间房子里有一位正在读报的男人，剩下的 3 间房子里除了没人以外，其余完全一模一样。我们可以把一只正常果蝇的眼睛看做是 750 间相同的房子（小眼），每间房子里有一个人（R7 细胞）。于是缺 *t* 突变体的眼睛就像一组完全相同的房子，但每间房都缺少了这个人。在缺 *t* 突变体中除缺少了 R7 细胞要素以外，每个小眼的细胞构成图式都丝毫未变，正如图中的空房间里，只缺少男人和报纸，而其他组成部分没有改变。这是图式中发生的一种特殊变化，只影响一个要素，而与其他部分无关。严格说来，本应成为 R7 的细胞在缺 *t* 突变体里并没有真正消失，而是变成了另一种类型的细胞，称为锥形细胞，在本应生成 R7 细胞的地方，都会错误地发育出一个锥形细胞。就如在玛格利特的画中，画布里由男人占据的区域并没有从空房间里切

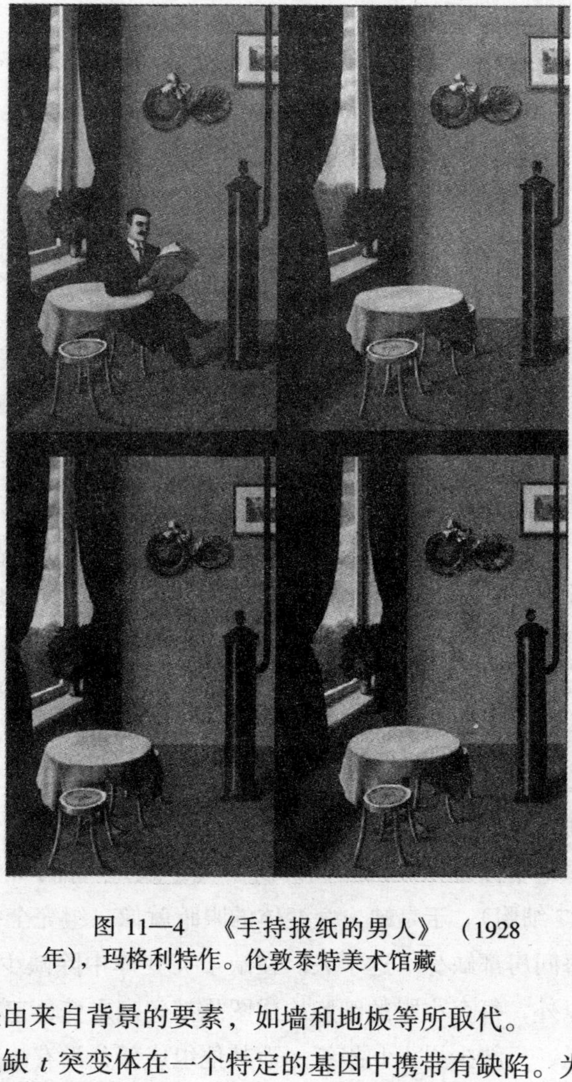

图 11—4 《手持报纸的男人》（1928年），玛格利特作。伦敦泰特美术馆藏

除，而是由来自背景的要素，如墙和地板等所取代。

果蝇缺 *t* 突变体在一个特定的基因中携带有缺陷。为方便起见，我把这基因取名为 *sevenless*，与突变体同名。但为了避免将突变体和基因混淆，我从现在起用缩写词 *sev* 表示基因，用全称 *sevenless* 表示果蝇的突变体。于是，一只正常的果蝇拥有一个能起作用的 *sev* 基因，它使得每个小眼发育出 R7 细胞。在果蝇缺 *t* 突变体中，*sev* 基因存在缺陷，结果无法产生 R7 细胞（取而代之的是锥形细胞)。也就是说，*sev* 基因的正常意义是促进 R7 细胞的形成，因此，当 *sev* 基因有缺陷时，就会缺失 R7 细胞。但必须明白，虽然 *sev* 基因只影响每个小眼里的 R7 细胞，它也存在于果蝇体内其他细胞的 DNA 分子中，*sev* 基因惟一有意义的作用在于促进 R7 细胞的发育。

sev 基因是怎样影响眼睛的发育的呢?

虽然 *sevenless* 突变体揭示了 *sev* 基因的正常意义（R7 细胞发育所必需的条件)，但它并未告诉我们，在正常情况下，*sev* 基因如何引导 R7 细胞的发育。*sev* 基因与其他基因一样，对特定的蛋白质进行编码，要了解它如何起作用，我们首先要知道这种类型蛋白质的功能。这方面的重要突破始于 1987 年，当时在加州大学伯克利分校工作的哈芬（Ernst Hafen)、鲁宾（Gerry Rubin）及其同事成功地分离出 *sev* 基因。他们随后证明了由 *sev* 基因编码的蛋白质结构具有典型的受体蛋白质的特征。我们知道，受体蛋白质能够识别来自细胞外部的特殊分子，并与其结合。受体蛋白质与某个分子结合而被激活后，它的形状就发生改变，并启动细胞内连锁的化学反应。*sev* 基因若对这种特定的蛋白质进行编码，我们就称它为 sev-受体蛋白质。发现 *sev* 基因对受体蛋白质进行编码，意味着存在等同于某种气味的某种分子，它可以激活受体蛋白质。但与我们闻东西不同，对气味的反应不是把一个神经脉冲发送到大脑里，而是一个发育的过程：在每个小眼里形成一个 R7 细胞。果蝇内如果没有 sev-受体蛋白质，就不会产生这样的应答，也就无法发育出 R7 细胞。

那么，sev-受体蛋白质探测的气味本质（分子）是什么呢? 80 年代末，加州大学洛杉矶分校的塞帕斯基（Lawrence Zipursky）及其同事们的研究，在解答这个问题上有重大进展。这些研究者发现了另一种缺少 R7 细胞的果蝇突变体类型，称为 *bride - of - sevenless*（选择这个稀奇古怪名字的原因在下面还要解释)。在这个突变体中，缺陷不是发生在 *sev* 基因里，而是发

生在另一个叫做 *boss*（即 *bride - of - sevenless* 的缩写）的基因内。与 *sev* 基因一样，*boss* 基因也参与了 R7 细胞的发育：在 *bride - of - sevenless* 突变体内，*boss* 基因存在缺陷，因此 R7 细胞丢失了。于是就存在两种不同类型的突变体，它们都缺少 R7 细胞、存在缺陷。不同的是 *sev* 基因是对受体蛋白质进行编码，而 *boss* 基因却是对某种互补类型的蛋白质进行编码，这种蛋白质称为信号蛋白质。信号蛋白质是一类分子的总称，它们与受体的形状相匹配，就像气味分子与鼻子里的受体蛋白质的形状相匹配一样。只不过气味来自外界，而信号蛋白质则由生物体内的细胞产生。总之，我们可以理解为：*boss* 基因产生一种特定的气味，也就是 boss-信号蛋白质；而 *sev* 基因则产生一种特定的受体，即 sev-受体蛋白质。

因为 boss - 信号蛋白质匹配 sev-受体蛋白质，所以，*boss* 基因与 *sev* 基因之间存在一种合作关系。换句话说，boss-信号蛋白质是 sev-受体蛋白质所感应的分子（即内在的气味分子）。

为了弄清楚 *boss* 基因与 *sev* 基因之间的合作关系如何影响眼睛的发育，请看图 11—5，图中显示了一只正常果蝇小眼里的两个细胞，一个将成为 R7 细胞，邻近的一个则成为另一种类称为 R8 的细胞（它们在眼睛里的相对位置参见图 11—3）。

先看左图将成为 R8 的细胞。在这个细胞里，*boss* 基因被打开，产生 boss-信号蛋白质（气味）。这信号蛋白质位于细胞膜上，一部分突出细胞外。而在右边的细胞中，*sev* 基因被打开，产生了 sev-受体蛋白质。受体蛋白质移动到细胞膜上，随后与邻近细胞的 boss-信号蛋白质发生接触。boss-信号蛋白质的形状与 sev-受体蛋白质相匹配，这在应答的细胞内启动了连锁反应，导致它发育成为 R7 细胞。这就像应答细胞嗅着邻近的细胞，当它探测到一种特定的气味（boss-信号蛋白质）时，它的反应就是成为一个 R7 细胞。

sev 基因与 *boss* 基因之间的合作关系是一种嗅觉联姻，其基

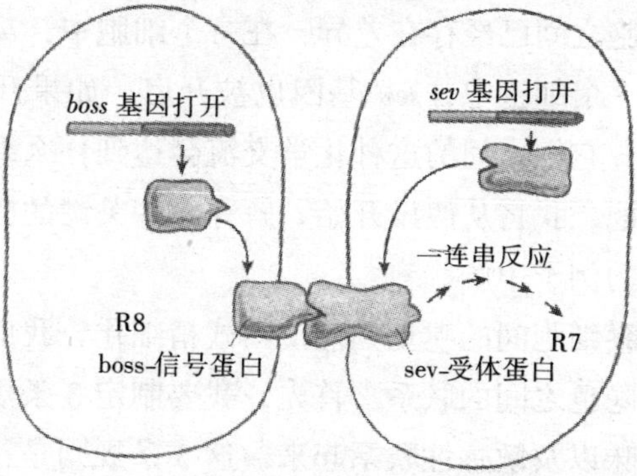

图 11—5 气味、敏感性和果蝇小眼里的细胞命运三者间的关系。左边的细胞(最后变成 R8 细胞)从 *boss* 基因产生信号蛋白质,激发邻近细胞里的受体蛋白质(由 *sev* 基因产生)。这引发一连串的反应,最终导致该细胞获得 R7 细胞的特征

础是两个合作伙伴之间的化学匹配关系[1]在 *sev* 基因有缺陷的突变体内,因为不产生任何 sev-受体蛋白质,使得应答细胞闻不到气味,所以婚姻关系中断。在 *boss* 基因有缺陷的突变体内,不产生信号蛋白质,因此不存在激发受体的气味。

以上研究结果,在许多方面类似于斯佩曼和曼戈尔德研究蝾螈的结果。在这两个例子中,细胞都相互交流,并影响它们的发育方式。不同的是,在果蝇眼中可以识别出信号分子以及它们的应答方式(被认为构成斯佩曼和曼戈尔德的实验基础的信号分子现在也已经被找到)。

柑橘和柠檬

同一个生物体内的细胞如何通过分子信号和受体相互影响,我们通过实例已经说明了。但在描述这个例子时,我必须假定涉

〔1〕 它被取名为 *bride - of - sevenless*,英语意为 *sevenless* 的新娘——译者注

及的两个细胞之间已经存在差异：在一个细胞中，*boss* 基因被打开，而在另一个细胞中，*sev* 基因也被开启。如果开始时两个细胞已经不同，它们之间的这种化学交流会达到什么结果呢？为了解释这个问题，我将从假设开始，解释一些关键的概念，然后回到果蝇眼睛的例子中。

为了考察细胞间的嗅觉如何使图式精细化，我们需要找出气味、受体和隐色之间的联系。首先，我要制定 3 条规则，把细胞的隐色、气味以及敏感性联系起来。这 3 条规则是：

(1) 不同隐色的细胞发出不同的气味。通常，我们把气味和颜色联系在一起，所以，我们可以凭直觉理解这条规则。柑橘、柠檬、洋李和草莓都有颜色，它们就与特定的气味联系在一起，即柑橘味、柠檬味、洋李味和草莓味。这并不是说水果内的色素直接影响气味，而是说两者的相互联系。一只柑橘含有色素分子而带有柑橘色，也是因为它生成了能进入空气的其他分子，散发出某种特定的气味，并被我们的鼻子闻到。同样道理，隐色并不直接对细胞散发的气味负责，只是与它有所联系。每种隐色是一种特定类型的主导蛋白质，而每种气味却是一种特定类型的信号蛋白质。

(2) 每种隐色与某种特定气味的敏感性相联系。我们设想，如果细胞有一种隐色，它也应答一种特定类型的气味。例如，具有柠檬隐色的细胞会应答柑橘隐色的气味，也就是说，它产生一个与柑橘隐色细胞所散发的气味相匹配的受体蛋白质。类似地，柑橘隐色细胞可能产生一个受体蛋白质，这个蛋白质又被另一种气味激活，比方说是洋李色的气味。这样，每种隐色都与一种特定的感受性相联系。

(3) 当细胞探测到一种气味时，它会改变自己的隐色来作出应答。如果一个柠檬隐色细胞探测到柑橘色气味，它作出的应答是把自己改变成一种新的隐色，比方说从柠檬色变成洋李色。类似的，探测到洋李色气味的柑橘隐色细胞，也会把自己变成另一种隐色而作出应答，比方说从柑橘色变成草莓色。按照前面的两条规则：新的隐色将导致新的气味（规则 1）和新的敏感性（规则 2）。一个细胞变成某种特定颜色，是根据它开始时的颜色和它接触到的气味类型不同而发生变化的。通俗地说，隐色应答附近的气味时所发生的变化，就像一条变色龙在应答周围的环境时，会改变它的可见颜色一样。

我现在要利用这 3 条规则来精细调节一排 4 个细胞的隐色图式。开始时，其中两个细胞的隐色是柑橘色，另一对细胞则是柠檬色（图 11—6）。

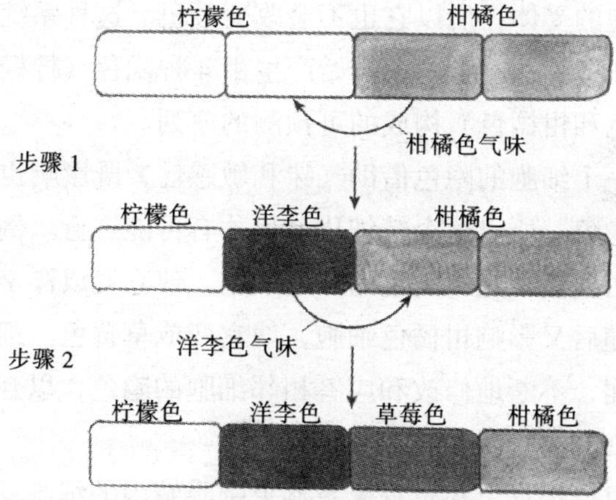

图 11—6　通过气味和敏感性精细调节图式。在步骤 1 中，一个柠檬色细胞应答柑橘色气味而成为洋李色。在步骤 2 中，一个柑橘色细胞变成草莓色来应答洋李色气味

通过应用上述的 3 条规则，这个初始排列可以逐步变化成为更加精细化的图式。

每个细胞都散发一种气味，同时也接受一种气味。我们假定柠檬色细胞对柑橘色气味敏感（即它们产生的受体与由柑橘色细胞散发的气味匹配）。假定这种气味散发得不很远，只有靠近柑橘色细胞的柠檬色细胞笼罩在柑橘色气味中，因而只有这个柠檬色细胞作出应答。应答引起隐色发生改变，比方说从柠檬色变成洋李色（图 11—6，步骤 1）。因此，第一个步骤是转换四个细胞中一个细胞的颜色。

我们现在有了一个具有新隐色（洋李色）的细胞，它有自己相应的气味和敏感性。假定柑橘色细胞对洋李色细胞的气味敏感(即洋李色气味匹配柑橘色细胞上的受体蛋白质)。结果将会是，邻近洋李色细胞的柑橘色细胞——沉浸在洋李色气味里的那个细胞——将通过改变颜色来作出应答，比方说从柑橘色变成草莓色(图 11—6，步骤 2)。请注意，即使另外的柑橘色细胞也对这种气味敏感，但不会改变颜色，因为我们假定这种气味的传播距离不超过一个细胞。因为邻近洋李色细胞的柠檬色细胞不具备识别洋李色细胞的受体，所以它也不会改变颜色。这种系统允许我们精细调节图式，从两种隐色开始产生由 4 种隐色（柠檬色、洋李色、草莓色和柑橘色）构成的可预测的序列。

因为一个细胞的隐色借助气味和敏感性，既影响也应答它邻近细胞的隐色，所以这个精细化过程才有可能进行。例如，在第一步里，柑橘色细胞影响它的邻近细胞，使它变成洋李色。但洋李色细胞随后又影响柑橘色细胞，使它变成草莓色。细胞通过相互间的嗅闻，不断地修改和应答相邻细胞的隐色，以互动的方式使图式精细和完善。

我们可以根据上述过程来考察果蝇眼睛内的细胞发育。在系统里产生的四种不同颜色的细胞，可以被看做是正常果蝇的小眼里最终形成的不同细胞类型。我们假定洋李色细胞变成 R8，草莓色细胞变成 R7，柑橘色细胞变成一个锥形细胞。我已经在图 11—7 的下部标明了这点。

正是因为基因能应答或译解隐色（主导蛋白质），才出现了隐色与细胞类型之间的这种对应关系。例如，隐含的洋李色可以在细胞里使一些特定的基因处于“打开”或“关闭”状态，这使得它发育出 R8 细胞的特征。类似的，草莓色可导致另一组基因被激活，这些基因带来了 R7 细胞的特征。换句话说，一个细胞的特征（究竟是以 R8 或 R7，或是以锥形细胞的性质发育）取决于细胞中影响其他基因活性的隐色。

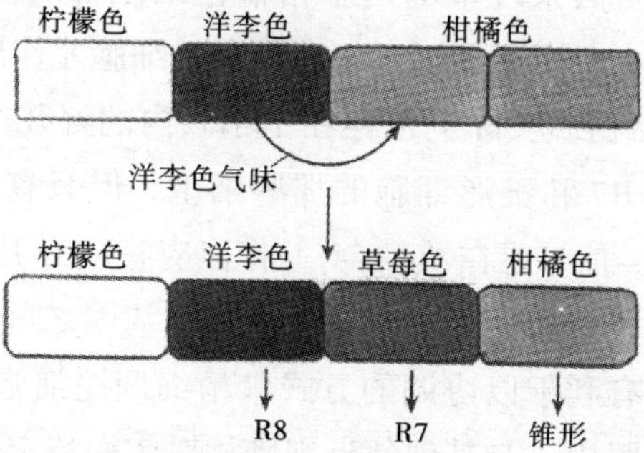

图 11—7　果蝇小眼里隐色和细胞类型之间的关系。图中显示的是第二步，一个柑橘色细胞对洋李色作出应答，转变成草莓色

记住这点以后，我们现在就可以再来看第二步（图 11—7）。这里，一个柑橘色细胞应答与它相邻的洋李色细胞的气味，它的隐色也随之从柑橘色转变成草莓色。但是，如果出于某种原因这种隐色的变化没有发生（即第二步失败），最后将看到一个额外的柑橘色细胞，而不是一个草莓色细胞。这意味着，最终不是发育出一个 R7 细胞（草莓色 = R7），而是一个额外的锥形细胞（柑橘色 = 锥形细胞）。这正是在 *sevenless* 突变体和 *bride - of - sevenless* 突变体里所发生的情形：R7 细胞丧失了，取而代之的是一个锥形细胞。

从柑橘色转变成草莓色的失败可能以两种方式发生。在一种情况下，柑橘色细胞里的受体可能丢失，使得细胞对洋李色细胞的气味缺乏敏感性。因为柑橘色细胞失去探测洋李色气味的受体蛋白质，它就无法变成草莓色。这就是在 *sevenless* 突变体内所发生的事情：它们缺乏受体蛋白质。在另一种情况下转变可能失败的原因是，洋李色细胞没有产生它的气味。没有了洋李色气味，邻近的柑橘色细胞就不会变成草莓色。这是在 *bride - of - sevenless* 突变体内发生的情形：它们不能产生信号蛋白质。在这两种类型的突变体中，由不同的原因造成了 R7 细胞无法形成：*sevenless* 突变体缺乏敏感性，*bride - of - sevenless* 突变体缺乏气味。

请注意，虽然系统里的两个柑橘色细胞都对洋李色气味敏感，但只有其中一个更接近于气味源头的细胞才作出应答。同样地，sev-受体蛋白质实际上也存在于小眼内的好几个细胞中，包括了即将形成 R7 和锥形细胞的那些细胞。但只有邻近 R8 的细胞，才能与 boss-信号蛋白质结合，并作出应答成为 R7 细胞。

从上述的分析可以看到，*sev* 和 *boss* 基因之间分子的联姻，其主要目的是有利于以协调的方式来精细调控细胞类型的图式，在正常果蝇小眼内，与其他邻近细胞相对应的特定位置上，只能形成一个 R7 细胞。若没有这个信号系统，R7 细胞类型就会从眼睛里消失，在原来 R7 的位置上形成额外的一个锥形细胞，图式的精细化程度也就差得多。

审查规则

为简要说明细胞间的分子信号如何有助于精细调节隐色图式，我列出了 3 条基本规则，描述隐色、气味和敏感性的相互联系。接着，我们要更细致地研究这些规则的依据。

第一条规则是，某种特定隐色的细胞有相应的气味，如柑橘色细胞产生柑橘色气味。编码相关信号蛋白质的基因必须被打开，才能使细胞发出柑橘色气味。这个基因不表达，细胞就不会产生柑橘色气味。我们在前面几章中看到，一个基因处于“打开”或“关闭”状态，取决于细胞里的主导蛋白质（隐色）。例如，假定一个主导蛋白质能结合到一个编码柑橘色气味的基因上，并打开这个基因（图 11—8）。

这意味着具有这种主导蛋白质的细胞，将同时产生柑橘色气味。我们已经确立了细胞中隐色（主导蛋白质）与其产生的气味（信号蛋白质）之间的联系。在我假设的系统里，隐色和由它打开的气

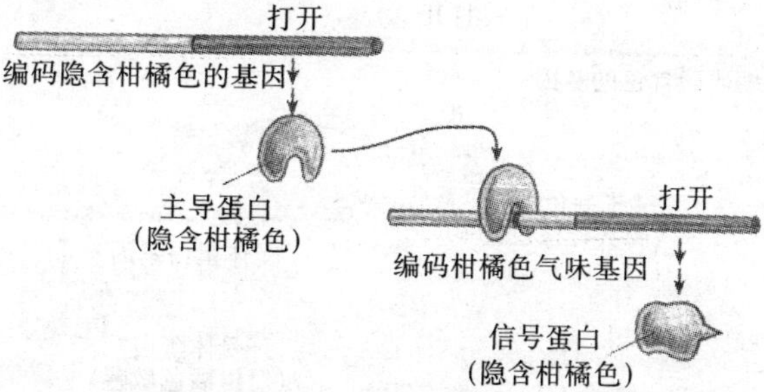

图 11—8　隐色与气味的关系的分子生物学解释。图中编码隐含柑橘色的基因产生主导蛋白质，然后，主导蛋白质结合到编码柑橘色气味的基因上，并打开它

味只具有同一个称谓，如柑橘色。隐含的柑橘色结合并打开编码柑橘色气味的基因。千万不要将柑橘色气味与隐含的柑橘色相混淆，柑橘色气味是信号蛋白质，而隐含柑橘色则是主导蛋白质。

类似的，柠檬色主导蛋白质结合到编码柠檬色气味的基因上，并打开它，由于主导蛋白质能影响编码信号蛋白质基因当中的某一个基因被打开或关闭，所以才出现了隐色与气味之间的联系（在某些例子中，由这些基因产生的蛋白质本身不一定是气味，但可以通过影响某种气味的合成而间接地发挥作用）。

以上解释也适用于第二条规则，即每种隐色与对特定气味的敏感性有关。探测气味的能力取决于受体蛋白质，它也由基因编码。我们会看到，有一个基因编码与柑橘色气味匹配的受体蛋白质，另一个基因编码与柠檬色气味匹配的受体蛋白质，等等。同样道理，一个细胞表达哪一种受体蛋白质基因取决于它的主导蛋白质。例如，柠檬色主导蛋白质打开的基因产生与柑橘色气味匹配的受体蛋白质（图 11—9）。这意味着，因为柠檬色细胞表达了与柑橘色气味匹配的受体蛋白质基因，所以也就对柑橘色气味敏感。类似的，柑橘色主导蛋白质打开的基因可产生与洋李色气味匹配的受体蛋白质，使得柑橘色细胞对洋李色气味敏感。与气味一样，因为主导蛋白质能影响相关的基因，使它打开或关闭，所以便出

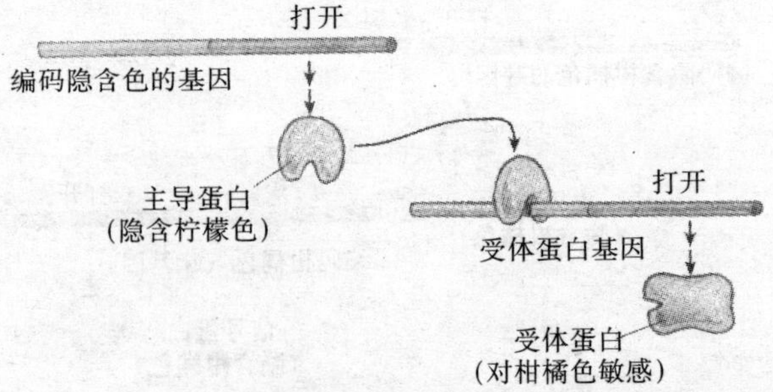

图 11—9　隐色与敏感性之间关系的分子解释。图中，编码隐含柠檬色的基因产生主导蛋白质，然后，主导蛋白质结合到一个对柑橘色敏感的受体蛋白质的基因上，并打开它

现了隐色与敏感性之间的联系。

为了解释第三条规则（即一个细胞应答某种气味时，它也改变自身的隐色），我需要介绍蛋白质的另一个特征。请读者回忆，蛋白质的功能取决于它的形状。而蛋白质的形状依赖于蛋白质内氨基酸的序列，氨基酸序列又由对蛋白质进行编码的基因来决定(第 2 章)。氨基酸的序列是决定蛋白质形状的主要因素，但不排除还存在着其他的影响因素。在某些情况下，蛋白质的形状可受到与其结合的分子的影响。我们已经看到，当相匹配的分子结合到受体蛋白质上，它的形状就会改变（见图 11—1)。在另外一些情况下，蛋白质上微小的化学变化也可能改变其形状，最常见的是加上或减去一个磷酸酯分子。

这些变化的重要性在于改变蛋白质的形状,进而影响蛋白质的功能。一个额外的分子连接或附着到蛋白质上以后,蛋白质就可以促进细胞内发生另一种化学反应,恰与原来的作用相反。微小的修饰通过影响蛋白质的形状,便可以影响细胞内发生的事件。

以上论述给受体蛋白质提供了行使功能的基础，在鼻腔内受体蛋白质的例子中，反应引导一个神经脉冲传递到大脑里。许多参与发育过程的受体蛋白质中，反应则启动了连锁的反应过程，最终导致主导蛋白质的形状发生变化。这可能包括某些新的分子结合或连接到主导蛋白质上。反过来，又因为主导蛋白质的形状发生改变，它又会以不同的方式与基因结合，并影响表达。一些新的基因可能被打开，其他的则被关闭。按隐色的说法可以小结为：主导蛋白质的颜色已经改变，标志着主导蛋白质在细胞内功能的变化。由于主导蛋白质结合到不同的基因上，它改变了自己的隐色，也使得它对细胞的意义也发生变化。改变形状后，原本是柑橘色的主导蛋白质可能被确定为草莓色，并以不同的方式影响基因表达。

总而言之，为柑橘色和柠檬色图解体系假设的这三条规则现在有了分子基础。因为隐色能打开或关闭编码信号蛋白质（气味）的基因，所以隐色能影响由细胞产生的气味。类似的，隐色通过转变基因的状态来影响细胞的敏感性，因为隐色能打开或关闭编码受体蛋白质（它能识别气味）的基因。最后，受体蛋白质被激活后启动连锁反应，导致主导蛋白质的形状发生改变从而改变了细胞的隐色。

为了体会所发生的事情，我们来做一个简单的比喻，设想你站在一块大画布上的某个区域。在画布上，你的区域即是你的细胞，与你周围的人之间存在障碍（细胞膜），所以无法直接看到他们在做什么事。除了能在画布上涂色以外，你和周围的人也能产生气味和受体蛋白质。周围的人散发出气味在你的边界上激发起反应，使你画布上的隐色发生改变。你在画布上涂抹了漂亮的柠檬色，但由于进来了柑橘色气味，你的画布转变成了洋李色。当你看到新的洋李色时，你也用不同的方法作出应答，也在边界上产生洋李色气味以及在细胞膜上掺入新的受体。这样，洋李色气味又影响你周围的人，改变他们画布的颜色，比方说从柑橘色变成草莓色，并且，新的受体又会影响到你的细胞膜应答新气味的方式。就这样，你和你周围的人就以这种方式进行下去，既影响别人，又应答其他人所做的事情。

在我假设的系统中，我只考虑每个细胞产生一种类型的主导蛋白质（隐色）、一种信号蛋白质（气味）和一种受体蛋白质（敏感性）。事实上，事物远比这种情形复杂得多。每个细胞一般产生多种主导蛋白质、受体蛋白质和信号分子，给出的是由各种隐色、气味和敏感性构成的全面组合。这使细胞对气味的影响和应答要比我们所描述的更为精细与完美。

当一种气味激活一个细胞时，特定颜色的变化不仅仅取决于气味，也取决于细胞已有什么样的主导蛋白质（隐色）。这种情形可以与我们自己对气味的响应作比较。以前，有一位中国学生到我们实验室攻读博士学位，我邀请他吃饭，当我们开始吃奶酪时，他看上去十分焦虑，我惊讶地知道许多中国人不吃奶酪。对于这位中国学生来说，给他一块奶酪就像在他的鼻子底下挥舞一双臭袜子一样，无法期待他能享受这种经历（现在，他已经习惯于吃奶酪，并且十分喜欢这种食物，当然，他还无法忍受最臭的奶酪品种）。我们对气味的反应不仅依赖于被嗅闻的分子的化学性质，同时也受到嗅闻者的基本状况的影响。

同样，细胞对信号分子的应答也取决于细胞的状态（隐色）。某种气味可能引起隐色发生改变，但准确地说，这种变化依赖于开始时的隐色。体内某部分细胞应答某种气味的方式，与另一部分细胞可能十分不同，因为这种气味是在不同的隐色环境里被探测。发育期间，有一些气味确实被重复利用，在不同隐色环境中来探测这些气味会产生不同的效果。所以，在数量上，气味类型不必像细胞类型那么多，这一点，我在柑橘色和柠檬色构成的简化系统中已作了说明。

扩展范围

由细胞产生的分子信号或气味，我假定它们不会扩散得很远。

在由柑橘色和柠檬色构成的系统中，气味只扩散到邻近的一个细胞为止。如在眼睛里，信号蛋白质似乎只附着在产生它的细胞膜上。但在另外一些情况下，信号分子可能从细胞释放到周围环境中，并向更远的地方扩散。气味也许能以这种方式扩散至数个细胞长的距离。那么，扩散将如何影响精细调节的过程呢?

我们用由柑橘色和柠檬色构成的同一个系统来解答这个问题，我们先假设每种气味的扩散距离能够达到数个细胞。开始时的细胞数量也多3倍：即12个而不是4个。与以前一样，这些细胞中一半是柑橘色、一半是柠檬色（图11—10)。

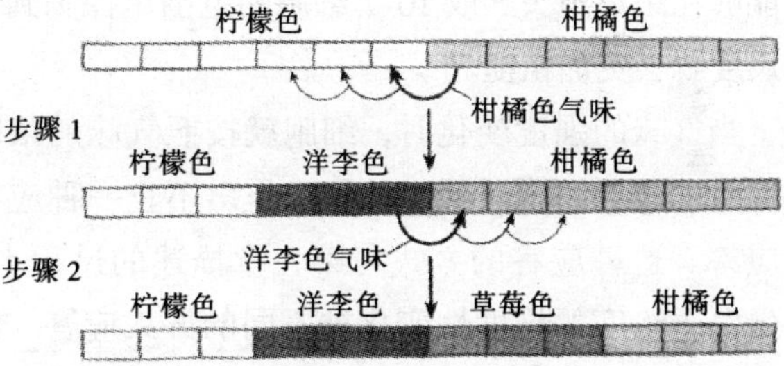

图11—10　气味能扩散时，图式的精细调节。在步骤1中，3个柠檬色细胞暴露在足够浓度的柑橘色气味中，结果转变成洋李色。在步骤2中，3个柑橘色细胞处于足够浓度的洋李色气味中，变成为草莓色

由于这一次气味扩散得比较远，可以预计，远离柑橘色细胞时，柑橘色气味的浓度逐渐降低。靠近柑橘色细胞的地方会有较高的浓度，但随着进入柠檬色区域，浓度将下降。会出现一个诸如4个细胞距离的临界点，柑橘色气味的浓度不再足以激活柠檬色细胞。柑橘色气味扩散的有效范围只有3个细胞宽，超过这个范围以后，浓度降低到不能激发应答的水平。这意味着，只有3个柠檬色细胞处于足够浓度的气味中，并转变成洋李色。我们现在最终得到的是3个柠檬色细胞、3个洋李色细胞和6个柑橘色细胞（图11—10，步骤1)。

下一步基本是重复上述过程。洋李色细胞成为扩散气味的源

头，因此在4个细胞的距离上出现临界点，从这点开始，洋李色细胞的气味衰减到无法启动柑橘色细胞。洋李色气味只能有效地影响附近的3个柑橘色细胞，并把它们转变成草莓色。最后的结果是3个柠檬色细胞、3个洋李色细胞、3个草莓色细胞和3个柑橘色细胞（图11—10，步骤2）。最后的图式、气味的扩散距离与只有1个细胞时获得的结果相同，惟一的差别是，每个隐色区域由3个细胞构成，而不是1个。

增加气味扩散范围的总体效果是，精细调节过程在细胞学尺度上略有差异，在这个例子中，扩散范围是3个细胞，而不是1个。如果能够在距离源头5或10个细胞的范围里探测到气味，精细调节的尺度就会更加粗糙。

但是，当气味的强度变化时，细胞就按照气味的浓度，以不同的方式作出应答。细胞对同一种气味作出不止一种应答，而是一系列的应答。这种应答的方式与第九章描述的过程十分类似：黑色主导蛋白质浓度的梯度性变化被不同的方式应答。例如，由柑橘色细胞气味激发的一个柠檬色细胞，产生了两个不同的主导蛋白质，这些蛋白质的隐色发生变化，一个成为洋李色，另一个变成鳄梨色。这些隐色之间会相互竞争，洋李色趋向于关闭鳄梨色，鳄梨色也趋向于关闭洋李色。当柑橘色气味的浓度比较高时，两种隐色同时产生出来，但最终只有一种隐色占优势，洋李色为竞争强者。即最初的细胞变成洋李色和鳄梨色两种颜色，但最后是洋李色彻底胜出。但还有另一种因素——对气味的敏感性——在起作用。与洋李色的变化相比，如果鳄梨色对这种气味更加敏感，那么，即使气味的浓度十分低，鳄梨色的变化照样能够发生，而洋李色则不然。这意味着当气味的浓度比较低时，鳄梨色就比洋李色多。鳄梨色的数量优势将弥补它相对较弱的竞争能力，鳄梨色最后会胜过洋李色。所以，原先的系统有3个柠檬色细胞转变成洋李色，也许只有最靠近柑橘色细胞的那个细胞将转变成洋李色（气味浓度比较高），另外2个较远的柠檬色细胞将转变成鳄梨色（气味浓度比较低）。这提供了精细调节图式的另一条途径：靠近气味源头的细胞变成一种颜色，而距离气味源头比较远的细胞则变成另一种颜色。

发育过程中，虽然气味的作用距离可能发生变化，但一般不会超过 10 ~ 100 个细胞的数量级。也就是说，对图式精细调节的尺度总是被限制在一个较小的范围里，不管在发育的早期或是后期，这点似乎总是正确的。生物体的隐色图式也在日趋精细和完善，这是因为当图式被精细调节时，细胞的数量也在增加。在发育的早期阶段中，10 个细胞长度的直径占了生物体总长的大部分，而在发育的晚期，却只对应于生物体全长的微小部分。

按照绘画的隐喻，画家的数量随着画布的扩展而增加。每位画家在一小块画布上创作，他通过气味和敏感性，既影响也应答邻近画家的创作。随着画布的扩展，每位画家的影响范围变化不是很大，即每人在大约 10 个邻近画家的范围内探测气味。在早期阶段，画家很少，10 个邻近画家的作用距离占据了画布总长度十分大的比例。因此，每位画家能够了解整幅画布上正在进行的创作情况，可以有较大的整体影响。但随着画家数量的增加，每人独自影响和应答画布的区域越来越小。对于一位能够纵览整幅画面的人来说，图式变得越来越精细和完善，但就画家们而言，他们总是在一个不变的尺度上进行着局域性互动的创作。

循根追踪

细胞在发育时，它是如何逐渐失去画面的整体感的呢？斯佩曼在 1918 年所做的实验，提供了一个很好的解释。斯佩曼把一些小切片在深色和浅色的蝾螈胚胎之间调换。例如，从一个胚胎里取出将形成脑部的切片，与另一个胚胎里将形成皮肤的切片调换。

只要在十分早的发育阶段做这种调换，被移植的切片就按照它们新的位置发育，而不管它们以前来自哪个部位。本应形成大脑组织的切片，移植到将形成皮肤的区域里，它就将转而发育成为皮肤。但如果在稍后的发育阶段中做同样的实验，被移植的切片就会无视新的生长环境，继续按照原来位置上的发育方式生长。细胞已经决定了它们应该形成皮肤或是大脑，而与它们的移植后的位置无关。

这正是预期的精细调节过程，其中每一步都牵涉到画布中一个逐渐变小的部分。在早期的发育阶段，分子信号参与细胞形成差异的过程，如大脑和皮肤。如果移植发生在这个阶段，细胞将恰如其分地应答它们的新环境和气味。在稍后的发育阶段，细胞已经进入到精细调节水平，如区分大脑里的特殊部位或区分皮肤的某些区域，细胞已经决定了它们将形成大脑或是皮肤，是利用气味和敏感性来精细调节一组更加狭窄的区域。在这个发育阶段进行移植，就不可能使大脑转变为皮肤，因为这些差异在细胞的早期发育阶段已经确定下来了。由于图式的精细调节建立在已发生事件的基础之上，随着生物体的发育，细胞便进入一个越来越小的决定性和可能性的范围之中。

这里提出了一个重要的问题，为了使系统正常运转，在早期和后期发育过程之间必须有连续性。在每一步既要精细调节，又要依赖于已发生事件，在这一过程中，细胞必须清楚地知道，它们在一系列发育事件中所处的方位。一群暂时迷失在一系列隐色中的细胞，可能发现自己无法重新定位，因为来自邻近细胞的相关气味已经不复存在。

细胞是如何按发育先后顺序保持它们的状态，目前还未完全了解清楚，但已有几个可能的机制。保持连续性的一条途径是，单个细胞每次分裂时，都把它们的隐色传递给后代细胞。这就是通过家系来保持连续性，就像传统或财富不走样地代代相传一样。生物体内的细胞每次分裂时，所含的物质在两个后代细胞之间分配，因此，每个后代细胞继承了一份 DNA 拷贝以及一份环绕在外的细胞质。分配的物质包括主导蛋白质（隐色），它们位于细胞质中，或者与 DNA 结合在一起。后代的细胞通过继承这些隐色，就能够重新建立起与它们的母体细胞相同的隐色组合。在一些例子中，一种或多种隐色可以通过这种方式，在许多代的细胞分裂过程中保持下去。例如，据认为，在发育中，就是通过这种机制保持着参与决定果蝇体节特征的隐含绿色。

在其他例子中，连续性不是以如此固定、考究的方式来维持的。如果有数位相互邻近的画家正在一张画布上创作，其中的一位偶尔失去了记忆，只要附近的画家帮助他增添正确的颜色，使他迅速循规蹈矩，就会无伤大雅。只要附近有足够多的画家，他们同时迷失方位的几率就会十分小，因此总能维持连续性。类似的，在一群细胞中，连续性可以通过细胞之间增强隐色的信号沟通来维持，而不是单纯建立在个体细胞的世系基础上。

总而言之，细胞通过信号和受体来相互交流，并随着生物体的生长和发育，使隐色的图式得以持续不断的精细化。生物体变成精细和完善的结构，看起来就像每个细胞为了按正确的方式行事，就必须以某种方式知道它所处的准确位置。但细胞不是几何学家，无法在空间坐标中计算出它们的方位。除了在画面十分原始粗糙的最早期发育阶段之外，细胞一般来说并不了解整幅画面，它们只意识到自己的即时环境，通过局域性的反复变换，整个发育图式随着画面的逐渐扩展，变得更加精细和完善。随着细胞依据过去的印迹不断生长发育，它们逐渐变得不可逆地遵循越来越狭窄的发育途径。而这一系统的正常运转，就是靠连续性把各个步骤联系在一起。

12 响应环境

德国插图画家里希特在自传中描述到，19 世纪 20 年代，他还是一名年轻艺术学生。一天，他和 3 位朋友一道游览了蒂沃利[1]的一个著名景点，并坐下来看着周围的风景作画。4 个人都决心把眼前的景色尽可能逼真地画出来，哪怕在最微小的细节上也不偏离自然。里希特说："我们热爱每棵青草、每条细小的嫩枝，决不让任何景物逃离我们的视线。每个人都努力使画面尽可能的客观。"但是，当他们晚上比较各自的作品时，却惊讶地发现每幅画都差异极大。虽然画的是同一个对象，但作品之间的区别就像这 4 位画家的个性那样悬殊。

这个故事说明，不管画家怎样想方设法临摹自然，其作品总是他的个人感悟，而不是自然的复写拷贝。自然环境无法决定或支配画面看起来像什么，因为在很大程度上那得依赖于画家个人的感受方式。画风景或肖像是主动而活跃的过程，画家在这个过程中要对场景作出反应，而不是被动地临摹它们。虽然最终的画面可能令我们想起某个景物，但它总是融合了画家个人的视角和感受的作品，而不是自然的客观翻版。

在描述绘画与环境之间的关系时，我们需要仔细区分两种不同的环境。一是画家所处的环境，如光线、景物，或坐在那里的模特儿等。这些就是我们通常说的画家的外部环境。二是画家正在创作的画面，也就是画家赖以创作的支撑材料。这是画家所处环境中十分特殊的部分，构成了画家活跃创作的部分。

画家与所处环境的两个方面（画面和环境）的关系迥然不同。画面是画家创作的直接结果，在连续不断地变化着。画家每画上一笔，便修改了画面上的内容，确定一个新的颜色区域，然后，画家对这个颜色区域作出反应，他也许认为这种颜色太浓，与另一种颜色不协调，或者正适合。不算是哪种反应，都会影响画家下一笔采用的颜色，将导致进一步修改画面和在画家脑海里

〔1〕 蒂沃利 Tivoli，意大利罗马郊外的小镇。——译者注

产生更多的响应。由于画家连续不断地修改和应答着画面，图式以一种高度相互作用和动态的方式变化着。所以，虽然画布在画家的身体以外，但画面的确是整个创造性过程必不可少的组成部分。

比较而言，画家所处的环境，如景物、模特儿或光线等，在绘画活动中不会被大幅度地修改。当然，若太阳落山或云彩移动，景物会有变化，但这些变化不是画家创作活动的直接结果。画家偶尔会做些小修改，如要求模特儿变个姿势，但这与画家和画面之间的相互作用相比，只是些细微的改变。创作对象的移动或改变甚至会使画家生气，因为他要求所有事物固定不变，而画布中内容的改变则是绘画过程的一个重要组成部分。因此，虽然环境和画布都存在于画家的身外，但它们与绘画过程的关系却十分不同，可以说，一般环境提供了外在的环境，画面则是内在的环境，是创作活动整体的一部分。

当我们把画家所处环境的两个方面混淆起来，就可以获得某些奇妙的效果。请看玛格利特名为《人类的境况》的作品，如图12—1所示。这是一幅画中画，画架上的一幅画被框在一间房和景色之中。当这幅画正好与背后的景色融为一体时，它似乎既是风景的一部分，同时也表达了风景。关于这幅画，玛格利特说道："从房间里面往外看，我放置在窗前的这幅画正好就是被这画遮盖掉的那部分风景。例如，画中的树取代了被画遮掉的那棵房间外面的树。对于观众来说，这棵树既在这幅画面中，也在外面的实景里，在脑海中。"玛格利特这幅画的魅力就在于混淆了画面与一般环境。但他所展示的环境，却不是真正的外在环境，它已经被玛格利特创作成整个油画的组成部分。虽然画架四周的环境好像是外在环境的一部分，但实际上已经被画家创作在油画上。因为混淆了外环境与油画本身的内容，所以就出现了奇妙的感觉。但是，不论画家如何写实，一般场景决不会并入画面中。画面不是外在环境的一部分，它根植于绘画活动中，通过与画家

图 12—1　《人类的境况》(1933 年)，玛格利特作。私人藏品

的相互作用被创造出来。

发育的应答

把生物体的发育过程与它的环境联系起来，情形与绘画过程很相像。动植物的生长与发育是高度相互作用的过程，其中的每一步都是对已发生事件的一种译解。这等同于画家与画面的内在对话。此外，发育与绘画一样，不是孤立发生的，总是处在一组特定的环境条件下。诸如温度、湿度和光照等因素都将影响有机体的发育方式。但不是这些因素决定发育方式，而是发育以特定的方式应答它们，就如画家的创作必须感受外在环境一样。

绘画风格各有千秋，发育的生物体应答环境的方式也是多种多样。在深入探讨发育的内在系统如何应答外在环境的机理以前，我先描述几个不同方式的例子。

在许多情况下，生物体发育时，外在环境保持相对不变。胚胎与外部世界隔离，如被保护在母体的子宫里，或在巢内由双亲孵化，这些发育类型，环境提供了保障发育过程的较恒定的条件。

在其他情况下，发育则要适应环境的多变性。在第十章中，就曾提到一些蝴蝶物种能够以两种不同的颜色形式发育，它们按照发育时的环境条件，有春、夏两种颜色。这种发育的应答使它们的颜色能适应不同的季节条件，如同我们按季节换衣服一样。另一个例子是某些爬行动物的性别决定。人类的性别取决于继承得到的染色体种类[1]，而所有的鳄鱼、大多数海龟以及某些蜥蜴的性别则取决于发育时的温度。在低温下孵化的卵形成一种性别，如雄性，而在较高的温度下孵出的卵则形成雌性。这些物种的生存繁衍依赖于环境的变化，如果温度持续很低或很高，那么所有的后代可能都是同一性别，预示着这些物种的灭绝。在这些例子中，当应答环境变化时，改变发育过程是系统必不可少的特性。

环境决定性别，在海虫中有一种更怪异的形式。这物种雌性的大小与一个洋李相当，并有一条约1米的长鼻。雄性则是一种像虫一样微小的动物，约数毫米长，寄生在雌性的子宫里。受精后的卵子被释放出来后，在海水中发育为自由移动的幼虫。恰好落在成年雌性的鼻子上的幼虫就将发育为雄性，而那些保持自由运动状态，并逐渐沉入海底的幼虫则发育为雌性。换句话说，幼虫将发育成一个大型的雌性海虫，还是一个微小的雄性海虫，全取决于它的外在环境：恰巧落在成年雌性的鼻子上或是沉入海底。

应答环境变化的最广泛改变，在植物的发育过程中才能看

〔1〕女性有两条X染色体，男性有一条X和一条Y染色体。

到。由于植物扎根于大地，所以它们必须按照环境条件不断地改变自己的发育模式。植物的生长方向、分枝类型、叶片形状以及花朵的产生等，都可能依赖于外在环境。由于这种灵活多变性，植物的发育经常被认为具有可塑性。但这是一种误导，因为可塑性容易与有延展性的物质概念相混淆，有延展性的物质本身无形状，靠外在环境来塑造。但植物并不是由外在环境塑造出来的，它们只是应答环境而已。例如，大多数的嫩芽朝着光线生长，这不是因为光线吸引或拉嫩芽朝向自己，而是因为植物的嫩芽以特定的方式应答光线，修改自身的生长方式，致使枝梢朝着光源。植物的根则以另一种方式作出反应，倾向于远离光源的方向生长。

同样，植物能够以各种方式应答重力的方向。即使在漆黑的环境中生长时，嫩芽照样向上生长，与重力的方向正好相反，而根则以相反的方式作出反应，往下生长。这并不是重力把根往下拉，而是根在应答重力时就改变了自身的生长方向。

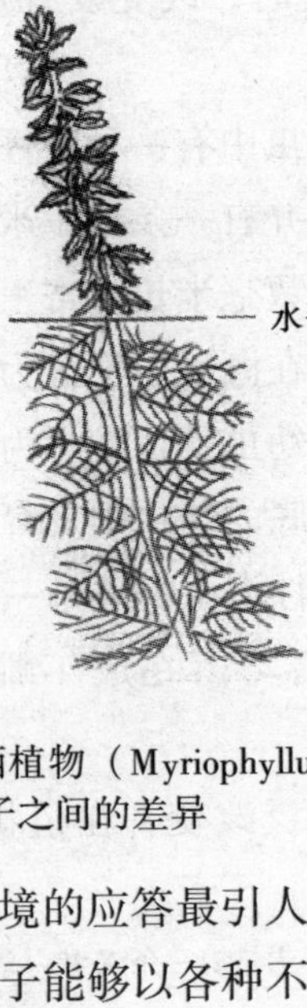

图 12—2　两栖植物（Myriophyllum），它显示了生长在水里和空气中的叶子之间的差异

某些两栖植物对环境的应答最引人瞩目，这些植株的一部分浸在水里生长，它的叶子能够以各种不同的方式发育，只取决于

它们周围是水还是空气。浸在水里的茎上长出的叶子一般是纤细而多裂的，呈羽毛状；在空气中生长的叶子则更加紧凑（图12—2）。这种植物的结构很好地显示了水位。这反映了发育中的叶子应答其环境的方式。如果把一株完全在水里生长的年幼植物移植到干燥的环境中，它将不再长出羽毛状的叶子，转而长出紧凑型叶子。相反，如果把完全在空气中生长的植株浸没到水里，它便开始长出羽毛状叶子。在上述两种情况下，已经完全长好的叶子不会改变形状，只有新长出的嫩芽才会按照新的环境发育。这种应答使得发育中的叶子形状适应新的生长环境：大的羽毛状叶子适合在水里摇动，而紧凑型叶子则适合于空气环境。

生物体的发育也能对由环境造成的物理损伤作出反应。有两种常见的应答类型。为避免混淆，我把其中的一种类型称为修复，另一种称为再生。

修　复

植物受损后的修复能力特别强。当你割草或修剪灌木以后，这些植物通常总能重新长出。为了理解植物的修复能力，我先对植物是怎样生长的做更多的解释。

大多数动物在发育期间有确定的目标，植物则不同，它们会继续生长，并在整个生命过程中不断地增添新的组成部分。这是由称为分生组织的细胞群来完成的。它们不断地分裂和再补充自己，同时在植株上增添更多的组织。可以把分生组织看做是永久的胚胎细胞，它们像彼得·潘[1]那样能永远保持早期的发育状

[1] 彼得·潘（Peter Pan），苏格兰剧作家巴里所著剧本中的主角，是一个永不长大的小孩。——译者注

态，不会成熟。例如，在枝条的主要生长点处有一个初级分生组织，它能不断地补充自己，同时也往下面的茎和旁边的嫩叶芽上增添细胞（图 12—3）。随着初级分生组织的往上生长，嫩叶芽不断地长出，因此最后看到的是一系列年龄不同的叶子，最年幼的在顶端，沿着茎往下的叶子逐渐成熟起来。初级分生组织也在自己的周围产生其他分生组织，称为次级分生组织。次级分生组织一般位于每个嫩叶芽和茎形成的拐角处（图 12—3）。每个次

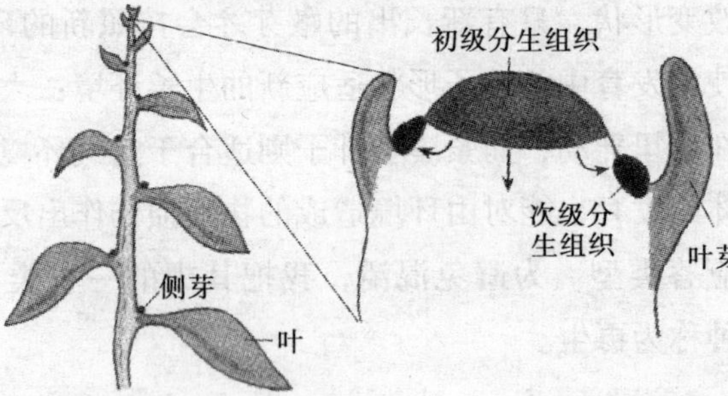

图 12—3　植株上的生长点，显示了初级分生组织以及嫩芽和从它分生出去的次级分生组织

级分生组织可以看做是一个十分年轻的嫩芽。次级分生组织一旦开始生长，它本身也将产生茎、嫩叶芽和更多的分生组织（花蕾也来自分生组织，但它们的生长更受限制）。这个过程有无限进行下去的潜力，植物的分枝可以变得越来越多。当然，许多增加出来的分生组织和嫩芽实际上处于长期的休眠状态，因此植株只往有限的几个方向生长。

当植物被切断或修剪后，它们的反应方式一般是激活原来处于休眠或缓慢生长状态的分生组织和嫩芽。该系统在主要的生长点遗失后，确保其他的生长点被激活并取而代之。同样，草坪被修剪后，它不是从割剩的草坪表面上重新生长，而是从分生组织和嫩芽开始生长，它们位于刀片的下面。这就是为何不应把刀片设置得过于接近地面的原因，否则会把嫩芽和分生组织一起除掉。以上都是通过分生组织和嫩芽的发育来应答环境破坏的

例子。

在一些动物中也有相似的例子。18世纪40年代，一种小小的淡水动物成为科学界谈论的话题。在荷兰工作的特雷姆伯利（Abraham Trembley）发现了一种珊瑚虫，当它的身体被切断后，还能长出全新的个体。这种动物的组织形式比较简单：它的身躯的一端（头部）长有手臂或触手，在水里挥舞，另一端有个吸盘，把身体附着到硬物上（图12—4）。当特雷姆伯利把这种动物切成两半，以便观察分离的两半是否能依靠自己存活下去时，他惊异地发现这两个部分都开始发育成新的个体。通过一分为二，他居然得到两个完整的动物！最后，这种动物被命名为*Hydra*，希腊文原意是“九头蛇”，也就是希腊神话中的一个妖怪，赫拉克勒斯[1]每次把它的头砍下后，它都能从躯干上长出新的脑袋。特雷姆伯利的珊瑚虫甚至比这个妖怪还要厉害，因为每个切下的脑袋处还能长出一个完整的动物。

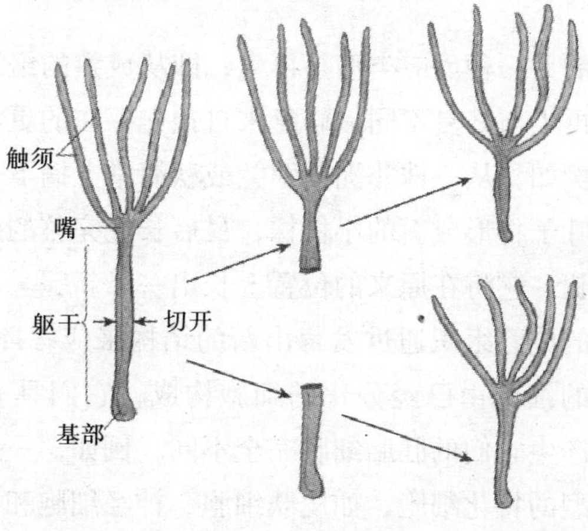

图12—4　珊瑚虫被一分为二以后，它们可修复并长成两个个体

珊瑚虫的神奇能力反映了它的正常生长和增殖的方式。在食

［1］赫拉克勒斯（Hercules），希腊神话中的主神宙斯之子，力大无穷，曾完成12项英雄事迹。——译者注

物充足时，珊瑚虫在距躯干底部1/3的地方形成一个芽体，芽体伸长，并在末端长出触手。两三天后，芽体就像一个小的珊瑚虫，然后在底部收紧，脱离母体变成一个独立的个体。它与植物一样，能从芽体开始生长，但植物是从生长点的分生组织处生芽，而珊瑚虫的芽体却是直接从躯干上长出来的。珊瑚虫的躯干可看做是植物分生组织的等同部分，躯干细胞维持在类似于胚胎的状态下，同时向旁边长出芽体，向头部的一端长出触手和嘴，另一端产生一个基部吸盘。由此看来，切开珊瑚虫激活了躯干上的胚胎细胞，从中产生新的结构，就如同修剪植物能刺激已有的分生组织的发育。

再　生

对损伤的另一种反应类型是再生，即从成熟的组织里产生出新的结构。再生与修复不同，修复来自预先存在的更具有胚胎性质的细胞。例如，从一株非洲紫罗兰或秋海棠上摘下一片叶子植入土壤里，叶子将形成新的小植株，最后长成完整的植株。将蝾螈切除一条腿，它将在原来的位置上长出一条新腿。在这些例子中，生物体的成熟组织通过发育出新的结构来应答环境的变化。叶子或腿中的细胞由已经分化的细胞构成，它们具有各自的特征，与最初产生它们的胚胎细胞完全不同。例如，一条腿包含了许多不同类型的特化细胞，如皮肤细胞、神经细胞和长出骨头的细胞。这些是已经发育完全的叶子或腿里的细胞，而不是预先存在的胚胎细胞，负责有机体的再生。

这种现象似乎完全违背了上一章所述。我曾描述了通过细胞的不断生长发育，图式如何在发育的过程中被细化和完善，同时发育的范围变得越来越窄。成熟的叶子或腿里的细胞已经历了一系列精细化过程。再生过程中，整个植物或完整的动物肢体能够从成熟组织的细胞里发育出来。如果发育确使选择的余地逐渐变窄，那我们如何解释呢？

关键问题是成熟组织的细胞不再通过精细化过程产生结构，因为图式的精细化必须建立在以前的基础上，所以，从成熟组织的细胞中获得再生的惟一途径是返回到更早的发育阶段中去，才能重新建立所有的图式。摘下一片秋海棠叶子，并把它植入土壤里，它的细胞并不直接变成根或茎细胞。它们先要逐渐去分化，回到胚胎或分生组织的细胞类型中，完成了这个过程后，它们才能再次生长和分裂，形成一个新的植株。先回到过去，再往前发育，这与发育系统建立在一系列步骤基础之上的说法并不矛盾。

有些植物把再生作为自身增殖的正常途径。如沼泽兰花属的成熟叶子，叶尖上的细胞去分化，返回到具有胚胎细胞特点的状态下，结果发育成微小的卵形胚胎(图 12—5)。胚胎与叶子分离

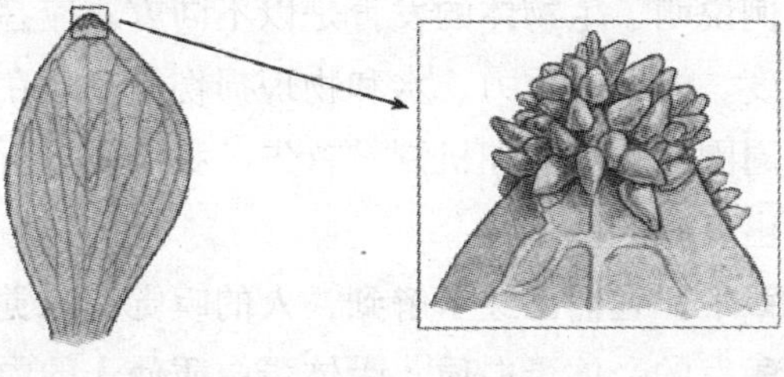

图 12—5　沼泽兰花属的叶子，显示叶尖顶端上一簇胚胎的发育过程

后，发育成新的植物，如同通过种子形成胚胎一样（但与来自种子的植物不同，因为不涉及有性生殖过程)。这些再生的例子中，在细胞重新建立内在图式以前，它们首先必须回到更为胚胎化的状态。这也适用于动物的再生，当蝾螈的肢体被切除后，残肢愈合，靠近末端的细胞失去它们的特性。骨细胞、软骨细胞、神经细胞等等失去特征，成为一群脱分化的细胞。然后，这些细胞开始生长，最后发育成新的肢体（图 12—6）残肢的细胞不会直接变成新肢体的细胞。它们要先回到早期更接近胚胎的状态，然

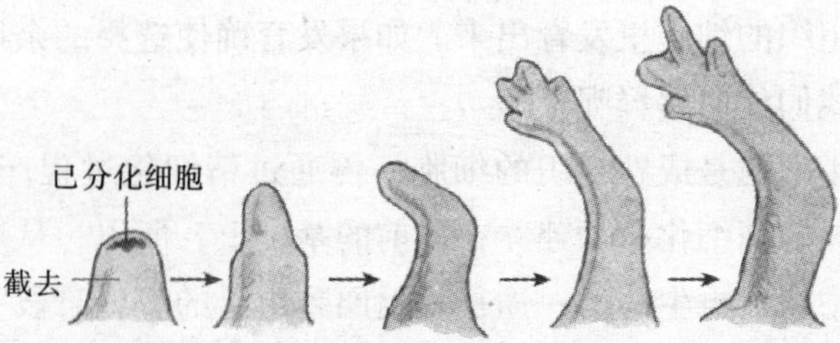

图 12—6　蝾螈肢体再生的各个阶段

后，肢体才能像初次发育时那样，重新生长。就像植物再生一样，细胞必须先回到初始阶段，才能朝前走。

感觉环境

以上实例说明了生物体的发育是以不同方式应答外在环境影响的，如温度、光线、重力、水和物理损伤等。现在，我要分析生物体应答周围事物的内在机制。首先，我们来分析人是怎样对周围环境作出反应的。

在上一章中，我们已经了解到，人的嗅觉和味觉依赖于环境里的分子所激发的受体蛋白质。受体蛋白质使人的内在化学过程（细胞里的反应）应答来自外界的化学信息。其他感觉，如视觉、听觉和触觉等，也依赖于由其他因素激发的受体蛋白质，这些因素有别于环境里的分子。后一种受体蛋白质把各种刺激，如光线、声音和压力等，转化成细胞的化学语言，结果与嗅觉和味觉的结果相同。

这些过程是怎样进行的？视觉就是一个很好的实例。在眼睛后面的视网膜细胞里，存在一组特殊的受体蛋白质，称为视蛋白。当每个视蛋白质受到一个光的微粒或光子的刺激后，它就改变形状（准确地说，是一种附着在受体蛋白质上的微小分子，它们吸收光线后就改变形状，导致受体蛋白质的形状发生改变）。接着，改变形状后的受体蛋白质启动细胞里的一连串反应。受体蛋白质把一个来自外界的物理信号，即光线，有效地转化成细胞里的化学反应语言。这些化学反应导致带电原子（离子）穿过细胞膜，产生一个电信号，也就是神经脉冲，输送到大脑里。这个过程可以总结为：光刺激被转化为化学反应，接着引起一个电脉冲。

在眼睛的视网膜上有4种类型的感光细胞，每种细胞含有一种独特的受体蛋白质。其中有一种称为视网膜杆状细胞，含有可以被较弱光线激发的受体蛋白质，它让我们能看见微暗光线里的东西。另外3种细胞被称为锥形细胞，负责明亮光线中的色彩视觉。每种锥形细胞包含的受体蛋白质应答蓝色、绿色或红色3种颜色中的一种。在视网膜的某个区域里，受到刺激的锥形细胞使我们能识别颜色。因此，我们的视觉依赖于这些受体蛋白质。没有它们，我们什么也看不见。当编码这些受体蛋白质的其中一个基因丢失或有缺陷时，就产生了色盲（编码红色和绿色受体蛋白质的基因在X染色体上，男性的每个细胞里只有一条X染色体，如果男性的这条染色体上两个基因中的一个发生突变，他就会是色盲，所以在男性中红-绿色盲最为常见。女性有两条X染色体，即使其中的一条携带了一个有缺陷的基因，另一条还有可能携带一个正常的基因拷贝作为备份）。

与视觉相比，我们对触觉和听觉的了解相对较少，但它们也依赖于受体蛋白质。在听觉中，声波刺激内耳茸毛感觉细胞里的受体蛋白质，使它们的形状发生改变，把神经脉冲输送到大脑里。类似的，触觉和肌肉运动也依赖于受体蛋白质，这些受体蛋白质在响应机械变化时改变形状，例如伸展细胞膜。我们通过受体蛋白质感觉环境，这些蛋白质在响应化学物质、光线、声音或其他刺激时改变形状，并把来自外界的信息转化成细胞的内在化学语言，最终导致神经脉冲被输送到大脑里。

修改内在图式

发育中的生物体感觉环境条件的原理，许多方面与人感官的作用方式差异不大，各种不同类型的蛋白质在应答外在环境时都会起关键作用。主要的差异与受体蛋白质被刺激后产生的结果有关。在感觉过程中，神经脉冲被输送到大脑里，而在发育中，其结果经常是修改生物体的隐色。

我们已经知道，刺激受体蛋白质会引起内在图式变化。在上一章曾提到，细胞能通过改变自己的隐色，来应答来自邻近细胞的气味。气味刺激受体蛋白质，启动细胞里一连串的反应，最终导致主导蛋白质的形状发生变化，即隐色发生改变。接着，这种新的隐色被细胞里的其他基因译解，使这些基因打开或关闭。类似的，由光、水或物理损伤等外界刺激物激活的受体蛋白质，最后也可能导致生物体隐色变化。隐色的变化被不同的基因译解，并导致细胞内合成的蛋白质发生变化，由此改变了重要的性质。必须指出的是，上述过程究竟是如何发生的，仍存在许多空白点，为了揭示其中的原理，下面来考察几个例子。

植物如何对光线作出反应呢？我们已经知道，植物细胞包含好几种对光线敏感的受体蛋白质。如同眼睛里的受体蛋白质一样，植物受体蛋白质在光线照射下也会改变形状（与眼睛里的受体蛋白质一样，也有一个小分子附着在它们上面，当分子吸收光线时，它们就改变形状，从而影响受体蛋白质的形状）。受体蛋白质改变形状后，启动细胞里的一系列反应，使细胞的隐色发生改变。基因也以各种不同的方式译解改变了的隐色，并决定是否表达，最终导致细胞特征发生变化。

受体蛋白质是如何使植物按照光线调整生长方向的呢？请看

图 12—7。图中显示了原先垂直向上生长的植物，在茎的顶端受到单侧光照射后发生的情形。受光面的细胞比背光面的细胞生长得慢，导致茎杆朝光源方向弯曲（在某些例子中，背光面的细胞也可能长得更快）。虽然现在对这种应答的所有细节还不清楚，但让我对其中可能发生的情形作个简单的解释：因为植物只接受了单侧光的照射，所以生长点在受光面有更多的光受体蛋白质被激活。这就引发了一系列的化学反应，最后使两个侧面上的隐色产生差异，例如使受光面的细胞从阴灰色转变为金黄色[1]，接着，各种不同的基因以某种方式应答或译解隐含的金黄色，产生蛋白质使生长速度放慢。这使得受光面的细胞长得较慢，引起茎朝光线方向弯曲。

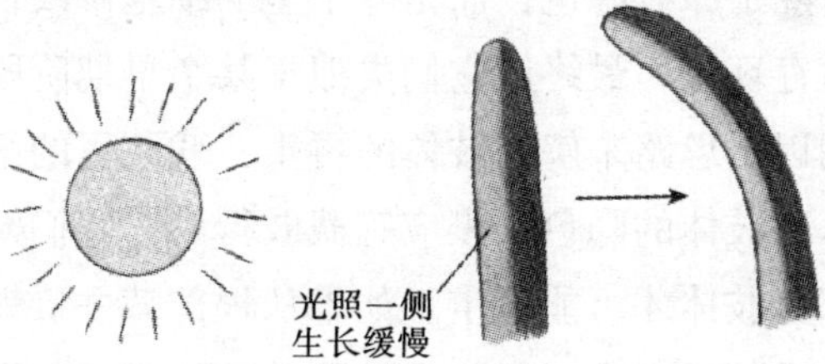

图 12—7　茎受到单侧光照射后引起被照的一侧减缓生长速度，使茎朝光源方向弯曲

我要强调的是，系统的作用方式取决于应答组织开始时的隐色组合。在上例中，嫩枝开始是阴灰色，应答光刺激后转变成金黄色。如果应答组织具有另一组隐色，它也许完全以另一种方式作出应答，使茎朝背离光线的方向弯曲。这是因为敏感性（受体蛋白质）及其反应取决于开始时的隐色。开始时的隐色不同，依照隐色的应答在不同时期发生了变化。常见于墙面的柳穿鱼属植物常春藤就是一个很好的例子。开始时，常春藤的花茎朝着光线生长，使花朵朝外，不接触叶子和墙壁。当花朵授粉以后，花茎

〔1〕据认为这种应答是由一种名为生长素的植物激素来调节的，这种激素在生长点产生，见下一节。

则扭曲并背离光线，趋向于把种子埋藏在墙壁的缝隙里。这种应答依赖于花茎的发育阶段，取决于反应发生在授粉前或授粉后。如果是授粉引起了花茎隐色的改变，使它以不同的方式应答光线，这就好理解了。

生物体改变隐色来应答环境的观念，也能帮助我们理解生物的再生。设想你正在一张扩展的画布上绘画，与相邻的画家合作对隐色图式进行精细化。结束时，画布已充分扩展，展现出最终的颜色模式。你刚对完成的作品感到心满意足时，天下雨了，画中的颜色被雨水冲刷掉，你的反应则是重新开始整个绘画过程。同样，把秋海棠叶子里的细胞放置到一个新环境中，例如从植株上切下埋入土壤里，它们的隐色也就回到早期阶段的状态中。这不是环境清除了原有隐色，而是叶子里的细胞修改自身的颜色来应答新的生存环境，最终使它们类似于某个早期阶段里的隐色。

可以用以上思路来解释肢体的再生：残肢里的细胞通过恢复产生一组以前肢体的隐色，来应答截肢行为。我们知道，只有被切除的那部分肢体才可能再生。如果从根部截去蝾螈的肢体，整个肢体都会重新长出来，但如果从腕关节处截肢，再生的就只是脚。18 世纪，法国科学家德洛莫（Rene-Antoine Ferchault de Reaumur）也在甲壳纲的动物里研究过相同现象，他写道："大自然精确地恢复动物的本来面貌，并且只重现动物已经失去的组成部分。"分裂中的细胞如何确切地只让失去的部分再生呢？原因还不全清楚，但一种可能是，它与肢体内某些隐色的存留有关。设想在早期发育阶段，蝾螈肢体从根部到肢端被分成一系列隐色，甚至到肢体完全成熟时，这些颜色还保存着。肢体被切除以后，即使其他颜色丢失或被修改，残肢顶部的细胞还存留某些隐色。这意味着在腕关节处截肢与在根部附近截肢的情形不同，残肢里的再生细胞将含有另一组隐色。它提供的信息决定再生肢体的大小。

在这些再生例子中，细胞通过改变隐色回到从前的某个状态，来应答某种创伤；但还可用人工方法达到类似的效果。做法是：从成体的细胞里取出细胞核，然后把它移植到已去核的卵细胞里，就像请一位画家离开成熟的画布，而到另一张新的含有早期隐色的初始画布上作画一样。细胞核进入新的细胞环境后，就开始与环境相互作用，发育出新的个体。新个体里的整套细胞核基因与供体的细胞核基因完全相同：成为原来成体的一个克隆(有如秋海棠叶子的再生植物是一个克隆植物一样)。这就是研究人员克隆“多利”绵羊的方法。一个来自成熟绵羊乳腺的细胞，与一个未受精的去核卵细胞融合。这样，来自供体细胞的细胞质也与细胞核一起被引入，但供体细胞质的作用应该被大的受体卵细胞里的细胞质掩盖了。

激　素

以上例子应答环境的特征是，经常通过细胞之间长距离的信号传导而协调，可以通过一组称为激素的内在气味来完成。激素是小分子(相对于大多数蛋白质分子而言)，通过一系列由蛋白质(酶)催化的化学反应来合成。它们与其他气味分子相同的是，这些激素与特殊类型的蛋白质分子的形状相匹配，能够激发细胞里的反应，从而引起隐色发生改变，而不同的是，它们能在有机体里做较长距离的移动。

植物激素又称生长调节剂，它们参与广泛的对环境的应答，包括茎的生长、开花时节、果实的成熟、叶子的形状和落叶等。在许多例子里，激素的功能似乎是使细胞之间的应答协调一致。修剪枝叶就是一个很好的例子。如果将植株剪掉一个或多个生长点，就会刺激下部的芽迅速发育生长。以细胞的数目作衡量的标准，环境在植物某处引起的创伤，可以影响到距离创伤处很远的植物结构的生长和发育。这个过程由生长素来调节，它在生长点里产生。生长素从植物的生长点往下移动到其他部位，抑制侧芽的生长。也就是说，通过减缓侧芽里细胞的生长速度来应答生长素分子气味。割下生长点，就切断了生长素的主要来源，解除了生长素对侧芽的抑制作用，因此侧芽便开始快速生长(也适用于解释珊瑚虫对创伤的应答)。

开花时间是长距离信息交流的例子。要保证物种在某个季节开花，就要弄清哪些物种在日长的条件下开花，哪些物种在日短的条件下开花。我们已知道，有些物种(如菊科植物)在日短的秋季开花，而其他物种(如金鱼草)则在夏季日长时开花。对昼夜长短的反应取决于叶子里由光线激活的受体蛋白质。当白天所持续的时间达到某个长度时，它启动叶子细胞里的一连串反应，产生一个或多个长距离的信号，这些信号传递到生长点里，激活那里的细胞，启动花的发育。这些信号可能与激素的参与有关。

在协调动物应答环境的方式上，激素也起作用。例如，在发育中的动物里，激素协同温度对爬行动物的性别起决定性的影响。每种性别产生相应的激素。动物内的细胞应答这些激素，从而产生雄性或雌性特征。温度改变发育中的性腺细胞的隐色，引起激素的合成水平发生变化(哺乳动物的性别也由激素协调，但产生的激素类型取决于在Y染色体上的一个基因，而不是温度。这个基因对某种隐色进行编码，并在雄性发育的性腺上表达，导致睾丸的发育和产生雄性性激素，也就是睾丸激素。雌性没有Y染色体，因此性腺不表达这种隐色，结果发育成为卵巢，不产生睾丸激素)。

另一个例子是昆虫的蜕壳。昆虫大部分时间在它坚硬的外壳里生长，要继续生长就必须经常蜕壳。吸血臭虫的蜕壳过程发生在饱餐一顿鲜血以后，鲜血使它的腹部极度膨胀起来，膨胀激活腹部细胞里的受体蛋白质，随之把神经脉冲输送到大脑，又导致昆虫的腺体里产生一种小分子，称为蜕皮激素，这种分子循环到昆虫身体各处。细胞通过改变隐色来应答这种内在气味，打开蜕壳所需的基因。昆虫对饱餐一顿作出反应时，激素的作用是协调昆虫全身隐色的变化。

艺术与发育中的应答

上述对环境应答的不同例子表明，隐色、气味和敏感性的精细化不是孤立发生的，而是受到外部环境的影响。在所有的例子中，需要记住两类过程。

一类是对隐色精细化的内在过程。这包括一系列高度相互作用的过程。在这些过程中，邻近细胞通过气味和敏感性相互传递信息，以一种协调一致的方式在已有隐色图式的基础上不断使隐色图式精细化。在这种情况下，所有的信号由生物体自身产生。这可比作画面与画家的相互作用，所有的颜色都是画家调配和涂抹的。画家对自己已涂抹在画面上的信号作出反应。

另一类是内部精细化系统不断应答外部环境。在发育过程中，这些应答机制基本上与内在图式建成的机制相同，主要差异是，受体蛋白质由来自外部环境的信号所激活(如光线或重力等)，而不是由其他细胞产生的气味所激活。与精细化过程不同的是，这些信号不是生物体本身产生的，它们来自周围环境，相对独立于生物体。类似地，环境也影响画家与画面之间的交流，这包括光线条件或背景情况。画家通过观察画面上的颜色，来检测这些环境因素。区别在于，在画面中的刺激物是画布上的颜色，是画家行为的直接结果，而外部环境则独立于画家之外。

在发育的各环节中(尤其对于动物)，环境比较固定，就提供了相对一致的环境氛围，保证发育的正常进行，环境的多样性在图式形成的过程中没起大的作用。

植物在应答环境变化的过程中，不断地改变自身的隐色，它就像是风景画家一样，在应答周围的光线和阴影时改变它们的图式。它们在应答重力时也建立起隐色的方位，宛如一个画家在画中强调垂直或水平线条。两栖植物甚至根据池塘里的水位来改变它们的隐色，就像画家用不同颜色来描绘池塘里的水面。植物通过特殊的方式应答环境，处处可见环境的影子，但植物与环境之间却不是铸件与模子的关系。我已经对一些显而易见的例子作了描述，用来说明植物与环境的关系，但植物在应答环境时，存在许多微妙的方式。如果能像欣赏绘画作品那样读懂植物，我们就能像描绘风景画那样，描绘植物的外部环境。

大脑的发育

我已经强调了植物的发育比动物的发育要更多地应答环境的变化。但动物中也存在十分重要的发育方式，它类似于植物的发育形态，这就是大脑的发育。初看起来，作这样的比较很奇怪，因为人们认为大脑是与植物生命相差最远的东西。但是，如果我们依照环境对发育过程的影响来考察这个问题，在动物大脑的发育中，应答环境就显得非常重要。

人的大脑包含数十亿个神经细胞，它们互相连接，形成复杂的相互作用的细胞网络。神经细胞的工作方式是沿着细胞的纵向发送电脉冲，这些脉冲影响与它们相连的其他神经细胞。连接不是直接的：神经细胞之间存在着小的间隙，称为突触。当来自神经细胞的电脉冲到达突触时，它引起一种称为传递介质的特殊气味(信号分子)的释放，这个气味信号分子穿过突触，激活另一边上神经细胞里的受体蛋白质。然后又在应答的神经细胞内产生一个电脉冲，进一步传递这个信号分子。一般认为，思维过程的基础是大脑里各种神经细胞的连接图式和强度。

大脑结构的许多基本特征，在子宫里的发育阶段就通过内在的精细化过程建立起来了，这种精细化过程与前几章中讲过的许多其他的发育系统有很多共同之处。但形成图式的过程并不就此停止。人一出生，大脑就通过各种感觉受到信息的连番撞击。在应答各种经验时，大脑里神经细胞的连接图式和强度不断地改变。我们一般称此过程为学习，而不称为发育，因为环境起着很大的作用。但我仍然要说，这更像植物的发育形式，即生物体通过应答环境的变化而改变它的内在图式。这里的内在图式是指大脑细胞之间的连接方式。

我举个例子来说明这一点。如果在婴儿出生的头几个月里，遮住他的一只眼睛，使他感受不到任何视觉刺激，那么，源于这只眼睛的神经细胞就无法与大脑神经网络连接，因此，将造成几乎是完全不可恢复的失明，而另一只眼睛却完好无损。换句话说，没有外部环境的刺激，就无法形成眼睛与大脑之间的神经连接。据认为，这种机制保证了眼睛的神经细胞只有被激活或处于工作状态时才能与大脑相连接。蒙住一只眼睛后，来自这只眼睛的神经细胞实际上表现为有缺陷的神经细胞，因而无法连接到大脑里。

这个例子表明，大脑里形成的细胞连接图式是怎样受环境条件影响的。因为在这个例子中，环境条件引起的变化是如此严重，以至使一只眼睛失明，可以说，环境条件影响着大脑的发育。但是，年幼的哺乳动物正在学习它所处的环境，在大脑里形成合理的连接模式，使得每只眼睛都能够发挥正常的功能。还有更加微妙的应答类型，如通过接触语言或物体来改变大脑的细胞作用图式，我们把它称之为学习。同样，细胞连接的内在图式通过应答环境，以发育的形式进行修改。大脑的思维过程与发育密不可分，它们是一种十分特殊的发育的延伸。

与发育的其他例子一样，我们可以区分大脑与环境相互作用的各种形式。

在一个稳定而单一的环境中，比如我们站在很暗的房间里，大脑仍然会处于十分活跃的状态，一组细胞间的相互作用导致另一组作用。这可类比于一个发育中的生物体正在一个相对不变和均一的环境中精细化它的隐色。因为缺乏外界刺激的输入，我们把这个过程称为纯粹的思维过程，而不是学习过程。

如果是处在一个刺激性的环境中，我们所谈论的就是对环境的学习过程，而不只是思考过程。学习过程不是指环境塑造个体或将环境强加于个体，而是需要应答众多的环境刺激。我们的大脑不是一个篮子，只被动地接收环境信息，它将以特殊的方式应答自己所处的环境。应答依赖于大脑的特殊经历，也就是它所经历的发育以及与环境相互作用的方式。来自环境的刺激可激活大脑里的受体蛋白质，导致一种复杂的应答。与植物的发育过程一样，内在图式在应答环境变化时发生改变。

在某种意义上，思维和学习过程都是创造性活动：它们都是高度相互作用的过程，是建立在以往经历基础上的新思想或新的理解水平。这些创造性活动依赖于每个人的经历，也依赖于大脑发育和对以前经历作出反应的方式。不论是儿童阅读或是诗人作诗，都是如此。在这两个例子中，都无法预先知道其结果：在阅读前，儿童不知道他将能读懂什么文章；在完成诗句之前，诗人也不知道会作成什么新诗。

这同样也适用于提出科学理论的方式。正如哲学家波普（Karl Popper）所强调的，提出科学假说或理论的过程并不遵循一个计划或逻辑程式，它们是创造性的产物："……理论被看做是我们思维的自由创造物，是近乎想象的直觉产物，也是企图用直觉来理解自然规律的结果。"

科学家提出理论不可能套用一个固定的程式。理论是自由创造的心灵产物，它的产生依赖于科学家的经历，包括以前的观察和理论，一直可以追溯到他的孩提时代。科学家坐在浴盆里洗澡，突然萌发了新思想，让人觉得这个思想是在瞬间产生的，实际上，它仍然是建立在这位科学家以往经历的基础上。波普的观点是，科学家不是通过对以往信息的逻辑分析，而是通过创造性过程提出新理论的，在这个过程中，他的思维建立在以往经历的基础上。只有在假说提出后，要通过观察结果来检验理论预言时，逻辑才起作用。如果人们发现假说在逻辑上不符合观察结果，就有可能被推翻；如果假说经受了检验，也就被证实。在上述任何一种情况下，假说本身并不来自逻辑程式，而是通过大脑里的创造性过程获得的。

环境作用还有一个重要方面，在大脑发育中变得日益重要起来。迄今为止，我们一直把环境看做是独立于发育系统的事物，但这只是近于正确，因为个体在发育时会影响它所处的环境。对于大脑，它除了接受各种刺激以外，也通过行为方式影响外部世界。比如，当我们看到桌上的一只苹果时，大脑接受了这个信息，作出的反应就是拿起它，然后吃掉。我们把苹果移到嘴边，闻闻它的气味、尝尝它的味道。环境的变动，也就是苹果的移动，是大脑最初反应的结果，转而产生拿起它的愿望。

如果环境与大脑的双向作用特别显著，就再不能把环境看成是外在的或独立的，它已变成相互作用过程中必不可少的组成部分。就如绘画一样，画家与画面相互依赖，以至于画面成为画家的外延。画面变成了被不断修改和应答的内在环境，已经被内化到创造性过程里。这好像大脑已经建立起某种程度的双向作用，大脑的动态过程已经扩展到画布上。

在我看来，诸如绘画、思考和学习等人类的创造过程，与发育过程十分相似，这主要指这两类过程都依赖于具有历史印迹的应答，把已有的事件不断地精细化。在这两类过程中，我们都无须调用指令，也不需要软件及计划等。其次，这两类过程，都以某种方式应答一般的环境。在诸如纯粹的思维、创作抽象画以及发育的许多时期，一般环境提供了比较一致的背景，使这些过程得以进行。在其他的过程中，如学习过程、植物发育以及创作风景画等，一般环境的多样性起了更加重要的作用j创造过程要不断地应答环境的变化。尽管如此，上述过程中，没有一例发生环境塑造事物或支配事物的进程，创造过程只是通过对周围环境进行应答，或多或少地被修改。

我认为，人类创造性与发育之间存在共性的原因是，大脑是发育过程的一个特殊外延，标志发育特性的相互作用过程，是我们大脑工作方式的基础。

我已经绕了整整一圈。在开始的几章中，我用人类的创造性作比较(如绘画)，从直觉上把握发育如何发生。我现在应说这种比较非常完美，因为创造性是建立在发育过程的基础上，也就说发育是创造性之母。这并不是否定环境的重要性，因为我们已经看到了环境在发育过程中起到的根本性作用。我也不打算暗示大脑与其他的细胞群完全一样，大脑显然是通过神经细胞之间的复杂作用，以独特的方式发挥作用。我的观点是，发育过程与大脑的功能存在着连续性，导致它们具有许多共同的特性：两者都是高度相互作用的过程，这些过程在特定的环境范围内，按历史的渊源对已发生的事件进行精细调节。

只要同意这个观点，就有可能以新的眼光来看待创造性。我们的创造性思维和活动，让我们不断地意识到大脑里存在的相互作用过程。但是，我们却无法纯粹通过内省的方法，进入隐含在这些经验里的过程。因为每个思维过程都是这些潜在过程的一种表现形式，我们不可能只通过思考这个问题，解开隐藏在思维过程背后的机制。然而，我已试图表明，从科学的观点出发来研究发育过程，就能够较清楚地认识隐藏在发育过程里的机制，而且看到发育过程与人类的创造性活动类似。当然，科学理解的本身依赖于我们自己的创造性，即提出思想和假说的能力。这些假说的优点是可以通过实验和观察来检验，使我们能够用一种非凡的洞察力来研究问题。科学地理解生物发育能给我们一些直觉知识，而这些知识与我们自身有关：我们可以考察自己的创造性活动如何成为发育过程的延伸。

在后面，我还将谈到发育如何与人类的创造性活动联系在一起，将讨论更加广泛的进化内容。然而，在下几章里，我要继续讲述发育过程，并且要介绍迄今为止的研究成果以及如何用来理解植物和动物的许多明显的特征。我尤其要考察物体的基本几何形状和结构，研究它们的对称性和外在形态是如何通过内在的过程产生的。

13 对称性的精细化

我们生活的世界，是一个被对称性主宰的世界，人们制作的每件物品，乃至植物和动物品几乎都是对称的，如椅子、桌子、杯子、窗户、花朵、叶子、鱼、蝴蝶等。希腊神话中的独眼巨人的一只眼睛也被仔细地设置在脸部的中间。对称性似乎体现了生物或生物制品的外部形状特征。

人类的躯体就是最著名的对称性例子，请看一幅达·芬奇的人体图，人体被框在一个圆形和正方形里面（图 13—1）。

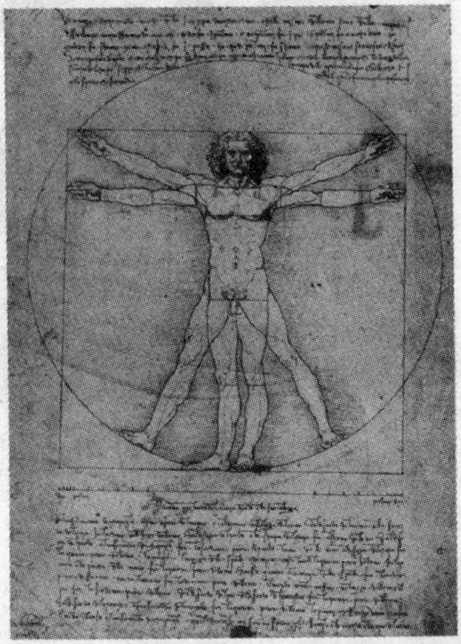

图 13—1　《人体的比例》，选自达·芬奇的素描集

这幅画除了明显的左右镜像对称之外，还展示了人体其他的对称性，例如肚脐眼的中心位置、双臂伸展后的跨度正好等于人体的高度。用达·芬奇自己的话来说，

> 如果你叉开双脚，使脚底抬起的高度等于身长的1/14，并且张开双臂平举，使两中指连线与过头顶的水平线重合，你一定会发现由张开四肢的顶端构成的圆，圆心正好是肚脐眼，叉开的双腿形成一个等边三角形。张开的手臂跨度正好等于人体的高度。

但是，不管达·芬奇如何努力寻找人体的协调性和对称性，仍然可以看到人体具有十分特殊的形状。只是因为我们对人体比例的熟悉和先入为主，才把它看得十分协调一致。偶尔，我们也会感觉到自己实际上十分独特。记得有一次，我正在机场等待从中国回国的飞机，当时，我突然觉得有一些高鼻子的巨人正在候机室里蹒跚走动。这是因为在前几周的访问中，我已经逐渐看惯了中国人布局紧凑的相貌，以至于突然感到欧洲人和美国人的相貌比例出奇地失调。可见达·芬奇规范的人体只是许多可能的形式之一，正如讽刺作家罗斯（Arnold Roth）在其漫画《工作中的达·芬奇》里所着力揭示的那样。

图 13—2　《工作中的达·芬奇》(1978)，罗斯作

当我们考虑人如何发育时，人体内在的不规则性变得更加明显。人受精卵的形状接近于球形，然而，最终发育出来的人体却完全变了个样。我们人体并非一个球体，它从头到脚、从前到后都相差甚远。就好像随着生长和发育，一个初始完美的球体被四处拉开，朝着某些特定的方向伸展变形。

在许多人工制品的生产过程中，我们目睹了这种类似的事情。如吹制玻璃器皿时，工人可能先制作一个玻璃球，然后，为了制成某种更加特殊的形状，如一只瓶子或酒杯，把玻璃球朝着各种不同的方向拉或推。类似的，在一只转轮上工作的陶工得首先把黏土制成一个半球状的土坯，接着往特殊的方向捏拉，使其形成一个杯子或花瓶。这些例子与发育过程一样，开始时的形状都比最后的结果更加均一。可是，玻璃或陶土的成形与发育不同，它们依赖于外部手的引导，而不是内在过程的作用。

由此，发育问题可以用下述语言来叙述：内在过程如何使一个几乎完全对称的卵细胞转变成一个具有不对称几何形状的有机体？最根本的问题不是要解释对称性，而是要解释从对称性中产生的不匀称性或偏离。这类似一种反常的观察事物的方式，因为生物世界给我们留下深刻印象的是对称性。实际上，这只是因为我们对某种类型对称性的偏见或癖好。只要认识到这种偏见，我们就能够根据渐进的非对称性精细化过程，来看待发育过程。在前几章中，通过研究隐色图式精细化的一些基本机制，我们已经在某种程度上为此铺平了道路。在本章和接下来的几章里，我要更深入地描述这些机制，并且说明如何把这些原理用于解释我们所看到周围事物的各种几何形状。当然，在进一步探讨之前，首先要准确定义我们所说的对称性是什么意思。

对称性的分类

许多事物都可以说成是对称的，但从直觉上，某些事物似乎比另一事物更具对称性，如一个球似乎比一个瓶子更具对称性，一个瓶子似乎又比有把手的水壶更加对称。然而，当我们这样说的时候，其准确含义是什么呢？是否有某种方法，能够用来准确定义一个物体的对称性呢？

我们用一种数学方法来研究这个问题。为了说明这种方法，我们从一个十分对称的物体开始，如一只表面十分光滑的球体，考察如何把多种几何变换应用于这个球体，而不改变球体的外形（图 13—3）。也就是说，我们对这个球体可以做些什么变换，还能使它最后的外形与开始时的形状完全相同呢？

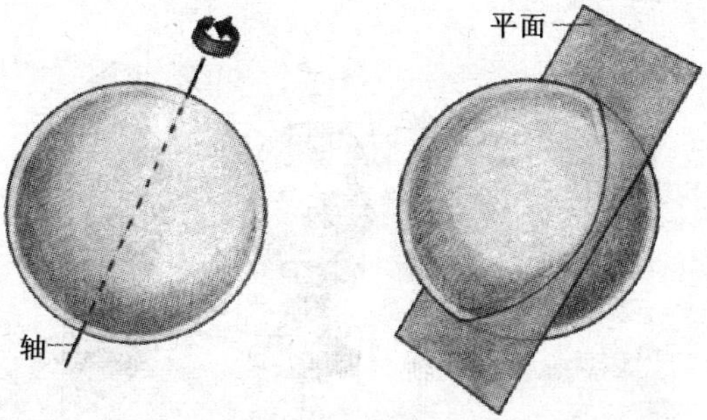

图 13—3　保持球体外形不变的变换

我们先用各种旋转，如让球绕任何一条穿过球心的轴线旋转，旋转后的球体看起来与原来的完全一样。换句话说，旋转后再观察这个球体，我们无法断定曾对它做过什么事情。此外，相对于每条轴线，可以选择任意角度旋转这个球体，它的外形仍然保持不变。用比较正规的术语来说就是，该球体具有无数根旋转对称轴和无数个旋转对称角。另外有一种能够保持球体外形不变的变换，是把球体映现到任何一个穿过球心的平面上。也就是说，任何一个穿过球心的平面都可将球体分割成两个互为镜像的半球体。这适用于任何角度的平面，只要平面穿过球心。用正规的术语来说就是：一只球体具有无数个映像对称轴面，这些平面可以从任意角度穿过球心。

下面，我们用物体外形不变的各种变形来定义物体的对称性。对于球体，就可以说，具有无数根旋转对称轴、无数个旋转对称角度以及具有无数个以任意角度穿过球心的映像对称面的所有物体，都属于球体对称性的同类型对称性。只要满足这些条件，就可判定一个物体具有这类对称性，即在所有变换过程中外形保持不变。实际上，只有球体能满足这些条件。

现在，我们用这种方法来定义其他类型的对称性。让我们取一个球，扩张或收缩它的腰围，使它沿着一条轴线（如垂直轴线）变形（图 13—4）。

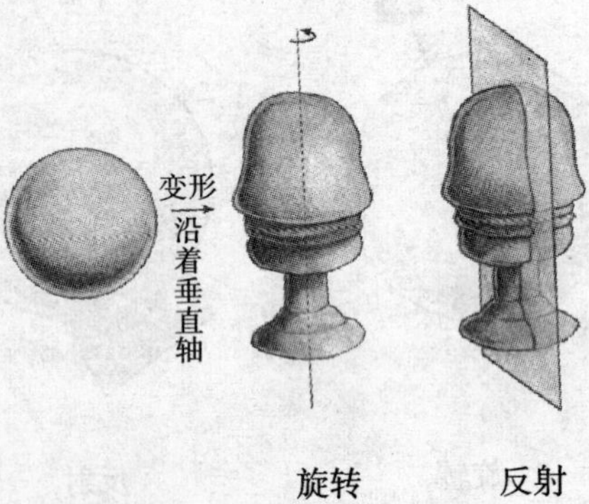

图 13—4　只沿着一条轴线使球体变形，产生一个径向完全对称的物体

我们将得到一个从顶端到底部都不对称的新物体。这个物体只有一根垂直的旋转对称轴，可以绕着这条垂直轴线以任意度数旋转这个物体，但只有一条轴线，而不是像球体那样有无数根。这样，映像对称性也只局限于垂直平面，而不具有无数个不同角度的平面。虽然仍有无数个平面，但它们必须定位于这条垂直轴线。

沿着一条轴线使球体变形，最终结果是，部分失去使物体旋转和映现时外形保持不变的方式，我们最后得到了更为有限的保持外形不变的变换方式。我们用这组有限的变换来定义一个新的对称性类别，称为完全辐射对称。在这一组变换下，其外形保持不变的物体具有完全的辐射对称性。许多东西具有这种对称性，如瓶子、国际象棋里的兵和棒球球棒等。所有这些东西只有一条旋转对称轴线，物体可以绕着它按任意角度旋转，同时也具有无数个映像对称轴面。

将一个具有完全辐射对称性的物体朝主轴线成直角的方向变形，还可以增加更多的不对称性。例如，可以在每个垂直水平上，通过往外拉或往里挤，使物体的边缘变形；物体的外部轮廓就变成波浪形，而不是圆周形。为了从一开始就使物体尽可能保持匀称性，可以绕着物体上的几条副轴线对称地做同样的变换，比方说是5根副轴，如图13—5所示。

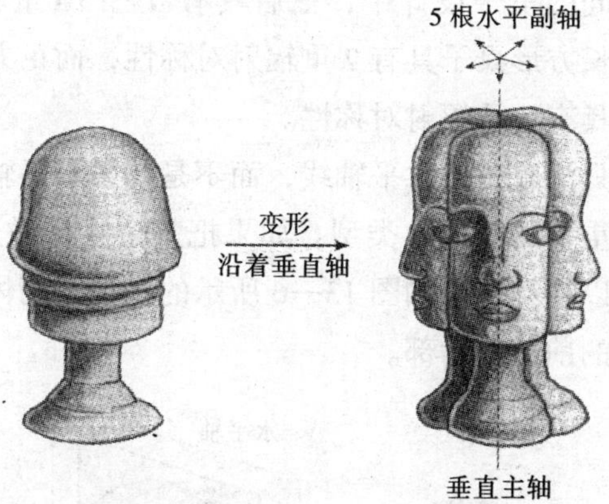

图13—5　沿着5根水平副轴变形后产生的具有5重辐射对称性的一个物体

与前一个物体相同，只能沿一条垂直轴线旋转，但不能以任意度数旋转这个物体，可以使它保持原形的角度只有5个：旋转1/5圈、2/5圈、3/5圈、4/5圈或5/5圈。类似的，现在只有5个映像对称性的平面，而不是像前一个例子那样有无数个映像对称的垂直平面。我们已经再次减少了把物体变换到初始形状的方式的数量。因为旋转对称性和映像对称性的5重性质，这种对称性有时称为5重辐射对称性。根据定义，在这组变换下，外形保持不变的任何物体将具有5重辐射对称性。任何这样的物体在某个方向上（例如，图13—5中所示的垂直方向）沿着单独的一根主轴线具有不对称性，它们沿着与主轴成直角的5根副轴（例如，图13—5所示的水平方向）也具有一组重复的不对称形式。

我们通过改变副轴的数量来改变辐射对称性的度数。如果以4个均匀的间隔度数而不是5个度数来使物体变形，使它具有4根副轴，那么，物体将展示另一个对称性的度数，即4重辐射对称性。如果只沿着2根副轴使物体变形，它最后将具有2重辐射对称性。许多物体可以在这些对称类型下分类。如果你观察棋子，你将发现，王一般具有2重辐射对称性，车具有4重辐射对称性，在不同的棋子设计中，王后具有5～10重辐射对称性。在家具中，长方形桌子具有2重辐射对称性，而正方形桌子或正方形凳子则具有4重辐射对称性。

把物体只沿着一条水平轴线，而不是几条水平轴线变形，还有一种特别重要的对称性类型。如果把整个物体做这样的变形，我们最后可以得到一个如图13—6所示的人头状物体，它具有性质截然不同的前部和后部。

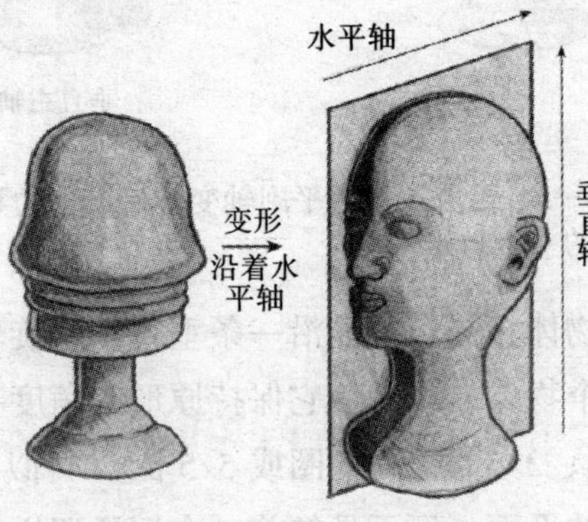

图13—6　沿着第二根主轴变形产生一个两侧对称的物体

产生这个人头的方式是，在每个垂直的层面上，从物体的某一端开始，沿着水平轴线移动到另一端，使它的每个侧面都变形到相同的程度。在图中所示的例子里，脸部前面的中线在变形时保持不变，如果从这个侧面观察人头，它的前面轮廓与原来产生人头的完全辐射对称的物体外形相同。新的物体沿着2个主轴具有不对称性：水平主轴和垂直主轴。用几何变换的术语来说，现在只有一种类型的旋转对称性，即没有意义的、旋转360°的旋转对称性。映像对称性的平面也只剩下一个：垂直穿过中线把物体一分为二的平面。这种对称性可以称为一重辐射对称性，但更常用的名称为两侧对称性。于是，两侧对称性的特征是只有一个映像对称平面，沿着2根主轴精细调节，不对称性便可以产生，在上面的例子里是一根垂直主轴（顶部—底部）和一根水平主轴（前部—后部）。许多物体都具有两侧对称性，例如椅子、茶杯、飞机或国际象棋中的马。

总而言之，可以用使物体的外形保持不变的变换方式的数量来定义物体的对称性。最对称的物体如球体，变换方式的数量最多。如果在一个球体上引入一根不对称性的主轴，就把可能的变换数量减少至完全辐射对称的数量，如瓶子。通过沿着与主轴成直角的几根副轴引入不对称性，可以进一步降低对称的程度，结果使辐射对称性的度数个数减少（5重、4重，等等）。在一重辐射对称性（更常用的术语是辐射对称性）的例子中，最后得到的物体沿着两根主轴具有不对称性。

对称性和功能

一个物体的对称类型经常与它的用途联系在一起。例如，球形对称主要用于，在任何特定的方向上使用都不受或很少受限制的物体（例如足球），它们可以朝任何选定的方向滚动。另一方面，辐射对称常见于在一根主轴上受到限制的物体中。例如，瓶子和凳子被设计成能经得住重力的作用，瓶子能防止液体流得满地都是，凳子使人体坐下时不至于跌落到地上。这两种类型的物体都具有辐射对称性，里面只有一根主轴垂直地穿过，这根主轴与它们被使用时要抗衡的重力平行。有把手的壶和椅子只具有两侧对称性，因为它们被设计成除了抗衡重力以外，还要容纳另一个方向上的限制，壶在某个侧面上的把手是为了便于提壶，椅背是为了使人坐下时有靠背的地方。这些适应需要的物体形状使得我们只能从一个方向上使用它们。例如，比较具有 4 重辐射对称性的凳子和具有两侧对称性的椅子，如图 13—7 所示。我们可以从至少 4 个方向上坐到凳子上，却只能从一个方向上舒适地坐到椅子上。

图 13—7　比较具有两侧对称性的椅子与具有 4 重辐射对称性的凳子

如同人工制品的对称性与用途有关一样，生物体的对称性也与它们适应环境的方式联系在一起。例如，依据外形，人体在很大程度上是两侧对称的。沿着两根主轴的不对称结果，我们只有一个穿过中线的映像对称平面：从头部到足部和从前面到背面的不对称性。沿着这些轴线的不对称现象，反映了对人体两个重要的方向性限制：重力和运动。如果我们生活在一个没有重力的自由飘浮的世界里，站立将变得毫无意义，从头部到足部的对称轴线就失去了存在的主要理论基础。另一种不对称性，也就是从前面到背面不对称性，与运动的关系更加密切。为了产生一个使我们朝某个方向运动的力，沿着这个运动方向（即水平轴线）形成不对称性很有必要。前面与背面之间的许多其他区别继续由此产生。例如，头部眼睛的位置使我们能看见将走向哪里。最重要的是，我们生活的两个主要方面，即运动和重力，在方向上相互成直角的关系。如果运动方向与重力方向平行，就像弹簧那样只有上下运动，就只需研究一个主要的方向，不再需要区分前面与后面。我们的不对称性与生活方式和环境有关：我们的运动方向与重力的方向成直角。同样，许多其他动物也显示出两侧对称性。当然，人是直立姿势，把人与动物作比较，会有些易于混淆的地方。大多数动物的运动方向是沿着从头到尾的轴线，而人的步行方向却与从头到脚的轴线方向成直角。为了避免混淆，生物学家们用专门术语“背部”来指人的背部和大多数动物的上面部分，用“腹部”来指人的前面部分和大多数动物的下面部分。我将把动物的这两条主轴线称为头尾轴和背腹轴。人类的运动方向平行于它们的背腹轴，而大多数动物的运动方向却平行于它们的头尾轴。

正是由于我们太熟悉生物世界中的两侧对称性，使得我们对隐藏在两侧对称性后面的不对称性视而不见。在一张纸上涂一个不规则的墨渍，然后把这张纸对称地折叠起来，最后看到一个有序的对称图式。然而，墨渍原初的不规则性并没有消失，只是被一个完全相同的影像平衡了。通过赋予墨渍以一种我们非常熟悉的对称性，这个镜像平面缓解了不对称性对视觉的冲击程度。

并非所有的动物都具有两侧对称性。软体水生动物，如水母、海葵和“九头蛇”（在上一章中提到的珊瑚虫）等，都具有辐射对称性的各种不同的旋转角度。这是由于它们的生活方式与人类大不相同。它们或者随波逐流，或者附着在一块岩石或海底表面上。如果它们确实到处游动的话，那么，游动的方向通常平行于它们的主轴线，如水母通过有节律地收缩腹部而缓慢地游动。“九头蛇”具有另一种游动方式：它能够弯曲主轴线翻一个筋斗前进，因此，它的触手碰到地面，接着再次伸直躯体。在水生环境里发现这些辐射对称的动物并不足为奇。在水里，重力作用的衰减有助于形成这些运动形态。

植物的对称现象也与它们的生存方式和环境有关。植物通过生长来探测周围环境。生长在植物生命中所起的作用，类似于运动在动物生命里的作用。与动物运动主要在水平方向不同，大部分植物的生长方向是垂直的，平行于许多影响它们生命的环境因素，如重力和光线方向。因此，它们沿着一条单独的主轴线精细调节各种不对称性。这反映在主茎和根的典型的辐射对称性上。然而，叶子通常更多地朝着水平方向生长，与叶子接受光线的方向大约成直角。因此，叶子大多是两侧对称的，叶子的上表面与下表面不同，叶梢与叶基不同。

花朵呈现出的各种对称性，取决于授粉方式。例如，毛茛属植物具有 5 重辐射对称性，环绕花的轴线均匀分布着 5 个完全相同的花瓣。与凳子一样，花朵的访问者可以从几个方向进入花中。其他花朵，如金鱼草花或兰花，它们的外形区别更大，通过两侧对称性进一步限制了来访者的种类。金鱼草花上面的花瓣和下面的花瓣具有十分不同的形状，它们的一部分联合起来形成一根花管。下面的花瓣提供了一个平台，蜜蜂停留在上面，撬开花朵，进入储存花蜜的花管内（图 13—8）。这就使得只有特殊类型的昆虫才能访问这类花朵，只有足够大的野蜂才能撬开和进入金鱼草花的里面，但小一点的昆虫就做不到。花的性器官即雄蕊和心皮，都细致地位于花管的里面，以便从蜜蜂的背上接受和给予花粉。因此，花的两侧对称性使它们的花粉十分有效地落在特定的昆虫携带者身上。与椅子一样，沿着这些花朵的第二条主轴线的不对称性，与容纳某种特殊类型的昆虫有关。

为了简便起见，我把一朵两侧对称花朵的最上面的花瓣称为背部，最下面的花瓣称为腹部。因此，金鱼草花沿着从上到下的一条背腹轴线呈不对称状（图 13—8）。因为蜜蜂落在下面的花瓣上进入金鱼草花，所以蜜蜂背腹轴的走向与这朵花的轴线方向完全一致（并非所有的植物都是这样：在某些植物种里，传粉动物倒转过来进入花朵内，它们背腹轴的走向正好与花朵的轴线方向相反)。

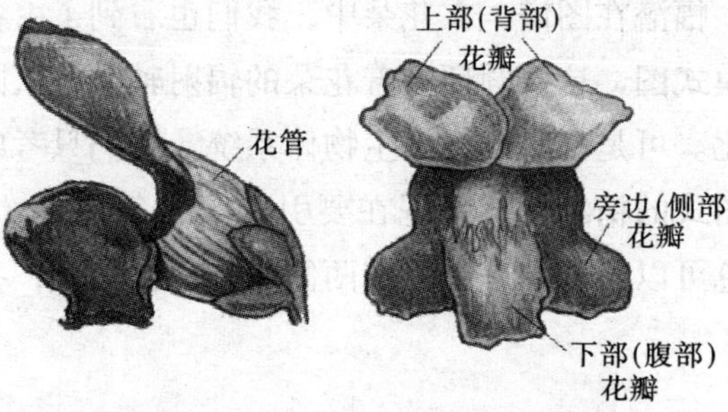

图 13—8　金鱼草花的侧面图和正面图

不对称性的发育

至此，我已经根据几何学和生物体适应环境的方式，讨论了生物体的对称性。下面我们将考察对称性特征是如何出现的，自然界里的外部几何形状又是如何从隐含的过程中产生出来的。

在发育过程中，有机体在早期阶段比后期阶段呈现出更大的对称性。许多植物和动物的胚胎，包括人类，都是从细胞团开始发育的，具有或多或少的球形对称性。只是到了发育的后期，胚胎才逐渐展示出各种不对称性，使得胚胎具有独特的形状和形式。因此，从发育的观点看，不是为什么如此对称，而是为什么没有更加对称。为什么不能像早期胚胎一样，成为对称的一团球形物质。

为了产生具有两侧对称性的物体，如人体，需要沿着两条主轴线使差异精细化。但与前面所做的各种变形不同，在发育中，不可能由外部引导来帮助完成变形，而是要按内部的过程来理解。在前几章中，我们已经为理解如何实现这个过程做了铺垫。

我们看到，果蝇头尾轴上的各种识别特征，是如何依赖隐色的精细化产生了从一端到另一端的一组区域。我们揭示了脊椎动物头尾轴上的一幅潜在图谱。在花朵中，我们也看到了由各种同心圆环构成的模式图，这些圆环沿着花朵的辐射轴线，从圆心向外逐渐发生变化。可是，对于每个生物体系统，我们只考虑了沿着一条轴线的图式的精细化。我现在要引入第二条轴线（背腹轴线）来解释隐色可以组合在一起决定两侧对称性。下面，我们先从突变体着手。

一个规则的怪物

1742 年，瑞典乌普萨拉学院一位名叫齐奥伯格（Magnus Zioberg）的学生，在斯德哥尔摩群岛中的一个岛上采集植物标本。当时，他发现一种以前从未见过的奇怪植物。他尽职地把它夹在标本册里，带回学院。这个标本最后送到了著名分类学家林奈（Carolus Linnaeus）的办公桌上，请他鉴别。林奈是当时植物学的权威，他的分类系统后来成为植物和动物分类学的基础。虽然林奈具有广博的植物学知识，但他也从未见过与这个标本十分相像的植物。起初，他以为这是柳穿鱼属植物的一个物种，上面的某些奇怪的花朵只是为了哄骗他，人为地粘贴上去的。但是，当林奈更加细致地观察这个标本后，他意识到这是真实的植物标本。他为此十分激动，并请齐奥伯格再去一趟那个小岛，收集一个活的标本，以便他能够更加细致地研究这种植物。林奈对这种植物十分着迷，在 1744 年就此专门写了一篇简短的论文。

林奈清楚地认识到，这种植物除了花朵的对称性以外，在其他方面都与柳穿鱼属植物的特征完全相同。在分类学上，柳穿鱼属植物与金鱼草亲缘关系较近，它的花朵也有 5 个花瓣，这些花瓣的一部分愈合在一起形成一花管（图 13—9，左边）。柳穿鱼属植物的花朵一般具有两侧对称性，它们的花瓣相互之间沿着背腹轴存在差异，腹部（最下面）花瓣的底部有一个与众不同的衍生物，被称为花距，花蜜就聚集在那里。相比之下，林奈最感兴趣的是这种植物的花朵具有 5 重辐射对称性：5 个花瓣全都一模一样（图 13—9，右边）。5 个花瓣并不沿着背腹轴线变化，而都与正常的腹部花瓣非常相像，使得一朵花上有 5 个对称地排列的花距。这就如同腹部的花瓣重复出现。我们可以把它与图 13—7 的椅子和凳子作比较。重复椅子的前面部分产生凳子。凳子可以被看做是失去背腹对称的椅子。

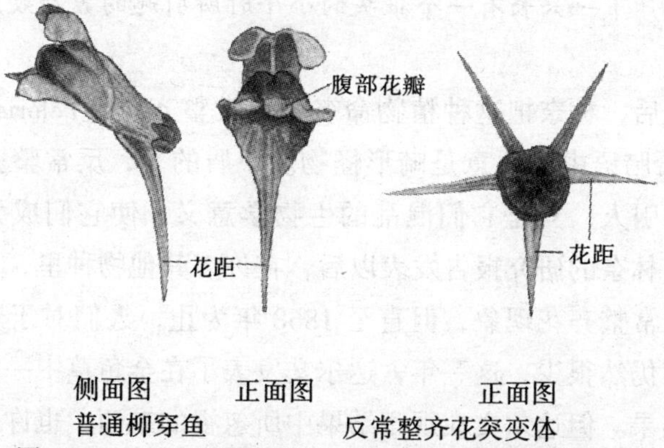

图 13—9　具有两侧对称性的柳穿鱼属植物的共同形式，与具有 5 重辐射对称性的反常整齐花突变体的比较

林奈十分感兴趣，因为他把整个植物分类系统构筑在花朵的结构基础上，因此，花朵对称性彻底改变的奇特植物，应该属于一种全新的物种，然而，这种植物的总体外貌却明显地具有柳穿鱼属植物的共同特征。林奈不得不作出这样的结论：这种特殊的植物是由柳穿鱼属植物的某种转变而产生的。那时离达尔文时代还相距甚远，一个物种能够转变成与另一个物种相似的观点，在当时是十分激进的。物种被认为是创世以来永恒不变的结果，它们永远在自然界中占据一个固定的位置。虽然人们早知有各种类

型的畸形物，但它们的缺陷无法被看做是新的或发生改变的物种。令林奈惊讶的是，具有对称花朵的这种植物似乎是一个全新的物种，因为它可以开出美丽而规则的花朵，并结子。这推翻了物种不能被转变或改变的教条。林奈写道：

> 没有什么比这件事情更加不可思议：以前总是产生不规则花朵植物的畸形后代，居然长出有规则的花朵。结果，它不仅偏离了母体所在的属，而且也完全偏离了整个纲，因而成为植物学中空前的实例，由于花朵的差异，没有人能够识别这种植物……这肯定不亚于一头母牛产下一只长有一个狼头的小牛时所引起的轰动效应。

最后，林奈把这种植物命名为反常整齐花（Peloria），Peloria在希腊语中的原意是畸形怪物。矛盾的是，反常整齐花本身十分吸引人，只是它们混乱的生物学意义，使它们成为畸形怪物。自林奈的研究报告发表以后，在许多其他物种里，人们也发现了反常整齐花现象，但直至1868年为止，人们对于这种现象的理解仍然很少，这一年，达尔文发表了在金鱼草中一些有趣的观察结果。但达尔文在观察结果中所忽视的东西，也许比他所看到的东西更值得注意。

达尔文的自然选择进化理论，依赖于双亲把它们的某些特征传给后代。实际上，能够传递给后代的特征只是那些使生物体在生存竞争中取得优势的特征。否则的话，选择将转瞬即逝，不可能有助于世世代代发生持久和逐渐的物种演化。达尔文花了多年时间，积累了大量的关于遗传特征的资料，试图证明自己的进化理论。在他的实验中，他描述了两种金鱼草之间的杂交。与柳穿鱼属植物一样，有些金鱼草品种，具有辐射对称的花朵，而不是正常的两侧对称的花朵。这些突变的形式被称为反常对称花（图13—10）。

图 13—10 从正面看金鱼草的正常和反常对称花朵

达尔文注意到，当他把一个反常对称品种与一种正常植物杂交时，得到的杂种具有正常的花朵，反常对称的遗传特征消失。然而，当种下这些杂种的种子后，在 127 个后代中有 37 个重新出现了反常对称的形式。这就是说，虽然在第一代杂交品种里反常对称消失了，但下一代里有约 1/4 又重新出现了反常对称形式。熟悉孟德尔在 1865 年所发表的研究成果的人，都会从达尔文的实验结果中得出结论，反常对称的遗传特征极可能由某个单独遗传的因子决定，我们把这个因子称为基因。究其原因，请回忆，每个生物体携带每种基因的两份拷贝，两份拷贝分别来自每个亲代。假设达尔文的具有反常对称花的亲代植物里，某个特定基因的两份拷贝都携带一种突变，而这种基因在开正常花朵的植物里不受影响。当亲代第一次杂交时，杂种可能分别继承了来自亲代的一份正常基因拷贝和另一个亲代的一份发生突变的基因拷贝。因为只要含有基因的一份正常拷贝就足以保证正常的发育，所以，这个杂种是正常的。但在杂种自交繁衍的下一代里，基因的这两种拷贝会被重组。于是，每个个体有 1/2 的概率继承来自父亲的发生突变的拷贝，有 1/2 的概率继承来自母亲的发生突变的拷贝。因此，在这一代里，两份拷贝都发生突变的概率是 1/4，这个概率正好等于掷两枚硬币时，硬币的背面都朝上的概率。孟德尔的遗传理论正是来自这种实验结果：在一个杂交品种的第二代中，约有 1/4 的后代发生突变。达尔文的观察结果与之吻合

(在统计学的范围内)，这意味着反常对称的遗传特征依赖于一个单独的基因。[1]当然，达尔文并不熟悉孟德尔的理论，他沿着另外的思路考察这个问题。令人啼笑皆非的是，在同一本书中，达尔文不仅描述了金鱼草杂交实验，而且进一步提出了他自己的遗传理论，这个理论最终被证明是十分错误的（在下一章里将讨论这个理论)。他把理论建立在庞大的资料基础上，但关于金鱼草的研究结果只用了其中很少的一部分资料。因此，他与这些资料所提供的关键性线索擦肩而过。只要达尔文把重点更多地放在金鱼草的实验研究上，他也许就能澄清遗传原理和进化的机制。

天蓝色

金鱼草反常对称品系的一个基因携带一种突变，我们称这种突变为 *cycloidea*（这个单词源于希腊词 *cyclo-*，意思是圆，指反常对称花朵的轮廓更加圆)，或者简称为 *cyc*。它是达尔文在杂交实验里无意中揭示出来的。*cyc* 基因怎样影响一朵花的对称性呢?

我们首先来规范金鱼草花的花瓣。正常花朵里的 5 个花瓣可以分成 3 种类型，每种具有特定的大小和形状：即 2 个背部花瓣、2 个侧部花瓣和 1 个腹部花瓣（图 13—11，左边)。正常花朵只有一个贯穿中线的映像对称性的平面（参见图 13—11 左图里的虚线)。比较而言，在反常对称花朵里，所有的花瓣看起来都互相类似，因此，突变花具有 5 重辐射对称性，而不是两侧对称性（图 13—11，右图)。反常对称花朵的花瓣不是一种全新的

[1] 实际情况要比这复杂得多。在 127 个后代中，达尔文还观察到 2 个后代出现了介于反常和正常之间的中间类型。这是因为有其他基因也影响了反常对称的程度，但由于实验数据有限，难于确切知道达尔文实验中的具体情形。

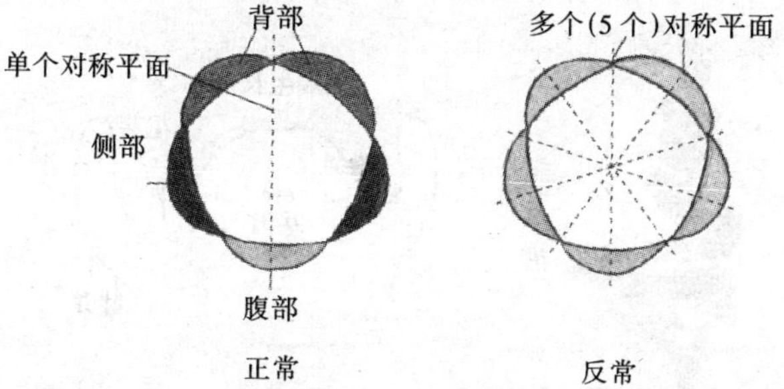

图 13—11　正常花朵和反常对称花朵的花瓣示意图，阴影部分表示不同的花瓣特征。在反常对称突变体里，所有的花瓣类似于正常花朵的腹部花瓣

类型，它们与正常花朵的腹部花瓣十分相似。也就是说，反常对称花朵不具有背部、侧部、腹部花瓣等 3 种识别特征，而只具有腹部类型花瓣一种特征。这就是已经丢失了正常情况下应该产生的背部和侧部特征，取而代之的是重复出现腹部特征。

为了解释突变体的特征，我先来描述 *cyc* 基因在正常情况下表达的位置。*cyc* 基因在花发育的早期阶段被打开，这时的花芽只是一个由细胞构成的微小的凸出部分，没有任何明显的背腹对称性。重要的是，它只在花芽的特殊部位被打开：背部（上面）区域。图 13—12 阴影部分是 *cyc* 基因表达的背部区域，在剖面图上，可见到花芽生长点边缘上的隆起部分。在这个阶段，即使看起来从顶端到底部是对称的，但依据 *cyc* 基因的表达，一种隐含的不对称性已经存在。可以认为 *cyc* 基因为花芽的背部区域提供了一种识别性的隐色。我们把隐色定为天蓝色，它位于花芽的上部区域。正是因为在早期花芽里产生了天蓝色，才导致花朵沿着背腹轴形成明显的不对称性。在反常对称花朵里，因为 *cyc* 基因发生突变而丢失了这种颜色，于是，花朵发育具有辐射对称性。

天蓝色是如何在花朵里形成不同类型的花瓣的，其细节现在仍不清楚，但我将努力勾画一个合理的场景。下面再介绍一些隐

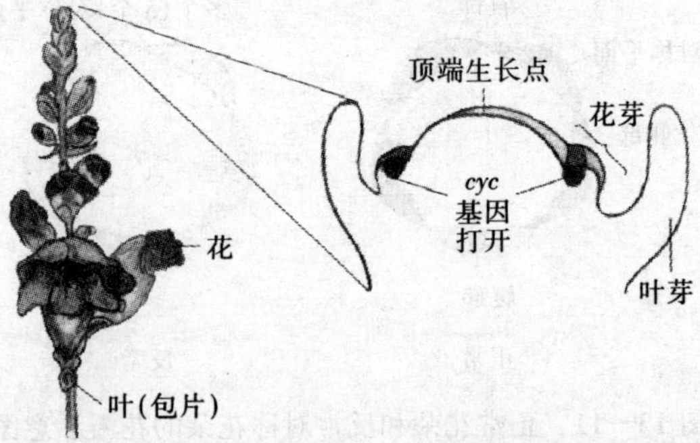

图 13—12　*cyc* 基因在发育中的金鱼草顶端花芽里的表达模式。每朵花都着生于一片小叶子（称为苞片）的叶腋里。*cyc* 基因只在花芽的上部（背部）区域里被打开，这个区域更靠近生长点

色，首先，我介绍一种淡黄色，并与花朵里位置较低的部分联系在一起。从花芽开始，在正面图中把它画成一个圆盘，里面均匀

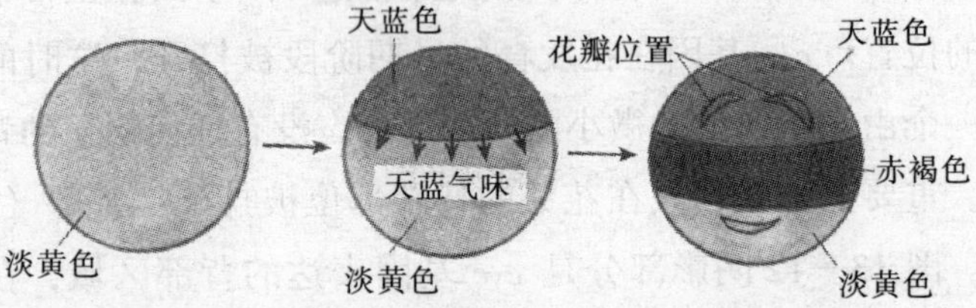

图 13—13　花朵里隐色的精细化（正面图）

地分布着淡黄色（图 13—13，左边）。当 *cyc* 基因被打开时，在花芽的顶端产生天蓝色，所以最后得到两种颜色：背部区域里的天蓝色和剩下部分里的淡黄色（图 13—13，中间；为了简洁起见，我假设与黄色相比，蓝色占据优势，或者说蓝色胜过黄色）。请回忆第 11 章，一种隐色能够诱导产生出某种特殊的气味（信号分子），细胞可以通过改变隐色来响应这种气味。假设天蓝色细胞产生一种气味（天蓝色味），它附近的细胞通过从淡黄色转变成某种更加接近于地面的颜色，如赤褐色，来应答天蓝色气

味。离它远一些的细胞，处于位置比较低的区域，可能因距离远而无法探测到天蓝色气味，所以保留了淡黄色（图 13—13，右边）。我们以这种方式沿着背腹轴对 3 个区域进行了精细化，即天蓝色区域、赤褐色区域和淡黄色区域。花瓣的识别特征将取决于区域的隐色，即来自天蓝色区域的花瓣将发育出背部特征，来自赤褐色区域的花瓣将具有侧部特征，来自淡黄色区域的花瓣将具有腹部特征。如果缺乏天蓝色，那么，一系列产生特征的过程就不会发生，所有的区域将只呈现淡黄色，这导致从头到尾只有腹部花瓣类型，正如我们在反常对称突变体中所看到的那样。

在成熟的金鱼草花里沿着一根主轴的不对称性，是通过对隐色的精细化产生出来的。但读者可能会问，颜色里最初的不对称性是如何建立的。为什么对应于天蓝色的基因，即 *cyc* 基因，只被表达在早期花芽的背部区域？

虽然我们还不知道这个问题的具体答案，但不应当落入陷阱，以为这些问题可以把我们带到某个绝对的始点，找到所有其他事物的源头。例如，如果再仔细观察图 13—12 所示的 *cyc* 基因的表达模式，将会发现花芽的背部区域比其他区域都更靠近顶端生长点。*cyc* 基因在这个区域被打开，是否因为它被暴露于某种特定气味中，这种气味恰恰是生长点所散发的呢？这就意味着生长点具有某种与众不同的隐色，而导致这种气味的产生，因此，花朵里天蓝色的不对称分布依赖于生长点与周围花芽之间的某种更早的差异。由此，又可以追溯到生长点最初在亲代植物胚胎里形成时的情形。我们可以继续朝更早的时间追溯下去，但是，不能期望找到关于花不对称性的最初蓝图。早期胚胎里的不对称性并不规定花朵的最终形态，只提供一个被译解和构建的序幕。最后，随着植物的生长，花芽从顶端生长出来，*cyc* 基因能够把它自己的译解增添到这些图式中。这又为进一步的精细化起前导性作用。像许多例子那样，发育是一个不断译解的过程，而不是一蹴而就的过程。

组合游戏

一朵花的两侧对称性是怎样建立起来的，我们可以有个总体性的认识了。为了产生两侧对称性，我们需要沿着两根主轴的不对称性。在金鱼草花朵中，沿着其中一根主轴的不对称性（即背腹轴），反映了隐色从上部到下部的排列形式，它被表示为天蓝色、赤褐色和淡黄色。沿着另一根主轴的不对称性，对应于前面（第4章和第6章）所描述的由隐色的同心区域构成的一幅谱图，这些区域的颜色沿着花朵的辐射轴线，从圆心向外逐渐发生变化。我们用各种类型相互重叠的红色来表示这些区域，紫红色位于圆心区域，向外是勃艮第酒红色，最外层是阿梅隆酒红色。花器官所在的每个轮含有不同的红色组合，分别对应于花朵上萼片、花瓣、雄蕊或心皮等的特征。

协调这些不对称现象的关键是，隐色能够以组合形式发挥作用。这是因为当主导蛋白质（隐色）结合到一个基因上时，正是它们的组合作用决定了基因是被打开或是关闭（第5章）。为了考察隐色的两种图式如何协同工作，我们只需设想把这两种颜色图式组合或叠加起来，如图13—14所示。我们最后得到一幅由10种不同的隐色组合所构成的相互重叠的镶嵌图案，图案上有一个贯穿中线的镜像对称的平面。隐色具有以组合形式起作用的能力，使我们能够增加区域的数量。

从每个区域发育出来的器官类型，反映了它的隐色组合。为了能更容易看到这点，我已经在图13—14中大致画出了花瓣和雄蕊的形成位置。例如，背部的花瓣来自一个有天蓝色、阿梅隆酒红色和勃艮第酒红色的区域。这种颜色组合不同于腹部花瓣（它有淡黄色、而不是天蓝色）或背部雄蕊（它有紫红色、而不

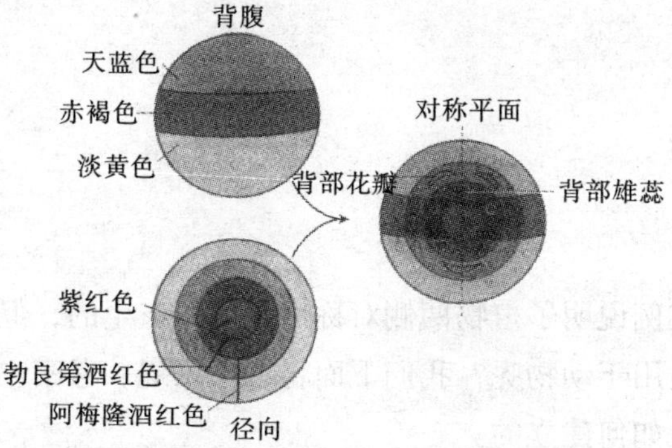

图 13—14　沿着金鱼草花的辐射和背腹轴的隐色组合

是阿梅隆酒红色）的组合。因此，这幅隐含的镶嵌图案能够被译解，使背部花瓣形成独特的特征。

我已经强调了花瓣之间沿着背腹轴的差异，用同样的方法也可以分析其他器官。例如，一朵正常金鱼草花的背部雄蕊比其他位置的雄蕊要小得多，它在发育早期就受到抑制，而成为发育不全的器官。这是因为它的位置不利于传粉，背部雄蕊恰好位于心皮的后面，昆虫无法轻松进入完成传粉。因此，雄蕊发育被抑制。现在，背部雄蕊的独特命运可以轻易地由镶嵌图案来解释，因为产生该雄蕊的区域具有独一无二的颜色组合，即天蓝色、勃良第酒红色和紫红色。这种颜色组合被解译之后，便导致生长被抑制（其他的雄蕊不会被抑制，因为它们缺乏天蓝色，背部花瓣也不会被抑制，因为它们具有阿梅隆酒红色，而不是紫红色）。这便有了一个简单的预测：如果从花朵里去掉天蓝色，背部雄蕊将不再区别于其他的雄蕊，因而发育出正常的雄蕊。这正是我们所看到的情形：在 *cyc* 突变体中，背部位置上的雄蕊确实发育完全。这就是说，反常对称花朵不仅花瓣是辐射对称的，而且雄蕊也是辐射对称的。

因此，一朵花的外部形状和对称性反映了沿着花芽不同轴线建立起来的隐色早期图式。在组合中，这些颜色形成了一幅隐含镶嵌图案，图案被译解，最后表现在成熟的花朵中。

对称的果蝇

以上实例说明了植物两侧对称性是如何产生的，但同样的原理是否也适用于动物呢？我们下面将讨论果蝇，考察它的背腹轴不对称性是如何建立的。

在前几章中，我描述了沿着果蝇头尾轴的差异在发育期间的精细化。我们看到，影响发育过程的早期阶段的突变引起了致死性，胚胎无法长到成体阶段。现在，这些原理适用于不对称性的第二根主轴。为了使一只果蝇能够移动、觅食或做其他事情，它需要从背部到腹部的各种差异。因此，消除胚胎上沿着背腹轴的各种差异的突变，将导致胚胎在成熟之前就夭折。由于这个原因，科学家们曾依照惯例只观察成体果蝇，从而长期忽视了这些类型的突变。只是到了 20 世纪 70 年代，当沃哈特开始观察有缺陷的胚胎的时候，辐射对称的突变体才开始引起人们的注意。她在弗莱堡工作的时候，发现了一只产生对称胚胎的雌性果蝇：

> 我有了第一只这样的雌果蝇，她产出卵子，我每隔一小时就回来观察一次，看看发生了什么事。先是一个产生折叠，其他的也跟着产生折叠，它们始终是对称的。

在正常情况下，果蝇胚胎的背部和腹部区域都具有十分独特的特征。例如，腹部有一组特殊的刺状凸起（小齿）。在这种突变体里，腹部特征消失了。胚胎从头到尾只有背部特征。正是因为这点，沃哈特把这种突变体和受到影响的基因命名为 *dorsal*（背部）。

结果证明，*dorsal* 基因产生一个主导蛋白质，它决定了一种我称之为魔鬼红色的隐色。魔鬼红色主导蛋白质主要在胚胎的较低区域或腹部区域起作用。但令人惊奇的是，观察早期发育阶段，可以发现这种主导蛋白质并不局限于腹部，而是分布在整个胚胎里。即胚胎开始时具有一种均匀的魔鬼红色主导蛋白质的分布，只是在后来，它才变成不对称的分布。这是为什么呢？

请读者回忆，果蝇受精以后，卵子里的细胞核开始进行数轮分裂，在细胞质中产生许多细胞核（第9章）。在这个阶段，由 *dorsal* 基因产生的魔鬼红色主导蛋白质是均匀分布的。但只在细胞质，而不是细胞核里发现这种主导蛋白质。这是因为它结合或连接到另一个蛋白质上，使它留在周围的细胞液中，而无法进入细胞核里。为了使一个主导蛋白质能够起作用（即打开或关闭基因），它必须进入 DNA 分子所处的细胞核内。因此，虽然 dorsal 主导蛋白质存在于整个胚胎里，但是，它不能带来某种隐色。通过连接到细胞质里的另一个蛋白质上，dorsal 主导蛋白质实际上被转变成无色。因此，胚胎在这个发育阶段的隐色完全不受 *dorsal* 基因的影响，而是由其他的主导蛋白质确立。这些蛋白质共同赋予胚胎以均匀的基本颜色，我把这种基本隐色称为天使白色（图 13—15，左边）。

接着，奇特的事情发生了：dorsal 主导蛋白质仅在腹部区域进入了细胞核里（这大约发生在细胞核开始迁移到胚胎边缘上的发育阶段里）。也就是说，这种蛋白质被从细胞质的束缚中解脱出来，并被允许授予它的魔鬼红色，但只局限于最后将形成果蝇腹部的区域（图 13—15，右边）。其原因是，该区域被由附近的母体细胞散发的某种气味激活。位于胚胎一侧的一群母体细胞，参与了制作某种特定的气味（信号蛋白质），这种气味激发 dorsal 主导蛋白质离开细胞质，并使它进入细胞核里，与这种气味相距较远的区域不会被激活，因而无法获得魔鬼红色。

现在，胚胎有两种隐色：腹部区域里的魔鬼红色和背部区域

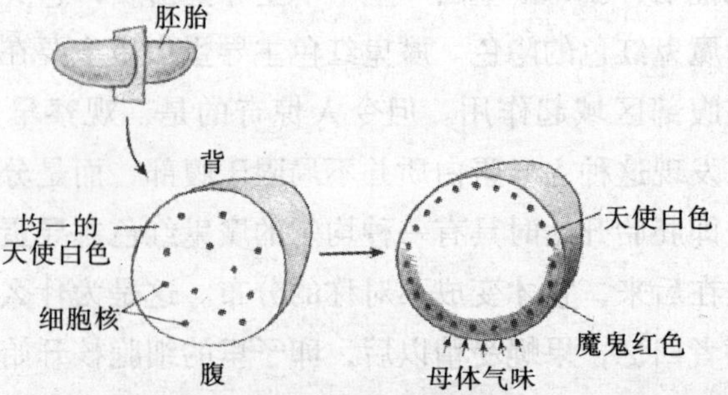

图 13—15　果蝇胚胎里背-腹不对称性的发育。最初，*dorsal* 蛋白质不起作用，胚胎呈现均匀的天使白色。稍后，在响应某种母体气味时激活了这种蛋白质，因此它把魔鬼红色带给腹部区域

中的天使白色。当然，这些颜色并非发育过程的终点；它们只是揭开一系列步骤的序幕，这些步骤将进一步精细调节背腹图式。例如，天使白的特殊气味从天使白色区域中产生出来，作为一种应答，新的颜色，如土棕色就产生了。这个过程能以这种方式继续下去，随着胚胎的发育，在已有差异的基础上不断地精细调节，最终沿着背腹轴产生具有不同特征的各种组成部分。在一个缺失魔鬼红色的突变体中，胚胎保留了均匀一致的天使白色，因而发育出的全部是背部特征。

现在，我们看到了果蝇完整的两侧对称性是如何产生的。存在着两个部分重叠的隐色图式。一个是沿着背腹轴被精细化的图式。从侧面观察胚胎时，这个图式呈现为一系列水平方向的色带，如图 13—16 左上所示。另一个是沿着头尾轴被精细化的图式，例如提供体节之间差异的各种绿色，它看起来由一系列垂直的色带构成，如图 13—16 左下所示。这两种图式以组合的形式起作用，决定了一幅由各种区域构成的镶嵌图案。这意味着，不仅可区分开每个体节，而且还可以区分开每个体节里的背部和腹部区域。因为镶嵌图案产生于沿着两根主轴的图式组合，所以，胚胎的左半部分和右半部分的区域互为镜像。果蝇最终的对称性反映了镶嵌图案的两侧对称性。

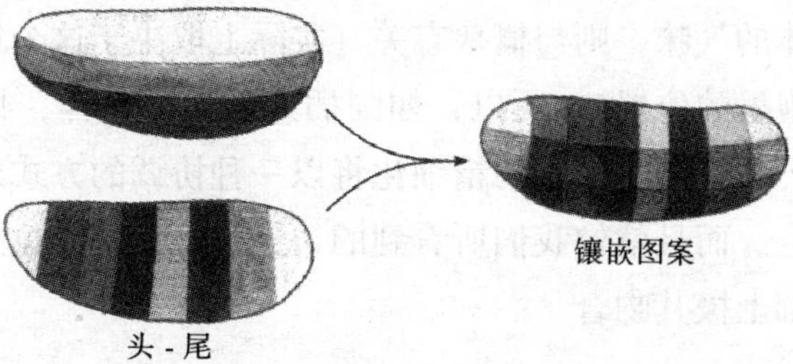

图 13—16　果蝇胚胎里隐色的镶嵌图案，由沿着背腹轴和头尾轴的隐色图式组合产生

一些早期的联系

至此，我一直把沿着果蝇的两根轴线被精细调节的图式看做是相互独立的。我们还记得，头尾轴可以追溯到黑色隐色里的某种早期的不对称性，来自母体在卵子一端生成的 RNA 分子（第九章）。背腹轴起源于母体里一种十分独特的不对称性，即沿着胚胎的一侧产生某种气味，导致魔鬼红色的出现。当然，如果再向前追溯，的确会发现它们之间的某些联系。其中的细节十分复杂，我们在这里不必涉及，但我将试图给出这些联系的一般性要点。

为了垒一个雪人，首先要把 2 ～ 3 个大雪球互相顶起来，以便确定头尾轴。然后，可以在头部插进一个胡萝卜作为鼻子，这就确定了腹部的位置。胡萝卜只要位于头部的中间就可以了，究竟把它放在哪个地方却无关紧要。但是，一旦把胡萝卜放好，背腹轴就确定了，接着据此布置剩下的东西，如眼睛、嘴和纽扣等。类似的，通过把黑色所需的 RNA 分子输送到头顶，果蝇的头尾轴首先确定下来。一旦建立起头尾轴，便会导致沿着卵子一侧分布的母体细胞产生启动魔鬼红色的气味。与雪人中的情形一样，只有当头尾轴先确定下来，才会产生背腹轴，这使得两根轴线的方向能够互相协调。但究竟是由卵子边缘上的哪个特定区域产生母体的气味，则与概率有关（实际上取决于这个细胞核当时在卵细胞里的位置）。所以，如同插入胡萝卜一样，只要该区域被确定下来，所有随后的精细化将以一种协调的方式建立在它的基础之上。而且就像我们所看到的，这与隐色逐步建立在相互作用的基础上极其吻合。

花与果蝇

花和果蝇的对称性都建立在类似原理的基础上。为了更清晰地说明，我要从一个共同的视角来展示它们：把一只果蝇压扁，

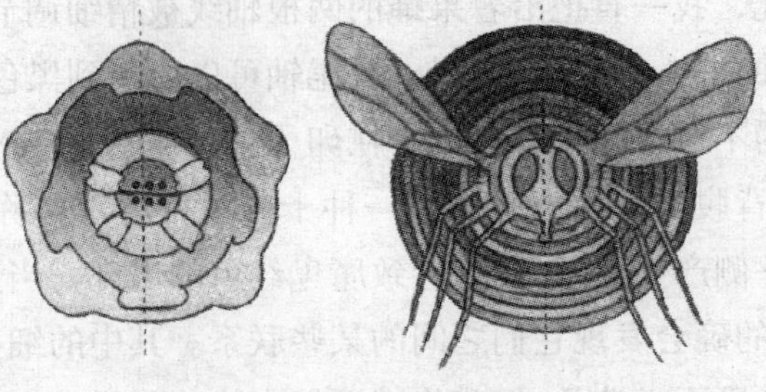

图 13—17　花和果蝇不对称性主轴之间关系的示意图

使它的体节形成同心圆，如同一朵花里的轮（图 13—17）。以这种方式进行观察，果蝇的两根主轴可以直接与金鱼草花的两根主轴作比较。花的辐射轴对应于果蝇的头尾轴，两者的背腹轴相互平行。

花和果蝇的这些轴线反映了一组隐色，它们在发育期间被逐渐精细化。在果蝇中，沿着头尾轴的精细化导致一系列的绿色区域，决定了体节之间的差异。在花中，沿着辐射轴线的精细化产生相互重叠的红色区域。赋予每轮器官以独特的识别特征。在花

和果蝇中，这些颜色都与沿着背腹轴精细化的颜色组合在一起行使作用，确立一幅由各种区域构成的镶嵌图案。这些区域被进一步译解和逐步精细化，最后导致成熟花朵或果蝇的表观形态。

腹部朝上

脊椎动物，如人类，在哪些方面与这个图式相符呢？脊椎动物也具有一幅沿着头尾轴由绿色区域构成的谱图，与果蝇中发现的镶嵌图案相似。但另一个主轴怎样呢？在这些不同类型的动物中，是否也存在构成背腹不对称性的共同要素呢？

20 世纪 90 年代对爪蟾的研究中，已有一些与这个问题有关的观察结果。爪蟾与果蝇一样，胚胎的背腹轴在早期的发育阶段就建立起来了。这条轴线是在受精时根据精子进入卵子的位置而确定的，就与胡萝卜插入雪人头部的作用一样。精子的进入激发了一连串的反应，背腹轴就是从这些反应中精细化而产生的。在 90 年代初期，参与这个过程的一个关键的信号蛋白质（气味）被鉴定出来。这个蛋白质只在爪蟾胚胎的腹部区域里表达，它的作用是促进腹部特征的形成。它在分子序列上类似于参与果蝇背腹不对称性形成的一种蛋白质。一种共同的气味参与果蝇和爪蟾背腹轴的形成。但其中还是有令人费解的情形。

请读者回忆，在果蝇里背腹不对称性的精细化过程中，天使白的区域产生特定的信号蛋白质（天使白气味）。正是它与从爪蟾里分离出来的蛋白质相似。奇特的是，这种气味在爪蟾的腹部区域表达，而在果蝇里却在背部区域表达，相对于果蝇而言，爪蟾似乎颠倒了过来。

虽然听来奇怪，但早在 170 年前，法国的解剖学家杰弗莱就已经提出了一个类似的思想。在第 7 章中曾谈到，杰弗莱试图为脊椎动物和昆虫建立一个共同的发育蓝图。除了作从头到尾的比较之外，也试图沿着背腹轴建立一一对应的关系。但在这么做的时候，他发现相对于脊椎动物而言，需要把昆虫倒转过来。例如，脊椎动物的神经索状组织贯穿背部侧面，而昆虫的这类组织却分布在腹部侧面。这就好像它们之中有一个以相反的方向生长。但他的这个思想——脊椎动物与昆虫正好倒转过来的理论，并没有被大多数人所接受。

现在来看，杰弗莱离真理已不很遥远。随着各种发育机制相继被揭示，已经发现了许多共同的要素，它们在昆虫中促进背部特征的形成，在脊椎动物里却引发腹部特征的产生。用进化的观点并不难解释。对于原始的水生祖先来说，依赖背部游动与依赖腹部游动的区别不是很大。最后调整背腹轴与地面的相对关系极有可能是随机性事件。比较而言，头尾轴更为保守些。头尾轴一旦在我们的先祖中确立起来，这种方向就被保持下来了，但腹部是朝下或是向上却变化较大。在卡夫卡的小说中，一个男人醒来后发现自己变形成了一只仰卧的昆虫，所以，这个人入睡时要设法把头枕在枕头上，同时采取腹卧的姿势才行。

总之，可以把发育看做是一个过程，随着受精卵的分裂、生长和形成成体，各种不对称性也在发育过程中精细化。这依赖于隐色、气味和敏感性不断地相互作用。在具有两侧对称性的生物体中，这个过程沿着两条不同的轴线进行，形成一幅由隐色构成的镶嵌组合图案。这幅隐含的镶嵌图案被进一步译解和逐步精细化，最后显现在生物体的可见结构中。这些过程使得从人类直到雏菊等生物，发育出它们自己特有的不对称性。

在本章中，我们一直关注生物体的外部形状，即它们的外形。但生物体并非一具空壳，它们包含了复杂的内在组织结构。通过主要探讨外形，我已经描绘了一幅二维的画面。在下一章中，我要深入地探讨其内部形态的不对称性如何被精细化，以便描绘一幅关于生物体是怎样发育的、更加完整的三维图像。

14 由表及里

人类是一种肤浅的生物，总是习惯于根据外部形状而不是内在品质来判别事物。物体的外表能看到或触摸到，但并不等于完全了解它的内在性质。即使把物体打开，也只是通过感觉或观察其内表面来考察物体，无法直接感知内在的性质。这条法则有一个例外，那就是人的身体。如，人可以从体内直接获得信息，感受内在的疼痛或肌肉的紧张等。但即便如此，我们感觉的发育还是十分初级的。我们完全感觉不到体内正在不断进行着的大部分事件，不知道内部血管的状态、肾脏正忙些什么、思想来自哪里，这是因为我们的感觉大部分是外向的：它们指向的是外部世界，而不是内在世界。

因此，要详细了解人体的内在结构，就必须把它暴露出来。例如，达·芬奇为了正确认识人体的结构，解剖了10多具尸体。当然，大多数人都不必仔细观察人体的五脏六腑。若仔细观察人的皮下组织，即使是最漂亮男女的皮肤，看起来也令人作呕。尽管如此，一些艺术家还是探究了肌肉和骨骼的美学。例如，伦勃朗[1]就选择了一头屠宰后的牛作为绘画的对象（图14—1），类似的主题也激发了其他艺术家的创作灵感，如索蒂（Chaim Soutine）和培根（Francis Bacon）等。在这些例子中，描绘鲜肉就是一件令人厌恶的事情，这不是因为生物体内部天生丑陋，比如树木内部的木材纹理和质地，就很吸引人。应该说，厌恶感与我们对动物外表的喜好有关，包括对人体外形的偏好。人体的内部世界，只在疼痛或死亡时才会显露出来。那些令人不愉快的联想，是因为我们不习惯观察生物体内部。假如我们天生具有类似于X光的透射能力，可以经常看到动物体的内部构造，就不至于产生令人毛骨悚然的联想。

在上一章，我们讨论了有关生物的外部形状。看到了沿着两根主轴的不对称性，形成了两侧对称等外部形态。这种分析暗

---

〔1〕伦勃朗（Rembrandt），荷兰画家。——译者注

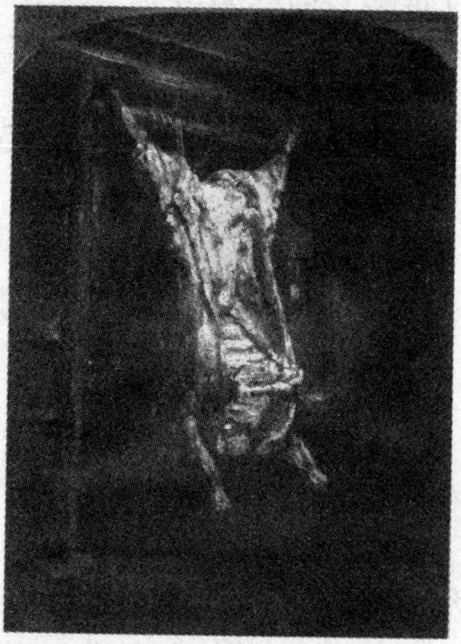

图 14—1 屠宰后的牛（1655 年），伦勃朗作。卢浮宫藏，巴黎

示了存在第三种不对称性——内外轴。完美的球体同样具有内部和外部的差异；如果身处球体的内部，与外部的感觉比，看到和触摸到的将会有很大的不同。但是，因为对外部形状的偏好，我们总是倾向于忽视这种不对称性，或者想当然地认为它就是这样。然而，对于生物体，内外轴是所有特征中最基本的。人们可以想象一个球形的生物，却无法想象一个内部和外部没有差异的生物体。因为我们无法将这样的生物体与它所处的环境区分开来，不能对它进行思考或讨论。在本章中，我将从三维角度来研究发育进程，进一步探讨内外轴问题。

内　迁

早期胚胎被细分为不同的胚层，是沿着动物内外轴出现的原初区别之一。这些细胞层呈同心状，每一层都将在体内产生特定的组织。例如，脊椎动物的胚胎由3个胚层构成（图14—2）。外层的细胞称为外胚层，产生动物的外部覆盖物，也就是皮肤（也产生神经系统）。中间一层细胞称为中胚层，产生大多数皮下

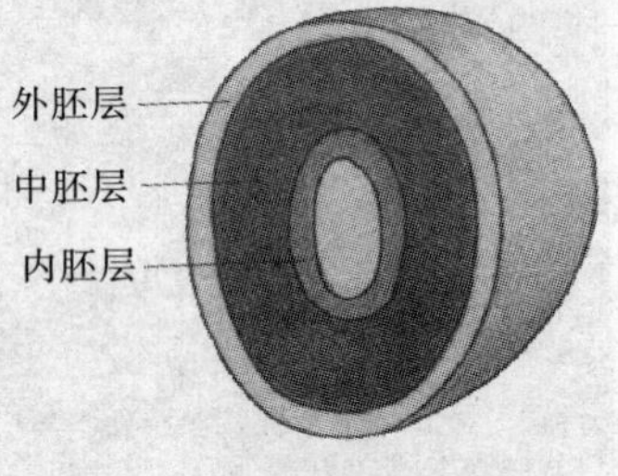

图14—2　一个胚胎的3个胚层

组织和骨（如肌肉、血液、心脏、肾、骨骼等）。最里层的细胞称为内胚层，产生躯体的内部组织，如肠道和肺等。因此，这3个胚层提供了躯体组织从内到外的最早区别之一。了解这些最初区别的建立，为我们探讨内在不对称性的起源提供了一个很好的切入点。

动物胚胎的不同胚层是通过一系列的细胞运动而产生的，这个过程称为原肠胚形成。在大多数动物中，受精卵的早期分裂产生一个中空的细胞团。原肠胚形成的过程开始时，位于细胞团外表面的某些细胞向内移动，最终定位在细胞团的里面。这些细胞的内迁，导致从外到内形成互有差异的细胞胚层。如果没有原肠胚形成的过程，我们躯体的内部组织就无法形成，受精卵发育到最后将是一些空壳子。生物学家沃尔珀特（Lewis Wolpert）强调过这一点，曾经说，人的生命中最重要的事件不是出生、结婚或死亡，而是原肠胚形成。

为了理解原肠胚形成的过程，我要回到果蝇上来。请看图14—3的左边，它显示了果蝇胚胎的一个横截面，这时，胚胎仅由一个外部细胞层构成。当一群位于胚胎腹部区域的细胞（如图14—3的阴影部分所示）开始朝内运动的时候，就开始了原肠胚形成的过程，结果产生一团折叠物或褶裥。随着内迁运动的不断

进行，这些细胞逐渐停留在胚胎的内层，最后形成一个内部的细胞层，即中胚层（图 14—3，右边）。

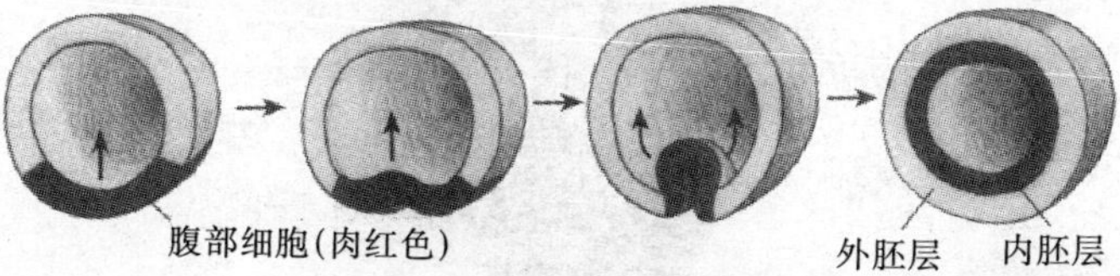

图 14—3　在果蝇内形成原肠胚形成期间中胚层的形成

为什么只有腹部区域的细胞内迁，从而形成中胚层？是什么机制把它们与胚胎内的其他细胞区分开来？我们在上一章中看到，早期胚胎的腹部区域具有一种独特的隐色，也就是由 *dorsal* 基因产生的魔鬼红色。这种隐色提供了一个早期的参照体系，被其他基因译解，导致这些基因在特定的区域里表达。其中有两个基因（名为 *twist* 和 *snail*）只在一群腹部细胞里表达。正是这一对基因把内迁形成中胚层的细胞区分出来。这些基因产生主导蛋白质，赋予图 14—3 中阴影部分的细胞以某种特殊的隐色。这些细胞最后形成动物的大部分内部肌肉组织，我把这种颜色命名为肉红色（昆虫的肌肉实际上并非红色，但这不妨碍我们要阐述的问题）。腹部细胞中的肉红色使特定的基因被打开或关闭，这又使细胞朝胚胎的里面移动，在缺失肉红色的突变体中，腹部细胞不内迁，停留在外层表面。

胚胎最后形成一个具有一种独特隐色（肉红色）的内部细胞层（图 14—3，右边），接着被其他基因译解，发育出特定的中胚层组织，如肌肉或心脏。若没有肉红色，胚胎将无法形成这些结构。

以上原则也适用于内胚层的形成。具有某种特殊隐色的细胞，从细胞团的外层表面内迁，最后在胚胎里形成第三个胚层（在这个过程中，细胞的内迁始于胚胎的两端）。

原肠胚的形成使胚胎最后具有特定的隐色图式，各种隐色沿

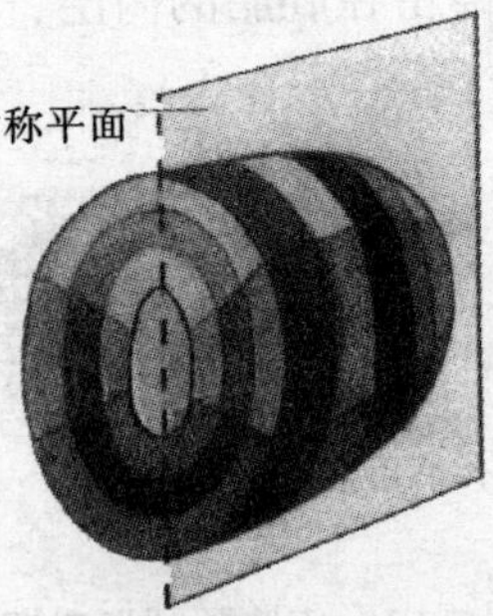

图 14—4　沿着 3 条轴线上隐色重叠构成的镶嵌图案的横截面

着内外轴，从一个胚层到另一个胚层发生变化。这一隐色图式提供了在发育阶段中内外不对称性的基础。接着，内外轴上的隐色能够与沿着胚胎的另外两根轴（头尾轴和背腹轴）的隐色图式相互作用，产生一幅由隐色构成的、相互重叠的三维镶嵌图案（图 14—4）。因为内外轴线以一种相似的方式作用于胚胎的每个侧面，这幅镶嵌图案仍然具有两侧对称性，左半部分与右半部分互为镜像。这幅早期的镶嵌图案提供了一个有层次的参照体系，然后被进一步译解和精细化，最后形成动物复杂的内部和外部形态。

由表知里

在描述原肠胚形成的过程中，我跳过了重要的一步。背腹图式虽然能区分即将形成中胚层的细胞（肉红色），但没有说明为什么它们朝内移动、而不朝任何其他方向运动。例如，肉红色细胞为什么不朝外移动呢？必定存在某种不对称性，引导这些细胞只朝内移动。

我们将更详细地考察早期细胞移动的起因来说明这个问题。

肉红色细胞收缩其外表面变成楔形，是细胞内迁的起始迹象，如图 14—5 所示。这种方式的变形，使细胞自然形成一个向内的弓形，开始了原肠胚形成的过程。迁动的方向则取决于细胞将收缩的那个表面，如果外侧表面收缩，那么细胞将向内拱起，如图所示。内侧表面收缩，细胞就向外拱起。可是，为什么一般只有外侧表面收缩呢？实验证明，一群特殊蛋白质纤维的形状发生改变就会引起细胞表面的收缩，这些蛋白质纤维称为收缩蛋白质。它分布在细胞的外侧表面，因此，这个区域优先收缩（图 14—5）。至此，我们已经把移动的方向追溯到收缩蛋白质的不对称分布上。

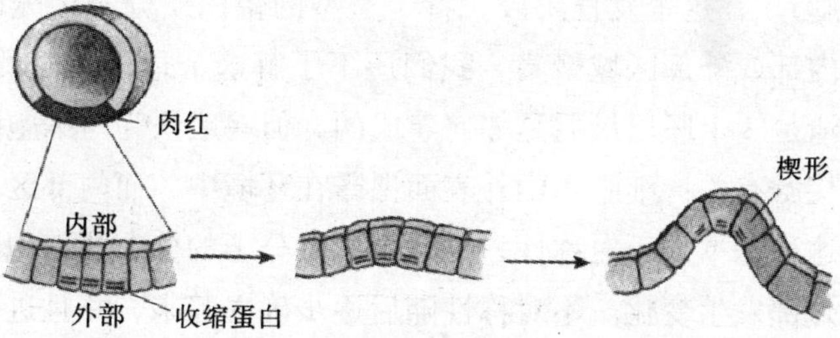

图 14—5　由局部收缩引起的腹部细胞的内迁

收缩蛋白质为什么主要分布在细胞的外侧表面呢？也就是，表面细胞是怎样沿着内外轴线被极化的？我们并不知道它的答案，但可以追溯到单细胞胚胎时期的相互作用过程。请回忆第九章，果蝇受精后，卵子里的细胞核经数轮分裂后，产生了一个细胞质里充满细胞核的多核细胞。在这个时期，包裹细胞质的只有一层细胞膜，因此，胚胎只由一个细胞构成。接着细胞核迁移到周边细胞质区域，最后逐渐被细胞膜包裹，形成彼此独立的细胞。这意味着，在这些独立的细胞形成之前，胚胎从外到内就有了一个明确的结构：即最外面是一层细胞膜，往里是包含细胞核的细胞质，然后是中心区。很可能，当胚胎还只是一个单独的细胞时，它的内外两侧区域就存在着更早期的某些不对称性，最终使收缩蛋白质在形成的单个细胞外侧定位。

我已经描述了一系列事例，追溯到受精卵的某些性质来解释内外轴。卵子从内部到外部的基本差异，导致了早期胚胎内外区域之间的区别。这些区别与其他不对称性（例如肉红色的背腹图式）组合在一起，进一步精细化，最后形成了区分各胚层的内-外部隐色图式。

我们主要讨论了果蝇的发育，但许多相同的原理也适用于其他动物。例如，在脊椎动物中，当胚胎由几个细胞形成一团物质时，内外轴很早就建立起来了（与果蝇不同，脊椎动物的受精卵分裂后直接形成一团细胞，而不是先形成一个包含众多细胞核的巨细胞）。在这个发育阶段，特定类型的蛋白质分子优先向细胞团的内部或外部区域聚集。我们还不了解这个过程发生的细节，也不清楚 3 个胚层最后是如何建成的，但一般认为与细胞团与环境的接触有关：细胞团的外表面裸露在环境中，而内部区域则没有。这种基本的不对称性，导致蛋白质分子的分布从细胞团的内部到外部发生变化。不对称性随后逐步确立起来，并且进一步精细化。

因为早期胚胎具有紧凑连贯的结构，要么是一个独立的细胞，要么是一团细胞，所以胚胎与环境（内部与外部）之间形成自然的差别。这种基本的不对称性能使特定的分子从里到外不均匀地分布，最后在成体上形成更加精细化的内外轴。内外轴不同于其他不对称性轴线，它的起源十分原始，很不显眼。我们设想有一个发育初期没有头部－尾部或背部－腹部的两个胚胎，只要是紧凑连贯的，它们就必然存在从内部到外部的区别。区别的程度就像外围细胞膜与内含的细胞质、细胞核之间所存在的差异一样，或者就像一团细胞的外表面与内部空间的区别。不对称性在哪个方面被精细化与具体例子有关，但是，不对称性的潜能几乎从一开始就无所不在。从这种意义上讲，内外轴线是所有不对称性中最基础的轴线。

上述观点也可以用植物来形象地说明。植物细胞与动物细胞不同，植物细胞被刚性的细胞壁所包裹，不能轻易地相互移动。当植物受精卵细胞分裂时，它的细胞质中产生一层新的细胞壁，将卵细胞一分为二（图 14—6）。这两个细胞继续分裂，从而产

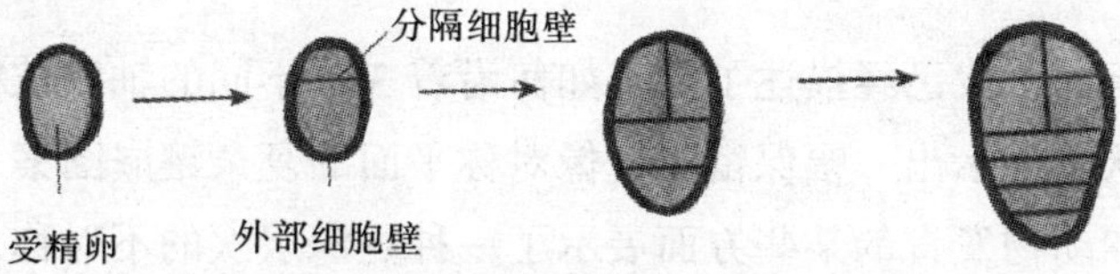

图 14—6　植物胚胎的早期发育。为了易于区分，图中用粗线表示细胞壁

生更多的细胞壁。随着每一次分裂，新的内壁继续增加。但在分裂过程中，虽然内壁不断增加，最初的外壁却依然保留着，即卵细胞的初始细胞壁始终包裹着整个胚胎。当然，外部的细胞壁也得生长和膨胀，以容纳不断扩大的胚胎，但它始终维持着最初的外部定位。这就是说，成熟植物的外部表面可以追溯到卵细胞的细胞壁（除了某些损耗，脱落树皮、根部表层组织损失等）。因此，植物卵细胞外部与内部的不对称性，也就是细胞壁与内容物的区别在成熟植株中得到了相应的体现。

当然，成熟的植物并非是由一层外部细胞壁包裹的一袋杂乱细胞。植物与动物一样，也具有复杂的内部组织图式。虽然我们还不知道植物图式发育的许多细节，但它极有可能反映了隐色沿着内外轴的精细化，同时，植物的内外轴可以追溯到只有一个或几个细胞构成的早期胚胎阶段，因为植物细胞被细胞壁限制在比较固定的位置上，植物中的精细化过程不包括细胞的迁移，主要依靠细胞间的信号传导和相互应答。

偏手性

至此，我已经描述了图式如何沿着3条不同的轴线被精细调节，从而展示出一幅保留有镜像对称平面的复杂镶嵌图案。但是植物和动物发育的某些方面展示了一种更深层次的不对称，以至于找不到任何镜像对称的平面。下面，我们就来研究这是如何发生的。

图14—7是一幅凡高创作的自画像，画中的一只耳朵用绷带包扎起来。这幅画创作时，他刚从一场精神病中恢复不久，他在

图14—7　耳朵扎有绷带的自画像（1889年），凡高作。戈陶德（Gortauld）研究所，伦敦

病发作时割下了一只耳朵。根据《牛津艺术指南》一书，这幅画显示，凡高一定是割下了他的右耳，因为在画中，显然是这只耳朵扎着绷带。但是，稍微思考一下后就会明白，被割去的应是他的左耳，因为这是一幅自画像，创作时是比照着镜中的像，因此，左边与右边是颠倒过来的（还可根据衣服判断，画中的纽扣

洞在外衣的右边，习惯上男人衣服的纽扣洞在左边)。

凡高的自画像告诉我们，具有左-右不对称性的任何物体，都不同于它的镜像。事实证明，为了能区分一个物体的左和右，必须具备沿着另外两条轴线的不对称性。例如在凡高的自画像中，就存在从顶端到底部和从前面到后面的不对称性。因为画像从顶端到底部有许多明显的差异，所以，我们知道怎样把它挂起来；类似的，也可以区分画像的前面与后面。假如消除两根轴中任何一条轴线上的区别，我们就无法得知凡高割下的到底是哪只耳朵。例如，去掉前面与后面的差异，方法是拍摄一张该画像的幻灯片，这样，从前面或后面都能欣赏这幅画像。从前边观看幻灯片，我们会认为他割下了左耳，但从后面观看，就会得出相反的结论，认为割下的是他的右耳。如果不知道用哪种方式观看，我们就无法知道方向。在这里，我是用包扎绷带的耳朵来说明这个道理，但同样能解释画像中左-右发生颠倒的所有物体的特征，如窗户框架的位置或挂在后面墙上的画。

总之，要使一个物体能与它的镜像区分开来，需要有 3 条不对称性轴线，分别为顶-基轴线、前-后轴线和左-右轴线，如图 14—8 所示。

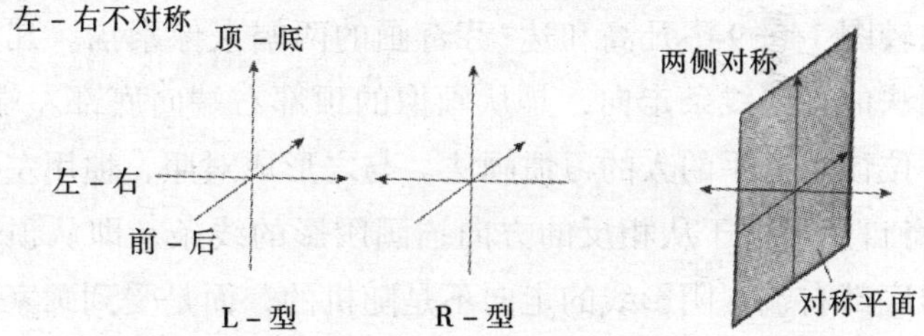

图 14—8　具有一条左-右轴线的物体，它可以呈现为两种可能的形式，而且没有任何内在映像对称平面；具有两侧对称性的物体，只有一个映像对称性的平面，只能呈现为一种形式

物体呈现出两种互为镜像的形式。为了简便起见，我们称一种为左型（L-型），另一种为右型（R-型）。称左型或右型，完

全是出于习惯，如果我们把凡高自画像的原件称为 R-型，那么，它的镜像就是 L-型。物体没有内在的映像对称平面，即找不到一个平面既贯穿该物体，又把物体分成两个互为镜像的部分。让我们把它与两侧对称性作个比较，如图 14—8 的右边所示。两侧对称性也有 3 根轴，但其中的一条轴（图中的水平轴），相对于其他两条轴是对称的。因此，这样的物体保留了一个单独的映像对称平面，本身能与自身的镜像重叠。在本章前面所讲的隐色镶嵌图案中，我们遇到过这种情形：相对于其他两条轴线（背腹轴和头尾轴），内外轴是对称的。

对于左-右不对称的物体，L-型和 R-型是否具有相同的出现概率，或者说其中一种的出现概率大于另一种呢？以凡高割耳朵为例。他选择割下左耳，而不是右耳，这只是偶然事件吗？也许并非如此。根据凡高的朋友高津（Paul Gaugin）所创作的一幅反映凡高的工作画，我们有理由认为，凡高惯用右手。如果他要割下自己的一只耳朵，很自然，他会选择左耳；用左手拉住左耳，用右手割耳朵，这样做会更容易些。因此，凡高的用手习惯导致了他对其中一种形式的偏好。

在其他方面，我们也可以看到画家因用手习惯而引起的偏好。比较图 14—9 中凡高和达·芬奇画的两幅人像素描。凡高的明暗画法的主要线条走向，是从画像的顶部右端向底部左端斜，这是一位惯用右手的人的习惯画法。与之形成对照，惯用左手的达·芬奇自然习惯于从相反的方向描画阴影的线条，即从顶部左端斜向底部右端。阴影线的走向不是随机的，而是受到画家用手习惯的影响。如果我们认为凡高的阴影斜线代表了 R-型，则达·芬奇的阴影斜线就代表了 L-型。

任一位画家都可能由于用手的习惯，而对某些特定的画法及构型有偏好。如果综合考虑许多画家的作品，这种偏好会在某种程度上得到平衡，因为有些画家惯用右手，有些画家惯用左手。但是，在人群中，每种形式的比例不相等：惯用右手的人比惯用

图 14—9　达·芬奇（左边）和凡高（右边）的人像素描，它们显示了相反的明暗线条方向

左手的人多（我将在后面解释原因）。这意味着存在对某些形式（例如阴影的走向）的总体性偏差。因此，人的偏手倾向提供了偏向事物某种镜像类型的一个很好的例子。从现在起，我把偏手性当作术语，用于任何稳定地偏向 L–型或 R–型的系统。

动植物中的左–右不对称性

生物世界里存在着许多左–右不对称性的例子。在某些生物中，L–型和 R–型出现的数量相同，任何个体以任一种形式发育，大体上是偶然性事件（即不存在任何总体上的偏手性）。例如，雄性招潮蟹的一侧有一只特大的螯（图 14—10）。这只螯是在左侧（L–型）还是右侧（R–型），取决于招潮蟹以前的偶然性经历。年轻的雄性招潮蟹开始时有两只大螯，但是，如果其中的一只螯因受伤而脱落后，在这个位置上将重新长出一只小螯，从而使招潮蟹仅在一侧有一只大螯。与凡高不同的是，在招潮蟹中，

图 14—10　左侧有一只特别大的螯的雄性招潮蟹

究竟哪侧会受到伤害似乎不存在任何倾向性，因此，左型和右型的出现概率相等（如果两只螯都脱落，招潮蟹最后只有两只小螯，如果两只螯都不脱落，成年招潮蟹的两侧就都有一只大螯）。

另一个不对称的例子是某些植物叶子的排列形式。例如，沿着烟草的茎干向上，连续的烟草叶片构成一个螺旋环或一条螺旋线。从植株顶端往下看，顶端生长着嫩芽，越往下叶片越大，很容易看出螺旋线的走向（图 14—11）。有些烟草的螺旋线从顶端到底部的走向是顺时针的（R–型），也有一些烟草的螺旋线的走向则是逆时针的（L–型）。这两种形式互为镜像。在一次调查

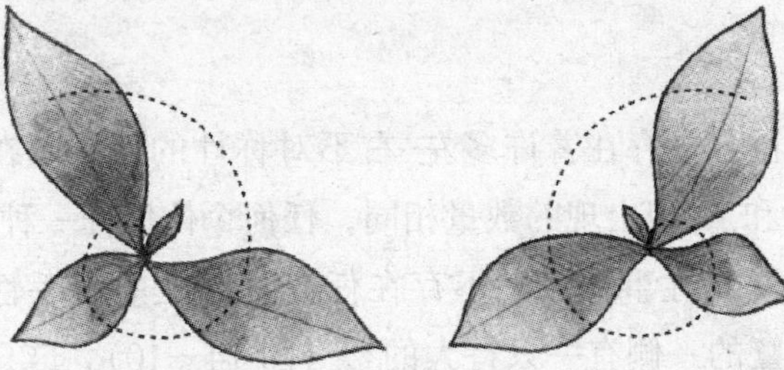

图 14—11　从顶端往下观察两棵烟草植物，它们展现了叶子的螺旋形排列形式

中，检查了 2 万多棵烟草植物，两种形式出现的数量基本相等。此外，如果两种形式的植株分别自交，在下一代植物中，每种形

式出现的比例仍然是1∶1。于是，这意味着，烟草植株以何种构型发育，大体上是随机的。在发育的早期，植物个体要选择的叶片螺旋走向可能只保持微妙的平衡，微小的随机扰动就足以使它在不同走向中变动。

在上述例子中，左型和右型之间的差异是一个随机事件。但也有些植物对其中的一种构型有恒定的偏好。例如，在大长春花的花朵中，花瓣排列成扇形叶片，花瓣排列方式与电扇叶片相似，它们似乎都以同样的方式旋转（图 14—12，左边）。如果从花朵的中心出发，沿着一片花瓣的外缘朝前走，便是依逆时针旋转（这种花具有 5 重旋转对称性，但缺少内部映像对称平面）。这是一个表现偏手性的实例，因为这个物种所有个体的花朵都以相同的方式（L-型）排列。与之形成对照的是欧洲夹竹桃的花瓣排列方式，它刚好是大长春花花瓣排列方式的镜像，即 R-型（图 14—12，右边）。

图 14—12　展示偏手性的大长春花和夹竹桃的花朵

脊椎动物的外形一般呈两侧对称，但内部解剖结构的某些方面却表现偏手性。例如人的心脏和胃通常位于身体的左侧而肝脏位于右侧。内部与外部不对称性的差异可能与我们的运动方式有关。沿着一条直线从 A 走到 B，要比以左旋的曲线移动得快得多，如果你的左腿比右腿短，就有可能产生这种曲线运动。人类惟有呆在子宫里的时候才以这种方式运动，子宫里的胚胎通常向右旋转，脐带血管因此形成了相应的扭曲（图 14—13）。人的外部躯体对称的原因与汽车外形对称的原因是一致的。然而在内

图 14—13　人类的脐带，它显示了血管互相缠绕的螺旋形排列形式

部，汽车的方向盘设置在左边或右边，并不影响汽车的移动方向。人为了更有效地布置体内的五脏六腑，认为某些器官需要放置在特定的一侧，重要的是要以一种协调一致的方式来做这些事情。如果汽车加速器的踏板放在左边，方向盘设置在右边就毫无道理。同理，如果某个人的一个或两个器官被左右颠倒过来，而其他的器官仍保留在正常的位置上，那么就会造成临床上的病症。人群中大约有万分之一的个体的内部器官是完全左右颠倒过来的，与正常的器官排列形式互为镜像，这称为体位反转。但是，由于器官相互之间的关系不变，仍然能够发挥正常功能，所以这些人的健康没有问题。

尽管以左旋曲线或右旋曲线移动的方式在动物中并不常见，但缠绕植物却是这么生长的。当缠绕植物沿着一根杆往上攀沿生长时，生长点协调一致地朝右或朝左依曲线生长，从而形成一个螺旋线。我先简要地定义一下螺旋线的走向。根据一个右旋的开塞钻的外形，按惯例把螺旋线分成右旋的（R-型）或左旋的（L-型）的两类（图 14—14）。分辨螺旋有一个很简便的方法：观察最靠近你的螺线边缘构成的斜线。如果这些斜线的倾斜方式，与惯用右手的人的描影方向一致，这条螺旋线就是右旋的；如果与惯用左手的人的描影方向一致，就是左旋的（如果把这个方法应用到图 14—13 所示的脐带中，那很容易明白，缠绕的脐带构成了一条左旋螺旋线）。请注意，右旋或左旋是一条螺旋线

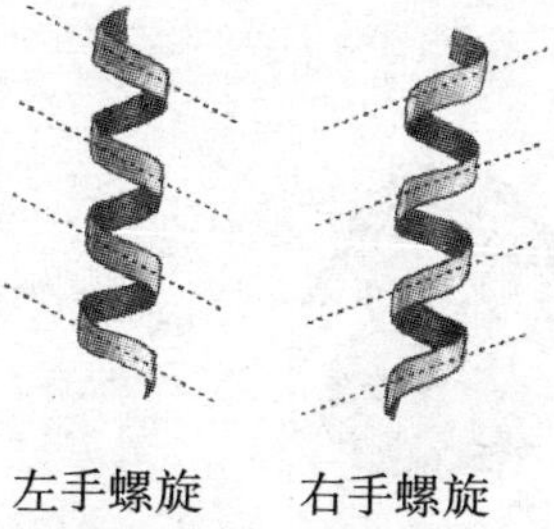

图 14—14　两种形式的螺旋：左手螺旋和右手螺旋。对应于偏手性，螺旋上斜线的方向与绘画时相应的偏手性画家的描影方向一致

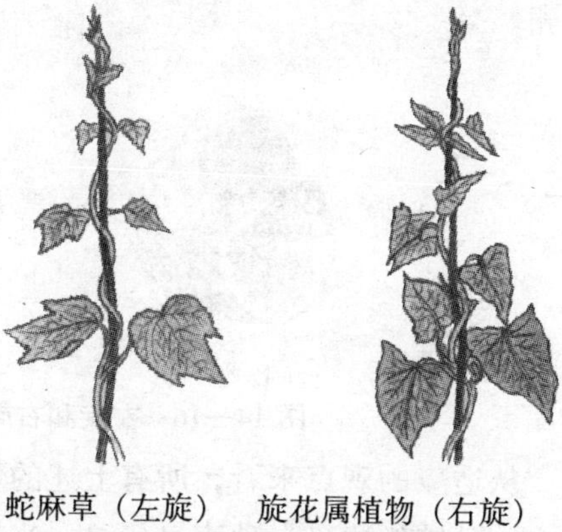

图 14—15　由蛇麻草（左旋）和旋花属植物（右旋）构成的螺旋线

的固有属性，它与螺旋线的放置方式无关。把图 14—14 所示的螺旋倒转过来，倒置后的斜线走向维持不变（螺旋线尽管没有内部的映像对称平面，但具有旋转对称性）。

缠绕植物中的大多数物种表现出偏手性，当它们向上攀缘生长时，形成连贯的右旋或左旋螺旋线。例如，红花菜豆和旋花属植物构成右旋螺旋线，而蛇麻草和忍冬属植物则构成左旋螺旋线（图 14—15）。偏手性取决于生长点的行为。随着缠绕植物生长点的成长，它一般每隔几小时朝同一方向旋转一次，或者顺时针，或者逆时针。正是这个旋转方向决定了植物向上攀缘时，将形成的是右旋还是左旋螺旋线（达尔文曾经对这种现象做过有趣的研究，把这种旋转称为回旋转头运动，当时他因病卧床，很仔细地观察了病房内的盆栽植物生长点的运动）。

软体动物外壳的旋转方向是另一个表现偏手性螺旋生长的例子。大多数蜗牛壳或大海里的贝壳具有右旋螺旋线。仔细观察右旋贝壳，把它捏在手上，使螺旋线的终点指向远离身体的方向，你就会发现贝壳的开口位于右侧（图 14—16）。螺旋线的走向取决于壳类动物的早期发育方式。在某些右旋物种中，我们可以找到一些罕见的左旋突变体，它们以相反的方式生长，形成左旋的贝壳。

图 14—16　左旋和右旋的蜗牛壳

从适应的观点来看，所有上述的偏手性例子都没有说明，为什么一种镜像比另一种更具优势。当把人的所有内部器官精确地排列成正常形式的镜像时，并不存在任何明显的劣势。类似的，一棵缠绕植物或一只贝壳为什么要以某种相同的螺旋形式，而不是另一种方式生长呢？答案并不是因为一种镜像比另一种工作效率更高，而是因为引导左-右不对称的基本分子机制导致了偏手性的产生。下面，我将介绍这种机制是什么。

蠕虫的旋转

解释偏手性是十分困难的，因为必须有一种机制来持续地摆正左-右轴与其他轴线的相对方位。我们在儿童时代曾经花了很长时间来区分左边和右边，而简单的分子或细胞是如何获得这种能力的呢？我们先从突变蠕虫的研究中获得一些线索。

微小的线虫通常以身体的一侧着地，通过一连串的肌肉收缩动作而波动前进，从而在地上留下波状的痕迹（图 14—17）。可是，已经发生突变的线虫却不是平稳地蛇形状爬行，而是就地打滚，以绕圆圈的方式移动。这种 *roller* 突变体沿身体长轴扭曲，因此背部和腹部侧面呈螺旋形排列（图 14—17）。当这个突变体

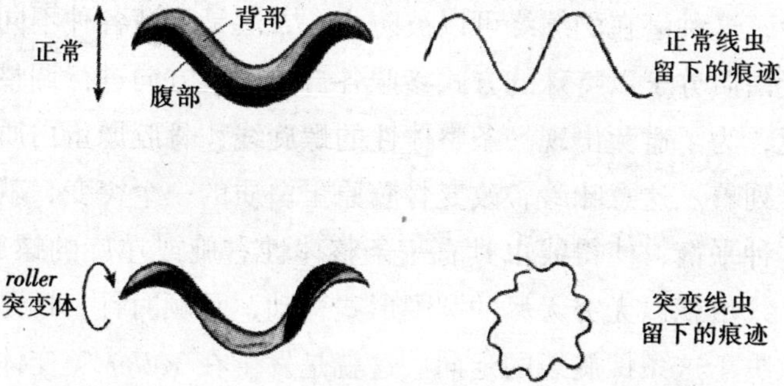

图 14—17　正常线虫与 *roller* 突变体线虫的运动方式及其结构的比较

试图移动的时候，它的头部和躯体像一颗螺丝钉那样旋转，移动轨迹呈圆形。与我们的话题最有关系的是，*roller* 突变体朝着一个固定不变的方向打转，显示了偏手性。有两种类型的 *roller* 突变体，一类按顺时针方向滚动，另一类按逆时针方向滚动。同种类型的突变体，旋转的方向相同。只在一个基因内发生突变，为何能使线虫始终以一种方式旋转呢？

实验证明，*roller* 突变体内受到影响的基因对一种称为骨胶原的蛋白质进行编码。骨胶原是一种长而硬的蛋白质，构成线虫坚硬的角质层和表面保护层（在人体中也有骨胶原蛋白质，它们是皮肤和骨纤维的主要成分）。骨胶原蛋白质的一个关键特征是，它们由 3 条相互缠绕的长纤维构成，并且总是排列成右旋螺旋线

图 14—18　骨胶原蛋白质的结构

（图 14—18）。请想象许多这样的骨胶原蛋白质互相平行地缠绕在线虫上，因为它们都以相同的方式缠绕，这些螺旋线组合起来，使得线虫的外层也有一条整体性的螺旋线。并且，因为骨胶

原蛋白质具有偏手性，整条螺旋线也具有某种偏手性。在正常的线虫中，这种潜在的缠绕可以被防止，方法是保证各种不同的骨胶原蛋白质分子以特殊的方式参照各自的螺旋方向进行调整。换句话说，为了避免出现一条整体性的螺旋线，骨胶原蛋白质被细致地排列着。这意味着，改变骨胶原蛋白质的一个突变，就可能打乱这种平衡，使得线虫具有一条整体性右旋或左旋的螺旋线。于是，线虫就以无穷无尽的圆圈形式移动，是顺时针，还是逆时针则取决于这条螺旋线的走向。这就是发生在 *roller* 突变体中的情形。发生突变的线虫是朝着哪个方向作旋转移动，则取决于它的构成要素——骨胶原蛋白质的偏手性。那么，骨胶原蛋白质为什么总是排列成右旋螺旋线呢？骨胶原蛋白质怎样才能区分左边和右边呢？

请回忆，每种蛋白质都是由亚单位氨基酸连起来的链所构成，而氨基酸则是由一个碳原子和四个不同的分子或原子构成的一个四面体（甘氨酸是个例外，因为与碳原子相连有两个相同的氢原子）（图 14—19）。但这种排列不存在映像对称平面，不管用哪种方法和如何旋转一个氨基酸，它的镜像都不可能与原型重叠。因此，对于每个氨基酸来说，有两种潜在的构型，即 L-型和 R-型（图 14—19）。如果它们以 1:1 的混合方式出现，对于氨基酸来说，就不存在偏手性。如果在进化的早期阶段，只有一种构型的氨基酸（L-型）成为有机体的惯用构型，并且所有参与蛋白质合成的氨基酸最后都是这种构型，那么，最后蛋白质的形状就是固定的。这种情况是怎样发生的，仍然是争论的焦点，但是，我们得到的重要的结果是：因为总是采用同一种构型的氨基酸组装蛋白质，所以蛋白质的形状就是固定的。

从原则上讲，R-型与 L-型一样能被有效地利用，最后采用哪种构型是随机的，就如我们是选择靠马路的左侧还是右侧行驶，只是一个历史上的偶然事件。只要人们都群起效仿，靠马路的哪一侧行驶都没关系。有些国家（如英国），传统惯例是靠左

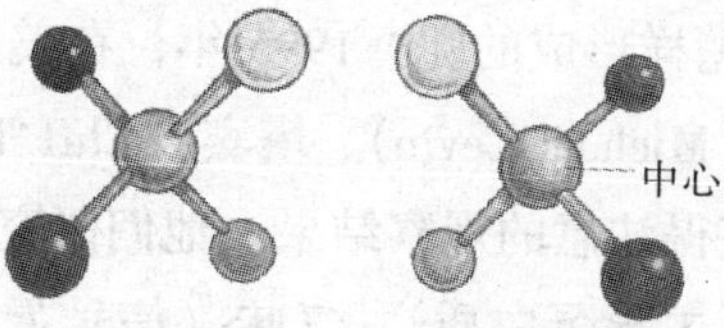

图 14—19　氨基酸的两种构型

侧行驶，其他国家（如美国），则是靠右侧行驶，但是，忽左忽右的混合性策略，却会造成灾难性后果。同样，进化期间分子之间的相互作用，保证只有一种构型的氨基酸在生命王国里逐渐占据优势（根据某种观点，这个选择本身就受到物理偏手性的影响，其间涉及了亚原子粒子的性质）。

当 L-氨基酸连接起来构成蛋白质时，它们经常形成螺旋线。并且，因为这些氨基酸具有偏手性，所以形成了偏手性螺旋。在骨胶原蛋白质中，3 条氨基酸链相互缠绕，形成一条右旋螺旋线，图 14—18 所示的骨胶原蛋白质的每根纤维是一条 L-氨基酸分子链。因此，骨胶原蛋白质的偏手性反映了它的构成要素氨基酸的偏手性（类似的原因，DNA 分子也是一条右旋的双螺旋线，它的亚单位是具有偏手性的分子）。

把偏手性的氨基酸小分子连接起来，最后将获得一个偏手性的螺旋形骨胶原蛋白质。偏手性骨胶原蛋白质的集合，能够使得线虫表皮具有一条偏手性的总螺旋线，从而导致线虫朝着一个固定不变的方向转圈移动。发生突变的线虫的偏手性，可以追溯到分子的偏手性，而分子的偏手性可能是由生命进化早期的随机事件决定的。

偏手性的绘画

滚动线虫的例子表明，躯体的偏手性螺旋线是怎样起源于分子的偏手性的。但是，更复杂的排列形式，如人的内部器官，其左-右不对称性是怎样形成的呢？1995 年，在美国波士顿哈佛医学院工作的莱文（Michael Levin）、塔宾（Cliff Tabin）及其同事们，获得了一项值得注意的观察结果。他们研究小鸡早期胚胎里某些对应于隐色（主导蛋白质）、气味（信号蛋白质）和敏感性（受体蛋白质）的基因。他们注意到，这些基因当中，有的主要在胚胎的左侧表达，有的则在右侧表达。换句话说，在发育的早期阶段，这些基因的活性分布存在一种左-右不对称性。他们在其他脊椎动物的胚胎，如老鼠和青蛙的胚胎里，也获得了相似的观察结果。这意味着，在早期的隐色谱图和相关的气味以及敏感性中，存在左-右差异。

上述基因表达的不对称性与发育出来的内部器官左-右不对称性有关。例如，老鼠中存在一种突变类型，使内部器官的排列形式就是正常排列形式的镜像（体位反转）。这类老鼠早期胚胎的隐含图式中，一般也具有左-右差异，因此，在正常情况下应在左边表达的基因，却在右边表达。这类观察结果导致了下述模型的形成。

除了前面提到的沿着 3 条轴线（头部-尾部、背部-腹部、内部-外部）的差异之外，早期胚胎中同时也建立了左右不对称的隐色图式，在胚胎镶嵌图案的左半部分和右半部分形成了互有差异的颜色组合，这幅镶嵌图案可以被进一步译解和精细化，最后导致内部结构左-右差异的形成。就是说，内在的左-右不对称性起源于由隐色构成的镶嵌图案的不对称。那么，镶嵌图案中的左-右差异又取决于什么呢？正如我们在滚动线虫中所看到的那样，它们的源头本身肯定具有偏手性。最明显的是建造生命的原料，例如 L-氨基酸，就具有偏手性。在线虫中，氨基酸分子只影响动物体的偏手性运动，但需要设想这类分子导致了胚胎左半部分与右半部分隐色的各种差异。例如，偏手性的蛋白质（由 L-氨基酸构成）可能使得某种特定的气味被优先从胚胎的左边输送到右边。某种气味分子的左-右差异一旦建立起来，就能被应答并且被进一步精细化［布朗（Nigel Brown）和沃尔珀特在1990年提出了这种模型，最近已经得到一些实验结果的支持，例如，小鼠中影响偏手性的一个基因对一种称为动力蛋白的蛋白质进行编码。动力蛋白质参与了分子的运输］。虽然其中的细节远未弄清，但关键是，镶嵌图案的偏手性极有可能反映了基本分子，如L-氨基酸的偏手性。也许，所有形式的生物偏手性，从缠绕植物、螺旋形贝壳到人体内脏器官的排列形式，都是通过某一种途径，起源于像氨基酸这样的建筑分子的偏手性。

用同样的道理也能够解释人类偏用右手的倾向吗？早期的一种学说认为，用手的偏好反映了内部器官的排列形式。但事实并非如此，因为绝大部分人，包括大约十分之一的左撇子，都具有相同的内部构造，即心脏位于左侧，肝脏位于右侧。因此，用手偏好与内脏的构造没有内在的联系。相反，这种偏好更多地与我们大脑的工作方式有关。我们把大脑看做是一个单独的结构，但它实际上被分成左右两个大脑半球，各自发挥着不同的功能。在大多数人中，语言功能由左半球控制，而视觉空间的能力则由右半球集中控制。大脑的两个半球也以交叉的方式控制我们身体的基本运动：左半球控制身体的右半部分（如右臂、右腿），而右半球则控制左半部分。因此，右撇子占据优势被认为是源于左半球对人体活动的支配性作用的表现。

所以，用手偏好反映了大脑发育方式的不对称性，即存在这样一种偏好，它导致对手的支配更经常地发育在大脑左半球。虽然不知道这种偏好的起源是什么，但我认为，可能是起源于分子的偏手性。如同偏手性分子使某些器官发育在身体的某一边一样，它们也可能偏好大脑的这种发育方式。就大脑和内脏的左-右不对称性而言，预计参与其间的特定分子也是不同的，因为这些不对称性可以相互独立地颠倒过来。此外，大脑中的偏好可能相对更弱一些，因为在不同种族中的研究表明，约有十分之一的人是左撇子，而只有约万分之一的人的内脏器官是完全颠倒的。尽管如此，这两种不对称可能都起源于同一种分子偏手性。如果真是这样，那就意味着，内脏偏手性的排布、隐色的精细化以及绘画的用手偏好，将起源于相同的基础。

总之，最基本的不对称性类型是沿着内外轴的不对称性。所有的生物体以各种形式体现这点。在多细胞生物中，沿着内外轴的不对称性在发育期间被精细化，从而形成一种从内部到外部互有区别的隐色图式。这种图式与沿着另外两根轴形成的图式相互作用，从而产生一幅具有两侧对称性的总体镶嵌图案。在某些生物中，还存在一种由隐色构成的左-右图式，这种图式可以叠加，从而使得总体镶嵌图案具有一种整体的偏手性。与生物偏手性的其他实例一样，这种偏手性极有可能起源于建筑分子材料的偏手性本质。

我们已经看到，多细胞生物的总体形态和对称性，如何依赖于沿着各种不同轴线隐色的精细化。但是，对于生物体的形态结构来说，还存在另一个基本的方面：内在的重复。植物和动物的一个显著特征是，它们包含了许多重复的要素或主题，如植物的叶状器官、昆虫的体节、哺乳动物的椎骨等。下一章，我将探讨这种内在重复性的本质，并阐述如何与其他图式和不对称性联系起来。

15 主题和变体

当我在利物浦[1]读书的时候，有时被老师惩罚，要在许多规定的“横线”上写句子。因为行为不端，我被要求把一个句子重复写100遍，如“我决不把直尺当弹弓”。我从一张纸的顶端开始写起，然后在下面的横线上重复写这句话，直到写满整张纸为止。在完成这项作业的过程中，某种奇怪的满足感油然而起。当我看到同一系列的铅笔印迹自上而下整齐地排列在纸上，形成一种有规则的图式时，心中便产生某种兴奋的感觉。实际上，如果来回沿着垂直方向写单词，会更快形成图式。用这样的方法抄写，这些句子就失去了它们的意义，做作业成了构造由规则符号组成的抽象图式。

看起来，仅仅是多次重复某件事就可以导致某种类型的对称性。这也是许多建筑装饰和墙纸图式赏心悦目的原因。即使十分简陋的设计也能通过简单的重复行为，变得十分具有吸引力（图15—1）。

图 15—1　简单的重复设计

我们将看到的，重复性也是生物世界的一个基本特征。在本章中，我要考察重复性如何在生物体的发育过程中产生出来，它又是怎样与前几章所讨论的各种对称性类型相联系的。

平移对称性

一个句子或图案不断重复时所显示的对称类型被称为平移对

〔1〕利物浦（Liverpool），英国城市。——译者注

称性。请回忆，一个物体的对称性可以用物体发生变换但保持不变的次数来定义（第 13 章）。我们讨论过旋转对称现象以及映像对称现象：具有旋转对称性的物体，进行旋转时，物体仍保持不变；具有映像对称性的物体，其外形映射到一个平面上时保持不变。沿着一条直线移动一个具有平移对称性的物体时，物体保持不变。例如，图 15—1 中的图案若向左或向右平移无限长的距离，图案并不会发生变化。如果用一定长度的重复单元来移动这个图式的话，最后也将再次获得完全一样的图式。换句话说，如果只看结果而不能察觉曾经做过这样的变换，就称为平移。类似的，上面写满一行行重复句子的一张无限长的纸，也不会因为向上或向下移动而发生变化。严格说来，只有无限的图式才显示出平移对称性。如果重复的图式长度有限，就可以通过观察它的两端的移动，看到它已经被移动过。不过就我们的目的而言，可以在一个更加广泛的意义上应用平移对称性的概念，把有限和无限的重复图式包括在内。毕竟可以通过无限地延长一个图式，把一个有限的图式虚拟地转变成一个无限的图式。

有了平移对称性概念以后，就可以区分两种基本的重复图式类型。请看图 15—2 上面所示的简单线性设计。

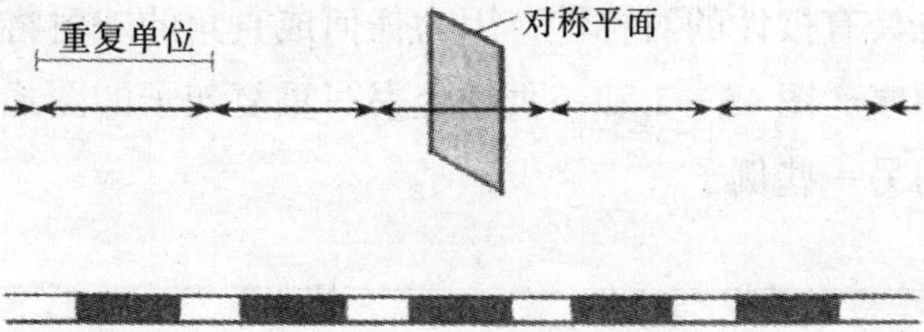

图 15—2　没有任何极性的平移对称性

这一图式具有一个贯穿中间的映像对称的垂直平面，并且又有沿着水平轴线的平移对称性，也就是图式的左半部分与右半部分互为镜像。如果这个图式被无限重复，在这条线上每隔一个固定的间隔，就会有一个类似的平面（对称性的平面之间的间隔长

图 15—3　棕叶饰纹没有极性的平移对称性

度是重复性单元长度的一半）。因为这样的图式无论从哪端看起来都是相同的，所以说它没有极性。由两种相互交替的颜色构成的一条色带，也具有这种对称性，它的镜像对称平面贯穿每个颜色块的中间（图 15—2，下部）。图 15—3 所示的希腊棕叶饰纹图案[1]是另一个很好的例子。

重复性图式的第二种类型则没有任何这样的对称性平面。例如，如果把图 15—4 的上面所示的图式映射到任何垂直平面上，箭头的方向就颠倒过来，便知道已发生的映射变换。所以，图 15—4 上的图式与前面的例子相比，对称性程度要低一些，因为变换图式后不发生变化的方式要少一些。我们可以说这样的图式显示出极性。图 15—4 的下面所示的由 3 种不同颜色构成的带状图式，也具有极性的对称性，因为任何成直角的映射将颠倒颜色的排列顺序。图 15—1 和一页纸上书写重复句子的图式都是极性对称性的另一些例子。

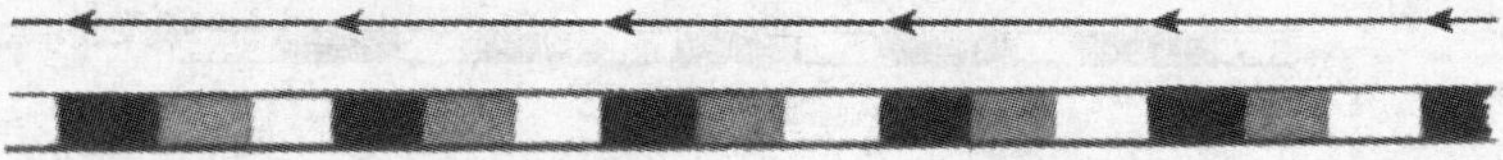

图 15—4　具有极性的平移对称性

平移对称性的所有例子都属于这两种类型中的一种，要么具有极性，要么没有极性。以相同的朝向叠起来的一堆硬币，如果

[1] 取材自赫尔曼·韦尔（Hermann Weyl）有关对称性的著作。

都是正面朝上，背面朝下，便具有极性的平移对称性；每枚硬币通过一枚硬币厚度的垂直变换，与其相邻的硬币关联起来，并且如果映射到与这堆硬币成直角的平面上（一个水平方向的平面），每枚硬币的朝向就被颠倒过来。与之形成对照的是，由具有两个相同面的硬币（两边都是正面的硬币）叠成的一堆硬币，将形成另一种模式，显示出没有任何极性的平移对称性。

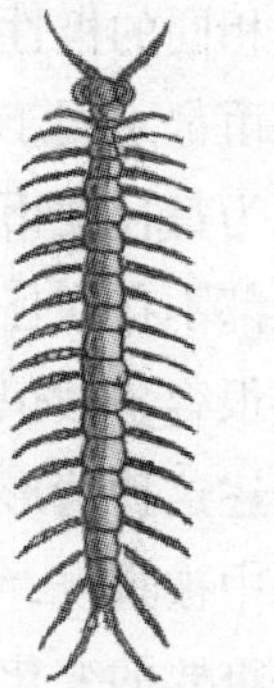

图 15—5 显示体节的平移对称性的蜈蚣

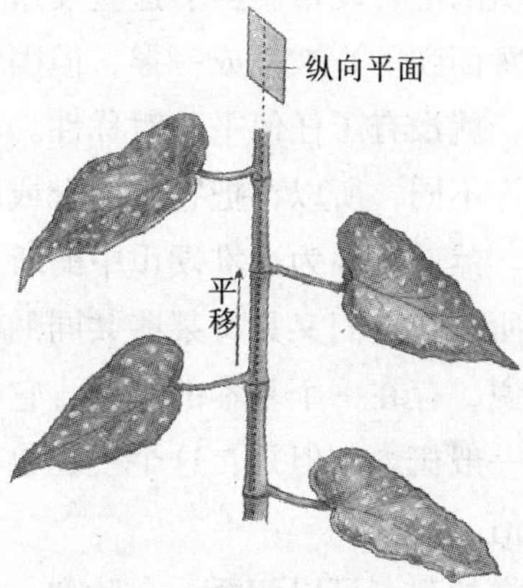

图 15—6 一株秋海棠植物上叶子的排列，依次长出的叶子通过组合变换，先沿着茎干平移，然后是映射到一个纵向平面上，而被联系起来

蜈蚣和千足虫的体节提供了生物世界中平移对称性的很好例子（图 15—5）。可以从蜈蚣腿的朝向中看到，这些重复的模式也具有极性：如果把蜈蚣映射到一个贯穿它的平面上，这些体节最后将指向相反的方向。虽然大多数植物上的叶子通常显示了比纯粹的平移对称性更加复杂的图式，但它们也是以一种重复的方式排列的。在某些植物中，叶子沿着茎干排列成螺旋形。从一张叶子到另一张叶子必须先沿着茎干向上移动（平移），同时围绕茎干的圆周移动一段距离（旋转）。也就是通过平移和旋转的组合，图式保持不变。在其他例子中，如图 15—6 所示的秋海棠，依次长出的叶子通过一种组合变换，先是沿着茎干向上平移，然后映射到一个纵向平面上，相互联系起来。叶子布局的大多数类

型包含了由平移、旋转和（或）映射对称性组成的一种组合变换（因为一片叶子的上部表面一般不同于下部表面，所以，它们也显示出极性）。

所有这些例子都包含了相同或十分相似的单元的重复。但是，也存在类型更广的图式范畴，其中的重复性单元在某种程度上互不相同。例如，假设我们叠的不是完全相同的硬币，而是一组不同币值的混合硬币。虽然这些硬币仍然能以相同的极性（正面朝上和背面朝下）被叠成一摞，但因为每枚硬币都不同于它旁边的硬币，就没有了任何平移对称性。此外，因为每枚硬币的厚度都有少许不同，所以，把它们向上或向下变换都不存在任何标准的长度。然而，因为这堆硬币中的所有单元都很容易被识别出是硬币，所以，它们又具有某些共同的特征。描述这种情形的一种方法是说，存在一个基本的主题，它在硬币堆中被重复，也就是硬币的一般概念，但是，这个主题也存在某些重要的变化，即特定的币值。

用同样的观点可以解释一个队列。如果一个队列中的所有人都是一模一样的，并且以完全相同的间隔站立，这个队列将具有平移对称性。但在现实的队列中，每个人都与他旁边的人不同，因此不存在严格的对称性。尽管如此，仍然能够把这种队列看做是一种重复性的结构，可以表达为：在这个队列中存在一个重复的基本主题，即通常意义上的人；同时又有与人的概念有关的众多变化，即队列中每个人的特征，人与人不同。所有上述的例子中，一种基本的单元（如硬币或人）在一个线性序列中重复，但重复的单元又并非完全一样。

果蝇也可以看做是表现出一个主题的各种变体。尽管果蝇的体节不完全相同，我们仍然说果蝇是由重复的体节构成：一些体节有腿，一些长有翅膀，而另一些体节则没有任何附器。这如同果蝇呈现出一个与各种变化结合在一起的重复主题（体节）。这同样适用于不同花器官的各个轮，或脊椎动物的前肢和后肢，它们都是某个主题各种变体的例子。在前几章中，我们已经考察了这样的变化是如何产生的。例如，我们看到，果蝇的体节之间的各种变化反映了一系列的隐色（各种类型的绿色），这些颜色从头到尾发生变化。但是，我没有涉及体节共同具有的任何东西，即潜在的主题的本质。我现在要来考察这个问题，但在开始之前要先对两种类型的主题进行区分。

明晰的主题和隐蓄的主题

1957年，毕加索（Pablo Picasso）受一幅名画的启发，创作了一系列的作品。那幅名画叫做《王室侍女》，由贝拉斯克斯[1]创作于约300年前。这幅画描绘了一名西班牙王室家族的少女，以及她周围的王室侍女（图15—7，上部）。画中的场景是，这位王室少女来到宫廷画家贝拉斯克斯的画室，看望正在创作的画家。毕加索十分欣赏这幅名画，并在这幅画的基础上创作了一系列的作品。在毕加索的这些作品中，一些画是对应于贝拉斯克斯整个原画（图15—7，下面）；另一些则集中在原画的局部，例如王室少女一人（图15—8）。尽管从表面上看起来它们十分不同，可一旦知道了这些作品的历史，几乎就能在毕加索的这些作品中看到贝拉斯克斯的原画。

可以说，毕加索的这一系列作品代表了与一个主题有关的多种变化。这个主题就是贝拉斯克斯的原画，而各种变体则是毕加索在这幅名画基础上创作的各种作品。虽然主题和它的变体都是画作，但要把它们区分开来毫无问题。主题明显产生于各种变体之前，并且是产生变体的灵感源泉。

---

〔1〕贝拉斯克斯（Diego Velazquez），西班牙画师。——译者注

图 15—7 贝拉斯克斯的《王室侍女》（左，作于 1656 年，珀拉都博物馆藏，马德里）与毕加索同名画作（右，作于 1957 年，毕加索博物馆藏，巴塞罗那）的比较

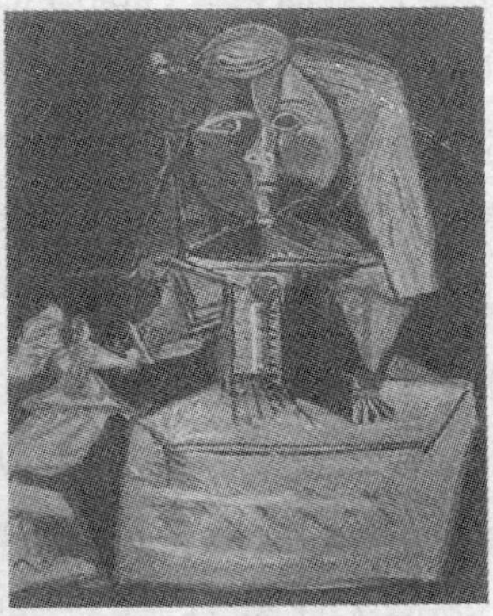

图 15—8 贝拉斯克斯《王室侍女》中的局部（左边）与毕加索作品（右边）的比较

但是，还存在另一个主题把毕加索的作品联系在一起：这些作品有共同的艺术风格。它们都是毕加索的艺术风格和想象力的体现。从某种意义上说，这个主题更为重要，因为任何人都能够观察一幅贝拉斯克斯的画，然后创作一系列的作品，但只有毕加索才能创作我们在他的《王室侍女》系列中所看到的作品。然而，定义毕加索的艺术风格这个主题并非易事。人们可以欣赏毕加索的许多作品，找出这些作品中隐藏的某种共同点，但要说清

楚这些作品所具有的全部共性，哪些特征使得它们能够被认定是毕加索的作品，却很困难。

毕加索的《王室侍女》系列作品说明了两种基本类型的主题。一方面，存在贝拉斯克斯提供的主题。我们可以在贝拉斯克斯的原画上，指出其他变体作品所赖以创作的特征。可以说，在这种情况下，主题十分明晰，在各种变体之前业已存在。比较而言，另一种类型的主题，也就是毕加索的艺术风格的统一性，是隐蓄的。它似乎隐匿在每种变体之中，而不是一幅可以触摸的单个作品。它与明晰的主题不同，没有任何不言而喻的导向：任何两幅毕加索的作品都同等地表达了毕加索的艺术风格，而不是其中的一幅作品衍生自另一幅作品。

叶　片

有关生物世界中重复性本质的许多困惑，源于我们混淆了隐蓄的主题和明晰的主题。歌德的理论很好地说明了这种情形，他认为植物上所有的附属物都等同于叶片。请回忆，歌德提出植物的所有器官都是围绕一个主题的变异：萼片、花瓣、雄蕊、心皮和营养叶等等虽然看起来可能互不相同，但它们都拥有一种内在的相似性。歌德需要一个术语用来描述把植物的各种器官统一起来的主题，他选择了使用叶片这个单词：

> 我们不一定要用一个专门的术语来表示这个可作各种变形的器官，以及比较它的各种表现形式；因此，我们采用了单词“叶片”。但是，当我们应用这个术语的时候，一定要有所保留，使我们自己习惯于把不同的形态双向地联系起来。因此，如同我们可以说雄蕊是收缩

后的花瓣，也可以说花瓣是处于膨胀状态的雄蕊。而且，我们也可以说萼片是收缩后的茎叶……以及茎叶就是萼片。

歌德以一种非同寻常的方式来使用术语“叶片”，目的是要说明隐藏在所有的器官背后的隐蓄主题。这里不存在任何意向：对任何两个器官进行比较，如雄蕊与花瓣、萼片与营养叶等，总是可以通过双向进行的。这样的对等性可以总结为，它们都是同一个主题的各种变体，都是不同类型的叶片。很不幸，在选择用叶片这个单词来定义潜在的主题时，歌德造成了严重的混淆，因为叶片也用来表示其中的一个变体，即营养叶。当歌德说所有的器官实质上都是叶片的时候，这与狭义叶片所表示的绿色营养叶完全不同，他并不指成为其他事物基础的一个明晰主题。他是在一个较为隐蓄的意义上使用叶片这个词，把叶片看做是营养叶和花器官共同拥有的一个主题。他的叶片的概念更像毕加索的“王室侍女”系列作品中体现的统一的艺术风格，而不同于产生在这些系列作品之前，并且是这些系列作品创作源泉的贝拉斯克斯的原画。

尽管歌德非常小心地指出了这点，但这并没有逃脱人们误解他的理论。许多植物学家以为歌德想说的是，然后花朵的各个组成部分从叶片衍生而来，这些叶片就是营养叶（甚至到了今天，人们还时常犯这个错误）。人们把显花植物的绿叶看做是模板，其他的结构都建立在这块模板的基础上。歌德逝世以后，这种曲解再次出现，但采取了以进化论为幌子的不同方式。19 世纪末期，当人们日益相信达尔文进化论的时候，他们开始思考显花植物的祖先看起来可能像什么样子。如果花的器官实际上就是发生改变的营养叶，如同人们以为歌德说的就是这个意思，那就会先有叶子,然后,花朵的各个部分从这些叶子中进化而来的过程。这就是说，远古时期的植物一定只有营养叶，然后，通过改变这些远古时期的绿叶而进化出花朵。

问题是，如果这些远古植物只有营养叶，它们就完全不可能繁殖。不管等待多久，玫瑰花的叶子都不可能产生出精子或卵子细胞。虽然没有任何人亲眼见过显花植物的远古祖先，但它们绝不可能没有有性繁殖。性是进化过程的最古老和最普遍的创造之一，肯定出现在显花植物之前。所以，显花植物的祖先绝不可能只有不育的器官。它们更可能与现代的蕨类植物类似。蕨类植物虽然没有花，但它们确实是有性繁殖的。它们有性繁殖的方式是，从绿色叶子或“叶片”中产生出有性孢子。这些孢子最后生成能够相互结合的精子和卵子细胞，然后产生下一代的蕨类植物。换句话说，蕨类植物上的叶子既类似于绿色的营养叶，向外展开以便吸收来自太阳的能量；又类似于花，用于有性繁殖。在显花植物中，营养器官（营养叶）和生殖器官（花）是分离的。这可能是后来产生的特化现象，在远古祖先中，这两种功能都由同一种类型的器官来完成。

因此，一些植物学家得出结论：歌德说花朵的组成部分是改变后或变形后的叶片时，他一定是错了；这意味着远古的植物只有不能繁殖的营养叶，这显然是不正确的。植物学家鲍尔（F. O. Bower）在1911年说过：“对于任何变形理论来说，不必解释花朵的起源。如同歌德首次提出的那样，这是一种注定要消亡的神秘主义理论。”其原因正是人们把歌德的叶片概念看做是一个明晰的主题，其他的器官由此而产生出来。实际上，歌德是利用叶片概念来定义一个隐蓄的主题，这个主题只是以各种不同的方式，在植物的各种组成部分上显现出来。根据这个观点，远古植物的叶子也表示了同一主题的其他变体。

然而，即使我们用歌德的术语来思考，他的观点还是把我们引向一条死胡同。叶片，也就是植物在不断地描绘的共同的主题，它的精确意义是什么？除了说这就是所有的植物器官共同拥有的以外，似乎不存在可用来探讨这个问题的任何有意义的方法，它只是在回避问题。正因为如此，人们常常把歌德的思想看做是神秘的理念而不是严肃的科学。

是否存在走出这条死胡同的方法呢？尽管我们难以描述毕加索作品中的艺术风格的统一性，但是，我们知道它的根源在哪里：这就是毕加索本人。毕加索作品的隐蓄主题，反映了他在创作时，他大脑的工作方式以及大脑与画布之间相互作用的方式。这意味着，要深入地体察毕加索作品的隐蓄艺术风格，方法之一是更多地了解他的作品如何产生，是什么引导他以某种特定的方式使用颜色。类似的，如果要确定花瓣、雄蕊和营养叶等共同拥有的隐蓄主题，只对已发育成熟植物茎秆上的器官的各种各样例子进行考察无甚益处。必须更深入地探寻隐藏在器官的发育背后的共同内在过程。为描述这个过程，我们要转入一个在昆虫世界中已经被充分研究过的实例：果蝇体节的本质。

重复的颜色

如果观察处于较晚发育阶段的果蝇胚胎，可以看到沿着果蝇的躯体有某些特征重复出现。最明显的是刺状突起（称为小齿）

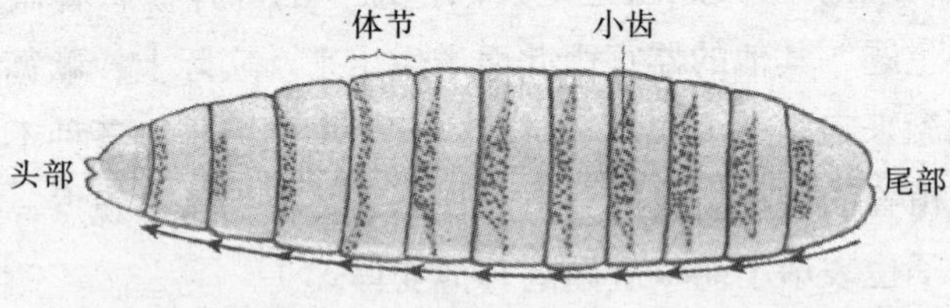

图 15—9　处于晚期发育阶段的果蝇胚胎，从腹部侧面观察，它显示了体节上小齿的重复形式。在果蝇的 14 个体节中，我们只能清楚地看到 11 个体节，因为在这个发育阶段，靠近头部的 3 个体节还被隐藏在果蝇的嘴里

的图式。如图15—9所示，每个体节中的小齿在靠近头部的一端分布最密集。体节沿着果蝇的躯体，呈现出一个协调的重复图式，一个刺状的头部区域和一个平滑的尾部区域，就像用相同的方式叠起来的一堆硬币。如果暂时忽略体节之间的差异，这图式显示了平移对称性，因为把它向前或向后移动一整节的距离，图式不发生变化。每个体节上，由于头尾的差异方向一致，所以，图式也具有极性：如果使胚对着镜子，镜子里就会出现体节头尾方向相反的胚。

这图就像我们在前几章中看到的，研究使图式发生变化的突变体是研究生物图式的一个好方法。在这里，我们要寻找一些平移对称性发生改变的突变体。70年代后期，埃里克·维乔斯（Eric Wieschaus）和克里斯琴·尼斯莱-沃哈特（Christiane Nuesslein-Volhard）筛选了数千只果蝇胚胎，试图找到一些与正常果蝇胚胎不同的罕见突变体（第9章）。进行筛选时，他们注意到一类引人注目的突变体。这些突变体胚胎的体节个数正常，但其中的每个体节不具有头-尾极性，而是以体节的中线为对称轴（体节也更短些）。例如，具有每个体节的头部区域特征的刺状突起，被作为一个镜像重复，取代了尾部区域，因此这些胚胎变得如同于一叠两面都是正面的硬币（图15—10）。这就好像体节图式的极性已经丢失；因此，维乔斯和尼斯莱-沃哈特把它们命名为体节极性突变体。

需要记住的要点是这些突变体不影响体节之间的差异，尽管每个体节都由两个对称的部分构成，仍然能够把体节4与体节5区分开来。类似地，可以设想用一叠双正面硬币，来取代一叠具有各种不同币值的硬币，同时又保持这些币值不变。体节极性突变体影响主题，但不影响变体。接着，我先要研究被重复的主题怎样产生，然后回到它如何与变体联系起来的问题上。

许多体节极性基因在早期胚胎里以重复的图式表达（打开以产生RNA拷贝），与以后形成的体节图式相对应。图15—11是

体节极性基因沿着胚胎表达的一个典型例子，表达模式呈一定的间隔分布的条纹带状。基本的重复图式显示在胚胎的下方。被条

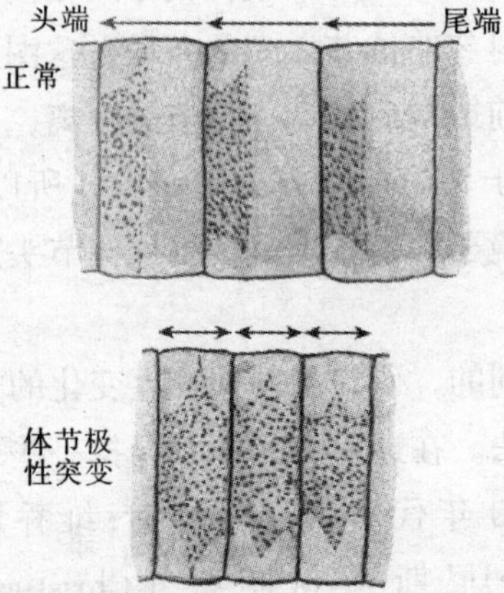

图 15—10　处于晚期发育阶段的一只正常果蝇胚胎上的 3 个体节，与一只显示双头部体节的体节极性突变体的比较

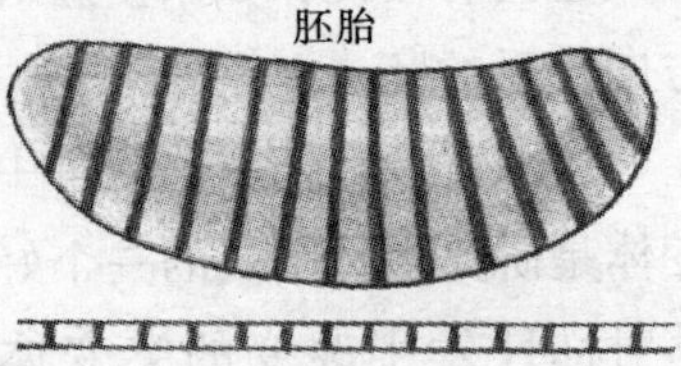

图 15—11　早期果蝇胚胎内一个体节极性基因的表达模式，基本的重复图式在下部显示

纹描绘的每个区域最终将形成部分体节，比方说体节的尾端部分。另一个体节极性基因具有另一个稍有错位的表达模式，因此，每个条纹对应于一个体节的另一个相应区域，比方说体节的顶端部分。换句话说，在体节逐渐显露出来之前，胚胎已经含有一系列的基因活性区域，把胚胎分隔成一个具有重复性的图式。这个图式一般是看不见的，只能够通过考察体节极性基因的表达模式，才能把它揭示出来。

许多体节极性基因与其他影响基本对称性的基因一样，也对隐色（主导蛋白质）、有关的气味（信号蛋白质）或敏感性（受体蛋白质）进行编码。我们可以认为这些基因的正常功能是在早期胚胎内建立一个重复的图式。为了考察这个重复模式如何与以后形成的体节联系，我要利用 3 种隐色描述一个简化后的模型。

假定早期的胚胎包含了由 3 个不同的颜色区域构成的重复性条纹（图 15—12）。3 种颜色为一组构成一个重复性单元，与一

个体节的长度相对应。为了易于记住这些隐色，我利用首字母相同的颜色与区域对应，即用首字母相同的颜色名称来表示每个重复性单元里的相应区域，如榛子色（hazel）（头部区域 head）、紫红色（mauve）（中间区域）和橘红色（tangerine）（尾部区域）。这些隐色提供了一个基本的参照体系，被译解和精细化后，逐步显现为每个体节的形态结构。如同在本章的前面部分所看到的，由 3 种颜色构成的这种图式具有极性的平移对称性：沿直线方向移动一个重复单位，它能与自身重叠，但不存在垂直于它本身的对称性平面。

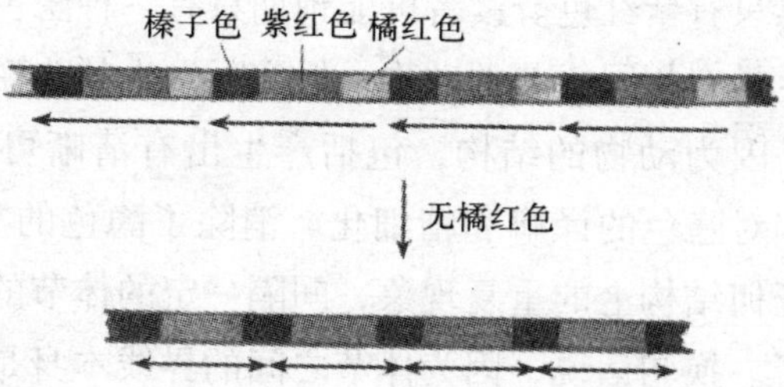

图 15—12　正常胚胎上由 3 种隐色构成的基本重复图式（上面），与丢失其中一种隐色（橘红色）的突变体（下面）的比较

假设现在有一个突变体，其中的一种橘红色的隐色丢失了（图 15—12，下面）。最后看到的只是一个由两种颜色（榛子色和紫红色）构成的重复图式。只由两种颜色交替构成的模式仍然具有平移对称性，但缺乏极性：具有一个映射对称性的平面贯穿在每块颜色区域的中间。通过去掉一种隐色（橘红色）增加了对称性的程度，结果存在更多的方式，能够使得图式经过变换后仍保持不变。体节通过译解这种图式发育，同样的对称性也就在体节的形态结构中变得逐渐明显起来。这就是在具有双头部体节突变体中所发生的情形：它们的隐色基本图式缺乏一个关键性要素，因此发育出相应的对称性。

如果再丢失第二种隐色，将发生什么事情呢？这种情形图解

在图 15—13 中，榛子色和橘红色在这里都已经丢失，因此，现

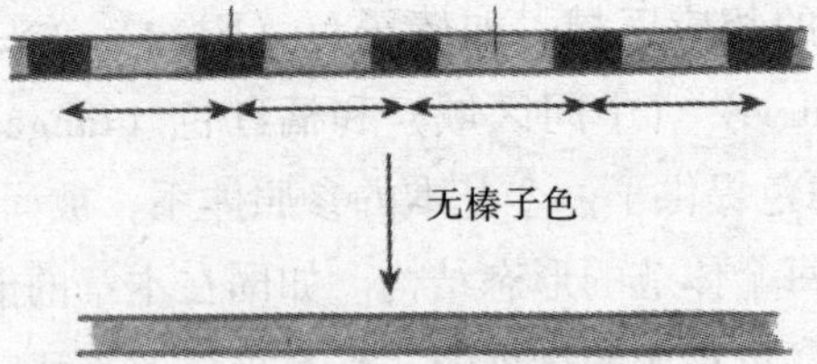

图 15—13 失去榛子色和橘红色的突变体，产生全部由紫红色构成的图式

在从头到尾只有紫红色。读者可能预期只有一种隐色的这种突变体，将产生具有相同体节的动物，但实际发生的改变比预期的更彻底。这是因为动物的结构，包括产生出有清晰可见差异的体节，都依赖对隐色的译解和精细化。消除了隐色的重复性图式，也会失去任何结构上的重复现象，间隔一定的体节的可见界线也不复存在了。换句话说，因为体节之间的界线本身是隐色的重复性图式在稍后的体现，突变体中不应再有能够辨认出的体节。这也是实际上在突变体中所发生的情形，在突变体中，所有的体节极性基因都缺乏活性，胚胎缺乏清晰的重复性结构，停留在不分体节的状态。

在从头到尾只有一种隐色的突变体中，看起来似乎不存在任何重复性。当然，严格说来，我们最后已经获得一个更高程度的平移对称性。一条均匀的直线可以把它平移任何距离（假设它无限长)，仍与它自己重叠。把它映射到与之成直角的任何平面上，这条直线也保持不变。因此，在我们给出的最初图式中，隐色的缺失导致了对称性的增加：缺失一种隐色导致增加映射对称性(缺乏极性)，缺失两种颜色时则同时增加了平移对称性和映射对称性。换句话说，隐色增加了不对称的程度，这与前几章中所看到的情形十分相像。

因此，体节极性基因提供了隐含在体节中的基本主题。动物

中可见的解剖结构正是它们被修饰以及精细化后的重复图式。没有这些基因的话，就会失去主题，留下一个单调的有机体。

主题与变体的结合

至此，我已经探讨了体节所共有的隐色重复性主题（榛子色-紫红色-橘红色）。但是，我们在前几章中已经看到，体节之间的差异也依赖于一组隐色：各种不同类型的绿色对胚胎上从头到尾的体节进行区分（第6章）。为了考察主题与变体两个方面如何相互作用，我们需要把它们各自的颜色结合起来。我在图15—14中对3个体节作了图解。图中，隐色的两种图式被简单地叠加起来，形成一幅总体性的镶嵌图案。通过这样的颜色叠加，每个体节都有了一个类型独特的整体绿色，与此同时，所有的体节都拥有一个由重复性序列榛子色-紫红色-橘红色建立起来的共同图式。虽然缺失绿色的突变体也有体节，但体节全都一模一样（也就是它们都有一个没有发生变化的主题）。相反，缺乏重复性颜色的突变体胚胎则没有体节，但从头到尾仍然显示出差别（也就是它们都拥有缺乏主题的变体）。

通过用部分重叠的隐色来理解主题和变体的概念，要比通过考察一只成体果蝇来理解更直接易懂。这是因为成体是隐含图式较晚期的表现形式。镶嵌图案则提供了一个参照体系，被译解和精细化后，逐步在果蝇的结构特征中体现出来。可是，在这个过程中，隐含图式的简明性被广泛地变换，我们在最终的形态结构中只能朦胧和间接地看到它。某些生物则可能经历了十分广泛的变换，以至于体节变得几乎完全难以识别，例如，果蝇的头似乎十分不同于它的其余部分，但它的大部分却是来自3个重复性的单元。我们在成体中所看到的主题和变体，是具有简明性的早期

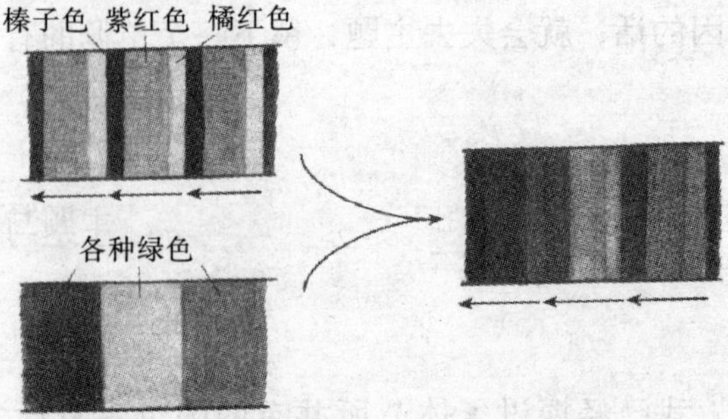

图 15—14　3 个体节中主题与变体的结合

模式被高度扭曲后出现的景象。

从彩虹色到斑马条纹图式

为了使上述的生物体系能够正常地运转，主题和它的变体必须紧密地协调一致。两组部分重叠的隐色必须以某种精确的方式交织混杂起来，使变异和主题能够正确地叠加。这种精确的协调一致性是怎样达到的呢？

我已经描述了各种不同类型的绿色是怎样建立起来的（第 9 章）。我们还记得，绿色本身取决于一种更早的彩虹形式，这种形式把胚胎从头到尾地分成 7 种颜色区域，即红色、橙色、黄色、绿色、蓝色、靛蓝色和紫色。彩虹上从头到尾的各种颜色展现出一种渐进的变化，这个信息经译解后形成从一端到另一端的各种不同类型的绿色（苹果绿、深绿、塞浦路斯绿，等等）。这种变换显得比较直截了当，这是因为我们利用一种从头到尾逐渐变化的彩虹色图式，来产生另一种相似的循序渐进变化的各种不同的绿色图式。

由榛子色-紫红色-橘红色构成的重复图式又是怎样的呢？这

种图式来自何处？这种模式的形成也依赖于对由隐色构成的彩虹模式的译解，但采取的是另一种十分不同的方式。为了说明一种逐渐变化的彩虹图式如何用来产生一种重复的图式，我要作一幅十分简化的图画，说明其中包含的许多基本原理。

就像一道真实的彩虹，早期胚胎的隐色之间没有清晰的界线，只是逐渐互相结合在一起。隐色之间有部分重叠，因此，在黄色与绿色之间的部分重叠区，看到的是黄-绿色结合起来的颜色，这是因为黄色和绿色主导蛋白质在那里同时存在。这就是说，除了可以被称为纯粹颜色的7个区域以外，还存在6个混合的有部分重叠颜色的区域。为了考察这些模糊的彩虹颜色如何被译解产生一种重复的图式，我先简要地回顾基因是怎样译解隐色的。

请回忆每个基因都被分成两个部分：一个调节区，包含与主导蛋白质结合的结合部位；一个编码区，携带的信息用来构成一个蛋白质（第5章）。基因译解隐色模式的方式，取决于调节区上结合位点的组合。这将决定基因在何处被打开或关闭。

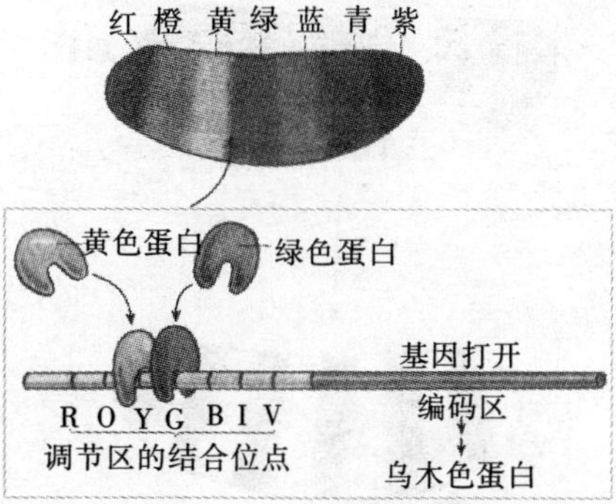

图 15—15　由一个乌木色基因译解的彩虹颜色

为了构成一个重复图式，需要一个具有与彩虹颜色对应结合部位的译释基因。我们曾说过，一个结合部位根据识别它的隐色来命名：红色主导蛋白质结合到R-部位上，橙色结合到O-部位上，黄色结合到Y-部位上，等等。我们假定译释基因包含所有的结合部位，它们在调节区上依次排列在一起：R-部位、O-部位、Y-部位、G-部位、B-部位、I-部位和V-部位（图15—15）。我们还需要一条主导蛋白质影响基因活性的规则。在这个例子中，规则是，译释基因只有同时被两种主导蛋白质结合上，才处于“打开”状态（请回忆，这样的规则依赖于这些主导蛋白质怎样相互作用，以及如何与被结合到调节区上的其他蛋白质相互作用）。这就是说，译释基因只在隐色有部分重叠的区域内处于“激活”状态，例如，在纯粹的黄色或绿色区域里，基因将处于“关闭”状态，因为这些区域只包含一种主导蛋白质，但基因将在黄色-绿色区域内被打开，因为区域里同时包含黄色和绿色主导蛋白质，它们都结合到基因上。总的结果是，译释基因只在6个重叠的隐色区域内被打开（支持这个理论模型的一个关键性实验证据是，如果去除许多结合部位，得到包含更有限结合位点的调节区，比方说只包含一个Y-部位和一个G-部位，译释基因只在黄色和绿色部分重叠的一条色带上被打开）。

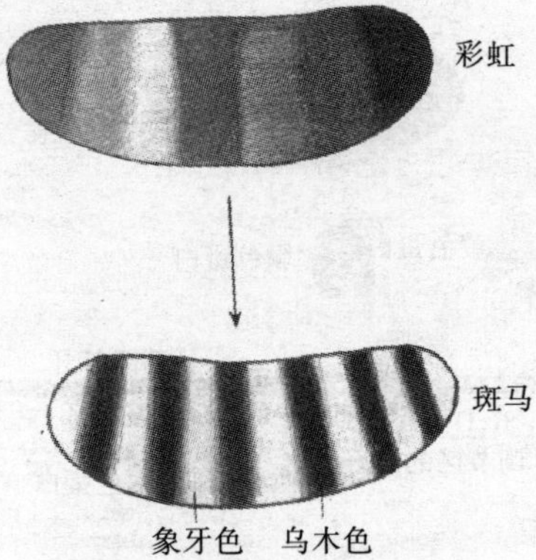

图15—16　彩虹颜色的译解，形成一个胚胎上由互相交替的条纹构成的斑马条纹图式

现在，设想这个译释基因本身也从它的编码区中产生一种隐色，比方说是乌木色。这就是说，乌木色将产生在所有彩虹颜色

部分重叠的地方，我们最后将看到胚胎上每隔一个固定的距离，都会有一个由乌木色条形带构成的重复图式（图 15—16）。循序变化的彩虹颜色图式经译解后，形成了一个由隐色构成的重复图式。类似的，我们可以引入第二种基因，它编码另一种隐色，比方说象牙色，与对应于乌木色的基因一样，它的调节区上也包含与所有的彩虹色蛋白质对应的结合位点。但在这种情况下，有另一条规则：对应于象牙色的基因只在一种主导蛋白质结合时才处于“打开”状态。如果有一种以上的主导蛋白质被结合的话，对应于象牙色的基因将被关闭。所以，这个基因只在 7 个纯粹的颜色区域内被打开，而在混合的颜色区域里则将被关闭。它将构成一个由象牙色条纹带组成的形式，这些条纹带与乌木色条纹带相间。彩虹颜色经过译解后形成了一个斑马条纹图式。乌木色和象牙色基因对应于称为配对基因的另一组基因，它们影响果蝇的早期胚胎发育（由于它们影响产生胚胎上交替相隔的体节而被称为配对基因）。这些基因的发现是一项重要突破，因为它们提供了把彩虹颜色循序变化的图式与一个重复图式联系起来的一条纽带。当这些基因被分离后，由相互交替的条纹带构成的斑马条纹图式，可以通过对胚胎进行染色而被显示出来（实际上存在着 7 条由乌木色和象牙色相间组成的条纹带，而不是在我的简化模型中显示出的 6 条乌木色条纹带）。我还清楚地记得首次目睹这些交替排列的条纹带的情形，在 1983 年，我参加了一个研讨会，当其中的一次讨论临近结束时，会议主席宣布，有了一些激动人心的新成果。原先不在发言名单上的厄恩斯特·哈芬（在瑞士巴塞尔的盖林实验室工作）跑到台上，出示了一个椭圆形胚胎的切片，胚胎上包含着从头到尾排列的基因活性的 7 条美丽的斑马条纹带，它们在黑暗中鲜艳夺目。观众中爆发出一片惊讶声。我们第一次看到，一个毫无表面形态特征的胚胎，也就是在外表上没有任何重复性特征的胚胎，实际上被分成了有规则的基因活性重复区域。

从胚胎上乌木色-象牙色的交替变化图式，变换到榛子色-紫红色-橘红色的条纹带（在原理上）比较简单直截。这两个图式之间的主要差异是，榛子色-紫红色-橘红色重复单元的数量（14）是单个乌木色或象牙色条纹带数量（7）的两倍。从一种图式变换到另一种图式依赖于进一步的译解和精细化。设想乌木色和象牙色区域有部分重叠，结果形成一系列灰色区域，这些区域内同时存在乌木色和象牙色主导蛋白质。一个基因可能用如下的方式来译解图式：它只在纯粹的乌木色或象牙色区域里被打开，而不是在灰色区域内被打开（也就是这个基因的调节区里存在乌木色和象牙色结合部位，但只在其中的一种部位被占据时才打开）。因此，该基因只在14个纯粹的颜色区域内处于“打开”状态（即7个纯粹的乌木色区域和7个纯粹的象牙色区域）。基因的活性接着可能产生一种隐色，比方说是榛子色，形成14条榛子色条纹带（图15—17）。另一种基因可能以不同的方式译解斑马条纹图式，比方说只在灰色区域内被打开，形成橘红色条纹带。通过气味和敏感性的进一步的精细化，可能再次精细调节图式，以便产生精确的榛子色-紫红色-橘红色图式。这实际上就是通过译解和精细化由配对基因建立起来的斑马条纹图式，建立起体节极性基因表达模式的方式（在伦敦工作的菲利普·英厄姆（Philip Ingham）及其同事们在80年代中期从实验上验证了这点，他们证明了配对基因内的突变可以导致体节极性基因的表达模式发生相应的改变）。

总之，这两种不同的基因表达模式可以被追溯到彩虹颜色。一方面，通过斑马条纹图式译解彩虹颜色形成了由榛子色-紫红色-橘红色条纹带构成的重复图式（图15—18，右边）。另一方面，彩虹颜色为不同类型的绿色提供了参照体系，形成了体节之间的差异（图15—18，左边）。这意味着有两条途径对彩虹颜色图式进行翻译。一条途径产生了一个由榛子色-紫红色-橘红色条纹带构成的重复图式，也就是被刻画在每个体节中的共同主题。

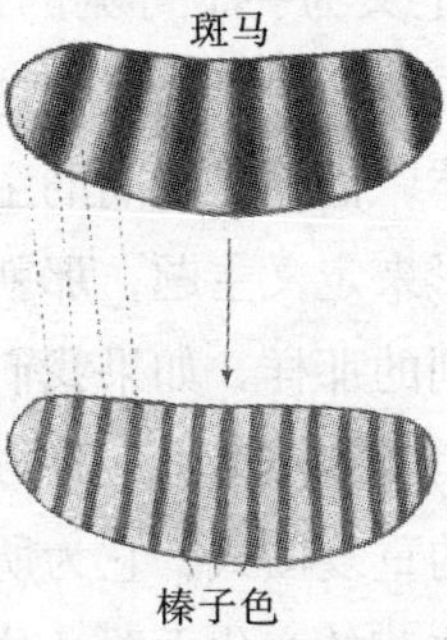

图 15—17 斑马条纹经翻译后形成一种由 14 条榛子色条纹带构成的图式

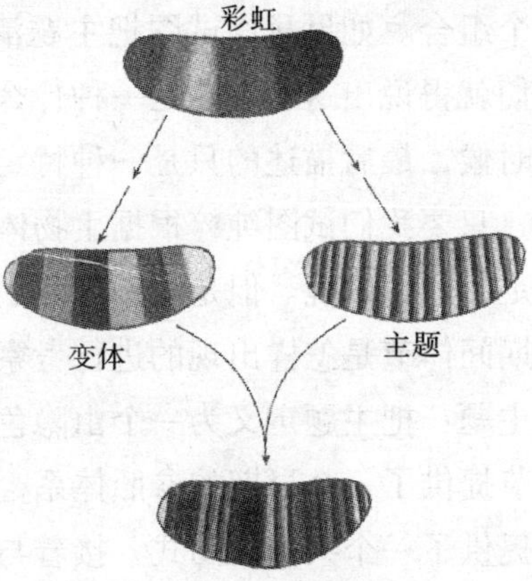

图 15—18 主题和变体的共同来源

另一条途径产生了从头到尾的体节特征的逐渐变化，为每个体节提供了一种独特的绿色[1]。虽然图中所示的这两条途径是彼此独立的，但它们实际上伴随着胚胎的发育同步发生，在这个过程中，两条途径之间存在某种交流，保证了主题和变体的相互协调一致。这里的关键点是，因为变体和主题都是对一个共同的基本图式即彩虹颜色的精细化，所以，它们的叠加自动地协调一致。

隐蔽的主题和语言

现在，我们来再次考察隐蔽的生物主题。通过研究一个成体果蝇，我们对一个重复性结构或主题（体节）以及依赖于该主题的许多变体获得了一个总体性概念。然而，我们难以撇开变体来准确地定义主题的性质，因为任何单独的体节总是主题与变体的

〔1〕读者可能注意到，各种不同的绿色无法说明体节之间的所有变异，因为绿色的类型比体节的数量少。体节之间的某些变异取决于其他的因素，如绿色的明暗度以及类型。

一个组合。如果我们试图把主题清晰地定义为一个可见的体节，我们就得说出这个主题是一种什么类型的体节，而当我们这样做的时候，最后描述的只是一种特定的变体，而不是共同的主题。

只要我们试图纯粹根据生物体的外形来定义主题，那就不可能走出这个困境。但是，正如我们所看到的那样，如果我们对发育期间体节是怎样出现的进行考察，我们就能够以另一种方式定义主题：把主题定义为一个由隐色构成的重复图式，它为所有的体节提供了一个早期的参照体系，而与体节的变化无关。这个主题提供了一个共同的图式，接着与其他颜色结合起来被译解和精细化，最后在生物体的形态结构中逐渐体现出来。只有从一个特殊的窗口观察，才能揭示特定基因的活性及其产物，才能看到更深层次的主题。如果观察成体，我们只能通过主题在生物体的可见精细表达形式，间接地认知主题。

类似的思路也适用于其他重复性的主题，像脊椎动物的不同肢体或植物的不同器官。例如，已经在发育的鸟的翅膀和腿中发现了相关的基因活性的模式。类似的，科学家们已经在发育中的各种植物器官内，如营养叶和花的器官等，寻找到某些共同的隐色。

这使我们加深了对藏匿在歌德的叶片概念中内含意义的理解。通过比较不同的植物器官，歌德独具慧眼地发现，每个器官都是一个潜在主题的不同的表现形式。但他无法获得该主题的本质。主题是隐蓄的、而不是某种可以被指认的事物。结果，他的理论听起来既神秘又含糊。

我们现在能够看到，这恰好符合发育的本质。植物体的可见结构建立在对隐含图式进行译解和精细化的基础上，我们只有通过研究基因的活性，才能揭示这些图式。在某些实例中，如植物上的许多营养叶，同样的隐含图式可以被重复和译解，在这个过程中，很少或完全不发生变化，因此，最后看到一系列十分相似的器官。但在其他的例子中，如不同类型的营养叶和花朵器官，变体被叠加在重复的图式中，因此，它们以不同的方式逐渐显现出来。这种变体本身是隐色的另一种图式，如区分花器官轮次的各种类型的红色。我们只有通过对植物器官主题的可见表达形式的观察，才能依稀觉察到重复性主题。这就是说，主题不是任何具体形式的植物器官，而是某种只有在另一个层次上，即一般肉眼看不见的过程中，才能被清晰地觉察到的事物。

在我看来，一旦理解了这一点，我们就能够从一个新的视角出发，考察其他类型的隐蓄主题。以单词的意义为例，单词“椅子”的意义是什么？你可能会说，“椅子”的意义就是一个包含坐部、靠背和腿的物体。但接踵而至的问题是，“坐部”、“靠背”和“腿”的意义是什么。我们现在必须定义3个单词而不是一个单词的意义。其中的每个单词接着又不得不用更多的单词来描述，因此，我们最后陷入恶性循环之中。解决这个问题的一条途径是，不再通过一个词语的定义来了解“椅子”的意义，而是通过在脑海里形成一幅关于这个单词的画。如果有人问椅子是什么，可以立即想象它是什么样子。但问题是，当试图在脑海中描绘某种事物时，如椅子，总得看见某个特定的实例，也就是某种特定类型的椅子。而且，同一个椅子的概念适用于所有的椅子，而不只是一张椅子，所以，我们又怎样知道区别于单个实物的单词“椅子”的一般意义呢？我们怎样才能设想出所有的椅子共同拥有的形状呢？这个语言学上的问题等同于歌德在定义叶片的一般概念时所遇到的困难，正如哲学家维特根斯坦（Ludwig Wittgenstein）在他的专著《哲学研究》中所指出的那样：

> 如果我看到了各种不同的叶子，并且被告知“这称为叶片”，那么，我就获得了一片叶片的形状的概念，即在我的脑海中有了一幅叶片的图画。但是，当这幅画并不显示任何特定的形状时，叶片的图画看起来像什么？也就是“所有叶片形状的共同点是什么”？

换句话说，一旦试图更加精确地定义单词“叶片”的意义、想象一个叶片的思维图画，我们在脑海中所想到的是某个特定的叶子而不是叶片的一般意义。人们可以描绘出一片简单的绿色苹果叶子、草叶或松叶，但这些叶子都只是实例和各种的变体，而不是一般的概念本身。维特根斯坦以叶片为例，提出一个关于语言的一般性论点：当我们试图构想出一幅图画，用来表示我们所运用的单词时，这幅图画始终只是一个实例，而不是一般性概念。

虽然维特根斯坦可以选择任何普通的物体，如一张椅子，来提出同样的论点，但是，他偏偏选择了一片叶子，因为他看到了它与歌德的植物学思想之间的联系。

虽然维特根斯坦是在思维的意义上，而不是生物学的意义上思考单词“叶片”的本质，但我们能够根据本章知识，来研究他所提出的问题。在植物中，我们看到植物器官的统一性并非一片可见的叶子，而是某种只能用其他术语来描述的事物。依此类推，我们可以预期，共同的思维主题，也就是关于“叶片”或“椅子”意义的一般性概念，无法用我们的思维来描述，而是隐藏在我们思维达不到的地方。在这种情况下，主题可能反映了大脑活动的一个共同的图式，而不是隐色。例如，每当我们思考或运用“椅子”一词时，一组共同的大脑连接网络被激活，这与其中包含的单个椅子类型无关。这个共同的图式是在大脑对以前运用单词“椅子”的不同场景产生应答的基础上建立和精细调节的，正是在这个过程中，我们学会了单词“椅子”的意义。重要的是，我们可能没有意识到这个潜在的图式，只是通过它在特定场合中的表现形式，间接地觉察到它的存在。虽然一个人想象出来的特定类型的椅子，可能随着他的精神状态发生变化，但在人的脑海中，所有的椅子都拥有某些思维活动的共同的潜在图式。因此，虽然我们有了单词“椅子”的一般性意义的模糊概念，但我们却无法通过内省来直接获得潜在的统一性概念。一旦我们试图分析这种统一性，比方说通过使某个事物具体化，我们就陷入了某个特定的实例，而不是潜在的主题，如同我们观察一个成熟的植物器官时，我们看到了某种特定的显现形式，而不是共同的主题。在我看来，通过清楚地了解生物发育过程中重复性主题怎样被精细调控，我们可以得到十分有用的直觉知识去理解其他例子中相似的过程如何进行，这些例子也包括了我们大脑的工作方式。

我们已经看到了生物体形态结构中的各种特征和重复性，是如何依赖于隐含的过程。发育涉及了连续不断地对隐色、气味和敏感性进行译解和精细调节，形成一幅内在镶嵌图案，成为最终肉眼可见的形态基础。如果这些隐含要素中的一个或多个在突变过程中丢失，发育出来的生物体结构就会产生相应的改变。但是，仍然存在一个问题：这个内在的绘画过程最后怎样逐渐体现在每个植物或动物的可见结构中？伴随着生物体的发育，由区域性差异构成的图式实际上是如何影响生物体的形状和形态？这些都是我要在下一章中探讨的问题。

16 形态变换

拜占廷时期的画有一个显著的特点，那就是画中人物身体的比例很奇特。以图 16—1 中圣母玛利亚和她怀中的孩子为例，通

图 16—1 《圣母与圣子》（局部），可能作于君士坦丁堡，13 世纪，国家艺术馆藏，美国华盛顿

常，儿童与成人相比，儿童的头与身体的比例要大些，然而画中孩子的头与身体比例与成人的类似，使他的头看上去异乎寻常的小。儿童与成年人的头身比例不同是人类的生长方式导致的。因为儿童的头部比身体部分的生长速度要慢得多，所以当他们成年时，头部与身体的比例会相对减小。拜占廷时期的艺术家们似乎忽略了这一点，以至于画中的孩子看上去具有和他们年龄不相称的老成。

实际上，不仅是头部，面部器官的相对比例也在生长过程中发生变化。例如，孩子的眼睛在生长时期几乎不会长大，所以，随着孩子的长大，相对于脸部其他器官，眼睛看起来似乎逐渐变

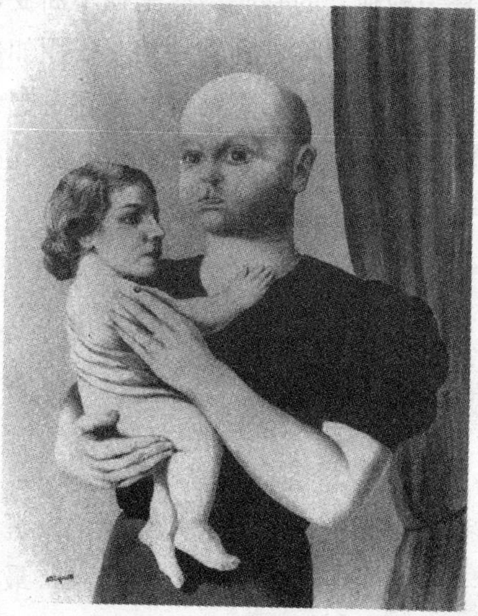

图 16—2　《几何的精神》(1936 年)，玛格利特作。伦敦泰特美术馆藏

小了。在玛格利特的绘画《几何的精神》（图 16—2）中，这种变化被特别地突出了。在画中，作者保持了总体正常的头身比，把婴儿和母亲的头对换。这使得母亲脸上的一双眼睛看起来大得不和谐，以此来强调婴儿与成人不同的面部器官比例。

婴儿与成人的头身比例不同，反映了在发育过程中，生物体不同部分的生长速度不同。若不是如此，成人看起来就会像一个放大了的胚胎，甚至还得往回一点，像个膨胀的受精卵。如果把生命的发育比作为一张三维画面的伸展扩大，那么，这张画的某些区域就要比另一些区域伸展得快。这是一张不断变换着尺寸和比例的动态画面。但是贯穿本书，我一直在说生物体的形态取决于对画面上隐色的译解。这里是否有点矛盾呢？一方面，我说生物体的形态反映了画面的伸展，另一方面，我又说取决于画面的隐色。这两种观点怎么会同时成立呢？

这提醒我们，艺术家绘画与内在绘画之间有很重要的区别。画布为艺术家提供了一个涂抹颜料的独立基底，而对于内在绘画，画布并非是一种独立的基底，而是在不断变化并与隐色发生相互作用。我们在这一章将看到这种相互作用如何提供基础，把隐色和多细胞生物所显露的形态结构联系在一起，这是发育研究中最难探讨的问题，而且人们还知之甚少。因此本章将会作更多的推断，我们从中可以了解一些重要的观点。

变　形

为了理解生物体如何生长，我们必须把发育过程中一系列变化着的形态联系起来。研究两个形态的关系，最好的方法之一就是设法使其中的一个形态变形，使它在不同方向上延伸或压缩，从而和其他时期的形态相似。举一个简单的例子，正方形在一个方向上延伸可以变成长方形。正方形与长方形的关系可以解释为一种基本的变形，称为线性延伸。

1528 年，丢勒[1]在发表的著作《人类比例的四本书》中，很早就把这种方法应用到了生物学的复杂形态研究中。在这本书里，他论述了应该如何描绘人的身体。首先他绘出了一个标准人体的详细比例。在建立了这样一个经典模型后，他继续给出了由此演化成其他人形体的普通方法：

> 我可以根据每个人的意愿，对已确定的比例尺寸进行变化，拉长或缩短某些部分的尺寸，使人们无法认出图上的人物，而且衍生所得的形体与原型大不相同。

这个方法的关键是通过延长或压缩特定的区域来改变人体比

[1] 丢勒（Albert Düver），1471～1528，德国画家和理论家。——译者注

例。丢勒利用绘在格网图中的头像来说明这种方法，通过改变它的相对比例来作各种变形，头像似乎就是绘在一块可以变形的橡皮上一样（图 16—3）。用这种方法，丢勒相信艺术家们能发展出一整套脸型与表情，从美丽到丑陋或怪诞。很多漫画都在不经意地应用这种方法，在这些漫画中，脸部的某个特征，如鼻子或嘴巴，看上去被戏剧化地拉长或放大了。

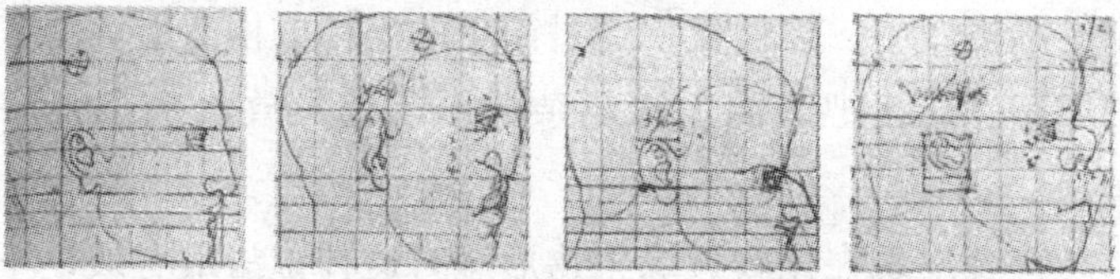

图 16—3　标准的头像（左边）与 3 个不同的变形（依据丢勒的论著绘制）

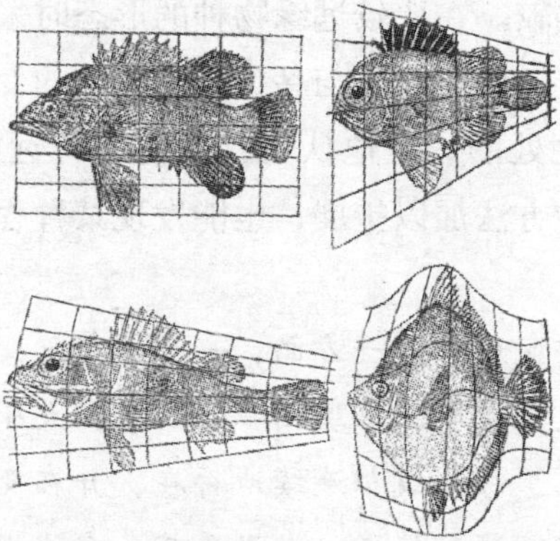

图 16—4　不同类型的鱼，通过变形方法相互联系。依据汤普森（1942）的论著重绘

20 世纪早期的生物学家汤普森（D'Arcy Thompson）在他的一部重要著作《论发育与外形》中，更广泛地应用了变形的方法来研究形态之间的关系。请看图 16—4 左上方，一种鱼被嵌画在网格图中。通过用不同的方式对坐标方格进行变形，汤普森得到了不同形状的鱼，与自然界中真实存在的种类极为相近。这种方法的重要性在于简单和节省。如果去掉格子，所有这些种类的鱼

看上去在很多地方差异极大，它们有不同的体形和鳍，但得益于可变形的坐标方格，所有的差异都可看作来源于简单得多的变形。这种方法使两个不同物种间似乎毫不相干而且极其复杂的差异，统一在单一的几何变换之下。汤普森用同样的方法说明了很多物种形态的关系，例如不同蟹壳的形状之间以及近缘鳄鱼种骨架之间等的形态比较。在每次比较中，他都把其生物形态描绘到规则的网格图中，然后仅仅通过简单的坐标方格变形获得其他相关的形态，最终把表面上很复杂的形态差异放入一个统一的框架里。

汤普森发现在比较近缘生物形态时这种方法最有效，不同的动物形态之间的一致性很容易鉴别出来。因此，他把这个方法用到较容易而且有意义的比较中去，例如近缘的各种鱼类，或者各种鳄鱼骨架的比较。在比较远缘物种的形态时采用这种方法，就难以做得很确定，好比鱼类与鸟类，靠简单的变形是无法解释它们的许多不同之处的。但他认为，即使进行远缘的生物形态比较，只要把这种方法加以扩展，也能发现某种程度上的一致性：

> 在这些变形中，一方面，每个点都改变其位置，每条线都改变其曲率，每块面积都改变其大小。但另一方面，每个点、每条线都连续地存在，并在变形全过程中保持其相对顺序和位置。在沿着某条直线上的一系列点 a、b、c 变成相应 a'、b'、c' 之后，其位置顺序不变，虽然连接它们的线延长或弯曲了，这也适用于线和块。同样，耳朵、眼睛、鼻孔及其他头部解剖学标识，在变形过程中不仅仍然存在，而且也保留了它们的相对顺序与位置。

汤普森变形方法的一个重要性质，是保持各组成部分的相对顺序不变。采用简单的延伸操作，虽然会改变头骨上各种标识之间的距离，但不会改变它们之间的相对顺序。所以，将关系较远的生物形态进行比较时，即便无法用简单的示意图把它们联系起来，也能辨别出它们解剖特征之间的恒定关系。没有哪一个简单的变形方法能把一个哺乳动物的头盖骨变形成一条鱼、一只鸟或一只青蛙的头盖骨，但它们之间诸如耳朵、眼睛和鼻子等的头部标识，在空间分布的相对顺序或位置上仍有一些联系。这里重新提起了杰弗莱的“器官关系原则”。杰弗莱认为骨骼之间的相对关系，也就是骨骼间相互连接的方式，例如人的手臂、马的腿和鸟的翅膀等，在不同生物的骨骼中是保守的。这恰恰是汤普森要说的，不同之处只是他用了更为普遍性的术语“标识”，而不是骨头。

虽然汤普森提供了一个有用而快捷的方法去描述各种形态关系，但也很有局限性。因为他比较的是不同成年个体的外形，这种变形是间接的，在图 16—4 中，各种鱼类并非真正从同一种形态通过延伸或压缩而成。它们是各自独立发育的成熟个体，正如生物家伍吉（J. H. Woodger）所指出的：

> 尽管在某种数学变形方法的帮助下，两种生物的形态能够以特殊的方式联系起来，但无法设想一个成熟鳄鱼的头能变形成另一个鳄鱼的头，或有某种特别体形的鱼会变形成另一体形的鱼。

要解决这个局限性，仅仅比较成熟个体意义不大，还必须观察每个成熟个体的发育。由于每个个体从受精卵到成熟的发育方式不同，不同种类的鱼有着不同的形态。三四十年代，有几位科学家发现，把汤普森的方法，用来比较同一物种的不同发展阶段，比用来研究不同物种的成熟个体更有用。图 16—5 是梅达瓦（Peter Medawar）在 1945 年一篇论文里的插图，他把一组不同发育时期的人体描绘在网格图中。当把不同时期人体的高度调整到一样时，图示说明了人体的上部（包括头部）比起下部来，生长速度要慢得多。这是用一种更规范的方法来描述本章开头遇到的、发育中人体比例变化的问题。在这个例子里，梅达瓦用变形的方法联系起来的，是同一物种（人类）的不同发育时期，而不是不同物种的成熟个体。这说明他所展示的变形在人成长过程中的确发生过。至于对汤普森方法的评价，梅达瓦写道："毫无疑问，这种方法真正适用的研究领域是在发育而不在进化中，是在于变形的过程而不是所达到的状态。"

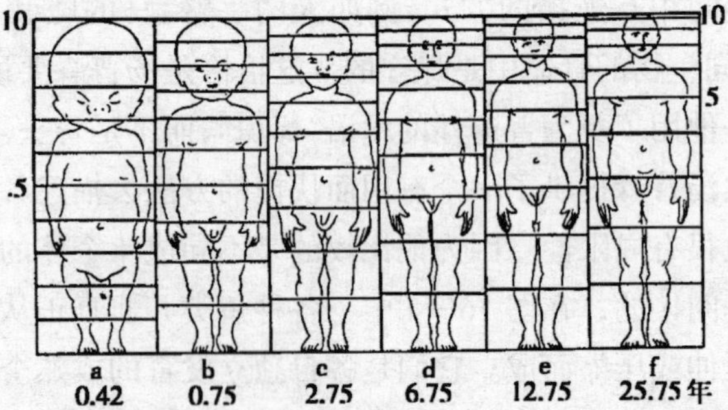

图 16—5　人体发育的不同时期，按同等大小作了调整（依据梅达瓦 1945 年的论文重绘）

可是，即使像梅达瓦这样把汤普森的方法应用到发育中，仍然有很大的局限性。在胎儿到成人的发育阶段中采用这种方法是相当容易的，因为重要的标识如耳朵、鼻子和眼睛，早在胎儿时期就已经出现了，需要做的只是在生长过程中测量这些已经存在的特征之间的距离。那么，在标识出现之前更早的发育时期，怎么办呢？没有耳朵、眼睛和鼻子，显然不可能测量它们相对位置间的距离，比较也就变得没有意义了。不能把人的测量参数一直推前到受精卵，因为那儿并不存在相应的标识。发育的很大一部分内容是关于这些标识的起源，也就是随着生物体的生长，更具复杂性。汤普森的方法假设复杂的程度是一个常数，并忽略了发育的一个重要方面——复杂的程度是不断增加的。正如梅达瓦自己所言："最重要的问题还远远未涉及到。"

在我看来，所有变形方法遇到的问题好像都源于一点，这就是它只被用于可见的特征，而无法用在特征背面不可见的过程；它只对发育的结果作了有限的描绘，并没有涉及结果背后的机制。看看汤普森如何探究这个问题是很有启发意义的，他找出了发育过程与人类修饰或改变某件物品形状过程之间的相似点，例如玻璃工逐步地把一块玻璃吹制成一件特殊的器皿。

他提到的另一个例子是人类可以改变生物体的外形，例如西葫芦的形状（一种与甜瓜以及南瓜同一科的植物果实）：小而圆的西葫芦在它内部对称的扩展作用力下自然地生长，最终成为一个大而圆或椭圆的、相似于南瓜或甜瓜的果实。但摩尔人的农夫在葫芦的中部系一条布带，方向统一的生长作用力受到这种阻力的约束，使得圆球结构变成两个叠在一起的球形结构。改变束带的位置或用多根束带，可以产生各种人为的形状。很明显，我们可以用约束力的存在来解释很多生物发育和变形的过程，这种约束力限制并决定了原本是一致且对称的生长扩展作用力的行为。

通过这个例子，汤普森想通过一种简单的物理约束说明，如在生长的果实中央系一条布带，是怎样导致形态从球形到哑铃形的改变。这种限制增加了生长中系统的不对称性，最终导致了一个更精细的结构。摩尔人的农夫在葫芦上系了一条布带，从而给它添加了一个物理限制，使得关键的不对称性从生物体的外部加了进来。在我看来，汤普森之所以选择了一个外部的不对称因素，是因为当时对生物内部的不对称性如何产生和建成还缺乏清晰的认识。没有一幅隐色、气味和敏感性的图景帮助他把可观察的形态变形与内在过程联系起来。我接着就要说明这种联系是如何建立的。

我们从理论上假设，以存在的一层细胞作为起点，这层细胞只有很简单的一个隐色镶嵌图案。每种隐色被基因译解，使得一

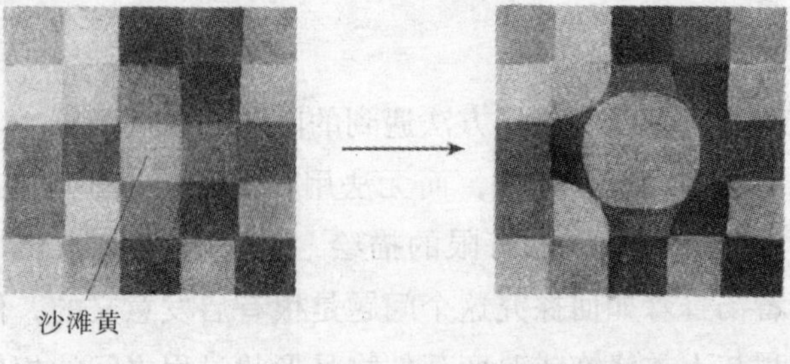

图 16—6 译解隐色而发生的镶嵌图案变形

组特别的基因在不同的区域被打开或关闭。我想集中讨论在镶嵌图案中央的一个沙黄色区域。假定沙黄色特异地激活一些启动细胞生长和分裂的基因。也就是说这些基因产生的蛋白质可以改变细胞内的化学反应，使得细胞生长和分裂加快。这意味着沙黄色区域会比它周围区域膨胀得更快。随着沙黄色区域的不断膨胀，或者周围的区域被压缩，或者这块沙黄区域像岛一样突出到平面外。不管哪种情况发生，镶嵌图案都变形，就像图 16—6 右部所显示的那样。

埃希的平板印刷画《阳台》（见图 16—7，右部），生动地演示了这种变形的效果。图 16—7 的左部是在变形之前的原始草稿。草稿里从下往上数第五层的中央阳台，看上去比变形画中的要小（最终的平板印刷画由于印刷的缘故实际上是原始草稿的镜像）。变形的总体视觉效果就是画的中央似乎迎面突出来了。

单层细胞形状的变化，原则上说明了对隐色的译解如何导致变形。在我给出的例子中，变形只影响细胞层的内部区域而不改变其周边，但可以同理设想一种隐色能够改变其轮廓。例如，假定在边缘区域有一格子，上面存在导致快速生长的隐色，这一区域就会比邻近区域长得更快，并逐步替代一个边缘的区域，朝外

图 16—7　阳台（1945），埃希作，与原始草图的比较（右部）

伸展使轮廓变形。至关重要的是如同画布似的这层细胞，既能承接隐色又受隐色的修饰。这就像每当一个画家在画面上添一种颜色，新着色的区域就开始相对于整个画面膨胀或皱缩。仅仅是涂抹隐色的多样性，就会造成画面最终形状极端复杂。当然，必须设想所有的变形发生在三维而不是二维的画面上。

弄清楚以上阐述所导致的结果十分重要。如果纯粹从外部去观察生物体的发育，可能把各种各样的变形解释成一些区域生长得比另一些区域快。但在解释原因时却会无能为力，不能解释使区域之间表现不同的机制。这就是为什么汤普森不得不使用人为的变形来作类比，如同玻璃工或是农夫从外部给物体增加不对称性，他们并不知道，在生物体内部可以通过译解隐色而产生不对称性。在前面的章节中，我们已经知道，在发育过程中对隐色的精细调节如何引起区域差异。这些隐色提供了一个藏匿在可见形态结构之中的内部参照框架：如果一种或多种隐色在突变中丢失，生物体的外表就会产生相应的变化。而且，我们已经发现这块镶嵌图案如何被基因的调控区译解，使得每个基因的表达具有特定区域的模式。一旦我们理解了这种生物体的内在景观，就不难明白为什么不同区域生长得不一样：这反映了影响生长的基因对隐色镶嵌图案的译解方式。

镶嵌图案不仅解释了生长的差异，而且提供了一套标识：每块隐色都可看作一个标识，如同汤普森所用的解剖学特征标识一样。生长的图式可能替换或扭曲隐匿标识之间的边界，但它们的相对顺序就像解剖学标识一样保持不变。但这两种标识是有区别的，解剖学标识只能追溯到它们的首次出现，而在内在绘画的过程中，我们已经看到具有隐匿标识的镶嵌图案如何锚定到更早期的发育事件里。如果我们简单地从外部观察受精卵，耳朵、眼睛和鼻子等的解剖学标识似乎毫无征兆地显现，带有一种神秘的复杂性。但从内部观察发育过程就另当别论了：隐色的内在标识在精细调节和译解过程的早期阶段就明白无误地出现了。事实上，解剖学标识本身是上述内在过程在稍晚的发育阶段的显现：眼睛、耳朵和鼻子在特定位置的发生依赖于对隐色镶嵌图案的译解。这意味着汤普森和杰弗莱提到的相对恒定的解剖学关系图式，本身就是生物体内在隐色图式中保守秩序的反映。

尽管我们对于发育的了解取得了巨大的进展，但有关知识还很不完整，存在着缺口。我们已通过分离得到了许多影响细胞生长与分裂的基因，但还不很清楚这些基因如何对隐色、气味和敏感性的图式进行应答和译解，使得发育的生物体上有特定区域的形状与大小发生改变。我想目前无知的原因之一，可能是一些基因以数量形式在起作用，在各处轻微地增加或减小生长速度；这种作用方式使得它们比那些建立镶嵌图案的基因更难鉴别。生物学家所面临的主要挑战之一就是精确地了解基因如何对动态的隐色、气味和敏感性镶嵌图案作出反应，从而影响生长。

生长的方向

在我假想的例子中，我设定细胞层的每个区域都以一种对称的方式生长，但是也存在朝某个方向定位的可能。在 20 世纪 30 年代，哥伦比亚大学的辛诺特（Edmund Sinnott）对葫芦生长进行了研究，很好地说明了这个问题。葫芦的形状大小各异，一个较为普通的品种叫做瓶葫芦，它的基部宽、腰部细，像一只瓶子。辛诺特比较了这两种瓶葫芦，其中小型的成熟葫芦果实只有 10 厘米长，巨型的葫芦有小型的两倍长（见图 16—8 上图）。虽然两者都像瓶子，但在比例上，巨型比小型的葫芦更胖，在图 16—8 的下部网格图中把两者的高度调整到一致就可以更清楚地看到这一点。

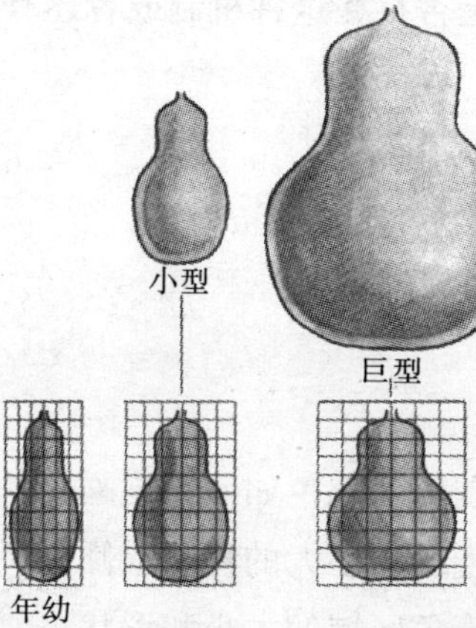

图 16—8　上部显示小型与巨型葫芦的比较。下部显示这两种葫芦在发育早期的比较（大小已作调整）

为了弄清产生这两种葫芦宽度差异的原因，辛诺特观察了它们的发育方式，在不同的生长时期测量它们的生长情况。他发现两种葫芦幼时在它们的纵向都长得很细，但在横向加速生长时逐渐弥补宽度的比例。我在图16—8下部表示了这种情形：把幼时的葫芦（左）和两种葫芦都放到网格图中进行比较，它们的总体大小都作了调整。随着横向生长比纵向生长快，葫芦逐渐长胖。这意味着葫芦长得越大，宽度也就越宽。小型葫芦比巨型葫芦瘦的原因只是因为它在尺寸较小时就成熟了：如果它能继续长大，小型葫芦最终也会长得像巨型葫芦一样的形状。

这个例子说明了生物如何朝某些优先的方向生长。在这个例子里，整个葫芦在横向比纵向长得更快。可以想象生物体在某些区域偏向一个方向生长，而另一些区域则偏向另一个方向生长。所以除了画面上某些区域生长快慢不同以外，它们各自优先生长的方向也有差别，这就增加了形状改变的可能性。很可能这也是受隐色、气味及敏感性的影响。一种可能的机制是细胞能够感受到来自不同方向的气味，对四周气味浓度的细微差异作出应答。这样使得细胞能够根据生物体内在气味的方向定位自身的生长。可是，还有待确定是否存在这种机制或者还有其他机制来决定生长的取向。

双向相互作用

虽然我一直试图阐明隐色如何影响画面的生长，但问题还有另一方面：画面的生长在多大的程度上修饰了隐色。我们已经看到，生长可能影响着色区域的大小和形状，使它们的边界以不同方式扭曲变形，同时又使它们相互关系的图式保持不变。但生长还会以进一步的方式影响整个过程。为了阐明这一点，我要列举出另一个涉及单层细胞的虚拟例子。

我们从只有两种隐色的简单镶嵌图案开始，中央一块丛林绿色块被海蓝色包围着。我们假设海蓝色细胞能散发出一种特殊的海蓝气味。虽然中央区域原本都是丛林绿色，但最终受海蓝气味的影响变成了沙滩黄。气味从各个方向渗透到中央区，使所有的中央细胞变色。一旦中央区变成沙滩黄，就开始加速生长使镶嵌图案变形（促进生长的基因只被沙滩黄打开），如同我们在前面见到的一般。但中央区可能膨胀过大，以致其中心不再能完全暴露到海蓝气味中。也就是中央区太大，使得气味不能再透过各个方向到达它的内部。如图 16—9 所示，由于无法接受这种气味，中央区的中心回复到原来的色彩，也就是丛林绿。我们最终得到了 3 种隐色，海蓝色、沙滩黄和丛林绿色。

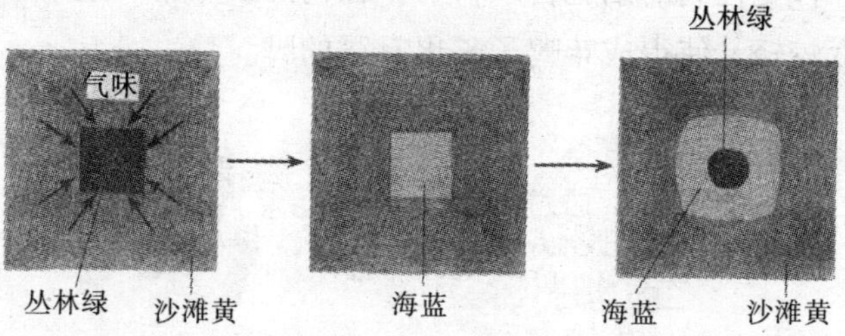

图 16—9　对镶嵌图案的变形导致产生额外的隐色

至关重要的是我们最终得到的隐色图式依赖于画面的生长：如果沙滩黄细胞中央区没有快速生长，也就不会有远离海蓝气味的中心区产生出丛林绿色。在画面与色彩之间有双向的相互作用：色彩改变了画面的生长，反过来画面的生长又影响隐色的显现。

我给出的例子中多数是假设的，因为我们对隐色与生长速率以及方向之间相互作用的细节所知甚少。我提出了几种可能性，但可以设想的远不止这么多。然而这几种可能性已有助于说明隐色与画面并不是相互独立的，它们在发育过程不断地相辅相成。

细胞死亡

至此我只强调了生长的作用，然而还有一种使画面变形的方法，这就是画面的某些部分凋零并死亡，如大多数哺乳动物、鸟类和爬行动物的足趾的形成。在这些动物的胚胎中，足趾之间最初是相连的，只是在后来，通过足趾间的细胞死亡才分离开来，见图 16—10。这些细胞的死亡并非由外源的破坏性物质造成，而是一种受控制的细胞自杀行为。在鸭的胚胎中，趾间细胞的死亡程度较轻，使得成年鸭子长出有蹼的脚。

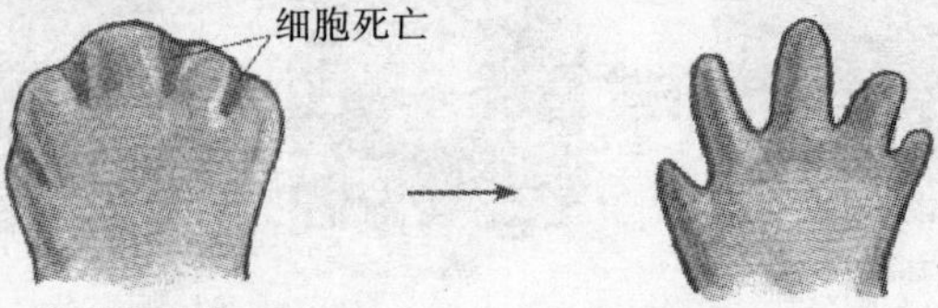

图 16—10　细胞死亡导致足趾的分离

与此相似的过程还有蓬莱蕉叶子上孔洞的形成过程（图 16—11）。这种植物的幼叶芽是一片连续扩展的组织（完整无孔洞），后来叶片上特定区域的细胞开始死亡，出现成熟叶子上的洞。

细胞死亡还能引起个体完整结构的丧失。最明显的例子莫过于树木秋天落叶，在树叶开始脱落之前，树叶细胞已经开始老化，树叶中的有用成分被树木重新吸收，然后残余的叶子才脱落。类似的，蝌蚪的尾巴也是因为细胞死亡而消失的，不同之处是细胞被有机体吸收而消亡，并不是脱落。描述各种细胞受控死亡的术语是凋亡，这个词来源于希腊，过去用于描述花瓣凋落和树木落叶。

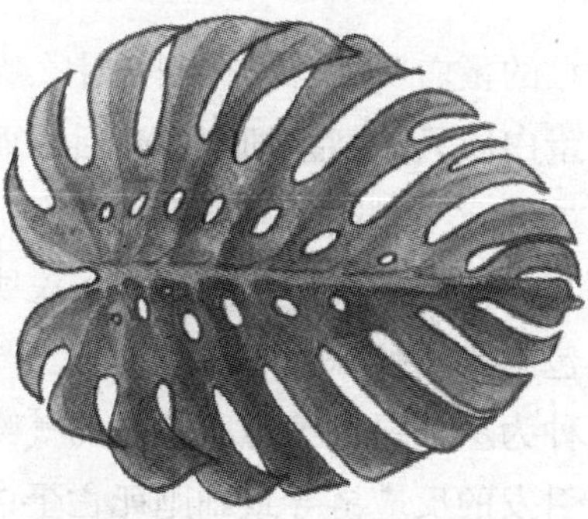

图 16—11　蓬莱蕉的叶子，显示局部细胞死亡产生的孔洞

了解细胞死亡的进展主要来自于对一种蠕虫（线虫）的研究。这种动物的身体大约由 1 000 个细胞组成。20 世纪 70 年代，在剑桥工作的萨拉斯敦（John Sulston）和他的同事们精确地描述了这种蠕虫从受精卵开始发育后细胞分裂与死亡的过程。他们指出，在一个蠕虫个体的发育过程中有 1 090 个细胞形成，而其中 131 个细胞通常死亡。这些细胞的死亡并非随机，在每个个体中总保持一致。

深入研究的线索来自于蠕虫细胞死亡的图式发生改变的突变体。在 80 年代，在美国麻省剑桥的赫佛兹（Rober Horvltz）及其同事鉴别并分析了几种不发生细胞死亡的蠕虫突变体，131 个在正常情况下死亡的细胞大多存活下来。这些突变体缺乏一些与细胞自杀有关的特殊类别的蛋白质。在野生型蠕虫的正常细胞里，这些蛋白质能启动一系列事件导致自身的毁灭。然而在缺乏这些蛋白质的突变体里，细胞无法杀死自己，使通常经历自杀的 131 个细胞逃离了死亡的命运。其他动物包括脊椎动物，也有类似的与细胞死亡有关的蛋白质，多数动物体中的细胞似乎都有细胞死亡蛋白质，但它们以不能启动自我毁灭过程的形式存在。只有当这些蛋白质处于激活状态时，它们才变得致命。这就好像每个细胞都带着一支射向自己的枪，但只在某些场合下才扣动扳机。

控制细胞死亡的蛋白质状态的机制是什么呢？为什么在发育过程中细胞死亡蛋白质只在某些细胞中激活，而在另一些细胞中却不被激活呢？虽然至今对此仍无详细的答案，但隐色、气味和敏感性被认为与其中的很多情形相关。为了说明这个过程，让我们回到由海蓝色包围着丛林绿色的那层细胞。与前面一样，海蓝色细胞散发着一种为丛林绿色细胞所敏感的气味。但现在的情形是：由这种气味引发的反应链导致细胞死亡蛋白质活性的形式发生改变（见图 16—12）。结果，这些蛋白质被激活，造成所有的

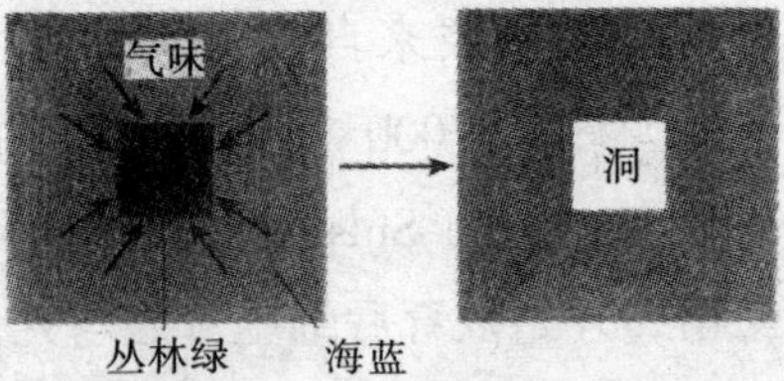

图 16—12　隐色、气味和敏感性的组合导致局域性的细胞死亡

丛林绿色细胞死亡,产生了一个死亡细胞构成的中央区域。死亡细胞的尸体从细胞层上脱落或者被周围的海蓝色细胞吸收，使得细胞层形成一个洞。因此，内在绘画的过程不仅影响了画面的生长，而且决定了画面的哪部分存活或死亡，使得生物体形状有进一步的修饰。

细胞迁移

除了生长与死亡外，还有一种重要的动物发育手段也影响了画面：迁移。植物细胞由细胞壁固定在相对不变的位置上，动物细胞则不同，在发育的生物体中经历广泛的运动与迁移。我们已看到动物内外轴图式的精细调节如何涉及了细胞向内的迁移（第

14章)。还有很多的细胞迁移在发育中起关键作用的例子，比如发育中的神经细胞要经历广泛的迁移。20世纪40年代，神经细胞研究的先驱之一利瓦伊-莫塔西尼（Rita Levi-Montalcini）描述了自己对神经细胞的迁移行为的深刻印象：

> 初春，透过我农舍小屋的窗子，我看着尾随着母鸭的一行小鸭子沉思……在胚性神经系统的特殊区域，处于分化早期的细胞从头部核的细胞丛中脱离下来，像小鸭子一样，一个跟着一个地迁移，沿着已经被完全设定的路线向远处的位置行进……在发育中的神经系统的其他部位，数以千计的细胞像成群迁徙的鸟或昆虫那样移动，好像几年后我在厄瓜多尔看到的蝗灾。

是什么使这些特定的细胞开始迁移并沿着确定的路径移动呢？我们仍不清楚其中的很多细节，但是隐色、气味及敏感性起了很大的作用。为了阐明有关的原理，我想从一个假定的含一幅带有各种隐色内在风景的胚胎开始。我们要特别注意一群在胚胎的一个特定区域、带有特殊隐色（称为快绿色）的细胞。我想说明这群快绿色细胞是如何沿着特殊的路线迁移到胚胎的另一区域的。

第一步是让快绿色细胞运动起来。我们假定这是快绿色激活了促进细胞运动基因的结果。比方说这些基因可能产生蛋白质，改变了细胞的某些区域的形状，引致局部的压缩或膨胀而使细胞动起来。因此，快绿色细胞开始四处移动了。

下一步是使快绿色细胞沿着确定的路径到达一个新的位置。关键在于利用胚胎中气味的分布图式。因为在胚胎中有很多隐色，同样也存在着气味的分布图式：柑橘色区域产生柑橘色的气味，柠檬色区域产生柠檬色的气味，等等。换句话说，胚胎由一幅含有多种气味的内在风景画装饰而成，每一种气味从特定的颜色区域散发出来。快绿色细胞通过它的受体对这些气味作出反应。假设快绿色细胞对附近的气味（如柠檬色味）有反应，它们运动的方向会指向气味的来源。换句话说，快绿色细胞开始调整它的膨胀和收缩方式，以靠近柠檬色味的源头，而不是无目的地闲荡。因此，所有的快绿色细胞都向着橘黄色区域行进。到达之后，它们闻到了在这之前因为太远而无法感受到的别的气味，比方说柠檬味，结果它开始了向着柠檬色区域的运动。快绿色细胞凭借对气味的感知在胚胎中航行，就像盲人闻着场景的气味寻找自己的路。由于对遇到的气味序列有特定的反应，它们走上了一条可以预见的路径。最终它们会到达目的地：那儿有某种高浓度的气味，使它们放弃了游荡而安顿下来。

我用上述例子阐述了细胞迁移的两个关键问题。其一，细胞迁移的图式取决于隐色的图景、与隐色相关的气味以及敏感度。也就是说画面上各区域的色彩决定了各部分的运动和重排。其二，迁移过程又反过来影响隐色的图景。这是因为迁移本身把新的色彩引入到新的地方，如上述例子中的快绿色。快绿色细胞碰到了新的与原先包围它们的色块不同的色彩邻居，从而整个改变了画面的样式。与差异性生长不同，细胞迁移会影响隐色之间的相对次序及联系，提供了进一步改变内在图式的手段。

小　结

在前面的章节里，我们看到了隐色如何在一个高度相互作用的过程中被逐步精细调节，这个过程包括了连续的译解与精细化。发育中的镶嵌图案提供了一个指导性框架，决定了生物体的形态结构、复杂性与独特的不对称性，使得生物成体与受精卵的原始状态不同。发育中的一些隐色是十分基本的，缺乏这些隐色的突变体在发育中的对称性发生完全改变，在主要的轴线上丧失极性差异。可是，还不清楚隐色如何最终在生物体的形态和解剖学特征中表现出来，有关的机制仍有待揭示。在本章中，通过阐述对隐含镶嵌图案的译解可以导致形状的变化，我试图弥合这一鸿沟：画面上的不同区域以特殊的方式进行生长，这包括了某些区域的消亡以及迁移。在此过程中，我们看到了另一个水平的相互作用：所有这些在画面上的变化本身也影响了隐色的图式。因此，隐色与画面之间存在双向的关系。这种互动的结果也就是生物体发育的结果，最终导致生物体的形状结构逐渐变得精细完美。

我们已经看到了发育如何进行的全景图。但这只是一张更广阔的进化图景中的一部分。多细胞生物体从受精卵开始的发育过程经历了千百万年的进化。要了解发育的本质以及发育与其他生命活动的基本关系，我们需要把发育放到一个更广泛的进化背景中进行研究。在最后的章节中我们将主要讨论这些问题。

17 色彩的故事

基因的艺术由来已久。隐色、气味和敏感性并非新近的发明，它们古老的起源可以追溯到仅有单细胞生命形式存在的时候。在本章我要描述内在绘画的历史，也就是描述它在进化过程中，如何从相当简单的起始状态变化成今天动物和植物的复杂图式。

在讲述这段历史之前，我首先要明确进化性进步的概念。我们在各种场合使用“进步”这个词，造成了很多误解。为了避免出现这个问题，我想首先澄清在进化中的哪些场合与“进步”相联系。

进步与折衷

最早研究生命世界的方式之一是把各种生物体排列在阶梯上，这可以追溯到亚里士多德。植物被排在梯子的底部，它们体现了生命最基本的需要——营养、生长和繁殖。接着是动物，它们具有额外的素质，能够依据情感或感受进行运动。人在动物之上，具有更高等的思维与推理的能力（在其他的一些阶梯版本中，级别由人还要继续上升，经过天使最终到达上帝）。这是一个发展的阶梯，每种生物根据其拥有的素质进入相应的位置。在底部的生物比起其上方的生物来说是有缺陷的，因为它们缺少了一种或多种素质——与动物相比，植物缺少了运动能力和感情；与更高等的人相比，动物缺乏理性的思考。“阶梯”的概念还渗入了日常用语中。一个丧失所有运动和思考能力的人被称作植物人。显然这并不是指他们在外形上与植物相似，只因为这种人只保持了生命最基本的功能，落到与植物一样的地位。同理，说人丧失能力称作“变蔫了”，也是采用了相似的口气。行为学研究者在果蝇研究中推广了这种用法，有学习缺陷的果蝇突变体被冠以诸如萝卜、甘蓝之类的名字。

建立在自然选择基础上的进化论，使得自然界的阶梯并不那么重要。按照进化论的观点，成功的标准既不是运动能力也不是头脑思维，而是有无优异的繁殖能力。从进化的立场上，不能留下后代或近亲的生物，无论多么的机敏和聪颖，都是失败的。最有意义的进化排列取决于生物体的共同祖先或血缘，而不是以素质的高低来对活的生物进行分类。我们必须设定一个广泛的家谱图或系统树来代替阶梯排列，各种现存的生物占据着系统树中各分支的顶端。分支顶端上的物种之间并无优劣之分：它们在系统树中占有同等的地位。尽管如此，与仅比较分支顶端的现存生物形式之间的关系不同，在另一种意义上，我们还要探究进化过程中的进步：比较分支顶端的现存生物形式与它们在进化早期分支较底部的原始祖先的关系。因为随着时间的流逝，进化涉及了进步；顺着系统进化树，从主干的生物祖先经过各种分支到达顶端的现代生物，正在变得更高级。

根据自然选择的理论，生物在进化过程中变得越来越适应环境。这是因为自然选择更偏向能提高后代存活机会的可遗传的变异。在多代的选择之后，生物的生存和繁殖能力应该更强，更适应环境。狮子的特点与它能高效捕获猎物的功能相适应，这种特点是从其祖先经过无数代选择而逐渐适应得来的。因此容易作出一个结论，就是自然选择导致了适应能力的不断增加，从而使生物走上一条完美的道路。有几个理由可以说明这个结论是错误的。

第一个理由可以称作“目标变迁”问题。在进化过程中，生物的环境并非一成不变，而是连续变动的。当我们说狮子很适应环境，指的是一个特定的物理与生物环境。如果把狮子放到一个不同的环境中，比方说 10 亿年前的环境，它就无法适应。这不仅是因为气候原因，更重要的是它周围的生物都是单细胞微生物，全都不适宜作为狮子的捕捉食物。考虑到环境因素，现代的狮子比它10亿年前的祖先们适应性更差。谈到狮子的适应性，我们实际上已经包括了特殊的气候和生物条件，也包括了狮子周围的其他生物，如食草动物等等。重要的是环境必然随着进化过程中各种生物的变化而变动，不可能简单地以固定的标准衡量适应性。环境的适应性目标在不断地变动，因而不存在某种完美的适应状态，引导生物的进化。

我们再用艺术的发展来阐述这个问题。西方绘画的历史有时被描述成一种进步：从原始符号到写实和透视手法，接着产生了艺术化的色彩和印象主义。绘画在整个过程中似乎稳步前进，变得越来越完善。但这种观点有一个问题：不但是绘画的方式，人们欣赏绘画的方式也都是随着历史而变迁的。19世纪印象派绘画作品首次展出的时候，遇到的是观众的厌恶和不解。事实上，"印象主义"这个术语是一个艺术批评家为这类绘画贴上的贬义标签，暗示这些画只是印象而已，算不上意义深刻的艺术作品。正如1876年一个艺术批评家在看完画展后所写的：

> 在杜兰德-吕勒举行了一次所谓的画展。我入场后，马上有些可怕的东西抓住了我恐惧的目光。几个疯子（其中有一个女性）在展示他们的作品。在这些图片前，我看到人们笑得浑身抖动，但我的心却在流血。这些就是自称为改革者的艺术家——"印象主义者"。他们拿着画布、颜料和画笔，随意涂抹几块颜料到画布上，然后在整个物件上签名。

现在当然没有人这么看待印象主义了，我们对印象主义的画熟悉到了在明信片和巧克力盒子上都可见到的程度，以至于它们看起来非常经典，没什么可大惊小怪的。这是因为我们的视觉环境，也就是生活中展示给人们的画作与景像，已经与几百年前的不同了，所以评价标准也发生了改变。这就是说作为绘画本身演变的一个结果，视觉环境和审美标准也在不断变化。当绘画风格改变时，我们欣赏的眼光也随之改变，不会有固定的判断标准，因而艺术趋向完美的观念是没有意义的。

除了“目标变迁”，还有另一个使生物永远无法达到完美境界的原因。为什么在非洲同时存在着几种大型食肉动物，如狮子、猎豹和花豹？为什么不是一种最适应的动物清除异己后而独立存在呢？最简单的回答就是，它们在各自不同的方面特化了。例如，虽然猎豹跑得更快，但是狮子更有力，而花豹能爬树。所以每种食肉动物在进化中都占有略微不同的地位。但为什么自然选择不能得到一个综合三者最佳特征的食肉动物，也就是一种能胜过其他一切的超级猫科动物呢？同样地，为什么没有进化出一种囊括了斑马、羚羊和瞪羚之长的超级食草动物呢？极端一点，最终我们可以想象有一种超级生物统治着整个世界。在这一系列推理中有一个非常明显的错误：如果把狮子、猎豹和花豹的貌似最佳的适应能力汇总到一起，得到的不是什么超级猫科动物，而是一只比猎豹慢、不如狮子有力、爬树也比不上花豹的大杂烩，也就是一种博而不精的动物。这种普适化的猫科动物会在各个方面被击败，而不是胜出其他物种。因为精于某件事通常意味着对另一件事的平庸，所以各种适应力的叠加是有局限的。猎豹的流线形体形是为快速奔跑设计的，这与狮子的力大并不相称。换一种方式来理解就是：在一群猎豹中，那些体重且力大的个体并不会被自然选择所偏爱，因为它们既跑不过其他猎豹又不如狮子力量大，在两方面都不具备优势，使得存活与繁殖能力都会比较弱。就猎豹而言，力量特征实际上不利于猎豹的适应性。在某个方面的适应意味着放弃其他方面的适应性。因为某个方面的完美会带来其他方面的不足，所以没有十全十美的植物或动物。

在艺术中有相似的情况。绘画风格有很多种，例如沃尔弗林（Heinrich Wolfflin）曾区分出线条和非线条的两种风格。线条的风格例如丢勒的创作方式，画中轮廓线十分清晰，使人能感觉到

图 17—1 范罗莱的肖像（1521），丢勒作，德累斯顿

图 17—2 男人的肖像，哈尔斯作，列宁格勒

画中物体的起始之处（图 17—1）。然而非线条的风格如哈尔斯[1]运用与背景悄然融合的轮廓线，使物体外缘漫射而显得柔和（图 17—2）。每种风格都有独特的艺术氛围和审美价值，我们可以同时欣赏和喜爱线条风格的清晰品质和非线条风格的朦胧特征。尽管如此，这两种风格却无法融合：一个采用线条风格的画家是以放弃非线条风格的柔和感为代价来作画的；同样，不舍弃明晰的线条则无法以非线条的风格作画。如果试着把两种风格组合起来，得到的将是两者的折衷而不是两者之和。没有包揽这两种风格的完美绘画技法，因为在某个方向上的进取是以另一方向上的退步为代价的。我们知道的还有其他一系列不协调的风格元素，例如着色的深浅度与平涂、亮色与暗色、写实与抽象等等。如同无法得到一种综合各种优点的植物或动物，我们无法在一种绘画中综合各种风格的优点。艺术的历史与生物的进化一样，不是一种朝着完美境界的进步。

如果说生物无法简单地把各种适应能力相加而得到优化，也

〔1〕哈尔斯（Frans Hals），荷兰画家。——译者注

许完美可以存在于极端的特化当中。但这需要代价，生物越是专一，所能适应的物理与生物环境的范围就越小。极度的专一化是可能的，但与能在较宽条件内生存繁殖的竞争者相比，对一种特殊生存条件的过度适应会使生物更脆弱。因此，适应涉及了专一化与普适性之间的妥协，既不能要太窄的生存方式，又不能过分非专一化。适应要求的是中庸而不是完美。

我尽力描述进化中不存在完美适应性的例证，是希望明确一种狭义的概念，在此范围内，我认为进化涉及了进步。综合不同的适应能力，虽然不一定能提高在某一特定环境中的繁衍能力，但在一些场合却可能有效。若非如此，我们就无法解释各种经过多代选择进化而来的、复杂多样的生物适应能力。举一个普通的例子，人眼是一个复合结构，由一整套相互依存的适应性组成。如果每种新产生的适应性抵消了已有的适应性；如果各种适应性之间总是不能相互协调，那么，就不可能产生有效的进化变化。进化是一种进步，是指进化是建立在已有的适应性基础之上的：每一种适应性都承受了一整套原有的适应能力并整合于它们之中。从我已提及的原因可见，这样的进化在相当长的时期里是不能导致完美的。但它能产生新的折衷，使得生物体能获得适于在特定环境中生存与繁殖的更有效的新策略。

因为每种新的可能性都与它之前的情况紧密相联，所以整个进化过程受到了历史的极大限制。只有依据它们的祖先才能理解今天看到的生物。对绘画来说也是同样道理。只有联系到它们之前的绘画风格才能理解印象主义和立体主义。达·芬奇不可能在16世纪初创作出一幅立体主义版本的《蒙娜丽莎》，因为立体主义是依据历史的进步而形成的。艺术风格并非凭空产生：无论是革命性的创新还是原有风格的延伸，每种风格都从先驱那里吸取营养，融入了过去艺术风格的精华。正是在这种基于历史的进步意义上，我要探寻一些在进化过程中导致复杂的发育图式形成的因素。

单细胞变色龙

在本书的大部分篇幅中，我主要阐述了从单细胞受精卵开始的多细胞生物发育过程中，隐色、气味和敏感性如何被用于对内部图式进行精细的调节。各种隐色起作用的机制是建立细胞群之间的区域差异，以区别个体中不同区域里的细胞。如同我要接着阐述的，很可能在植物和动物的单细胞祖先中也存在着隐色、气味和敏感性。表面上看来，在单细胞生物中存在一系列的隐色好像毫无意义。如果存在隐色的目的是产生细胞群之间的差异，那么对于单细胞的生物祖先，隐色又有什么重要性呢？单细胞的生物祖先没有细胞群需要区分，这就像准备好一盒颜料，但画布却只能涂上单色一样。

虽然我们无法倒退数十亿年，目睹单细胞祖先的行为来回答上述的问题。退而求其次，我们可以了解现存的单细胞生物的特点。当然，由于单细胞生物同样在进化中经历了变化，它们与祖先的样子并不完全一致。与多细胞生物相比，进化的进程并不因单细胞生物而停止。然而研究现存的单细胞生物可以告诉我们，其隐色、气味和敏感性对单细胞生命形式的重要意义。

很幸运，由于单细胞生物体形小繁殖快，是理想的遗传学研究材料，我们的确知道很多关于它们的知识。例如，很多关于基因如何工作的基础知识来自对大肠杆菌的研究。大肠杆菌是一种细菌，通常生活在人的肠道内。在实验室里大量培养大肠杆菌很方便，它可以每20分钟繁殖一代。不但在大肠杆菌中可找到隐色，而且隐色的首次发现就是在大肠杆菌中。

20世纪50年代，在巴黎巴斯德研究所的雅各布（Francois Jacob）和莫诺（Jacques Monod）研究大肠杆菌如何成功地利用不同糖的机制。像人类一样，大肠杆菌把糖作为生物体的能量和化学组分的来源。大肠杆菌几乎是全能的，能够分解代谢很多种类的糖分子，诸如葡萄糖、半乳糖和乳糖等。这是因为它能产生各种不同的蛋白质，即多种能催化各种糖分子分解的酶，对应葡萄糖、半乳糖和乳糖等不同类型的糖有不同的酶进行降解。引起雅各布和莫诺研究兴趣的关键问题是，大肠杆菌并不一直生产所有的酶，它能根据从环境所能得到的糖的类型生产相应的酶。例如，如果环境不存在乳糖，大肠杆菌不会无谓地生产乳糖消化酶。但如果把它放到含有大量乳糖的环境中，乳糖消化酶便产生了。这对适应很有意义，因为这就避免了在不需要的情况下生产酶而造成的能量浪费。但又引出了一个问题：大肠杆菌如何感受周围环境中是否存在乳糖，并作出相应调整？它怎样探测环境的变化并据此作出反应呢？

回答这个问题的好方法是研究无法自我调节的大肠杆菌突变体，这些突变体不能对环境变化产生反应，结果忽视周围环境的变化。通过弄清这些无调节突变体的问题出在哪里，就可以了解正常情况下调节是怎样进行的。借助这种方法，雅各布和莫诺证明了：大肠杆菌对乳糖作出反应进行调节时，需要一个阻遏基因，缺少了这个基因的突变体会忽略周围是否存在乳糖，而连续地合成乳糖消化酶。因而阻遏基因对大肠杆菌的自我调控很重要。

阻遏基因如何工作，如何决定细菌生产哪种酶？虽然最终的结论很简单，但整个故事有些复杂难懂。我们可以设想阻遏基因产生一种红色的隐色。如同我提到的其他隐色一样，红色对应一种主导蛋白质，能直接结合到基因上，打开或关闭它们的蛋白质合成。在大肠杆菌中，它结合到负责生产乳糖消化酶的基因上。在环境没有乳糖的情况下，红色蛋白质结合到这个基因的调节区域，基因活性状态发生改变，酶也就不再产生（见图 17—3，左）。因而在没有乳糖的情况下，红色蛋白质确保乳糖消化酶的

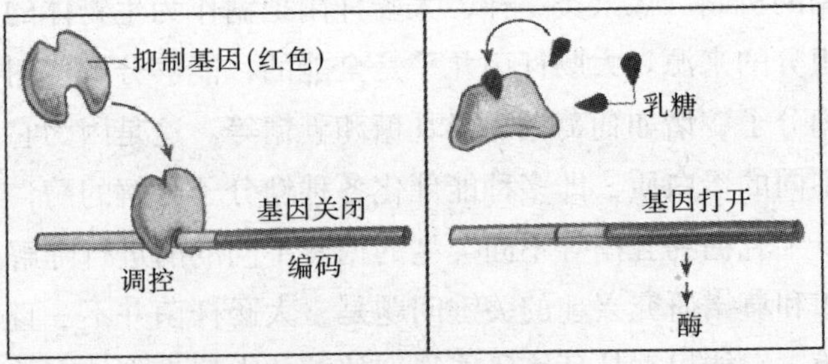

图 17—3　在缺乏乳糖（左）和添加乳糖（右）两种条件下，一个大肠杆菌基因表达的调节

基因关闭着。加入乳糖，便会造成隐色的变化。这是乳糖分子本身结合到红色蛋白质上引起的。请回忆：当一个分子与蛋白质结合，蛋白质的形状就会改变。乳糖分子嵌入红色蛋白质的小裂缝中，改变了蛋白质的状态，使之无法与 DNA 结合。这意味着隐色的改变，主导蛋白质便不能关闭乳糖消化酶基因了，所以细胞开始产生这种酶（图 17—3，右）。大肠杆菌能自我调节，是因为环境中的乳糖进入细胞，带来隐色的改变，也就是主导蛋白质形状的改变。细胞中的基因能够感受这种隐色的变化而打开或关闭。细菌就像一条微小的变色龙，根据环境的变化改变它们的隐色。

这个例子有着现实的意义。在多变的环境中，不时改变隐色是应付环境变化的有效手段。当一个人进食的时候，生活在肠道中的大肠杆菌便经历各种新的流体环境。如果喝的是牛奶，肠道细菌会发现自己是在富含乳糖[1]的基质中漂游。这时，能适应新条件而变换基因状态的细菌个体，要比忽视环境变化的个体更有竞争力。隐色使大肠杆菌细胞能根据环境改变基因的活力。它们提供了一种一维的模式，也就是一种能对特定环境及时作出变化的状态。上面提及的利用乳糖只是细胞改变其隐色的优点之

〔1〕乳糖是牛奶中的主要糖分，因而乳糖的拉丁词根 lact 来自拉丁文牛奶一词。

一。但在细胞所在的环境中，显然有许多其他可变因素，一个细胞可以通过改变一种或多种隐色来对多种因素作出反应。在任何一个时刻里，细胞中存在的各种隐色都被整合在一起，然后进行译释，确保只激活最合适的基因。

至此，我已阐述了单细胞生物体中利用隐色的机制，它们把隐色作为及时改变基因活力的手段。但气味和敏感性又起什么作用呢？探测和产生气味的机制同样在单细胞生物中存在吗？我们已经知道，在多细胞生物体中，气味和敏感性使同一个体的细胞间能相互交流，提供了一个加工隐色图式的重要手段，但在单细胞生物体中，气味以及敏感性起了什么作用还很不清楚。一个单细胞生物体产生一种只让自己闻到的气味是没意义的，但存在别的可能性。一个单细胞个体不会像隐士一样完全独立生活，它的周围还有别的个体，所以它散发出气味还是有意义的，或许它在试着与它的邻居通信交流。有性过程是个体期望交流的最好理由之一。

酵母中的性别化学

通过对酵母的研究可以阐明单细胞生物间的性交流。酵母是一种真菌，最普通的例子就是酿酒商与面包师使用的酿酒酵母。这种单细胞物种的个体被分成两类相反的性别（交配型），称作a型和α型。虽然两种交配型的个体看上去相同，但能根据性行为来区分它们。酵母通过两个单细胞个体相遇并融合成一个杂交细胞，发生有性杂交。对酵母而言，有性过程是一个全融合的事件，在此过程中两个单亲完全地合二为一。从我们的角度看，最重要的是酵母选择伙伴很明确，一个a型细胞只和一个α型细胞能交配，两个a型细胞或两个α型是不能相互结合的。

酵母细胞对其相反交配型的明确反应能力，依赖于一套隐色、气味和敏感性的存在。正如本书中许多其他例子一样，这些也是通过对突变体进行分析而清楚的。本例中，酵母突变体在性行为的某些方面有缺陷。为节省时间，我将不叙述全部的研究细节，而直接给出几个基本结论。

两种性别差别的关键在于它们的隐色。从外表看，虽然不同的交配型个体一致，但它们表达不同的主导蛋白质。我们可以设想两种交配型 α 与 a 对应于两种隐色：杏黄和褐黄（见图 17—

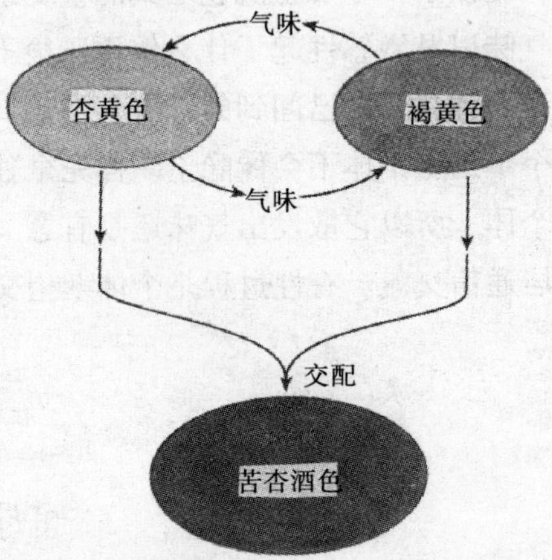

图 17—4　酵母交配过程中，隐色、气味和敏感性的作用

4)。我们现在需要解释：为何杏黄细胞只识别褐黄细胞并与之交配。我在第 11 章中说过，一种隐色导致产生一种特定的气味(因为产生气味的基因可以通过打开或关闭来应答隐色)。酵母交配型正是用气味相互识别。杏黄和褐黄细胞各自产生一种特征性的气味。这种气味实际上是一种称为信息素的小分子蛋白质，但我们可把它们想象成杏黄和褐黄的气味。而且，每一种交配型只对另一种交配型的气味敏感，杏黄细胞只感受褐黄气味，而褐黄细胞只对杏黄气味有反应（这是因为各种交配型表达不同的受体蛋白质，这是隐色调控的另一个结果）。当一个杏黄细胞碰到另

一个杏黄细胞时，因为两者都不能识别对方的气味，不会发生交配。然而，当杏黄细胞碰到褐黄细胞，细胞便开始相互作用。

当一对杏黄和褐黄细胞相遇，相互嗅闻的作用最终导致两者的隐色都发生改变。杏黄细胞受到褐黄气味的刺激，引发了细胞内一系列的事件，从而改变了主导蛋白质的活性，最终改变了隐色。新的隐色又激活了细胞融合和交配所需的基因。换言之，细胞开始产生促进自身与邻居融合的蛋白质，当褐黄细胞探测到杏黄气味时也会作出类似的反应。整个结果是两种细胞相遇，它们互相锁定并融合形成杂合细胞。

一些好奇的读者也许想知道杂交细胞的命运如何，我在此对酵母整个生活史作个简短描述。杂合细胞混合了两个配体的隐色，产生了一种新的、称为苦杏酒色[1]的隐色。苦杏酒色的杂合细胞可根据环境在两条不同的出路中作出选择。它可以通过细胞有丝分裂产生更多的苦杏酒色细胞。或者经过减数分裂产生褐黄和杏黄两种交配类型的细胞后代，完成酵母的整个生活史。

我们祖先的色彩

上节叙述的单细胞生物例子，说明了与内在绘图有关的基本因素也和单细胞生物有关联。虽然单细胞个体只有单一的隐色，但它们能够根据环境及时变化。影响隐色的环境因素包括营养，如大肠杆菌中的乳糖；其他个体释放的特殊气味，如酵母的有性生殖。总之，细胞的状况会随着它们的生长和分裂而变化。但任何情况下，细胞都能及时地改变它们的内在隐色。

---

〔1〕这名字很确切，因为传说苦杏酒最初由一位寡妇把花园中的杏子与褐黄色的杏仁掺入白兰地而酿成的。

至此，我只阐述了现存单细胞生物利用与内部绘图有关的因素。有什么方法能证明这些因素在我们单细胞祖先里也存在呢？为了讨论方便，我们首先假定这些隐色在单细胞祖先中并不存在，只是在进化了的单细胞与多细胞生物中分别出现。也就是说我们的单细胞祖先是无色的。通过详细比较单细胞与多细胞生物的隐色，可以得出明确的否定证据。

在前面的章节中，我们看到了动植物的隐色（主导蛋白质）分成家族。隐色家族依据蛋白质序列的相似性来划分。例如，有一个绿色蛋白质家族与产生果蝇或人的从头到尾的区域性差别有关。与此类似，有一个红色蛋白质家族产生了各种花的轮次间差异。

80 年代有了一个重要的发现：除了多细胞的动植物，在单细胞生物中也发现了这些家族的成员。在酵母中，上述的红色和绿色蛋白质家族的成员都参与了酵母的交配反应。这说明多细胞生物与单细胞生物使用了含有相同基本隐色的调色板。最简单的解释就是所有这些生物继承了同一个祖先的一套基本隐色基因。这个祖先当然是单细胞的生物，喻示了古老的单细胞生物已经使用隐色。

通过对现代的动植物的隐色进行比较，得到了更多的有关证据。尽管外表形态和生活方式不同，但动、植物使用的隐色调色板之间有着密切的关系。例如，在玉米、拟南芥和金鱼草等植物中，发现了参与决定果蝇或人体区域特征的绿色蛋白质家族成员。同样，在包括果蝇和人等的动物中，也发现了参与区别花的不同轮次器官的红色蛋白质家族成员。

最直截了当的解释是，动植物隐色的相似性反映了它们拥有一个共同祖先。据认为，动植物的共同祖先是一种单细胞生物，生活在 10 亿多年前。就我们现在的讨论而言，可以简单地认为这种共同的单细胞祖先沿两个直系进化，一个直系形成植物，另一个则形成动物。两个直系最初可能只包含单细胞生物，也就是单细胞的植物和动物。在以后的进化过程中，两个直系各自产生了复杂的多细胞形式。要理解为什么现代的植物和动物使用相关的调色板，最容易的解释便是：调色板中的许多隐色在动植物分化成两个直系之前，就存在于共同的单细胞祖先之中。这表明早在10亿年前，单细胞生物就利用隐色了。

多细胞的维数

虽然一些内在绘画的元素是从单细胞祖先进化而来，而且很可能依据环境变化而变化，但把它们用作隐色受到了一个很大的限制。如果生物个体只是一个单核细胞，它每次就只能译解一种隐色。为了更清楚地说明这一点，可把一个单细胞想象成含有两种不同的隐色，比如一端是蓝色而另一端是黄色。两种隐色的分布对应于细胞质中的两类主导蛋白质，各自集中在细胞的不同末端。尽管细胞中有两种隐色，存在于细胞核中的译释基因只能存在于一处。细胞核要么在黄端，要么在蓝端，但不能同时在两端。当然，核在中央时可能会感受两种隐色的叠加，但仍只能与一种隐色（绿色）相对应。即使细胞核从细胞一端移动到另一端，经历黄、绿和蓝几种颜色，但在任何特定的时刻，仍只能译解一种隐色。

相对而言，多细胞生物的基因不但能在时间上而且能在空间上译解不同隐色。因为多细胞生物体有多个细胞，每个细胞都有自身的细胞核，有可能同时译解多种隐色。如果生物体某部分的细胞表达黄色主导蛋白质，另一部分的细胞表达蓝色，完全可以分别译解这些隐色：一组细胞的核内基因感受黄色的同时，另一组细胞感受蓝色。换句话说，可以同时在空间与时间上使用隐色。多细胞生物体为内在绘画提供了新的维数，严格地讲有三个新的维数（原则上这也同样用于多细胞核的单细胞生物，如蕨藻。蕨藻的一个细胞有几厘米长，同一个细胞质内有多个细胞核。很可能是因为多细胞的其他优点，比如内部的细胞膜能限制分子在生物体内的运动等，多核的单细胞生物在动植物中都很少见）。

我不希望给读者一种错觉：由于每次只能译解一种隐色，单细胞生物只是均一的液滴并不具备空间图式。实际上远非如此，单细胞生物在结构与形态上展示了极丰富的图式和不对称性。但是，它们并不通过对内在隐色的空间图式进行精细调节，而是通过其他的机制产生不对称和空间模式。在一些情况下，可能涉及到细胞中不同类型蛋白质间的相互作用；在别的情况下，则通过蛋白质间接地影响细胞组分之间的相互作用产生个体的图式。不论是何种确切的机制，主导蛋白质的空间分布模式不太可能起关键作用。只有一个细胞核产生应答，会使隐色空间模式的利用受到严格的限制。这并不意味着隐色无关紧要，它们可以在其背景加入特殊的蛋白质而影响模式，只是在大多数情况下，隐色的空间图式本身不会由隐色的区域性差异造成。

我并非认为单细胞的生物祖先没有图式，而是它们使用隐色的方式与多细胞生物的后代不同。在单细胞生物中，绘画的基本元素主要用作依据环境及时进行改变。当多细胞生物产生后，这些现成的机制被赋予新的用途：产生内在的空间图式。虽然未能确切地知道这如何发生，但我们可以设想其中几个可能的情形。

假定单细胞生物体的子代在分裂之后并不分离，暂时聚集在一起形成一个细胞群或细胞球。最终细胞群中的一部分或全部细胞离去并产生新的细胞群，结果这种生物每代经历两个阶段：细胞群时期和单细胞时期。在细胞群阶段，细胞群表面的细胞很自然地接触到与其内部细胞不同的环境。如果是水生的生物体，外表的细胞直接暴露于含盐、糖或水溶性分子的溶液环境中，而内部细胞受到保护，只与其他细胞接触。因为单细胞生物有根据环境改变隐色的能力，我们可以想象外表面的细胞具有与内部细胞不同的隐色（图 17—5）。隐色的差异直接反映了处于不同条件下的外部细胞与内部细胞所作出的不同应答。一旦内外有了隐色差别，就可以被基因译解（通过基因的调节区域）。我们可以预期经过许多代的细胞群体阶段，自然选择会偏爱某些特定的译解过程，最终导致细胞中的基因表达更适合不同的细胞在细胞群中的位置。例如，外表细胞可能表达参与活动、保护和吞噬的基因，而内部细胞专门从事食物消化和代谢。具体的专一化过程并不重要，重要的是，隐色原先只作为单细胞生物根据环境发生及时变化的手段，现在却被用于产生多细胞生物个体中细胞间的区域差别。

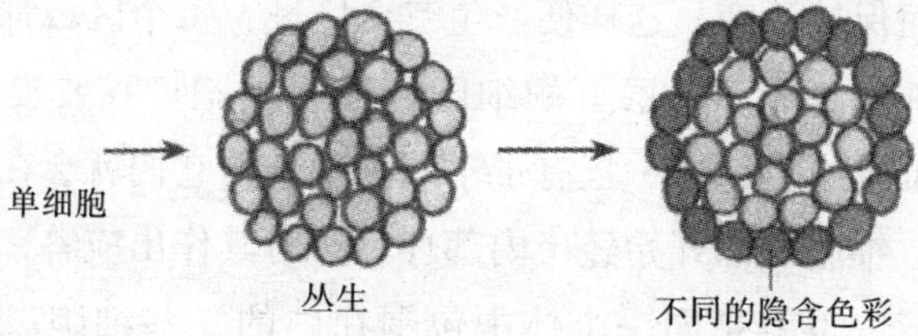

图 17—5　一种简单的隐色空间图式的进化

在某种意义上，这一系列事件的结果，只是先前行使某种功能的隐色被募集用于另一种功能。不像变色龙一样提供随时间而改变的环境信息，隐色被募集产生内外的空间差别。这种募集过程并不要求特别的力量让隐色变换角色。这是在基因突变中自然发生的，突变改变了隐色的译解方式。在一个细胞群中，每个突变都经受自然选择，因而在许多代以后，个体中的内部和外部细胞分别表达与所在位置相适应的基因。

在个体中细胞间的初始差异建立之后，更精细的图式开始进化。在多细胞群体的例子中，有两类具有不同隐色的细胞，外层细胞和内层细胞。这两类细胞可以进一步细分。内层细胞有一亚组直接与外层细胞接触，使内层细胞可分为两类：与外层细胞接触的近表面部分和更接近核心的部分。我们设想下一个进化步骤，使两种内层细胞采纳了不同的隐色（如图 17—6）。

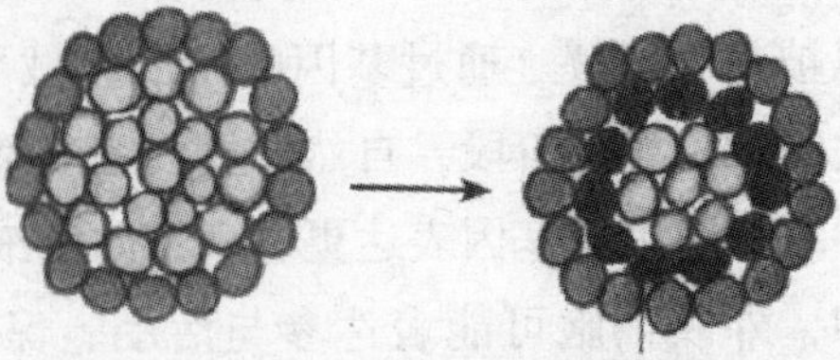

图 17—6　内外轴的进一步演化

例如，假定外层细胞的隐色产生一种短程的气味，引起外层之下的细胞隐色发生改变，而核心细胞由于距离太远感受不到这种气味而保持不变。这样便产生三个区域，每个区域都有自己的隐色：外层细胞、外层下的细胞和核心细胞。我要提出的观点是：多细胞生物体中一旦有了不同的隐色，它们就会在进化中建立起来。细胞可以开始经历内部环境并对其作出应答，所谓细胞的内环境，也就是同一个体中包围在内的一些细胞。在此过程中，多细胞生物并没发明什么奇妙的新机制，只需利用早在单细胞生命中已进化完备的绘画技巧。

我们可以用相似的推理方式来解释其他生物体的不对称性。如果单细胞群体在海底降落并附着在岩石表面，在与岩石表面接触的细胞与自由暴露于海水中的细胞之间产生了新的差别。同理，我们能假定局部环境的变化导致了生物体不同区域隐色的差别，产生了“岩石端”和“暴露端”。这两种隐色差异的产生只是一种序曲，将导致在这一轴向上空间图式的进一步精细化和演化。也许它们会致使岩石端的细胞特化成专门用于附着在岩石表面，而暴露端的细胞则用于从环境汲取能源。或者最终生物体脱离岩石，用“岩石端”的特化细胞做推进器。如同内—外轴向一样，生物体周围环境提供了一种在其他轴向上产生不对称性的重要方法。

然而，还有更微妙的方式，产生另外的不对称性。细胞群得通过产生更多的细胞群来繁殖。这意味着细胞群中某个区域的细胞必须作为产生下代细胞群的基础。假定这些奠基细胞来自于细胞群的外层（可能又是隐色使得它们具有成为奠基细胞的能力）。作为奠基细胞，细胞开始分裂形成黏附在母体外表的子细胞群，子细胞群可能经受两种不对称性。如前所言，其内层细胞与外层细胞所处环境不同，产生了内—外轴向，另外与母体相连的细胞与自由暴露的细胞之间也存在差别。母体作为一个岩石替代品提供初始的不对称性。换言之，对称性不仅来自外部环境，也可能从母体转移到子代。

上述的这些例子阐明了，多细胞生物体中隐色的区域差异最初是如何建立的，我们还可以想象产生这种情况的其他几种方式，但一一列举并无必要。要紧的是：通过这些例子，很容易理解原来只随时间改变的绘画基本元素如何被募集而用于产生空间图式。

不过，这并非意味着现代生物的隐色与它们的祖先一模一样。随着主导蛋白质基因中突变的积累，隐色在进化过程中发生一定程度的改变。新的绿色家族和红色家族进化出来，并具备一些与原始绿、红家族不同的特征。并且原始调色板的某些部分在基因重复过程中被扩增了。请回忆：当一个额外的拷贝因错误而整合到 DNA 中，这种情况就发生了（第 6 章）。这意味着，如果某个生物体只有一个红色主导蛋白质基因，它的一个后代很偶然地产生了两个拷贝的这种基因。可能没产生什么即时效应，但长久以往，这基因的两个拷贝开始积累差异。有一些变化造成了这两个基因产生的蛋白质被略微不同的方式译解。从一种红色开始，生物体进化出两种版本的红色，比如宝石红和石榴红。我们可以想象这过程不断重复，最终产生了一个红色家族，每种红色在绘画中起不同的作用。

最终结果是虽然发现植物和动物有一个共同的基本调色板，但各种生物的隐色在细节与含义上都有差别。在动物中，一些绿色家族的成员能够提供从头到尾的身体特征（第 6 章）。在植物中，绿色产生别的差异，例如生长点与它相邻的叶芽之间，毛状细胞与它的邻居之间的差别。换句话说，虽然绿色家族仍用于在时间和空间上对生物体进行划分，但每种绿色的具体意义，它们所影响的特征是不同的。对于产生花中轮次差异的红色家族可以下同样的结论。在动物中也发现了红色家族的成员，但它们影响的过程如肌肉发育，在植物中无相对应的过程。虽然植物与动物利用共同的基本隐色，但它们用非常不同的方式来译解隐色。

很容易以为，调色板的放大和异化的过程只发生在多细胞生物体复杂化的过程中。也许动植物共同祖先的每种隐色只对应一个基因，而隐色家族是在以后的多细胞生物进化中出现的。然而，这就导致了误解。单细胞祖先也有重复基因的能力，几乎可以肯定它们也有自己的红色和绿色等家族。看来，进化过程中的远古调色板中的一些隐色扩展了，而另一些则丢失了。因而，现代生物含有的隐色包括了一个非常复杂的类群，其中一些隐色家族占优势地位。

我着重阐述了一系列隐色是如何进化的，其气味和敏感性的进化也是一样的。涉及产生和探测各种气味的每个步骤的基因也分成几个家族。与隐色一样，其中很多家族也很古老，可能通过各种基因的重复，进化而来。

多细胞化的代价

把单细胞生物向多细胞生物转变的过程看做是绝对进步并不妥当。比起只能随时间绘画的单细胞生物，多细胞生物还能以空间作画，似乎更高级。生物体不断地变精致和完美，看上去像一个稳当的进步过程。我在本章开始就指出，适应本身会带来缺点。具有更大尺寸和更精细内在图式的多细胞生物体似乎胜券在握，但是它们的生活方式却带来新的危险。

其一，更大的尺寸使它们易受到更多的寄生虫的侵染。在迪斯尼卡通片《石中之剑》中，男巫默林与女巫明夫人斗法。影片的高潮是女巫变成的紫色巨龙被男巫变成的小寄生虫打败而掉到垃圾堆上。很多体内寄生虫是单细胞生物，对多细胞生命构成了驱之不散的威胁。动植物都极易受各种寄生虫感染的伤害，参与动物免疫系统和植物抗病性的整套基因都是作为抗争机制而进化的。

其二，多细胞生物发育的过程要经历一段脆弱时期。当一个单细胞生物繁殖时，它的后代立即就能在环境中生存。然而多细胞生物发育通常要经历相当长的胚胎时期，从单细胞开始，一直到能有效生存的独立个体。这造成了各种各样的保护机制，比如把胚用硬壳或种皮包裹，或把它们尽量可能长时间地保存在母体内，进化出各种适应性以保护发育必须经历的较脆弱时期。

其三，多细胞生物体发育本身易导致错误。发育是一个高度复杂的过程，在任何时候都有可能出错。例如，癌症是体内某些细胞无控制地分裂和繁殖所引起的。多数情况下，这是由于正常发育中起作用的隐色、气味和敏感性在不合适的时间与空间被激活。精细调节内部图式的机制出现错误也会引起疾病。单细胞个体不会得癌症是因为它体内没有可能错误行事的细胞，它们的个体与细胞是同一回事。

其四，采用多细胞生命形式最重要的代价是延长了繁殖的时间。1 年，对狗来说就像人的 7 年。如果用大肠杆菌作相同的比较，那将会是人的 100 万年。1 年中，某些细菌经历的代数比起人类在地球上的代数还多。这意味着单细胞可以根据环境而进化得更快。

因为所有这些原因，单细胞生物并未被多细胞生命取代而灭绝。它们不但生存下来了，而且在数量上大大超过其他生物。从酸性温泉到海洋深处，在任何地方都可以发现单细胞生物。这些生物并不是处于进化阶梯下层的劣等生命，就它们自身而言极为成功。多细胞和单细胞生物并不处于通向完美的不同阶段，它们仅仅反映了在同一环境中所采取的不同折衷类型，不同的生存与繁殖方式。

内在绘画的历史是对旧基因赋予新用途的历史。我们知道了隐色、气味和敏感度如何使单细胞祖先依据环境及时改变。随着多细胞生物的进化，绘图的基本元素被募集用于产生内在的空间图式。当隐色在不同的时间和空间被译解时，便产生了新的特征。这样的情形发生后，特定的隐色和敏感性的范围就扩大了，从而建成各种更加精细的图式。内在的绘画并非凭空产生，它来自于对原有基因的修饰，使得同样的基本颜料盒能用在不同的场合之中。

18 鲁宾逊的艺术

在本书中，我已尽力阐明生物体并非简单地按照一套指令而制作出来。没有简单的方法可以把指令从执行指令的过程中分离出来，也难以区分计划和执行计划的过程。相对于制作，发育更像一个创造性的过程，其中每一步都是对前一步骤的译解和精细调节。尽管如此，对这一观点并非不存在争议。创造性似乎比制作更为主观和难以分析。虽然制作在很多方面很难与发育进行类比，但它却有让人直观了解的优点。

我现在就准备更深入地探讨这个问题。为此，我先从较为传统的观念开始，把发育看成是一种制作方式，试着寻找它的逻辑出发点。我们可以看到，得到的结果正好相反，传统观念的立足点与基于创造的发育观点相比，要脆弱得多。一旦认同了这样的看法，我们就能从更一致的角度去认识不同制作过程的基本关系。

双重类比

制作不是一个自主的过程，要造出一件东西来，首先必须有人拟定出计划。例如，经历了许多年的技术创新，才诞生了制造汽车的具体规程和指令。现代汽车制造业的理论和规划来自于人类创造天赋的长期积累。所有制造业都是如此，从洗衣机到电脑的制造都依赖于有人先创造性地设计出蓝图。因此，制作不能自发地产生，它来源于人类的创造性。

如果说生物体的发育是一种依据计划的制作过程，那么这个计划来自何方呢？传统的答案认为发育是进化的产物。生物的发育能力不是凭空突然出现的，而是在千百万年的自然选择过程中逐渐出现的。如同制作一样，发育也依赖于原有的历史，不同的只是发育依赖于进化的历程而非人类的天赋。发育和制作的类比引出了另一种类比：进化和人类的创造性。我把它们称作双重类比，概括在图 18—1 中。根据以上的观点，图 18—1 中从创造性到制作（上部的箭头）和从进化到发育（下部的箭头），水平箭头代表了平行的路径。换句话说，如果这两个过程之间有类比的关系，它们的路径是一致的。实际上是否如此呢？我要用一个人类创造性的具体例子，也就是修补活动，来描述制作过程并把它与进化作比较。

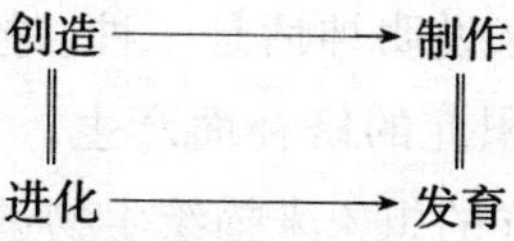

图 18—1　双重类比

修修补补

人类学家列维-施特劳斯（Claude Levi-Strauss）用法语中修补的同义词（利用手头东西制作物品）来描述神话的演化，他比较了工程师与修补匠的创造力。工程师要为自己的设计仔细地选择工具和原材料，而修补匠只利用手头现成的东西。修补匠在工棚里搜寻各种现成的物件，拼凑着做活：

> 看来他很有兴致地干着活。他第一步的活是回顾性的，要找出整套的工具和已有的材料，然后反复思量，最终拿起工具与材料打起交道来……把一块橡木做成一块楔板，将不够长的松木板加长一些，或者把它当作一块垫木，使刨光和加工旧木头容易一些。根据需要，在一种情况下作为加长物，在另一种情况下作为加工时的垫料。这些可能性都受到多种因素的限制，包括了每一

件材料的来由和特点，而这些又取决于材料最初的用途以及当初所做过的加工等等。

这个修补匠与他所用的材料之间没有一个规定好的计划，只有连续不断地相互作用，不断地打量和比试着材料。结果，修补匠被局限在一堆现成的材料中，其中每一件都有先前的用途，这与按设计的目标而仔细选择一套工具和原材料完全不同。列维-施特劳斯用这个例子来说明神话是一种“捡现成”的智慧形式。神话通过对先前文化积淀的修补而产生，与仔细的筹划设计无关。雅各布也曾用同样的想象来描绘生物进化：

> 进化与工程师相反，不能无中生有地发明创造。它只在现存的基础上进行，要么转变一个系统导致新的功能，要么把几个系统合并成更复杂的系统。自然选择与人类行为的任何方面都没有相似之处。如果要作比较的话，那么这个过程更像是修补，而不是工程，如同我们在法语中说的拣现成修修补补。工程师使用精心选择的、与设计相适合的原料和工具进行工作，修补匠则在摆弄一堆边角料。修补匠通常甚至不知道要做成什么，他使用手头上能找到的材料作为加工的对象，比如旧牌盒、几根绳子、几块木头或金属。正如列维-施特劳斯指出的，修补匠使用的材料中没有一件有固定而精确的功能，它们可以用于许多不同的地方。

像修补一样，进化总是受到材料的限制。进化是在过去的基础上添加，而不是对将来的筹划。前几章阐述的内在绘画的历史很好地说明了这一点。单细胞生物中进化出来的内在绘画的元素，并不是为了将来用于产生复杂的空间图式。单细胞生物并没有筹划这些元素以后的用途。后来产生的图式，只是把先前因其他原由而存在的元素拼合而成。隐色最初是作为随环境及时变化的适应性而存在的，被募集后赋予了新的功能，便产生空间图式。随着多细胞生物的进化，隐色的使用范围和重要性通过修补过程得以扩展。

鲁宾逊（William Heath Robinson）的作品也许是修补概念最好的概括和体现。鲁宾逊以表现各种奇妙的机械装置而闻名，以至于鲁宾逊已成为复杂精巧设备的代名词。请看他所作的薄饼制造机（图 18—2）。这一发明显然是用日常物件拼凑而成的。几个熨斗和一个煤桶绑在一起作为重物，一块连在线上的砖用来控制重物的释放。这是一个修补的鲜明例子，把各种现成的物件拼成一个新用途。这张作品的效果很好，因为人们熟悉其中许多物件原来的用法，挺乐意看到它们被用在意料之外的地方。熨斗通常用于熨衣服，煤桶一般用于运煤，而不是在空中压薄饼。

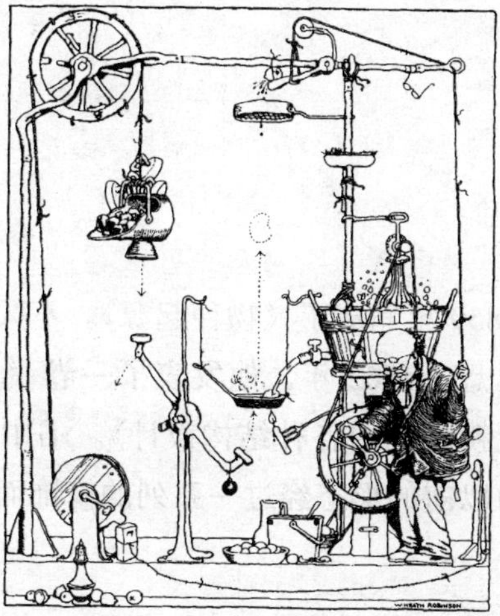

图 18—2　薄饼制造机（1933），鲁宾逊作

如果修补作为一个创造过程可与进化过程类比，那么制作与发育又如何呢？建造鲁宾逊机器的每一步骤中，奇妙的机械装置都在某种程度上发生变化：增添、重置或移去某些物件。所以看上去每一步骤都与紧接的步骤不同，也不需要事先做好计划。不

过，一旦有了一个复杂精巧的鲁宾逊机器，还要制造出许多保持一致的拷贝，最好的方法就是写下一套如何制造它的指令。根据这些指令，我们每次都能造出完全一样的机器，例如我们可以随心所欲地做出多个相同的薄饼制造机。也许发育的过程与此类似，这样，每次由受精卵到成体的转变都如同依据一套指令造出同样的装置。在受精卵里，指令以 DNA 文章的形式，也就是以基因的形式写就。进化经历了创造性的修补过程，而发育则是从进化产生的装置为起点进行拷贝制造的过程。我们回到了双重类比：进化如同创造，发育如同制造。

我认为在这种推理中有一个错误，我们过快地沿着双重类比中水平箭头的方向滑过，以至于忽略了一些有问题的步骤。这些被忽略的问题可以追溯到达尔文对进化的解释，也许研究这些问题的最好方法是探究达尔文本人是如何被误导的。

兰花的扭曲

达尔文在 1859 年完成了《物种起源》。不久，他选用兰花来阐述他的许多思想。1862 年，他发表了一卷《论英国兰和外国兰适应于昆虫授粉的花的各种结构设计》。书中提出，不同的兰花形态可看作由以前的形态经过一系列的修饰而产生，在书末他总结道：

> 虽然一个器官最初可能不是为了某种特别的目的而形成的，但如果它现在为这个目的服务，那我们就可以认为它特别适应于这个目的。同样的原则，如果某人要为某个目的制造机器，虽然仅仅把旧轮子、弹簧和滑轮稍作改变，我们还是可以认为整个机器（包括所有的部

分）是为那个目的而特意定做的。在自然界，几乎每种生物的各个组成部分都是在某种稍微不同的环境里为各种目的服务的，并且在许多古老和已灭绝的生物中也无例外。

换句话说，适应不是无中生有地发明出来的，而是通过修补和改进已有的适应能力进化而成的，如同一个人把现成的旧轮子、弹簧和滑轮稍加改变来制造新机器。达尔文用很多兰花的例子来说明这个问题，包括了从散粉方式到花器官的结构和形态。我用一个例子来说明达尔文修补的概念与当今观点的区别。

一些兰花物种如泥塘兰在发育中经历了一系列看上去毫无意义的变化：它们的花扭曲旋转了整整一周。为了更容易理解，请假想一条笔直的主茎，在一端有一朵花。现在想象花梗开始扭曲，逐渐使花上下倒转，接着沿同一个方向继续扭曲花梗，直至花又一次向上，总共转了360°。最终得到了一朵与原来一样的花，只是花梗扭转了一圈。这是某些兰科物种中所有花发育的实际情形：它们如同芭蕾舞演员，做了个着地旋转。读者可以从这些兰花成熟的扭曲花梗上找到证据（图18—3）。

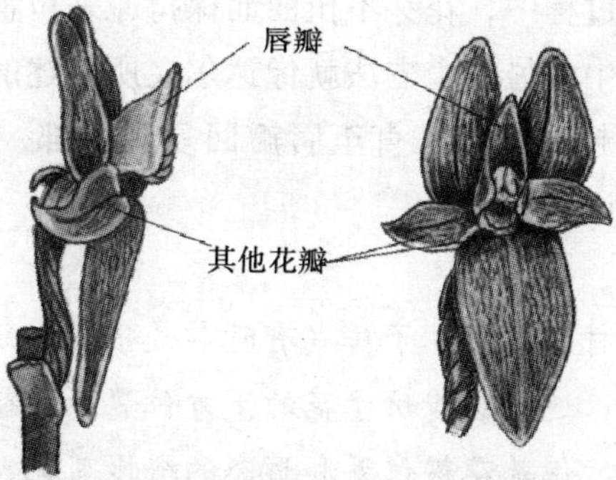

图18—3　泥塘兰。图示一朵花，在旋转360°以后，唇瓣的位置在上。请留心花梗上的扭曲（按达尔文1862年著作的插图改画）

初看起来，这现象毫无意义，但事情并非这么简单，因为大多数兰花的花是上下倒置的。每朵兰花有3片花瓣，其中一片独特地发育成唇瓣。大多数兰花中，唇瓣处于最低位置并作为授粉昆虫的着陆平台（见图18—4)。可是，在成熟花下方位置的唇瓣，在发育早期的花芽中却处于上方位置。尽管唇瓣发生在花芽的上部，花芽在发育时经历了180°的旋转，唇瓣最终位于花的下部（扭曲通常发生在花梗，使得子房也发生了旋转）。

图18—4　一般的兰花，唇瓣位于下方的位置

这种反转的形态称为倒位，在各种兰花中很常见，所以被认为是它们祖先的特征。从这个观点看，少数几种唇瓣在上方的罕见兰花品种（例如泥塘兰)，是在较后阶段的进化中形成的，用某种方法抵消了反转。有几种方法可以把上下倒置的花变正直，一种是在发育过程中，花芽不扭曲而保持原来位置，这存在于一些兰花的种类中；另一个方法就像达尔文所描述的泥塘兰，它的花梗连续扭曲超过180°，直至唇瓣回复到上部，也就是转了一整圈。达尔文说道：

> 在多种兰花中，子房（有时却是根茎）经历过一段扭曲时期，造成唇瓣位于花的下方位置，使得昆虫授粉更为容易。但是花瓣位置和形态的缓慢变化，或出现新种类的授粉昆虫，使得唇瓣恢复其原先在花芽中的上部位置，或许对植物更有利，例如在泥塘兰以及一些品种中确实如此。这些变异中，显然比较简单的是连续地选

择子房扭曲不断减少的品系，但植物也提供各种子房扭曲增大的变异，直到花绕着轴完全转了一圈，在选择作用力下产生了相同的目的。后者确实在泥塘兰中发生了，这种兰花的子房比通常多扭曲了一次，使唇瓣到达现在的上部位置。

如果兰花是根据某种筹划而设计的，那么泥塘兰的整圈旋转就难以理解。以达尔文的观点，适应不是从无到有而仔细设计的；它们产生于对原有的适应能力进行不间断地修补。如果唇瓣在上部对兰花有利，自然选择就在原有的基础上发生作用。它能通过两种方法改变倒位的花，使之恢复正直，要么减少扭曲，要么增加扭曲，直至花再次正直。以进化的修补观点来看，对已有形式进行修饰，泥塘兰花朵360°的扭曲就好理解了。

但是，达尔文的修补概念在一个重要方面造成了误解。为了阐明这一点，我必须先解释达尔文的遗传学观点。然后再回头阐述达尔文关于兰花扭曲的解释。

达尔文的泛生论

我在第13章提到，达尔文关于遗传的思想与现在根植于基因的遗传观点有很大区别。举个例子：他认为在个体生命过程中获得的性状是可遗传的。比如一个人在童年时，因为意外事故失去了拇指，根据这种原则，作为事故的后果，他的孩子很可能出生时就没有了一个拇指。初看起来，达尔文会相信这种观念也许很令人吃惊，我们通常把这个观点与其前辈拉马克（Jean Baptiste Larmark）的观点联系在一起。拉马克不但相信获得性状可以遗传，而且认为这些性状的变化是直接由生物体的需要所造成的。例如，如果一个类似鹿的动物发现周围没有了植物，它要伸长脖子去吃到更高的叶子。多代以后它的脖子逐渐延伸，越来越长以满足这种需要，这样就解释了长颈鹿的进化。达尔文与拉马克不同，他相信获得的性状与适应能力相比是很随机的。他不认为适应性的变异或是有益变异会比非适应性的变异来得更多。环境的变迁仅仅是可遗传变异的来源，然后由自然选择对变异发生作用。

是什么机制使得个体在生命周期中能将获得性传递到下一代呢？达尔文推论说有某种机制使性细胞监控整个身体状态，否则，很难理解因事故丢失拇指会影响到生殖系统。遗传信息必须以某种方式从成熟个体的组织传到卵细胞或精细胞。达尔文暂且用泛生说的假定来解释这种信息传递过程。

根据泛生说，在体细胞分裂和生长的时候，会不断释放出微粒（称为原芽），这些原芽遍布生物个体全身。当生物体到达生育时期，从身体各部分来的原芽就聚集到性细胞中。这样就可以传递到下一代。在今天看来，达尔文原芽的基本特征很古怪：它们将产生的结构正是衍生出它们自身的结构。也就是，从眼睛来的原芽在下一代中参与制造眼睛；而耳朵产生的原芽属于制造耳朵所必须的另一种类型。这就是为什么当生物体在产生下一代时，全部原芽都要集中到性细胞中。如果性细胞中缺失了眼睛的原芽，将导致子女没有眼睛（严格地讲，因为双亲对原芽都有贡献，所以只有双亲都没有眼睛才会发生这种情况）。由此可以推论，如果一个动物因伤丢失了眼睛，那么其眼睛制造的原芽就会停止释放。性细胞中汇集的眼睛原芽就要减少，致使无眼睛的特点易于转递到子代中。丢失眼睛或拇指是很极端的环境事故例子，而达尔文所考虑的、在进化上有重大意义的性变异要微妙得多。当生物体发育时，每个个体都会经历稍稍不同的环境，从而造成少量的原芽变化，最终发生微小的可遗传变化。

通常，生物在发育的某个阶段遇到变化的生存条件被略微修饰，并且由修饰过的部分释放出的原芽，总是复制出以同样方式修饰过的部分。

可是，他觉察到，一些引人注目的例外与他的泛生论思想相对立。比如对犹太男孩施行的割礼，并未导致他们的儿子继承这种变化，但达尔文对此表示怀疑：

至于犹太人，我从3个犹太教医生那里获得证实，多年的割礼没有产生任何遗传效应。然而，布卢门巴赫[1]确信，由于出生在德国的犹太人处于难实施割礼的条件，所以有个“出生时已受过割礼”的名义而已……但可能这些都是偶然事件，因为佩吉特爵士[2]曾看到一个妇人的5个儿子及她姐姐的一个儿子都有天生的包皮，其中有一个男孩似乎受到类似割礼的影响。这两姊妹的犹太血统是不容置疑的。

达尔文的泛生说如何解释这种在很多代中都进行的手术，而只在子代中产生零星的效应呢？推测母亲提供包皮原芽是无意义的，因为她根本没有要被切除的包皮。达尔文的回答是原芽并非只由体细胞释放，它们还可以自我分裂复制。这意味去除包皮不一定能完全删除包皮原芽，因为仍有很多原芽来自于未实行割礼的早几代人中。在这种情况下，需要很多代才能改变遗传过程。

---

〔1〕布卢门巴赫（Johann Friedrich Blumenbach），1751～1840，德国人类学家、生理学家。——译者注

〔2〕佩吉特爵士（Sir James Paget），1814～1899，英国病理学家。——译者注

回到兰花

达尔文的遗传观念对我们很重要，它对达尔文进化上的修补概念有意义深远的影响。如果获得性可以遗传，进化的变异可直接来自于对生物体的修补。人们在一个进化过程所看到的变化，可以由成年生物身体各部分的外部形态变化所引起。以兰花为例，因某些环境原因偶然造成或多或少的花朵扭曲，由这些花产生的种子发育而成的植株也会出现改变了的扭曲。换句话说，一个植株在其生活周期中获得的新的扭曲会传递到它的后代。最终360°的扭曲是由环境造成扭曲改变的积累结果。每次在一个或多个植株生活史中发生额外的小扭曲，然后经历自然选择。这就好像全部修补都在花本身的水平上发生。我用兰花的例子来说明这个观点，但它同样适用于其他所有的进化性变化：如果获得性是可遗传的，那么，所有性状都可以认为是对生物体直接作用而进化来的。

我们现在已经知道遗传机制不是这样工作的。已经发育的生物体在组成部分发生的变化不会传递到后代。能从上一代传递到下一代的，只有遗传物质 DNA 的变异而不是生物体的最终结构变化。一个可遗传的新性状只能是 DNA 突变的结果，因为只有 DNA 的变异才能在每一代中都得到复制。这意味着只考虑生物成体，不能解释进化中的修补：我们必须了解基因（DNA）和生物体生长发育方式之间的关系。我将从另一个角度探讨兰花的扭曲来说明这个问题。我要事先提醒一点：涉及兰花进化的基因还远未了解清楚（兰花生长周期很长，大多数遗传学家像对待瘟疫一样，避免以它为材料），我只能依照目前的理解，阐述一些解释。在这之前，我要多谈一些有关兰花扭曲的背景知识。

扭曲与旋转造成大多数兰花采取了倒位的状况，唇瓣在花下方的现象，可以认为是对重力的反应。如果把一株兰花上下倒置，使它的主茎竖直向下，则发育出来的花不会扭曲，它们保持在花芽中同样的方向。换句话说，就是无论植株的方向如何，花发育的方向总是使唇瓣在下方。如果植株是向上的，花就必须扭曲 180°来达到这个目标；但如果植株上下倒置，唇瓣开始就在下方，就无须扭曲了。扭曲反映了重力是决定花的恒定取向的一种机制。

在许多其他植物物种中也都发现了这种定向的反应。只是在大多数物种中，花的最终定位与在花芽时一致。豆科中的许多成员例如羽扇豆、菜豆和豌豆等，它们的花中有一个较大的花瓣，称为旗瓣（见图 18—5）。像兰花的唇瓣一样，豆科的旗瓣开始

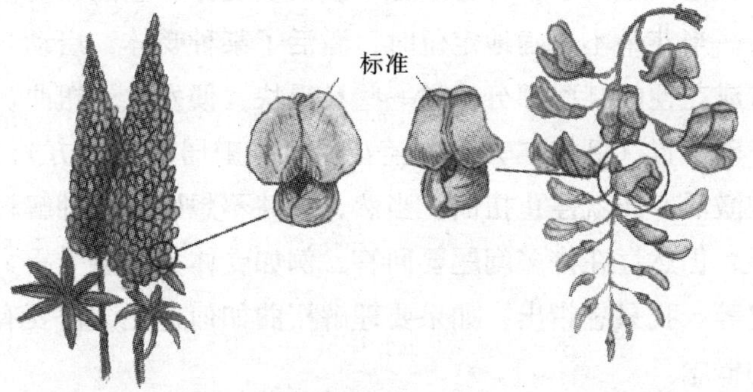

图 18—5　羽扇豆的花（左图，茎直立向上）与金莲花（右图，茎下垂）的比较。请注意，两种成熟的花都具有同样的方向性：旗瓣均在花的上部

于花芽的上部,但不同的是这种定位一致保持到成熟。然而，如果一株豆科植物的茎偶然弯曲或翘起，产生的花仍然保持旗瓣在上方；豆科的花也是根据重力调整方向。即使支撑花的茎不能竖直向上生长，也能保证花的取向适合授粉昆虫的来访。豆科中的金莲花就是一个生动的例子，它用悬垂着的茎支撑花，尽管支撑花的茎垂直向下，花朵还是发生倒位，也就是扭曲 180°，把旗

瓣恢复到上方的位置（图 18—5）。金莲花和兰花几乎就是相互颠倒的景像：金莲花扭曲保持旗瓣在顶部，而兰花扭曲保持唇瓣在底部。对向上生长的茎，意味着兰花需要扭曲，对向下生长的茎，金莲花需要扭曲。如果大多数植株的茎朝下生长，如同一些物种中的悬垂茎，兰花不须扭曲，并且显得很自然，而豆科植物就会很奇怪地扭曲，把旗瓣调整到上方。这正好暗示了一种对大多数兰花发生 180°扭曲的解释（当然还会有其他的解释）：也许兰花的祖先具有悬垂茎，当它的花上下倒置时便进化出一种定位反应。后来，当兰花品种进化出竖直向上的茎，这种定位反应使花扭曲，保持原来的定位方向。

目前还不知道花定位反应的确切机制。然而，通过与本书其他的例子相类比，我们可想象出基因如何参与这个反应。也许定位反应基因编码了某种花细胞中蛋白质受体，它能够对重力作出应答。当花朵不正确地定位时，激活了某种受体，启动一系列事件造成花梗的某些部分比另一些长得快，便发生了扭曲。当花到达正确位置（例如在大多数兰花中，唇瓣居花的下方），受体不再被激活，花就停止扭曲。当然，我并不想硬说这种解释已很完善了，仍然存在许多问题要回答，例如受体如何感受重力方向的变化等。我只想指出，如果要理解扭曲如何进化，需要有基因参与的概念。

我们再来看一下兰花中例如泥塘兰等的 360°扭曲进化。额外的扭曲不能简单地用对花本身进行修补来解释，我们必须考虑涉及定位过程的基因。最简单的模型是当花朵扭曲至上下倒位时，使花朵正常转动 180°的机制再次被激活，使得花朵发生再次的扭曲。突变使定位反应发生改变，致使花朵倒位 180°后，重力受体没有沉默仍处于活化状态，结果继续扭曲直至花又经历另一个 180°，变回到竖直向上的位置。这可能通过重力受体基因的突变改变了对重力应答的方式，或者是由涉及受体激活的基因的突变造成。无论是怎样的机制，总归是涉及了基因的突变，对 DNA 修补，然后产生了变异。仅仅对花进行直接的修补无法成为原因。

再看修补

为了明辨事实，我们需要更仔细地观察修补的过程。请想想一个修补匠摆弄着各种旧物件，以便制造一个新的装置。各种东西只是凑巧堆放在一起，比如说正好有一个旧弹簧和一块有钩子的木板，修补匠设法做出了一个像秤的小玩意儿。接着，修补匠又试着把这个小玩意儿与各种各样的零件组合在一起，装了又拆，拆了又装，终于做成了另一种装置，比如打击弹簧就会发出声音的简易乐器。修补匠用这种方式继续摆弄着零乱的材料和物件，不断地安上更多的旧零件，每次都以某种方式变更着装置。当装置变得更精巧复杂时，一些零件最终被去掉或重新安装。这种修补的结果是一系列的装置，每种装置都在结构与功能上稍有不同。最终做成的机械装置是一个非常复杂的设备，与最初的简易秤几乎没有任何相似之处。

为了解释上述过程与进化中变化的关系，需要区分修补过程中的两类活动。其一是进行材料物件的物理配置和变动，把各种东西重新组装在一起。其二是评判材料物件的工作情况，决定它们是否能成为设备起作用的一部分。这两种活动都是必不可少的。如果只把零乱的物件拼起来而不做任何评判，最终只能得到以某种陈旧风格堆放在一起的杂烩。如果只会评判而不会组装，那就不可能从一个装置改进到另一个装置。很明显这两类活动是相互依赖的：修补匠的评判建立在已经拼装的结果基础上，而每次评判反过来又设定了下一步拼装的情形。

在生物的进化中，重新组装和评判这两种活动以不同的形式发生。几乎所有的重新组装和变动都必须发生在DNA水平。也许可以用任何方式对生物体的各个部分进行重新排列和改变，但如果不能把这些变化传递到下一代，对于进化就毫无意义。正如我刚才指出的，有效的变化只发生在DNA水平，必须是基因发生突变。这可能涉及了DNA顺序中的一个碱基被另一个替换，比如G替换成A，或者一个基因的重复，以及其他DNA水平上的变化。不论细节如何，进化中的变化，也就是各种物件的改变，必须发生在基因的水平上。DNA为此提供了原材料库。

进化的第二个方面，对变动的评判多数在生物体水平上发生，更严格地讲发生在生物种群的层面上。DNA的变化只有在生物体发育与繁殖时，才表现出重要性。如果某个突变导致了某个体与群体中其他成员相比，生存与繁殖能力下降，那么它可能被淘汰。如果突变携带某种利于生存或繁殖的优势，它很可能在群体中被选择。由自然选择对生物进行连续不断的评判是进化性修补调整的一个重要部分。没有这种评判，进化就不能使生物产生适应环境的性状。

现在，我们开始看到，修补这个隐喻会使人误解。在人类的修补活动中，可以用物理手段摆弄的各部分，最终都是装置中的组件。在复杂精巧的机械中，每种被组装进去的物件作为装置的组成部分是可见的。在生物进化中，生物体的器官并非修补过程中的原材料。直接重排和变动的不是各个器官，而是基因的变化影响各器官的形成特征。进化是一个更间接的修补形式。也许这就是达尔文拘泥于获得性可遗传观念的原因之一。毕竟，要是重新组装和评判在同一水平上发生，理解起来会更容易。直接改变兰花的花瓣而实现进化，要比先去考察影响花瓣的一些因素要直观得多。

进化性突变的间接性质有助于解释原先看来奇怪的现象。由于我们已经具备了许多有关基因的知识，我们可以推测一些未知的修补过程。这是因为，如果只凭观察生物体的形态结构以及各器官的构成，人们只能间接地感知进化性突变。只能看到实际过程的一部分，也就是只观察到变化的表面特征而无法看到内在的原始材料。这意味着两种完全不同的结构可能由相似基因的修补进化而来。从形态解剖学观点看，脊椎动物和昆虫从头到尾的组织似乎完全不同，但它们都依赖于极为相似的由相关基因编码的隐色图式。区别仅在于这些隐色被译解和表现的方式不同。相似的，酵母的性别化学与花的器官并没有明显的关系，但它们都根植于同一个基本隐色调色板的修补。随着发育与基因之间的关系越来越清晰，生物之间如何进行比较的观念也应发生改变。依我看来，我们还处在开拓进化这座冰山的早期阶段，只揭示了表面之下的一些蛛丝马迹。我们面临的一个巨大挑战就是要得到这座冰山的全景图，揭开各种生物不同发育方式与基因之间的真正联系。

发育和制造

明确了上述进化和修补的观点，我现在重新讨论发育和制造的基础。请回忆，我们曾把进化比作修补匠摆弄机械装置的方式，而发育则与复制已成型的装置相对应。从摆弄出一个装置转到生产装置，我们要制定一套指令，指导重复生产同样的装置。这些指令可能是一系列图片指示如何建造装置，也可以是白纸黑字的一连串命令，如“把弹簧装到一片木头上”或“把弹簧与钩子连起来”等。

无论何种指令，它们通常是在装置已经做成或者已经设想好以后才制定出来的。修补匠只能在他想好要把一片木头并把弹簧连上去之后，才会写下“把弹簧连到木片上”。他也许只是在随便摆弄一些木片和一只弹簧的时候想起来的主意，也可能想好后再去找木片和弹簧。两种可能性中，指令都是在事件之后产生的，而不是之前。试着想象另一种方式：先有指令。这意味着修补匠在他想出这个主意之前，就遵循了“把弹簧装到木片上”这个指令。但谁给出了这条指令呢？在修补匠的脑袋里有个小指挥家，告诉他怎么去想或做。如果这样，谁指导这个小指挥家呢？我们陷入了无限递归。

要制定计划，必须先要有一个目标。在某种意义上目标产生在设计出详细方案前。没有预期目标的计划是不可能的。这就是为什么只要有了一个复杂精巧的鲁宾逊装置，就能制定一套如何多次制造这个装置的指令，因为已经知道了目的产品是什么。

把摆弄到制造与进化到发育的平行过程作个比较。如果DNA的进化相应于制定一套指令，在DNA水平上的变化也得作为某种结果。生物体最终状态的信息必须早于遗传物质变化而出现。这正是达尔文看待事物的方式：生物体的变异在先，然后传递到后代。依照这种观点，把发育当作制造更合理，因为指令须在事件之后产生。但正如我们已知道的，这不是发育的进化方式，实际上，DNA的改变先于生物体的表征。并非生物体各部分先产生，然后由DNA作出设计蓝图。对生物各部分的任何修饰都是基因突变（DNA片段的突变、重排和扩增）的后期表现。

只要我们更仔细地考察发育是如何进化的，我们就会发现，发育和制造之间的类比出现了问题。它们并非是可比较的方式，而是基于相反的原则：制造的指令在事件之后产生，而DNA水平上的变化先于发育的变化。当然，因为各自本质的差别，生物过程与人为过程的比较必定是不完美的。也许这种比较的确是最好的选择了。在我看来，另有一个比双重类比的方式更有条理、更站得住脚的方法。

发育的艺术

双重类别假设了两个基本的过程：人类的创造活动和自然进化。这两个过程本身以什么为基础呢？达尔文的巨大贡献就是证明进化如何根植于自然选择。千百万年的自然选择作用可以解释今天生物体的特性。

可是，当我们回到人类的创造性活动，事情就不那么清楚了。我们认为创造力并非源于某处，而是自发产生的。确实，只有当我们首次创造出东西或想出一个新主意时才能体会到这种灵感，创造力似乎是突如其来的。如果要从字面上解释，我们不得不相信某种形式的活力论，信奉存在着某种产生人类创造力的源泉。当然，有更加科学的解释：虽然我们进行创造活动的时候察觉不到它的来源，但它植根于我们大脑的运行方式。因为我们的大脑本身是进化的产物，这意味着创造力来自于进化。达尔文在《人类的衰退》中指出这一点，他提出人类智慧是逐渐进化的：

> 如果除人类以外的有机生物都没有思维能力，或者如果人类的思维能力具有一种与低等动物完全不同的特征，那么我们永远无法说服自己，说我们的高级功能是逐渐进化来的，但可以证明，并不存在这样的本质差异。

我们最终得到了怪异的双重标准。一方面，可以认为创造活动是进化的平行过程（双重类比）；另一方面，创造力是进化的结果。我相信造成双重标准的困惑是我们没有理解发育的本质，因为正是发育在进化与创造过程中起了联系作用。只要我们把发育设想成与制造相似，我们总会认为创造活动是较早发生的事件，类似的，进化同样是早发事件。但是当我们更深入地了解发育的内部机制，我们会发现它与制造十分不同：计划与执行计划过程之间没有明显的区别。确实，发育体现为一个连续的译解与加工过程，在这过程中，基因、生物体和环境三者相互作用。一旦接受了这个观点，我们大脑中的思维过程就不再与发育分离，而且，可以看做是发育的延伸。换句话说，如同发育根植于进化，创造根植于发育。

我们可以把各种过程的关系总结如下。在进化的早期阶段，生命形式仅仅包括单细胞生物。后来，一些生物体演化成多细胞的生命形式，从而产生了精细调节结构的新方式：发育的进程。已存在于单细胞生物中的隐色、气味和敏感度，被置于新的用途，从单细胞演变为多细胞个体时调节空间图式。在一些进化谱系中，发育过程产生了具有复杂神经系统的个体。至今进化得到的最精巧结构是具有极大创造潜力的人脑。由于每代人都能学习,并在前人的基础上再创造,反过来又产生了各种新的可能性。在此过程中,新的制作形式出现了,也就是依据计划来制造。这种方法使人类能够系统而可重复地复制出先前创造物的拷贝。

因此，事件的顺序是这样的：进化—发育—创造—制造。我要强调：这些并非是依次分离的过程，每个过程都与前一个过程密切关联。我想在图 18—6 中演示这种关系，以圆圈表示的每个过程都嵌入到以前的过程中并被前面的过程所渗透。

根据这种观点，只有一种过程是所有其他过程的基础，那就是进化。相反，双重类比提出了两个基本的过程，其中一个是创造，听上去像一个随处漂泊的实体，因此制造与发育的类比根植于创造性是一种没有源泉的神秘力量。相比之下，我所提出的关

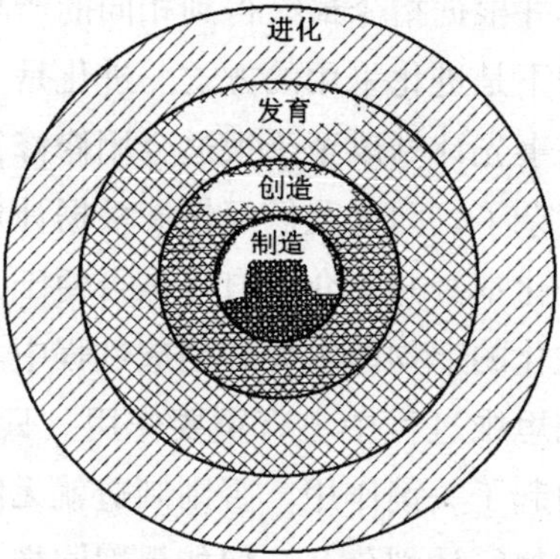

图 18—6 4 个过程显示为相互镶嵌的圆圈。阴影表示每个过程如何被前面的过程所渗透

于发育和创造的观点更切合实际。

我并不想吹嘘我的观点能自圆其说地解释创造性。这是因为我们所有进化和发育的理论本身都是创造性思维的产物：对事物的科学理解是一个基于创造的过程，在这个过程中我们不断提出假设并通过观察来检验。因而我们有关进化的确切概念依赖于我们大脑工作及其与周围环境交流的方式。在这种意义上，创造性先于进化的概念而存在。但是，这并不意味着我们无法探寻我们创造力的源泉。作为富于创造力的生物，我们有向我们赖以生存的大千世界提问的特权，这也包括了询问我们自身能力的来源，而且，我们也知道，因为各人创造性立场不同，答案肯定会是五彩缤纷的。进化理论是对生物起源问题的最好解释。我认为，最近在发育方面的研究成果，在进化与创造性之间架起了一座桥梁，使得我们大大地进了一步。与其说人类的创造性是一个孤立存在的黑匣子，不如认为它与另一个更广泛存在的制作过程即发育过程有一些共同特征，而创造性本身就来自发育。

我们还能更清楚地理解制造在 4 个过程中的地位。作为有创造力的生物，人类发明了特别的方法使得制造出的东西一致。人们先制定计划而后再执行。通过把计划与执行计划分开来，保证任何人都能理解并根据指令最终得到相同的产品。虽然这便于人们安排事物，却不是进化采用的方式。进化是一种更富于交流的方式，由于没有事先计划以至于很适合用修修补补来作隐喻。这对我们也许太复杂了，因为我们习惯于根据计划把事物安排得井井有条，但是进化本身并不介意自身是否便于人们去理解。同样情况也适用于进化的产物即发育和创造过程中。进化中的相互作用在发育和大脑思维过程中也有重要作用。只是在制造过程中，人类的理解能力起了关键作用，否则制造就无法进行。这就是为什么要把计划和执行计划分开。但如果把同样的逻辑放入诸如发育这样的生物过程，那我们就大错特错了。我想，这样看待发育，仿佛是另一种鲁宾逊机器：《把方形楔子插入圆洞中的魔法装置》(图 18—7)。

图 18—7　把方形楔子插入圆洞中的魔法装置（1943），鲁宾逊作，私人收藏

依据上述考虑，为什么过去总要坚持发育和创造性的可比性呢？我相信这跟我们原先对发育机制的无知有关。只要还没有对发育机制有透彻的把握，最好的结果也无法阐明它与人类创造性之间的关系，最糟的结果则使活力论的幽灵再现。可预见结果的制造曾是个很安全的隐喻选择，但正如我在本书中所说的，我们

对发育了解得愈多，我们就愈认为发育是一个高度互动的过程，在这个过程中，计划与执行，软件与硬件，以及制造者与被造者之间没有明显的界限。基因并非提供由另一个独立实体译解的操作手册，它们是译解和精细加工过程的一个重要部分。基因产生主导蛋白质（隐色），同时通过调控区对主导蛋白质进行译解，基因产生信号（气味）和受体蛋白质（敏感性），并同时对气味和受体作出反应；基因既影响细胞分裂、生长、运动和死亡的方式，也对这一切做出应答。在所有的例子里，存在着不断互动和精细调控的过程，最终导致了非常复杂的结构。

发育的过程与人类创造事物的方式很相似。在进行创造性活动时，我们预先并不知道结果如何，但这并非认为创造力是无本之木，相反它根植于每个人的遗传背景和生长环境中。我们又如何解释艺术家们的独特风格呢？我们通常能轻易地区别达·芬奇与其他艺术家的作品。达·芬奇的作品很独特，要他创造一幅毕加索的作品如同一个蛙卵要长成白马王子一样难，但这并不影响达·芬奇的画作极具独创性的事实。我曾设定画家患上精神分裂症，在完全不变的条件下反复绘制同一画作（第 10 章），我们仍可想象画家不断地创作出同一幅画，而且每次都是真正的原创过程。虽然结果是重复的，却并非由执行同一计划而来。

我认为，最近对发育的研究结果提供了一个清晰的例证，说明人类的创造性过程是如何进行的，也显示了复杂的生命怎样无须依照计划而产生出来。我相信，这不但把我们从一些错误的发育观念中解放出来，而且有助于从另一个清晰的角度理解创造性。我们再也不需要把创造性看做无本之木的自发过程。也不用走到另一个极端，把创造性看做对某种独立计划或头脑中的某种程序的执行过程。相反，如同产生创造性的发育过程一样，我们的确可以把创造性视作一个高度互动的过程，以先前的事件为基础并不断对历史解读。随着对发育的深入理解，我们将能达到一种新的境界来审视我们自身。

词汇解释

a – c

氨基酸（amino acids）：构成蛋白质的基本亚单位，有二十几种类型。

苞片（bract）：每朵花下面的叶状器官。

编码区（coding region）：基因编码蛋白质的结构区。

变换（Transformation）：映射、旋转或平移等的几何变换。

变异（Mutation）：当复制 DNA 时，发生可以遗传的 DNA 序列的变化。

表达模式（Expression pattern）：在特定时间内，一个基因在生物体的特定部位打开或关闭的模式。

雄蕊（Stamens）：花的雄性生殖器官，可以产生花粉。

唇瓣（Labellum）：兰花的花瓣之一，位置一般在最下方，结构通常十分精细。

催化剂（catalyst）：可加速化学反应的物质，反应终了时，本身质与量都没有变化（如酶）。

d－f

DNA：遗传物质，由一定的碱基序列构成的长的双链分子。

蛋白质（Protein）：由特定序列的氨基酸彼此连接起来，具有复杂结构形状的大分子。

单细胞生物（Unicellular organism）：每个成体都是由一个单独的细胞构成的生物。

倒位（Resupinate）：大部分兰花发生的上下颠倒的扭曲现象。

多细胞生物（Multicellular organism）：成熟个体是由多个细胞组成的生物。

翻译（Translation）：从RNA分子合成相应的蛋白质的过程。

泛生论（Pangenesis）：该理论目前已被抛弃，认为遗传特征是由有机体散发出的“原芽”传递的。

分化（Differentiation）：细胞最终变得专一化的过程，例如变为成熟的神经细胞、肝细胞、叶细胞等。

分生组织（Meristem）：一群未分化的植物细胞，可以同时分裂增生使得植物组织增多。

分支（Embranchements）：居维叶提出的动物分类中的范畴。

辐射对称（Radial symmetry）：只有一个单一的旋转对称轴，可有许多的映射对称平面经过它，例如瓶子和杯子。

腹部（Ventral）：动物的腹面或花远离其茎尖生长点的一侧，通常是花的下侧。

复制（Replication）：在细胞分裂时，由一个DNA分子拷贝产生两个DNA分子的过程。

g－j

表皮（Cuticle）：坚硬的外皮或外部覆盖物。如昆虫的外骨骼或线虫的护膜。

花瓣（Petals）：花中第二轮里的器官，通常是花最有吸引力和最显眼的部分。

花萼（Sepals）：花的最外轮器官，通常较小，形状类似叶子。

基因（Gene）：遗传的基本功能单位，是指包括编码区、调控区的 DNA 片段。

基因活性（Gene activity）：基因打开或关闭的程度。

基因克隆（Gene cloning）：通过在细菌内的增殖来分离一个基因。

基因密码（Genetic code）：DNA 的碱基三联体序列编码蛋白质中氨基酸顺序的规律。

脊椎动物（Vertebrates）：有内在骨骼或软骨的动物。

碱基（bases）：DNA 和 RNA 基本结构单位。DNA 中有 4 种类型的碱基：胸腺嘧啶（T）、腺嘌呤（A）、胞嘧啶（C）、鸟嘌呤（G）。

减数分裂（Meiosis）：细胞分裂类型的一种，细胞分裂形成的子代细胞含有的染色体数目是母细胞的一半。

渐成论（Epigenesis）：一种假说，认为每一个生物个体的各部分都需在从卵子转变为成体的过程中，逐渐地重新形成。与预成论相对。

胶原（Collagen）：纤维蛋白家族，是皮肤和线虫护膜的主要成分。

结合位点（binding site）：主导蛋白识别的短的 DNA 分子序列。

节肢动物（arthropods）：有坚硬的外骨骼、身体分节的动物。如昆虫或甲壳动物。

进化（Evolution）：由个体组成的生物群体经过多代的变化后形成新类型生物的过程。

k－n

两侧对称（bilateral symmetry）：只有一个单一的对称平面。

卵裂（cleavage）：指在动物发育的早期阶段，受精卵进行多次细胞分裂而整个体积没有显著变化的过程。

轮（Whorl）：在圆周上呈环形分布的同一类型的植物器官，如花瓣。

MADS盒（MADS - box）：花器官特征性基因的一段保守 DNA 区域。

酶（Enzymes）：具有催化能力的蛋白质。参见催化剂。

内胚层（Endoderm）：动物胚胎的内胚层，发育成机体的内部器官例如肠、肺等。

浓度（Concentration）：某物质在单位体积内的分子数目。

p - s

胚层（Germ layer）：动物胚胎的区域划分，发育形成的不同组织。大部分动物胚胎具有 3 胚层：内胚层、中胚层和外胚层。

偏手性（Handeness）：左右不对称的情况下，对其中一个镜像的偏好。

平移（Translation）：（几何学）直线上的运动。

平移对称（Translation symmetry）：物体沿着直线移动，如一个无限重复的模式。

潜图式（Prepattern）：等同于隐色图式，生物体的潜在图式，可以被基因用许多不同的方式译解。

亲和性（affinity）：两个分子结合或黏合在一起的强度。

球形对称（Spherical symmetry）：具有无数对称轴，各种角度的旋转对称以及无数的对称平面。例如球体。

去分化（Dedifferentiation）：已分化的细胞重新回到未分化的胚性状态的过程。

RNA：由一定序列的碱基组成的单链分子，通常由 DNA 分子转录形成。

染色体（chromosome）：包裹在细胞内的 DNA 分子，人的细胞有 23 对染色体。

乳糖（Lactose）：糖类的一种，在牛奶中大量存在。

软件（Software）：计算机的运行程序。

受体蛋白（Receptor protein）：当受到特定刺激，如信号蛋白、光、运动等，启动时可以引发一系列细胞反应的蛋白。

t – w

探针（Probe）：用来检出有特定序列的 DNA、RNA 或蛋白质的分子。

体位反转（Situs inversus）：内部器官完全左右颠倒，与正常的器官排列形式互为镜像。

调控区（Regulatory region）：基因上有结合位点的区域，主导蛋白可以结合在该位点上并影响基因表达。

特征性基因（Identity gene）：参与对生物体不同区域（例如花的各轮花器官或果蝇的各体节）进行划分的基因。

同源异形（Homeosis）：一种器官在异常位置形成的现象。例如在原本形成雄蕊的位置上发育出花瓣。

同源异形盒（Homeobox）：长约 180 个碱基的一段 DNA 特殊序列，最初在果蝇体节特征基因中发现，但后来在其他许多基因中也分离得到了这段序列。

同源异形域（Homeodomain）：大约 60 个氨基酸长度的一段蛋白质序列，由同源异形盒编码，是一个大的主导蛋白家族的统一特征，包括与脊椎动物、节肢动物头尾轴区域建成有关的主导蛋白。

外胚层（Ectoderm）：动物胚胎的外胚层，发育形成皮肤和神经系统。

未分化细胞（Undifferentiated cells）：细胞处于未分化前的胚性状态。

x–z

细胞（cell）：生命的基本单位。植物和动物的细胞都由细胞膜、细胞质、细胞核构成，植物细胞还有细胞壁的结构。

细胞壁（cell wall）：包围在植物、真菌和细菌细胞膜外的坚硬结构。

细胞程序性死亡（apoptosis）：受控的细胞死亡形式。

细胞分裂（cell division）：一个细胞分裂产生两个细胞的过程。

细胞核（Nucleus）：细胞内包含基因的核。

细胞质（Cytoplasm）：细胞内部除去细胞核外的成分。

小齿（Denticle）：在果蝇幼虫外表面具有的牙状突起。

小眼（Ommatidium）：昆虫复眼的构成单位。

信号蛋白（Signaling protein）：通过与受体蛋白形状匹配，诱导受体蛋白的活性。

心皮（carpel）：花的雌性生殖器官，受精后发育成带有种子的果实。

修复（Restoration）：在受伤或缺失之后，机体部分的修复。是由胚性或未分化状态的细胞进行的。有时被认为是一种再生。

旋转对称（Rotational symmetry）：绕轴旋转后仍保持不变。

芽（bud）：茎、花或叶发育的早期阶段。

译释基因（Interpreting gene）：通过调控区应答主导蛋白（隐色）的基因。

硬件（Hardware）：计算机的机械设备部分，如印刷电路和接线等。

映射对称（Reflection symmetry）：映射到一个平面上，对称性不发生变化。

有丝分裂（Mitosis）：细胞分裂的过程，每个子细胞与母细胞有相同的染色体数目。

预成论（Prefomation）：十七八世纪风行一时的理论，与渐成论相对，认为受精卵中包含有成体的微缩体。

原肠胚形成（Gastrrulation）：动物胚胎内不同的胚层在特定位置形成的过程。

再生（Regeneration）：在受伤或缺失之后，机体部分重新生成。是由成熟组织经过去分化之后进行的（请与修复作比较）。

转录（Transcription）：从一段 DNA 合成相应的 RNA 分子的过程。

中胚层（Mesoderm）：动物胚胎的中胚层，形成机体的大部分肉体和骨组织，例如肌肉、血、心脏、肾、骨骼。

种系（Germline）：形成精子和卵细胞的细胞系。

主导蛋白（Master protein）：相当于隐色，能结合在基因的调控区，影响基因表达的蛋白质。

译校者介绍

陈志夏

(1964 ～　)

陈志夏，副研究员，上海交通大学精密仪器系毕业。1987 年毕业于华东师范大学自然科学史研究所，获哲学硕士学位，现在就职于上海交通大学。1995 年由学校公派，作为访问学者赴德国柏林工业大学科技史研究中心进修。曾完成多项研究课题，发表《西蒙，一个通才的诞生》等数篇论文，与人合作翻译《熊掌与鱼，一位诺贝尔奖得主的精神历程》。翻译本书的 1 ～ 15 章。

罗　达

(1956～　)

罗达，研究员、博士生导师。1984年在中国科学院遗传研究所获得硕士学位。1990年在英国詹姆斯·因内斯研究中心获得博士学位。在国外期间，一直在《基因的艺术》一书的作者科恩博士的实验室学习和工作。曾在花对称性的分子机理研究方面取得突破性进展，并在高等植物中克隆了有关的一类基因家族。1998年2月归国，任职于中国科学院上海生命科学研究中心、中国科学院上海植物生理研究所。是1998年度中国科学院“百人计划”、国家自然科学基金会“杰出青年基金”获得者。1998年以来，主持了多项国家级研究项目。主要研究领域包括：高等植物转座子，高等植物三维形态发育以及水稻功能基因组学等方面。